U0151470

Sponge City

海绵城市研究与应用

上海环境适应性绿地雨水源头调蓄系统优化设计方法

于冰沁 车生泉 等◎著

Research and Practice of Sponge City

Optimization Design Method of Rainwater Regulation Infrastructure in Environmentally Adaptable Green Scape, Shanghai

内容提要

本书为“海绵城市研究与应用系列”之一，主要内容包括：在宏观维度上，依托径流模拟模型，通过文献研究、降雨模拟实验和实时监测，率定适合上海环境条件的径流模拟软件适应性参数；在中观维度上，基于对上海临港地区国家级海绵城市建设示范地的实地踏勘、土壤样本取样、分析化验和植物生长状况调查，通过人工降雨模拟实验，构建适合上海临港地区的隔盐型雨水花园的结构优化与适应性模式以及绿地雨水源头调蓄设施优化设计模式；在微观维度上，筛选具有环境抗性的植物，构建雨水源头调蓄设施植物配置模式，提出适用于滨海盐碱地区雨水源头调蓄设施种植层介质土的改良方案，并根据植物根系与土壤入渗能力的关系模型，构建具有较高根系促渗能力的植物群落。本书适用于风景园林、城市规划、城市生态等相关专业的学者及学生。

图书在版编目(CIP)数据

海绵城市研究与应用：上海环境适应性绿地雨水源头调蓄系统优化设计方法 / 于冰沁等著. —上海：上海交通大学出版社，2022.8
ISBN 978-7-313-26636-1

Ⅰ. ①海… Ⅱ. ①于… Ⅲ. ①雨水资源—蓄水—系统设计—研究—上海 Ⅳ. ①TV213.4

中国版本图书馆CIP数据核字(2022)第038035号

海绵城市研究与应用——上海环境适应性绿地雨水源头调蓄系统优化设计方法
HAIMIAN CHENGSHI YANJIU YU YINGYONG——SHANGHAI HUANJING SHIYINGXING LÜDI YUSHUI YUANTOU TIAOXU XITONG YOUHUA SHEJI FANGFA

著　　者：于冰沁　车生泉 等
出版发行：上海交通大学出版社　　地　　址：上海市番禺路951号
邮政编码：200030　　电　　话：021-64071208
印　　制：苏州市古得堡数码印刷有限公司　　经　　销：全国新华书店
开　　本：890 mm×1240 mm　1/16　　印　　张：16
字　　数：418千字
版　　次：2022年8月第1版　　印　　次：2022年8月第1次印刷
书　　号：ISBN 978-7-313-26636-1
定　　价：98.00元

参著人：

于冰沁　车生泉　王　璐　胡绍颖

王哲栋　蔡施泽　臧洋飞　严海洲

谢丹青　李士龙　莫祖澜　尹冠霖

刘　爽　马　玉

前　言

雨水源头调蓄和高效调度是海绵城市建设的关键技术之一，绿色基础设施的结构及其与灰色基础设施的耦合方式对雨水源头调蓄过程有直接影响。目前，国内外在这方面的相关研究主要有生态雨洪调蓄理论、微气候模拟方法和源头调蓄技术研发3个方面。与国内外已有研究相比较，上海沿海盐碱地区的环境条件、管网设计标准、绿灰基础设施耦合方式等均有显著差异。由于已有理论和技术在上海的适应性较差，因此，雨水源头调蓄设施的地域性优化和模拟模型的本土化研究迫在眉睫。作者所在的研究团队长期与上海市政工程设计研究总院(集团)有限公司、上海市绿化管理指导站合作，致力于研究绿灰基础设施的协同设计模式、单项雨水源头调蓄技术的适应性及XP Drainage模拟软件的本地化开发，有效解决了低影响开发技术的区域适应性问题，如图0-1所示为绿地雨水源头调蓄系统的构建与调度模式研究思路。

上海临港新城作为上海海绵城市建设的试点，急需老城区积水缓解、管网改造、水系保护与治理、生态廊道雨水滞蓄和净化、围垦区生态修复、新城区及商业街区海绵工程建设等多目标建设策略。针对临港面临的“三高一低”(土地利用率高、不透水面积高、地下水位高、土壤渗透率低)和土壤含盐量高的现实问题，研究团队利用水文水利模型模拟技术和人工降雨模拟实验、室内土柱实验等，立足上海临港示范区(河网密集平原的沿海盐碱地区)所面临的海绵工程建设难题，构建多目标源头调蓄系统和调度模式；实现XP Drainage水文模拟模型的本土化开发，构建绩效预测模型，确定最佳调度途径；研发沿海盐碱地区的适应性单项雨水源头调蓄技术、设施介质土优化改良技术、具有较高根系促渗能力的绿地植物群落构建技术等，并在长三角沿海地区推广此项工作，为上海海绵城市建设、完善绿地雨水源头调蓄技术适应性和系统性应用以及效益评估提供了理论依据和实践技术。

在宏观维度上，依托XP Drainage径流模拟模型，通过文献研究、降雨模拟实验和实时监测，率定适合上海环境条件的径流模拟软件适应性参数，对上海地区不同雨水源头调蓄设施的耦合模式进行信息拟合和水文模拟，分析不同耦合模式对不同源头调蓄过程的影响，如径流量控制和污染物削减等雨水调蓄过程，并演算最优的雨水管控途径，从而为上海地区源头调蓄设施的耦合模式的水文效益模拟和雨水源头调蓄设施的系统构建奠定决策基础。模型参数适用于包括上海在内的长三角地区同类平原河网地区的海绵城市建设过程中的绿地产汇流精准模拟，可解决绿地产排精细化协同管控的难题。经过工程实测校验，模型参数的误差率小于10%。

在中观维度上，基于对上海临港新城国家级海绵城市建设示范地的实地踏勘、土壤样本取样、分析化验和植物生长状况调查，通过人工降雨模拟实验，构建了适合上海临港地区隔盐型雨水花园的结构优化与适应性模式，以及兼具盐碱土改良和雨水调蓄效益的绿地源头调蓄设施优化模式；创新全周期多环境功能的绿地雨水源头调蓄设施技术集成，解决了系统化全域推进等难题，实现了洪峰时间延迟30～40 min，径流削减率提高20%～30%，隔盐型雨水花园中土壤的含盐量下降20%～30%，介质土有机质增加20%～30%，对洪峰的累积削减率提高10%～20%。

在微观维度上，针对高地下水位和低渗透率的环境条件，首创绿地雨水源头调蓄设施的介质土优化改良技术，并筛选出具有环境抗性的植物，构建雨水源头调蓄设施（绿地）的植物配置模式，形成环境功能型植物群落营建等技术，创新径流量质高效调控与效能提升技术，由此促进绿地植物群落冠层截留和根系促渗能力提升5%～10%。这些技术既可以在高密度既有城区中应用，也适用于新建城区。

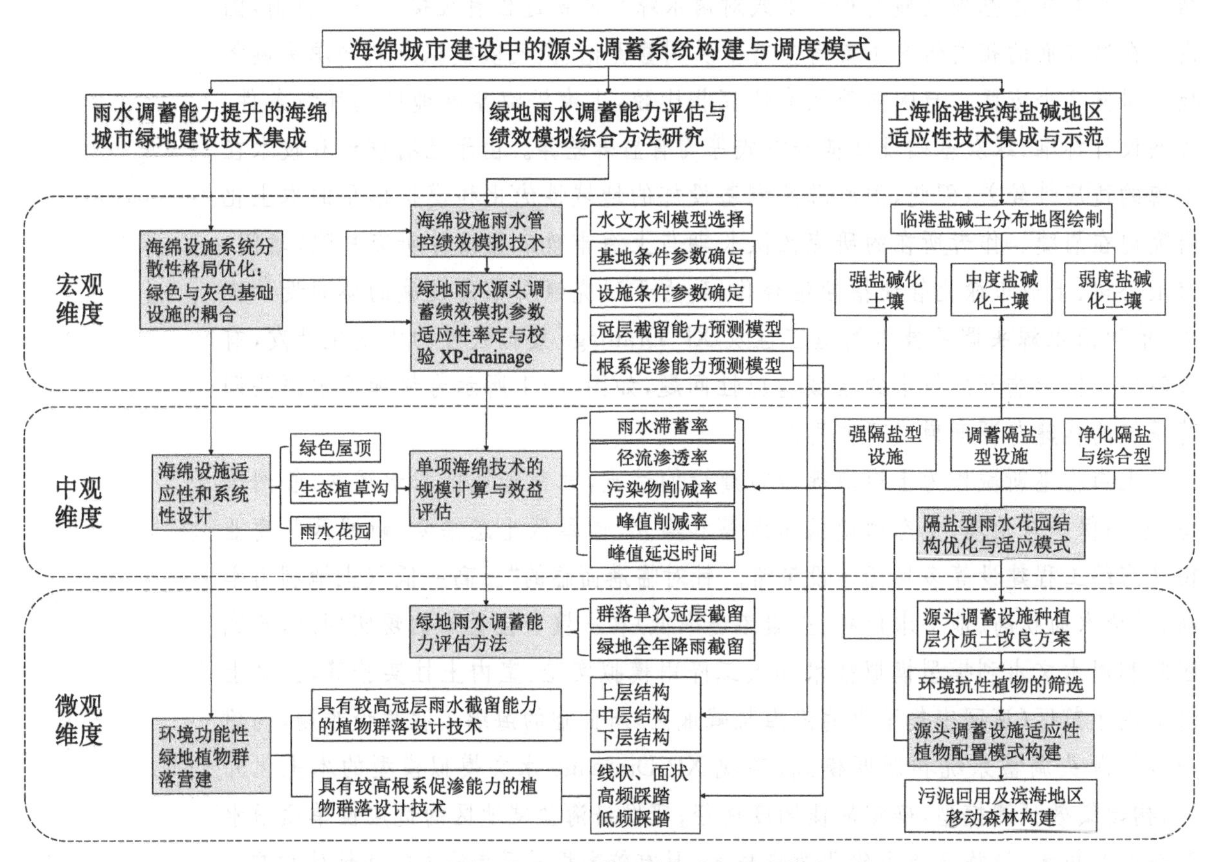

图0-1　绿地雨水源头调蓄系统构建与调度模式研究

本书第1章主要由于冰沁、严海洲、谢丹青执笔，第2章主要由车生泉、王哲栋执笔，第3章主要由于冰沁、王璐执笔，第4章主要由于冰沁、胡绍颖执笔，第5章主要由车生泉、臧洋飞执笔，第6章主要由于冰沁、蔡施泽执笔，第7章主要由李士龙、莫祖澜、尹冠霖、刘爽、马玉执笔。

特别鸣谢谢长坤博士和阚丽艳老师在实证研究过程中的数据统计分析与实验方案设计等环节给予耐心且细致的指导！

目 录

1 上海海绵城市绿地建设的现状需求与瓶颈问题

1.1 上海海绵城市建设进程概述

2014年10月，住房和城乡建设部贯彻习近平总书记讲话及中央城镇化工作会议精神，正式发布《海绵城市建设技术指南——低影响开发雨水系统构建（试行）》，提出综合控制目标，包括总量控制、峰值控制、污染控制和雨水资源化利用等，以期达到年径流总量控制率为80%～85%，对中小降雨事件峰值削减有较好效果，对特大暴雨事件有一定的错峰、延峰作用，污染物去除率为40%～60%等①。2015年国务院办公厅印发的《关于推进海绵城市建设的指导意见》（以下简称《指导意见》）中提出“通过海绵城市建设，综合采取渗、滞、蓄、净、用、排等措施，最大限度地减少城市开发建设对生态环境的影响，将70%的降雨就地消纳和利用。到2020年，城市建成区20%以上的面积达到目标要求；到2030年，城市建成区80%以上的面积达到目标要求”②。为贯彻《指导意见》精神，解决各地在推进海绵城市建设过程中对相关技术与产品的迫切需求问题，住房和城乡建设部科技发展促进中心组织开展了“海绵城市建设先进适用技术与产品”的征集工作，并组织专家对申报项目进行了评审，并先后公布了两批海绵城市建设适用性技术，为海绵城市的建设实施奠定了坚实的基础。2015年3月，我国启动了16个城市的海绵城市建设试点工作，2016年4月启动了包括上海在内的14个第二批海绵城市的建设试点工作。

上海市政府为响应国家政策号召，率先于2015年1月在浦东临港举办以“未来低碳城市——城市发展的最佳实践”为主题的上海2015低碳国际论坛，并于临港实行海绵城市建设试点工作。这是上海市首次进行的海绵城市试点建设。

2015年9月，上海市建工设计研究总院牵头研究上海海绵城市框架体系。而上海市建设交通工作党委与市政设计院相继于海绵城市建设推进会中汇报了《上海市海绵城市建设推进情况》《上海海绵城市规划和建设指标体系》（见表1-1、表1-2）、《上海市海绵城市建设技术导则（试行）》《上海市海绵城市建设技术标准图集（试行）》等重要文件内容。11月，上海市人民政府办公厅发布了《关于贯彻落实〈国务院办公厅关于推进海绵城市建设的指导意见〉的实施意见》。12月中旬，上海市人民政府印发了《上海市水污染防治行动计划实施方案》。

---

① 住房和城乡建设部.海绵城市建设技术指南：低影响开发雨水系统构建（试行）[EB/OL].(2014-11-02)[2018-12-12]. http://www.mohurd.gov.cn/zcfg/jsbwj_0/jsbwjcsjs/201411/t20141102_219465.html.

② 中华人民共和国财政部.国务院办公厅关于推进海绵城市建设的指导意见[EB/OL].(2015-10-16)[2018-12-12]. http://www.mof.gov.cn/zhengwuxinxi/zhengcefabu/201510/t20151016_1507043.htm.

表 1-1　上海海绵城市专项规划指标体系

<table>
<tr><th>指标类别</th><th>序号</th><th>一 级 指 标</th><th>二 级 指 标</th><th>新建/%</th><th>改建/%</th></tr>
<tr><td rowspan="8">约束性指标</td><td>1</td><td>年径流总量控制率</td><td></td><td>≥80</td><td>≥75</td></tr>
<tr><td>1-1</td><td></td><td>建筑与小区削减占比</td><td>35～40</td><td>30～35</td></tr>
<tr><td>1-2</td><td></td><td>绿地系统削减占比</td><td>25～30</td><td>15～25</td></tr>
<tr><td>1-3</td><td></td><td>道路与广场削减占比</td><td>12～15</td><td>10～12</td></tr>
<tr><td>1-4</td><td></td><td>河道与雨水系统削减占比</td><td>15～28</td><td>28～45</td></tr>
<tr><td>2</td><td>年径流污染控制率</td><td></td><td>≥80</td><td>≥75</td></tr>
<tr><td>3</td><td>绿地占建设用地比例</td><td></td><td colspan="2">≥15</td></tr>
<tr><td>4</td><td>河面率</td><td></td><td colspan="2">≥10.5</td></tr>
<tr><td>鼓励性指标</td><td>1</td><td>雨水资源利用率</td><td></td><td>≥5</td><td>/</td></tr>
</table>

表 1-2　上海海绵城市绿地建设指标体系

<table>
<tr><th>指标类别</th><th>序号</th><th>一 级 指 标</th><th>二 级 指 标</th><th>新建/%</th><th>改建/%</th></tr>
<tr><td rowspan="10">约束性指标</td><td>1</td><td>建成区绿地率</td><td></td><td colspan="2">≥34</td></tr>
<tr><td>1-1</td><td></td><td>居住小区绿地率</td><td>≥35</td><td>≥25</td></tr>
<tr><td>1-2</td><td></td><td>保障房绿地率</td><td colspan="2">≥25</td></tr>
<tr><td>1-3</td><td></td><td>公共建筑绿地率</td><td>≥35</td><td>/</td></tr>
<tr><td>1-4</td><td></td><td>重要功能区绿地率</td><td colspan="2">25～30</td></tr>
<tr><td>1-5</td><td></td><td>工业园区绿地率</td><td>≥30</td><td>≥20</td></tr>
<tr><td>2</td><td></td><td>下凹式绿地率</td><td>≥10</td><td>≥7</td></tr>
<tr><td>3</td><td></td><td>绿色屋顶率</td><td colspan="2">≥50</td></tr>
<tr><td>4</td><td></td><td>透水铺装率</td><td>≥50</td><td>≥30</td></tr>
<tr><td>5</td><td>年径流污染控制率</td><td></td><td>≥47</td><td>≥20</td></tr>
<tr><td>鼓励性指标</td><td>1</td><td>雨水资源利用率</td><td></td><td>≥10</td><td>≥5</td></tr>
</table>

注：1. 建成区绿地率指在城市建成区的各类绿地面积占建成区面积的比例。改建区域(项目)中绿地率不应低于现状值。
2. 透水铺装率指绿地系统内硬质区域采用透水铺装的面积占绿地总面积的比例。
3. 雨水资源利用率(绿地)指绿地系统年雨水利用总量占绿地区域年径流总量的比例。

2016 年 8 月,《上海市城市总体规划(2016—2040)》草案面世,提出加强海绵城市建设,提高水系连通性,提高城市防洪除涝能力,增强地面沉降监测与防治能力以及缓解城市热岛效应和极端气候影响。这代表了海绵城市建设已经进入上海市未来几十年的总体规划层面。

2020 年,上海市人民政府批复同意《上海城镇雨水排水规划(2020—2035 年)》,文件提出了上海城镇雨水排水规划目标,明确了排水系统设计重现期和强排系统初期雨水截留标准,提出了绿色源头削峰、灰色过程蓄排、蓝色末端消纳、管理提质增效,因地制宜,“绿、灰、蓝、管”多措并举的思路,本市城镇雨水排水总体形成“1+1+6+X 绿灰交融,14 片蓝色消纳”的规划布局。该文件中的“绿”即指在源头建设的雨水蓄滞削峰设施,如置于绿地、广场、公共服务设施中的中小型调蓄设施。这也是本书的研究重点。

1.2 上海城市绿地雨水源头调蓄设施建设现状调查

绿地雨水源头调蓄系统，包括绿色屋顶、雨水花园、透水铺装、生态植草沟等低影响开发设施。通过实地踏勘，调查分析上海典型的城市绿地中已建成的雨水源头调蓄设施的类型选择、平面布局、组合模式、景观化途径、建设效果等应用现状，并分析设施运行中面临的主要问题，这些将为城市绿地雨水源头调蓄系统的构建方法提供理论参考。

本书选取上海市 9 个不同规模的海绵城市建设示范地或优秀案例作为研究对象（见表 1-3、图 1-1），这些研究对象均具备一定的代表性及可借鉴价值。

表 1-3 雨水源头调蓄系统调查对象

场地类型	调查对象	区域	规模/hm^2
滨水绿地	临港滴水湖环湖景观带（E1 区）	浦东新区	4.80
	临港芦茂路滨河绿地	浦东新区	1.77
	杨浦滨江雨水湿地公园	杨浦区	0.80
	南园滨江绿地	黄浦区	7.34
	杨树浦港滨河绿地	杨浦区	0.36
公共绿地	临港口袋公园	浦东新区	1.60
	闸北共康绿地	宝山区	1.03
	莘庄梅园（南部）	闵行区	1.42
公园绿地	浦江郊野公园（一期）	闵行区	48.12

注：非滨水绿地的调查对象中也有大面积水体作为径流受纳水体。

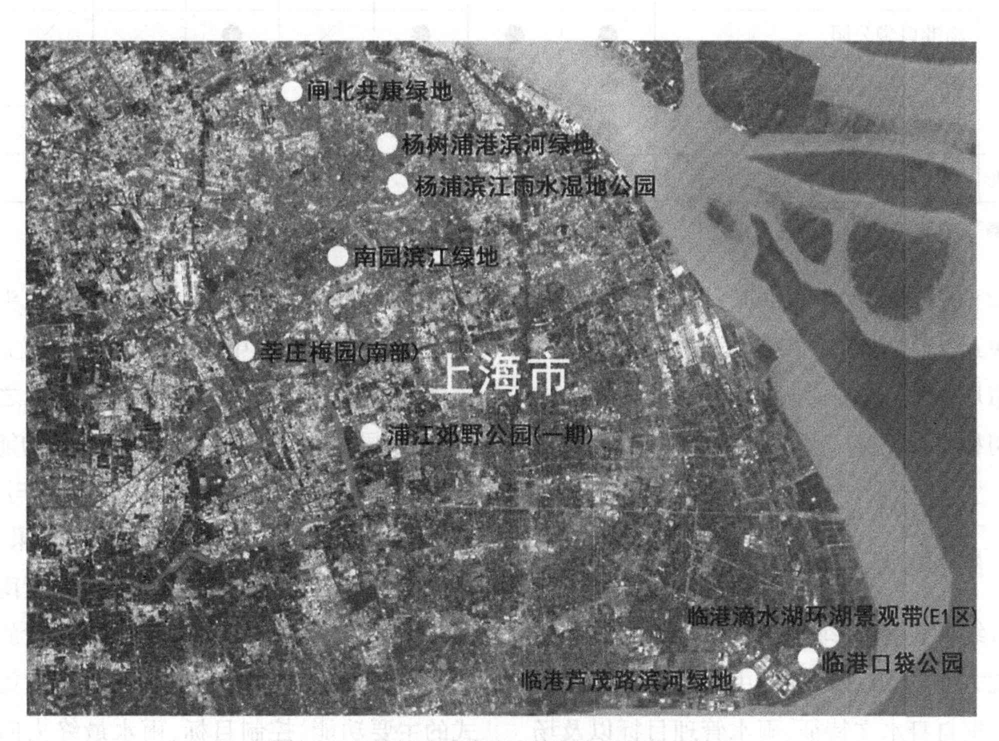

图 1-1 雨水源头调蓄系统调查样地位置分布

上海滨河绿地雨水源头调蓄系统构建的调研从设施的选用及布局、组合模式以及景观化途径3个方面展开，调研内容主要包括设施的类型选择、平面布局、组合模式、景观化途径、场地雨水管理流程及效益等，重点关注城市滨河绿地中雨水源头调蓄系统的应用情况。通过拍照、测量、记录、数量统计、文献资料研究等多种方式的实地踏勘，完成对客观情况的描述和相关示意图绘制。

同时，土壤的孔隙度、紧实度、饱和含水量、温湿度、电导率这5个物理特征是评估上海城市不同区位及不同功能的绿地海绵体对降雨径流的蓄渗功能的基本要素。因此，通过调研可总结和分析低影响开发设施建设前后的土壤改良情况，并对建设后的效益进行评估，从而对未来进一步深化海绵城市建设提出行之有效的建议。研究团队在雨水源头调蓄设施建设前后两个不同时期进行实地踏勘和土壤采样。其中，土壤自然含水量、饱和含水量、孔隙度、容重等指标通过环刀法测定，土壤温湿度及导电率通过WET土壤三参数仪测定，土壤紧实度通过便携式数显土壤紧实度仪测定。

1.2.1 上海城市绿地雨水源头调蓄设施的选用及布局

在城市绿地雨水源头调蓄设施的选用及布局方面，较为常用的设施有8种：透水铺装、绿色屋顶、雨水花园、湿塘、雨水湿地、植草沟、植被缓冲带以及蓄水池（见表1-4）。

表1-4 绿地雨水源头调蓄设施选用情况调查表

场地类型	调研场地	透水铺装	绿色屋顶	雨水花园	湿塘	雨水湿地	植草沟	植被缓冲带	蓄水池
滨水绿地	临港滴水湖环湖景观带(E1区)	●	×	×	×	●	×	●	×
	临港芦茂路滨河绿地	●	×	●	×	●	●	×	●
	杨浦滨江雨水湿地公园	●	×	×	×	●	×	×	●
	南园滨江绿地	●	●	×	●	×	●	×	●
	杨树浦港滨河绿地	●	×	●	×	●	●	×	×
公共绿地	临港口袋公园	●	●	●	×	●	×	×	●
	闸北共康绿地	●	×	●	●	×	●	×	×
	莘庄梅园(南部)	●	×	●	●	×	●	×	×
公园绿地	浦江郊野公园(一期)	●	×	●	×	●	●	×	×

注：“●”为有；“×”为无。

雨水源头调蓄设施的平面布局方式主要有整体斑块式、线性分散式和混合式（见图1-2）。设施的布局方式、数量、种类与应用设施的场地形状密切相关。

1.2.2 上海城市绿地雨水源头调蓄设施的组合模式

调查结果表明，在绿地雨水源头调蓄设施的组合模式方面，上海城市绿地中功能需求不同的场地应根据自身水文特征、雨水管理目标以及场地尺度的差异，选择不同的雨水源头调蓄设施组合方式和雨水管理流程。绿地雨水源头调蓄设施在雨水管理流程中的排列方式总体上遵循径流消纳、净化、调蓄、排放的顺序，设施之间彼此连接，协同作用（见图1-3）。“排”的功能在雨水源头设施系统的作用机制中占据主导作用。

根据场地雨水管理流程的调研结果，结合住房和城乡建设部《海绵城市建设技术指南》（以下简称《指南》）中对绿地雨水源头调蓄设施的功能比选内容，对上海绿地雨水源头调蓄设施组合方式的主要功能、控制目标、雨水最终去向进行了统计与归纳。“主要功能”和“控制目标”的具体

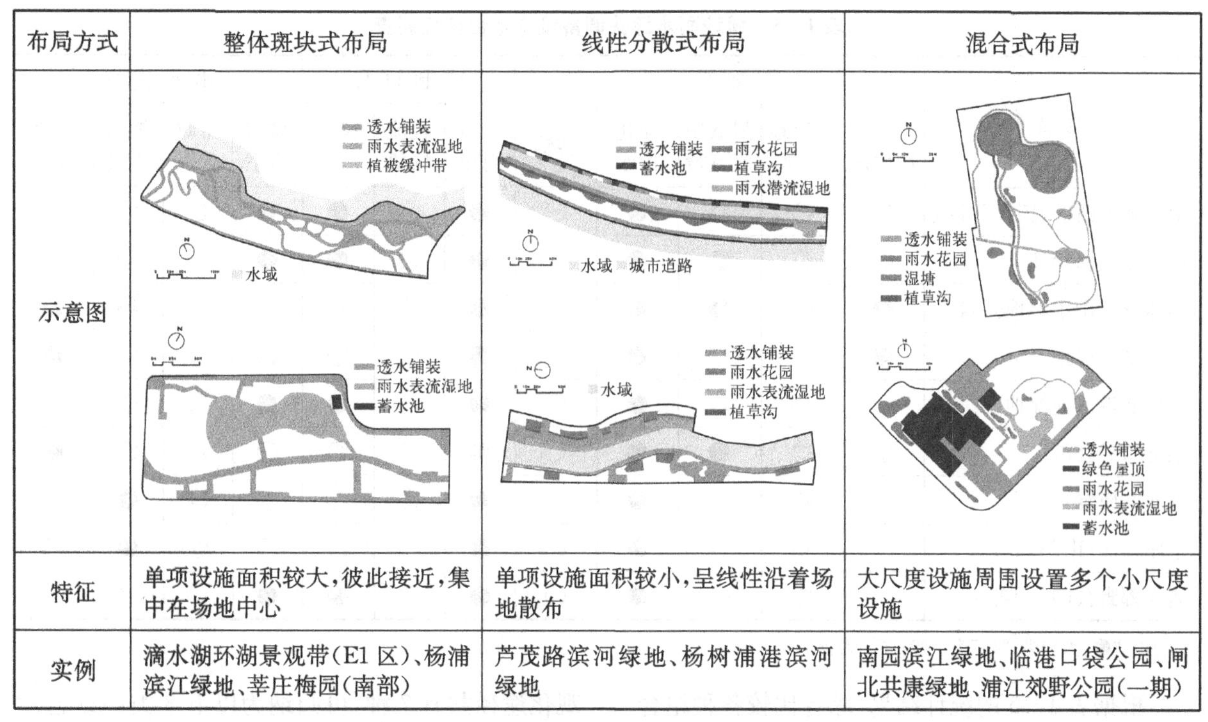

布局方式	整体斑块式布局	线性分散式布局	混合式布局
示意图			
特征	单项设施面积较大，彼此接近，集中在场地中心	单项设施面积较小，呈线性沿着场地散布	大尺度设施周围设置多个小尺度设施
实例	滴水湖环湖景观带（E1 区）、杨浦滨江绿地、莘庄梅园（南部）	芦茂路滨河绿地、杨树浦港滨河绿地	南园滨江绿地、临港口袋公园、闸北共康绿地、浦江郊野公园（一期）

图 1－2　雨水源头调蓄设施的平面布局方式

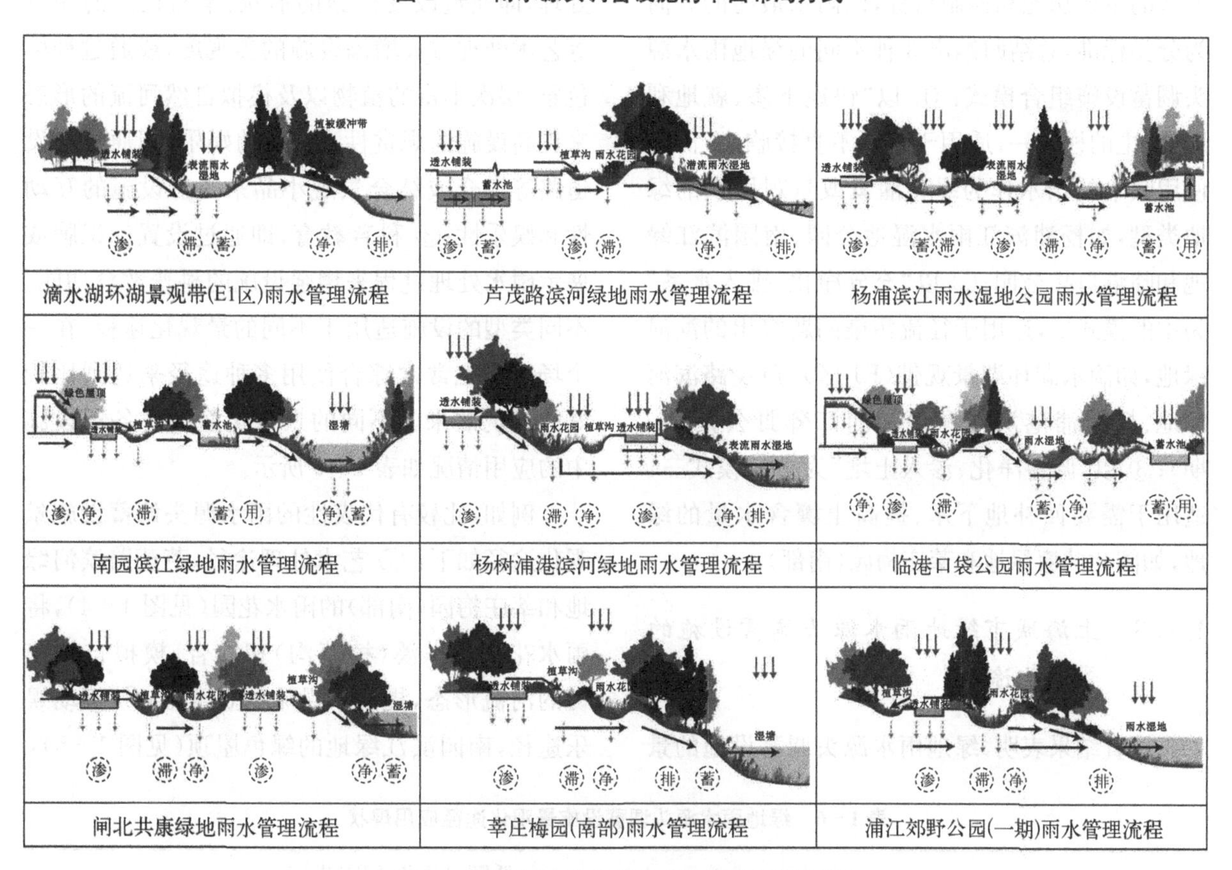

图 1－3　绿地雨水源头调蓄系统作用流程示意图

统计方式如下：统计出各个场地的单项设施；根据《指南》中的比选标准对每个设施的主要功能和控制目标两个特征进行赋值，根据程度的“强”“较强”“弱或很小”分别赋值为 5、3、1。每个场地的单项特征值则为场地内雨水源头调蓄设施的赋值之和，每个场地的单项特征根据相对值的大小归纳为“较多”“一般”“较少”。“雨水去向”则根据现场踏勘情况和相关资料进行归纳（见表 1－5）。

表 1－5　绿地雨水源头调蓄设施组合特征调查

场地名称	主要功能					控制目标			雨水去向			
	集蓄利用雨水	补充地下水	削减峰值流量	净化雨水	转输	径流总量	径流峰值	径流污染	城市水系	市政管网	渗入土壤	储蓄利用
滴水湖环湖景观带(E1 区)	◎	○	◎	●	○	●	○	●	●	○	○	○
芦茂路滨河绿地	◎	◎	◎	●	○	●	○	●	●	○	◎	○
杨浦滨江雨水湿地公园	●	◎	●	●	○	●	◎	◎	○	◎	◎	●
南园滨江绿地	●	○	◎	●	○	●	○	○	○	◎	○	●
杨树浦港滨河绿地	○	◎	◎	●	○	●	○	●	●	○	◎	○
临港口袋公园	◎	◎	●	●	○	●	○	◎	○	◎	◎	●
闸北共康绿地	○	◎	◎	●	○	●	○	◎	○	◎	●	○
莘庄梅园(南部)	○	◎	◎	●	○	●	○	◎	○	◎	●	○
浦江郊野公园(一期)	○	◎	◎	●	○	●	○	●	●	○	◎	○

注：“●”为较多；“◎”为一般；“○”为较少。

根据表 1－5 的统计结果，综合比较各种组合方式的主要功能和控制目标，以雨水最终的去向为分类标准，总结归纳出 3 种不同的绿地雨水源头调蓄设施组合模式：① 以“快速下渗、就地利用”为主的模式一，适用于场地不直接临水，需要使用收集的雨水作为绿化灌溉或景观用水的绿地类型，如杨浦滨江雨水湿地公园、南园滨江绿地和临港口袋公园；② 以“充分净化、排入水系”为主的模式二，适用于径流污染问题突出的滨河绿地，如滴水湖环湖景观带(E1 区)、芦茂路滨河绿地、杨树浦港滨河绿地和浦江郊野公园(一期)；③ 以“调蓄净化、渗入土壤”为主的模式三，适用于需要回补地下水、提高土壤含水量的绿地，如闸北共康绿地和莘庄梅园(南部)。

1.2.3　上海城市绿地雨水源头调蓄设施的景观化途径

调查结果表明，绿地雨水源头调蓄设施的景观化途径共有 7 种，可归纳为以下 3 类：① 艺术处理，即通过改变设施的形状、丰富设施的颜色等艺术处理方式增添设施的美观度，或通过种植色彩、层次丰富的植物以及模拟自然河流的形态来提高设施的观赏性；② 互动娱乐，即通过铺设道路等媒介或结合景观小品来提升设施的互动性和娱乐性；③ 科普教育，即通过设置标识牌或展示雨水处理过程来增强设施的科普教育功能。不同类型的设施适用于不同的景观化途径，在一个场地中也常常综合使用多种途径来达到比较好的景观效果。不同的景观化途径在各项设施中的应用情况如表 1－6 所示。

例如，比较有代表性的雨水源头调蓄设施景观化途径如下：① 艺术处理途径，芦茂路滨河绿地和莘庄梅园(南部)的雨水花园(见图 1－4)，将雨水花园与旱溪(植草沟)相结合，模拟自然蜿蜒的河流形态，提升了设施的观赏性；② 互动娱乐途径，南园滨江绿地的绿色屋顶(见图 1－5)，

表 1－6　绿地雨水源头调蓄设施景观化途径应用现状

景观化途径		低影响开发(LID)措施				
		透水铺装	绿色屋顶	雨水花园	蓄水池	雨水湿地
艺术处理	改变形状、颜色	●	×	×	×	×
	植物配置	×	●	●	×	●
	模拟自然河流形态	×	×	●	×	×

（续表）

景观化途径		低影响开发(LID)措施				
		透水铺装	绿色屋顶	雨水花园	蓄水池	雨水湿地
互动娱乐	铺设道路	×	●	×	×	●
	结合景观小品	×	×	×	●	×
科普教育	设置标识牌	●	●	●	×	●
	展示雨水处理过程	×	×	×	●	×

注："●"为有；"×"为无。

图 1－4　芦茂路滨河绿地(左)和莘庄梅园(南部)(右)的雨水花园

图 1－5　南园滨江绿地的绿色屋顶

通过布置可以通往屋顶的石板路，提升了绿色屋顶的互动性，为游人提供了观赏之外的近距离感受低影响开发(LID)措施的游憩体验；③ 科普教育途径，南园滨江绿地的蓄水池(见图 1－6)收集的雨水以"瀑布"形式从景观墙上落入水池之后，再经过水生植物的净化，以"叠泉"的形式落入场地中心的湿塘内，通过展示雨水处理过程增强了 LID 措施的科普教育功能。

1.3　上海城市绿地雨水源头调蓄设施轴式视景空间调查

视景空间是指组织风景视线、观赏景物的空间，其内涵既包括"看"的方式与感受，又包括"被看"之景的布局与设计。视景空间具有依附于地形高差与空间开闭的特性，在景观中拥有非常重要的地位，视景空间一旦确定，与视觉影响因素

图 1-6 南园滨江绿地的蓄水池

相关的最佳视距、视角、视域也随之确定，从而影响游人的心理感受。视景空间的营造要素主要包括地形、植物、景观建筑与构筑物三类①。

已有的研究主要聚焦于影响因素和控制优化方法两方面。在影响因素方面，王静等总结了视景空间的影响因素，并指出未来城市滨水景观视景空间与视觉可达性的设计发展趋势②；Sugiyama 等指出，影响视景空间的因素应包括吸引力因素③。在控制优化方法方面，臧晶针对滨水绿地与城市内部之间的视景空间现存问题，指出应该从视点的选择、临河建筑以及周边的街道入手来处理④；都成林选取具有城市代表性的滨水绿道为研究对象，从空间开闭、植物群落、建筑高度、地形高差等方面提出滨水绿地视景空间的优化策略⑤。总体而言，视景空间的针对性研究并不多，更少见对其与视觉影响因素的统筹分析，也少有在某一类景观中对视景空间类型进行的系统归纳和深入研究。因此，本书以视景空间中"看"与"被看"的关系为切入点，通过调查人对滨水绿地中雨水调蓄设施的观景状态，研究人对雨水源头调蓄设施的观景行为，如图 1-7 所示为待调查的滨河绿地视景空间的分布情况。考虑到滨河绿地形态狭长这一特殊性造成的影响，研究团队从长、短轴两个维度归纳基于观景行为的视景空间模式，并调查相应的大众体验与偏好。本书还提出相应的设计原则与策略，为雨水源头调蓄设施的设计实践提供了一定的参考。

有针对性地对建设有雨水源头调蓄设施的上海城市滨河绿地的视景空间和居民的观景行为、偏好等情况进行如下 4 个方面的调查和分析，将为雨水源头调蓄设施的景观效益提升提供理论基础。

(1)"看"与"被看"的关系，即观景点与景点之间的关系。通过行为观察，选择游人聚集较多、观景行为占游人活动比例较高的空间作为观景点。在卫星图上标示出观景点、景点的位置，研究观景点与景点的总体布局，并分析其间视线通廊、视线阻隔的情况。

(2) 游人的观景行为。调查观景点内游人的视景状态，包括视景内容以及视距、视角、视域等影响视景空间的要素，并从观景轴式、观景行为类型两方面展开分析。

(3) 根据以上分析结果，研究基于观景行为的轴式视景空间模式，并分析视景空间营造要素如何影响观景的方式与效果。

(4) 针对以上的轴式视景空间模式，调查游人对不同模式的体验与偏好。基于已有研究筛选与滨河绿地视景空间相关的 6 项视觉偏好指

---

① 王仲伟，郭卫宏. 校园滨水空间尺度的视觉性量化控制：以华南理工大学新校区为例[J]. 华中建筑，2014，32(4)：89-92.

② 王静，武杨. 论城市滨水景观的"可达性"设计[J]. 艺术品鉴，2015(12)：46.

③ Sugiyama T，Francis J，Middleton N J，et al. Associations between recreational walking and attractiveness，size，and proximity of neighborhood open spaces. [J]. American Journal of Public Health，2010，100(9)：1752-1757.

④ 臧晶. 城市滨水绿地道路交通系统分析[D]. 南京：南京林业大学，2010.

⑤ 都成林. 可达性理念下滨水绿道优化策略的分析[J]. 建材与装饰，2017(24)：50-51.

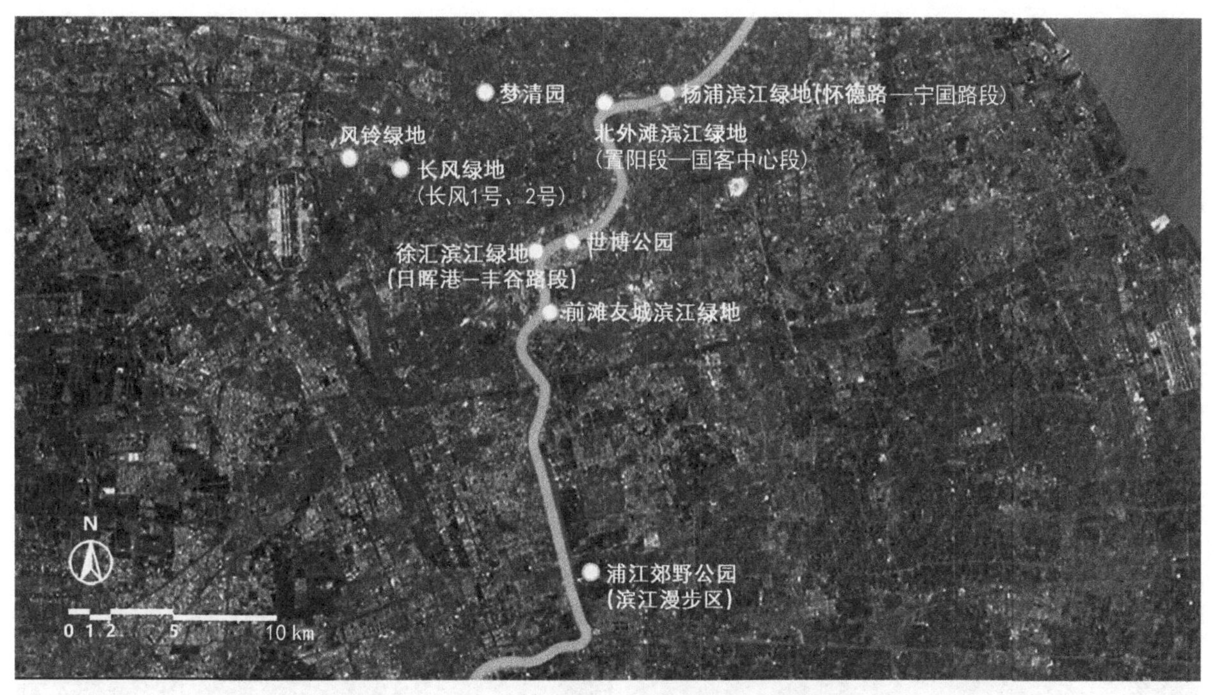

图 1-7　待调查的滨河绿地视景空间的分布情况

标,包括视线通透性、视野开阔性、景观吸引力、引导性、趣味性以及总体满意度。通过问卷调查,让受访者在观看以上轴式视景空间模式的实景照片后,结合个人景观视觉偏好进行打分。采用语义差别法(SD),对每一个评价指标设定刻度为1、2、3、4、5的标尺,让受访者基于标尺做出评分,进一步分析后可得到游人身处不同模式下的体验与偏好。

1.3.1　建有雨水源头调蓄设施的绿地观景点空间分布特征

从观景行为出发,基于对绿地中游人观景行为分区域、分时段的观察、记录,选择在游览高峰时段内聚集的游人数量多,在游人行为活动中观景行为占较大比例的场地作为观景点,可得到不同调研场地内的观景点分布,如图1-8所示为几处建有雨水源头调蓄设施的绿地观景点。

上海具有雨水调蓄设施的滨河绿地的观景点分布呈现以下4个特点(见图1-9):

(1) 沿主园路分布。主园路上的景观序列最复杂,视景变化最丰富。尤其对于狭长的滨水带状绿地而言,主园路往往不是一个封闭的环线,而是一条线性的贯通路线,观景点也随之分布于两侧。

(2) 沿水岸分布。观水是滨水绿地中最主要的观景行为。滨水步道承载了游人漫步、慢跑等功能,形成连贯的动态视线;水岸边也不乏亲水平台、入水栈桥、滨水景观亭与观景台等构筑物,可成为一个个静态视点。

(3) 在入口处分布。入口处的视景会给游人留下进入绿地的第一印象,因此,滨水绿地的入口视觉景观设计十分别致,有的设有宏伟的景观建筑,有的种植美丽的应季植物,从游人踏入绿地的第一步起,就吸引了游人的视线。

(4) 沿设施分布。这与绿地的雨水调蓄设施的分布、景观特征等有关。雨水调蓄设施通常分散在绿地汇水区中,呈现零散分布的状态。局部区域景观设计较丰富,围绕雨水调蓄设施出现的观景点分布较密集。但对于养护管理程度较低的雨水调蓄设施区域,则景观设计相对不丰富,维护管理状况欠佳,观景点分布较稀疏。

具有雨水调蓄设施的上海滨河绿地的景点分布呈现以下3个特点:

(1) 沿主园路分布。景点本质上不是一个空间上的"点",而是植物、建筑、水体等园林要素的有机结合成果,常常沿主园路呈线性分布,构成

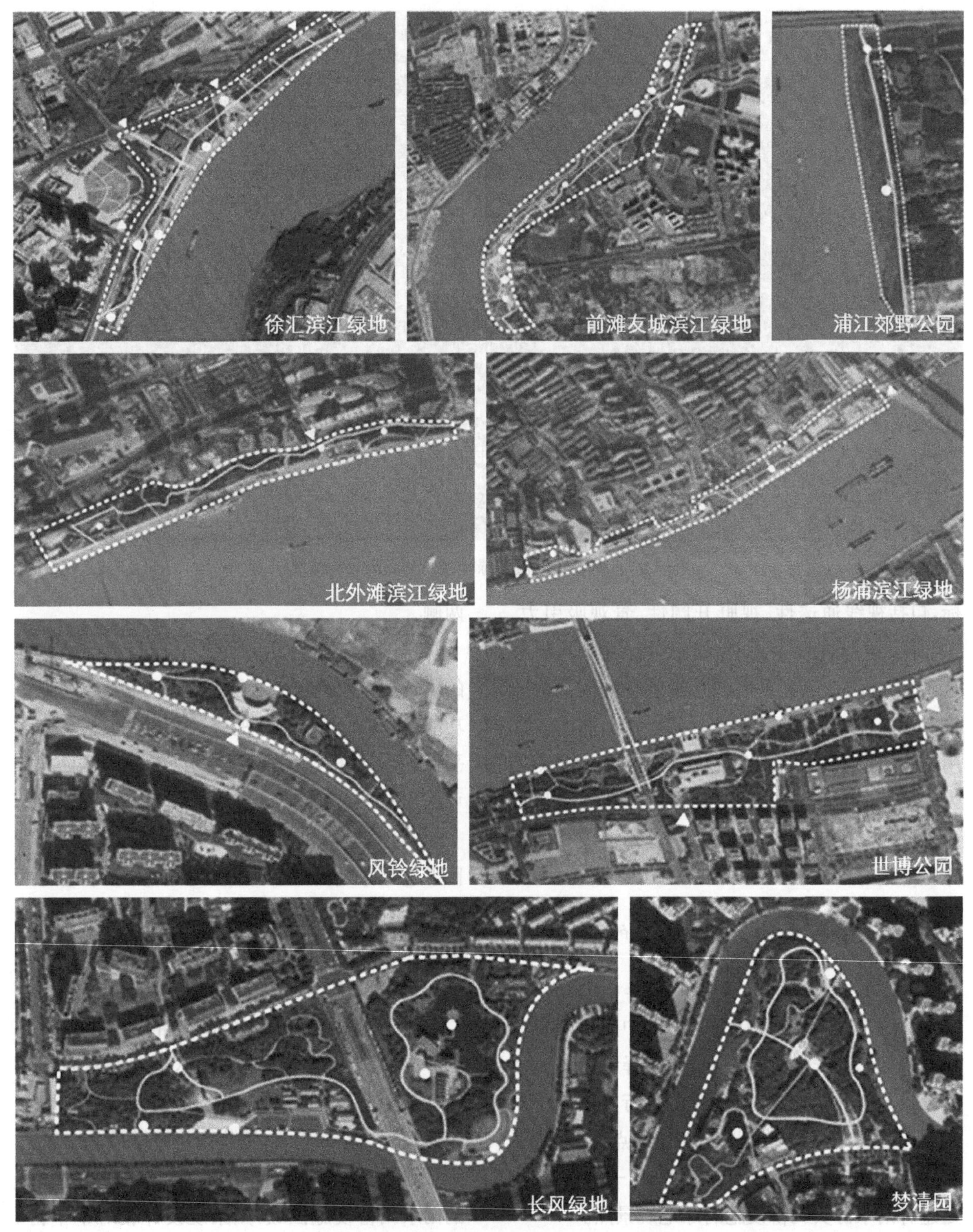

图 1-8 建有雨水源头调蓄设施的绿地观景点

景观序列。例如杨浦滨江绿地，从西到东依次分布有雨水花园、夕照雕塑群、“祥泰木行”文化墙、老塔吊、粉黛乱子草种植带等景点，将杨浦滨江码头一带的“前世今生”向游人娓娓道来。

(2) 不均匀分布。景点的“不均匀”体现在两方面：一方面，种植区域、景观建筑、活动场地3类景点可能相互穿插渗透，例如前滩友城滨江绿地中的瞭望塔、树阵、芦苇荡等景点相互穿插，错落有致。另一方面，这3类景点可能成片分布，各个片区从属于总体规划设计上的功能分

图 1-9 建有雨水调蓄设施的滨河绿地中景点的分布特征

区,例如世博公园在与后滩湿地公园相连的部分,其景点以密林、湿塘、生态驳岸等各类雨水调蓄设施为主;而在与世博轴商业区相连的部分,景点以旱溪、景观桥、塔吊、雕塑为主。

(3) 沿轴线分布。园林中的轴线范式分为单轴、放射轴、交叉轴。滨水带状绿地由于场地狭长,通常只有一个长轴,但在局部区域内可能存在多个短轴。在短轴上(单轴)或短轴与长轴的交汇处(交叉轴)集中分布多类型的景点,有利于丰富视景内容,强化景观的吸引力。

1.3.2 建有雨水源头调蓄设施的绿地视线通廊与视线阻隔

通过对具有雨水源头调蓄设施的绿地观景

点与景点的总体布局平面图的测绘与分析(见图1-10),可以得出两者之间视线通廊、视线阻隔的联系与规律。

(1)视线一般在近水侧是开敞的,在远水侧受阻。城市内部往往建有高楼和道路,一般城市内带水源的观景点在远水侧多进行较密集的种植以隔离噪声、尾气,并减轻高楼体量带来的压迫感,而近水侧以疏朗种植或硬质开阔场地为主。例如,北外滩滨江绿地在绿地内侧种植有密林,而滨水一侧视线十分通透。

(2)一个观景点可以针对多个景点形成视线通廊,反之亦然。"看"与"被看"的相互关系共同构成了视景的多样性与丰富性。例如徐汇滨江绿地,其景观桥上的游人可以近看广场中

图1-10　绿地观景点与景点之间的视线通廊与阻隔关系分析

的滑板少年，也可以远眺艺术气息集聚的龙美术馆，反之景观桥和桥上的游人在他人眼中也是一景。

(3) 植物景观的视线阻隔一般较强。植物景观在垂直立面上具有一定的围合性，人进入其中可以获得沉浸式的野趣。例如，游人进入长风绿地中部的密林，宛如迈入森林一般，可以暂时抛开外部的喧嚣。

(4) 短轴上的视景空间易形成强通透、长视距的特点，长轴上的视景空间易形成弱通透、短视距的特点。基于城市道路与水平面之间的高差，滨水带状绿地在短轴方向上一般逐渐向水面放坡；出于亲水性的考量，在短轴方向上也需要通过空间的设计将人引向水边。因此，当场地中存在明确的短轴方向的景观轴线时，往往易形成通透性强的视觉通廊。例如梦清园中的“空中水渠”可任凭游人的视线随水渠向远处延伸，有绵延之美。而长轴上的道路为避免单调，往往富有宽窄、曲折的变化，因此，视觉通廊不易形成。

1.3.3　滨河设施绿地中人的观景行为特征及游憩偏好分析

从以上调查筛选出的观景点范围内，选择3个游人量最大的代表性观景点，进行游人观景行为调查。调查内容包括客观层面的视景内容，以及主观层面的视距、视角、视域等视觉影响因素。调查结果以游人观景行为特征和游人观景行为与绿地视景形式图(见表1-7、图1-11)表现，全面地分析了游人的观景状态，这有助于对观景行为进行深入分析。

表1-7　游人观景行为特征

公园/绿地	调查内容	景点1	景点2	景点3
徐汇滨江绿地(日晖港—丰谷路段)		入口	景观桥起点	龙美术馆
	视距 D/m 视角 α/(°) 视域 β/(°)	109.0 +17.5 人眼最大视域	54.0 −8.1 人眼最大视域	42.0 +2.3 10.0
	景观层次	(前)塔吊； (中)黄浦江； (后)卢浦大桥	游人活动场地	(前)景观桥； (中)活动场地； (后)江畔
	主要活动	慢行	俯瞰人群活动	摄影，通行
杨浦滨江绿地(怀德路—宁国路段)		雨水花园	“兰州路一号”阶梯	“祥泰木行”文化墙
	视距 D/m 视角 α/(°) 视域 β/(°)	被阻隔 +4.2 29.0	37.0 −3.9 人眼最大视域	被阻隔 0.0 极狭窄
	景观层次	芦苇荡与草坡	(前)景墙； (后)水面与对岸绿地	(前)景墙； (后)杨浦大桥
	主要活动	慢行	俯瞰人群活动	摄影，通行
北外滩滨江绿地(置阳段—国客中心段)		音乐草坪	林中漫步道	彩虹桥
	视距 D/m 视角 α/(°) 视域 β/(°)	72.0 −3.2 90.0	25.0 0.0 极狭窄	815.0 +29.2 60.0
	景观层次	(前)植被与大草坪； (后)黄浦江	慢跑道与植被	(前)桥下植坛； (后)对岸以东方明珠为代表的建筑群
	主要活动	集会，文娱，坐憩	慢行，慢跑	登高，远眺

（续表）

公园/绿地	调查内容	景点1	景点2	景点3
浦江郊野公园（滨江漫步区）		入口	“夕阳水岸”观景台	老码头步道
	视距 D/m 视角 α/(°) 视域 β/(°)	722.0 +16.3 人眼最大视域	1 525.0 +5.5 人眼最大视域	93.0 +2.2 人眼最大视域
	景观层次	（前）生态湿地； （中）闵浦大桥； （后）吴泾化工厂	（前）生态湿地； （后）闵浦大桥、热电厂	（前）生态湿地； （中）老码头； （后）黄浦江
	主要活动	远眺，慢行	远眺，摄影	慢行
风铃绿地		景观连廊	主入口	活动场边绿地
	视距 D/m 视角 α/(°) 视域 β/(°)	被阻隔 0.0 21.0	47.0 −2.6 56.0	27.0 −5.3 13.0
	景观层次	连廊建筑体	（前）入口建筑、雕塑； （后）苏州河	（前）植被； （后）活动场
	主要活动	通行	慢行	慢行，慢跑
前滩友城滨江绿地		微地形种植带	儿童攀岩场	芦苇荡湿地
	视距 D/m 视角 α/(°) 视域 β/(°)	35.0 0.0 45.0	16.0 −30.2 71.0	624.0 +4.8 人眼最大视域
	景观层次	植被与园路	（前）儿童活动； （中）大草坪； （后）黄浦江	（前）芦苇荡； （后）江畔建筑群
	主要活动	慢行	远眺，活动	环顾，远眺
世博公园		观江眺台	林中小径	老塔吊瞭望台
	视距 D/m 视角 α/(°) 视域 β/(°)	296.0 18.2 人眼最大视域	被阻隔 −3.4 极狭窄	76.0 −6.4 人眼最大视域
	景观层次	（前）块石护岸； （后）卢浦大桥	（前）植被； （后）水面、卢浦大桥	（前）老塔吊； （中）黄浦江； （后）江畔建筑群
	主要活动	远眺，摄影	慢行	环顾，远眺
梦清园		小鱼岛滨水道	星月湾	大鱼岛瞭望亭
	视距 D/m 视角 α/(°) 视域 β/(°)	9.0 −5.7 65.0	15.0 −12.0 人眼最大视域	66.0 −8.4 90.0
	景观层次	小鱼岛植被与雕塑	景观灯与生态岸线	（前）大鱼岛植被； （后）苏州河
	主要活动	慢行，坐憩	科教	远眺

（续表）

公园/绿地	调 查 内 容	景点 1	景点 2	景点 3
长风绿地（长风 1 号、2 号）		二号绿地北入口	一号绿地湖心码头	南岸观光塔
	视距 D/m 视角 α/(°) 视域 β/(°)	72.0 +42.1 27.0	69.0 +13.0 人眼最大视域	162.0 −7.6 3.0
	景观层次	(前)“试剂一厂”大烟囱；(后)苏州河岸	景观桥、植被	鸟瞰全园及城市道路、天际线
	主要活动	慢行，集散	环顾	远眺，俯瞰

注：视角“+”代表沿逆时针方向；“−”代表沿顺时针方向。

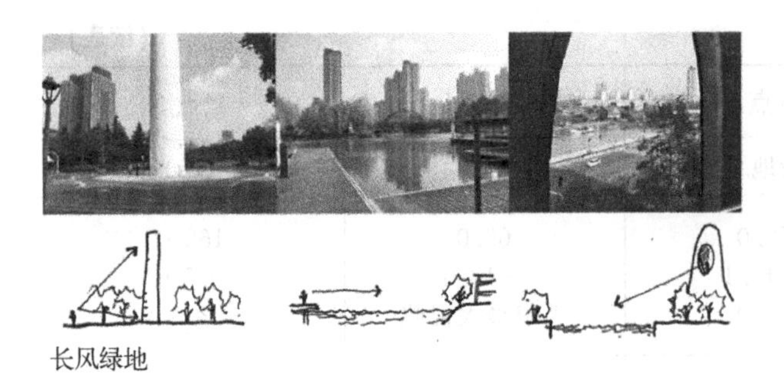

长风绿地

图 1-11 游人观景行为与绿地视景形式图

1.3.3.1 滨河设施绿地中人的观景行为轴式影响因素分析

调查研究发现，由于滨水绿地条带形态的特殊性，其不同轴向维度的视景空间对游人的观景行为产生了影响，主要可以分为长轴和短轴两个维度(见表 1-8)。

表 1-8 绿地中游人观景行为轴式影响因素

方向		影响因素	空间特点	观景行为特征		
				视角	视距	视域
短轴	近水侧	游人观赏水体的需求	硬质场地面积大，空间较开敞	平视或俯视	较远	视域内景观层次丰富
	远水侧	场地尺度和空间私密性设计	地形多样，种植丰富	俯仰多变	远近变化多样	较狭窄
长轴	—	避免“一览无余”的无趣	视觉阻隔多、有参差错落的变化	平视	远近变化多样	狭窄或向近水侧单向开放

1.3.3.2 滨河设施绿地中人的观景行为类型分析

在调查研究中发现，由于带状绿地的短轴立面涵盖了滨水绿化带空间、滨水岸空间以及水体空间 3 个部分，尤以滨水绿化带空间内的设计尺度更为精巧，内容更为丰富，风格更为迥异，因此，大众的观景行为多发生于短轴方向上。从空间类型的角度出发，短轴方向上有 4 种空间可以吸引大量的游人观景，分别是入口空间、广场空间、绿化空间、滨水空间。针对这 4 种空间，游人有大量的驻足、观赏、摄影等行为，停留时间较长，观景行为较多样，例如在绿化空间中近距离观赏植物之美，或在水边的观景台上久久遥望远方。

此外，在带状绿地的长轴方向上也存在观景行为，但由于该方向上的视距较长，往往超过了中观距离，因此，观景行为主要属于短暂性眺望，性质与前 4 种短轴方向上的行为并不相同。空间类型上，由于长轴方向上的景物只能作为一个整体被粗略地眺望，故其很难像短轴方向上一样被界定为某一特定类型的空间。基于本书轴式视景空间的研究内容，不妨将其命名为长轴空间。针对长轴空间，游人也有一定的观景行为，其中很多行为发生在行进当中，视点移动速度快，视景内容变化快。在此将绿地中游人的观景行为分为长轴和短轴两个维度进行归纳(见表 1-9)。

表 1-9 游人观景行为类型轴式归纳

方向	视景类型	游人观景行为
短轴	入口空间	观看标志性构筑物；顺着入口遥望滨水空间；将视线聚焦于入口广场；观看入口道路两侧的种植
	广场空间	从高处俯瞰成群的游人玩耍或运动；观看广场前绿地上的即兴演出活动；观看者与活动者互有视线交织

（续表）

方向	视景类型	游人观景行为
短轴	绿化空间	在空旷的绿地内环顾四周或眺望远方；在密植的树丛中近距离观察植物
	滨水空间	在滨水台地上轻松观望滨水空间；在亲水平台或栈道上眺望水面与对岸；在观景高台上极目远眺河流景观
长轴	长轴空间	顺着平坦步道远眺前方道路；在曲折园路上观微地形与植物；仔细观察阻隔的构筑物

1.3.4 滨河设施绿地中的轴式视景空间与游人偏好分析

基于以上针对 5 种不同空间类型的游人观景行为，进一步分析得到 15 种轴式视景空间模式(见图 1-12)。这些模式分别对应着一定的视景空间营造要素组合方式，形成不同的视觉效果，带给游人不同的视觉体验。

1.3.4.1 滨河绿地短轴视景空间

短轴视景空间按入口、广场、绿化、滨水空间的不同有以下几种情况。

(1) 入口空间，分为以下 4 种。

标志构筑物形成焦点型：特点是入口植物列植营造秩序感，视域逐渐开阔，观赏尽端的标志物需要较大的仰视视角；视景空间的营造要素包括植物、建筑与构筑物，例如长风绿地和徐汇滨江绿地。

园路波折限制视距型：特点是入口曲折、不对称，植物铺装有方向性引导；向前的视线受阻，促使人在前行中不断改变视线方向；视景空间的营造要素包括植物和建筑，例如前滩友城滨江绿

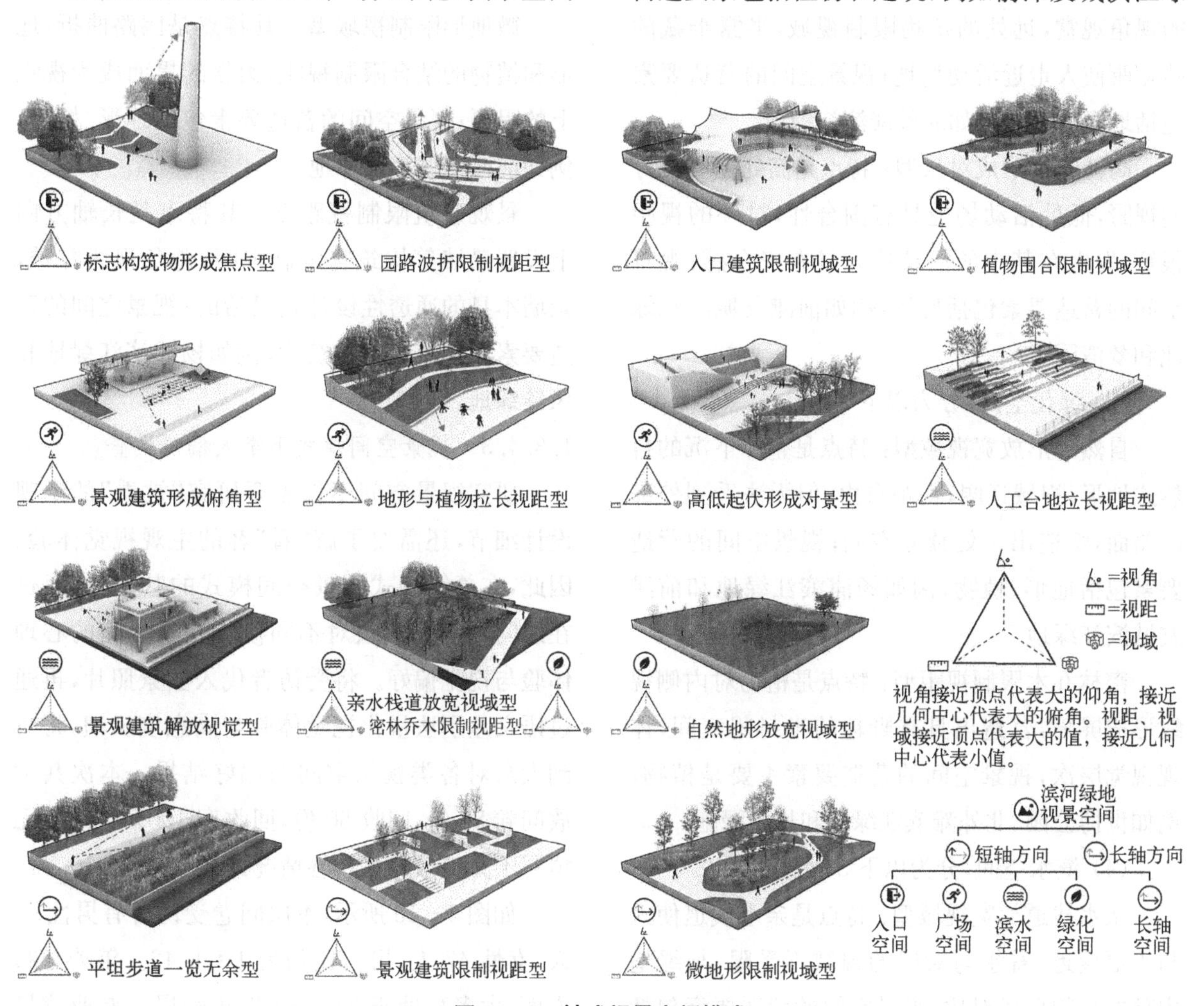

图 1-12 轴式视景空间模式

地和世博公园。

入口建筑限制视域型：特点是入口形状和地形形成引导，视线向两侧受阻，向内部通透，硬质广场是视线聚焦的地方；视景空间的营造要素包括建筑与构筑物、地形、植物，例如风铃绿地。

植物围合限制视域型：特点是游览的路径多样，游人可以选择植物丰富而视线略受阻隔的路径，此类路径的视觉体验和趣味感丰富；视景空间的营造要素包括地形、植物，例如杨浦滨江绿地和北外滩滨江绿地。

(2) 广场空间，分为以下 3 种。

景观建筑形成俯角型：特点是广场边景观建筑处的俯瞰视角较大，视域宽广，视觉在各个方向上均不受阻隔，游人可全面观察人群活动；视景空间的营造要素包括建筑与构筑物，例如徐汇滨江绿地和世博公园。

地形与植物拉长视距型：特点是以不受限制的视角观赏，远处的植物限制视域，半露半藏的感觉驱使人走近活动场地；视景空间的营造要素包括地形、植物，例如北外滩滨江绿地。

高低起伏形成对景型：特点是高处拥有良好的视野，低处活动场地具有围合性，对外的视距很短，发生在其中的活动使人具有安全感；视景空间的营造要素包括地形，例如前滩友城滨江绿地和梦清园。

(3) 绿化空间，分为以下 2 种。

自然地形放宽视域型：特点是整体下沉的自然式地形，视域辽阔，视距自由，但无法看到外部的路面，塑造出一处独立空间；视景空间的营造要素包括地形、植物，例如杨浦滨江绿地和前滩友城滨江绿地。

密林乔木限制视距型：特点是植物对内侧视线形成屏障，营造出具有野趣的半封闭空间，体现视觉层次；视景空间的营造要素主要是植物，例如世博公园、北外滩滨江绿地和长风绿地。

(4) 滨水空间，分为以下 3 种。

亲水栈道放宽视域型：特点是亲水栈道使人与水更接近，看水与对岸的视域不受限，与绿地内部的封闭形成对比；视景空间的营造要素包括建筑与构筑物，例如世博公园、浦江郊野公园和长风绿地。

人工台地拉长视距型：特点是俯瞰视角、长视距，台地结合坐憩设施，观水轻松舒畅；视景空间的营造要素包括地形，例如杨浦滨江绿地和前滩友城滨江绿地。

景观建筑解放视觉型：特点是有高大的观景建筑，本身是一处视觉焦点，下方的视觉通透性较差，登高望远则具有良好感受；视景空间的营造要素包括建筑与构筑物，例如世博公园、北外滩滨江绿地和梦清园。

1.3.4.2 滨河绿地长轴视景空间

长轴视景空间分为以下 3 种：

平坦步道一览无余型。其特点是空间开敞，道路平坦，没有建筑和植物的阻隔，视角平，视距长；缺乏典型的视景空间营造要素，例如浦江郊野公园和徐汇滨江绿地。

微地形限制视域型。其特点是园路曲折，地形和植物的结合限制视距，柔软的界面成为视觉上的阻隔；视景空间的营造要素包括地形、植物，例如前滩友城滨江绿地。

景观建筑限制视距型。其特点是长轴方向上设置景墙等构筑物限制视距，避免视线穿透，景墙本身的通透性设计是灵活的；视景空间的营造要素包括建筑与构筑物，例如杨浦滨江绿地和风铃绿地。

1.3.4.3 视景空间模式下游人偏好调查

研究视景空间不仅需要研究“被看”的景观设计细节，还需要了解“看”客的主观视觉体验。因此，在总结轴式视景空间模式的基础上，通过在线问卷调查大众对不同模式视景空间的心理体验与视觉偏好。将受访者代人实景照片，再通过语义差别法量化视觉体验与满意度反馈，将得到大众对各类视景空间的偏好结果。本次共发放问卷 80 份，回收 80 份，回收率 100%。问卷无填写不完整或随意作答情况，问卷有效率 100%。

如图 1－13 所示，本次问卷受访者有男性 33 人、女性 47 人，男女比约为 1∶1.42。年龄分布方面，大多数处于 21～30 岁年龄段。专业背景

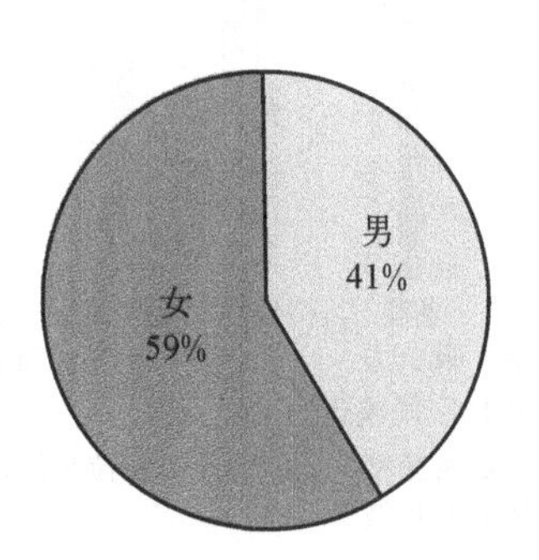

图 1-13 受访者基本信息

方面，52.5%的受访者具有相关专业背景，47.5%的受访者未有过园林景观相关专业学习。调研场地的平均每日游人量，夏季在600～700人之间，冬季在300～400人之间，可选择人流量较多的季节作为样本量的参考。当问卷回收量超过游人量的10%时，可以认为本次调查拥有普遍性和代表性。

由图1-14可知，从短轴方向上观看入口空间，视线通透性、视野开阔性强的模式，即使由于空间开敞而丧失了一部分趣味性，也可以得到多数人的偏爱；视线通透性、视野开阔性弱的模式，由于植物、地形等因素形成了很强的引导性，也可以获得较高满意度。设计大尺度构筑物或许是为了使其成为视觉焦点，但反而可能因阻隔视线、拉高视角而影响视觉体验。总体而言，入口需要有较强的视觉引导性，方便游人对景点有一个大概的认识。入口广场以线性的为宜，辅以两侧的种植形成引导。

从短轴方向上观看广场空间，视线通透性、视野开阔性越强的模式，获得的总体满意度越高。问卷表明，相比起在低处，大众更喜欢在高处俯瞰其他游人的活动。总体而言，观看广场空间需要有较好的视野、较疏朗的空间，从而使游人获得轻松的俯瞰视角、宽阔的视域。景点高差可以通过塑造地形、构筑景观桥等来实现。

从短轴方向上观看绿化空间，视线通透性、视野开阔性强的模式，其尺度较大，绿草如茵，空间开朗；视线通透性、视野开阔性弱的模式，其垂直立面上的乔灌草层次分明，空间相对封闭，但是引导性和趣味性更强。对这两种模式的美感程度的评价因人而异，整体十分接近，满意度也都较高。

从短轴方向上观看滨水空间，在延伸入水的亲水栈道上观景，则视距邈远、视角平缓、视域宽广，视景空间很宽广，再结合远处的城市天际线，能欣赏到本身明朗而纯粹的水景。这种模式虽然趣味性不高但仍然最受大众喜爱。在滨水的观景高台上俯瞰水面，视线可达性也较强，但整体上各项指标都稍逊。而在阶梯式硬质地形上观水景，虽然有逐级而下的引导感和人工要素的趣味性，但由于视线的受阻隔感较强而无法博得大多数人的偏好。

对于从长轴方向上观景，视景空间对游人满意度的影响是决定性的。以自然式微地形和疏朗植物装饰园路，则视线被一种较温柔的方式阻隔，而并非完全隔断，视线通透性、视野开阔性强，景观吸引力和引导性也较高，因此，该模式获得了最高的满意度。以景墙等构筑物塑造长轴的视觉变化的模式，在视景空间上不如前者，但是令人感到很有趣。而对于路径笔直且毫无遮挡的模式，虽然视线没有阻隔，但过于无趣，使人既容易一望到底，又可能盲目四顾，因此，视景空间并不强，所获游人偏好程度较低。

通过问卷调查得知，滨水带状绿地的不同轴式视景空间模式，会在不同程度上影响大众对视景的偏好程度。因此，在进行相关设计时，需要考虑各个模式间的配搭，选取总体满意度高的模式，进行相应的变化和融合，以达到整体上的

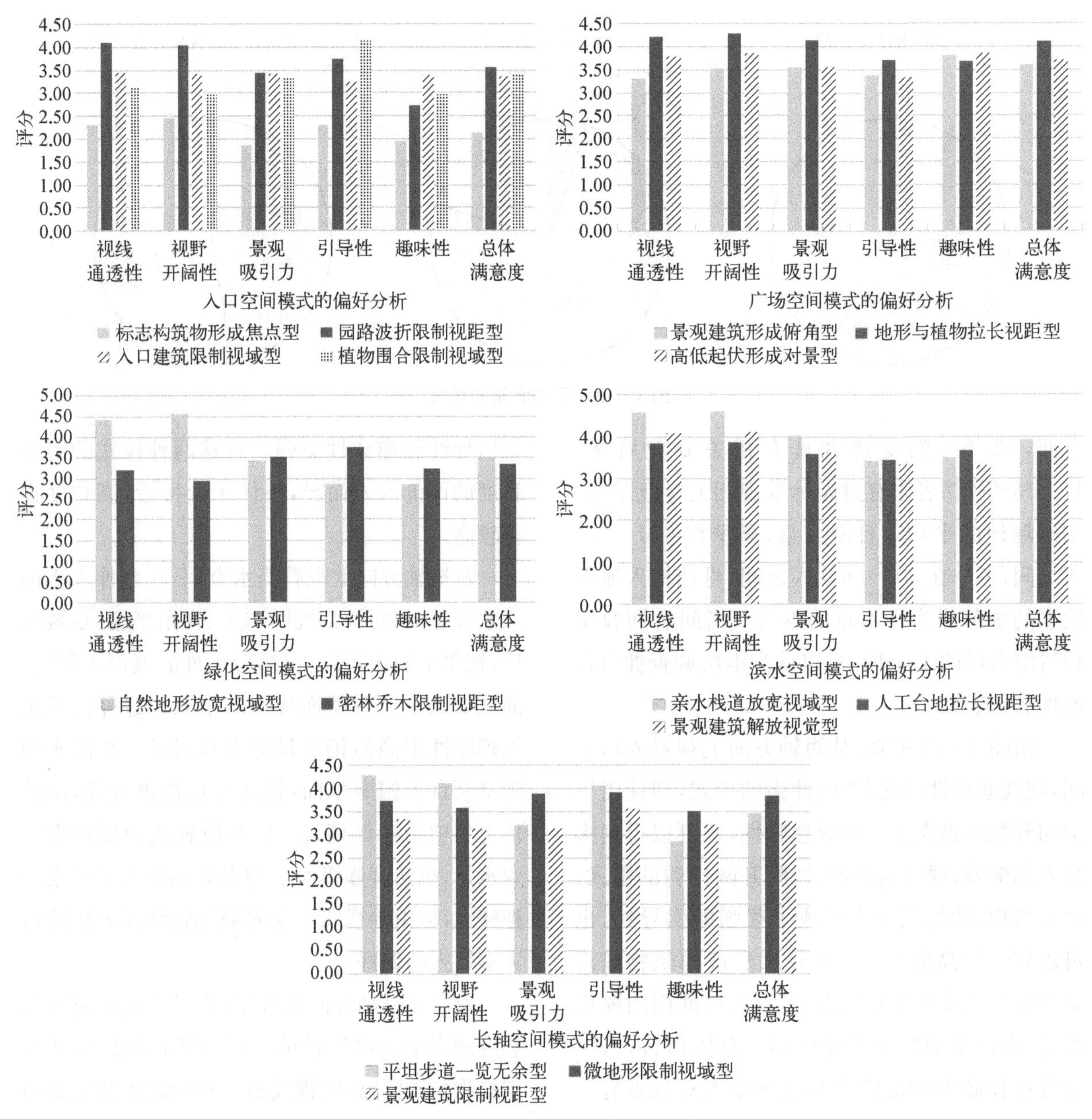

图 1-14　轴式视景空间偏好分析

统一。

1.4　上海城市绿地雨水源头调蓄设施建设面临的问题与应对策略

1.4.1　上海城市绿地雨水源头调蓄设施建设前后的效益对比

由实地踏勘、生态学与社会学调查的结果可知，土壤孔隙度、紧实度、饱和含水量、温湿度、电导率等是影响绿色基础设施雨水蓄积能力及土壤入渗能力的重要因素。由于植物群落的雨水截留能力包含植物冠层截留、茎干截留、地表覆盖物截留和土壤截留等多个层面，因此，城市绿色基础设施对雨水径流的管理和削减主要依靠土壤孔隙度、紧实度、饱和含水量、温湿度、电导率等土壤的物理性质所实现。

为了探究绿地雨水源头调蓄设施建设前后对上述土壤物理性质的影响以及评估设施建设效益，可选取上述已经建设了绿地雨水源头调蓄设施的示范地进行土壤物理性质的调查分析，并对比分析绿地雨水源头调蓄设施建设前后的土壤性质。这也能为未来城市绿地的雨水源头调蓄设施建设提供数据支持及建议。

1.4.1.1 土壤饱和含水量及蓄水空间分析

每个取样地选3个样点，每个样点3次重复采样，在雨水源头调蓄设施建设前后两个不同时间进行实地踏勘和土壤采样。其中，土壤自然含水量、饱和含水量、孔隙度、容重等指标通过环刀法测定，土壤温湿度及导电率通过WET土壤三参数仪测定，土壤紧实度通过便携式数显土壤紧实度仪测定。土壤的孔隙度、紧实度、饱和含水量、温湿度、电导率等5个物理特征是对上海市不同区位及不同功能的绿地海绵体的降雨径流蓄渗功能进行评估的基本要素。因此，通过调研可总结和分析雨水设施建设前后的土壤改良情况，并对建设后的效益进行评估，也为未来进一步深化海绵城市建设提出行之有效的建议。

从图1-15可知，以上海临港滴水湖环湖景观带为例，其在低影响开发设施建设后的土壤自然含水量为22.08%，比建设前低2%；建设后土壤饱和含水量为40.02%，比建设前低0.36%；建设后土壤蓄水空间为17.97%，比建设前高1.5%；土壤自然含水量明显低于建设前，饱和含水量略低于建设前，而蓄水空间明显高于建设前。

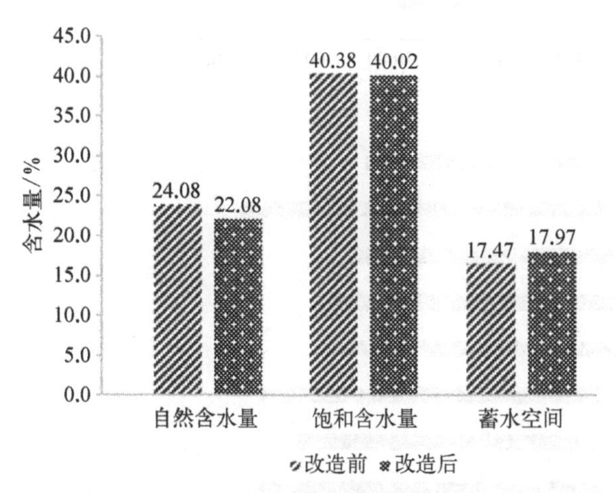

图1-15 绿地改造前后土壤理化性质对比分析

土壤含水量的时空变异是降雨、温度、相对湿度、植被、土壤、人为活动等诸多因子综合作用的结果，另外，土壤含水量还与土壤的理化性质，例如孔隙度等有关，且不同地区由于环境条件的差异，影响因子较多。因此，本次调查时间较为集中，尽量控制在相同的气候条件下取样，以规避不可控环境因素的影响，故影响土壤含水量的主要因素为温度、相对湿度、植被、土壤理化性质和人为活动。

在绿地雨水调蓄设施建设后，调查对象的土壤情况呈现类似的规律，即自然含水量下降，饱和含水量变化不明显，蓄水空间增大。究其原因，可能是土壤性质、地下结构层和植被类型影响的结果。

首先，绿地雨水源头调蓄设施的种植土不同于一般的种植土，是一般种植土与黄沙按1∶1体积混合而成的，故其土壤孔隙度更大，蓄水空间也更大。其次，植被也是影响土壤含水量的一个重要因素。低影响开发设施内由于种植层较薄，无法种植高大乔木，因此，主要的植被类型为灌木和草本，郁闭度相比建设低影响开发设施前有所降低，导致地表土壤温度上升，相对湿度下降，这也是导致自然含水量下降的一个因素。同时高大乔木下层往往有许多凋落物与腐蚀层，这也有助于土壤保持水分，而低影响开发设施内则没有凋落物与腐蚀层，导致土壤自然含水量降低①。植被根系对土壤含水量也有一定的影响。

另外，低影响开发设施的结构层对土壤含水量可能也有一定的影响。低影响开发设施由于在结构上与一般的种植土不同，在表层土壤下增加了砾石层等结构层，加快了土壤中水分下渗的速度，故其中的土壤自然含水量低。另外，由于结构层的阻隔，地下水无法补充至土壤中，这也在一定程度上导致了自然含水量的降低，从而增加了蓄水空间。

1.4.1.2 土壤容重及孔隙度分析

土壤容重是指土壤在未破坏自然结构的情况下，单位体积中的重量。土壤容重的大小与土壤质地、结构、有机质含量、土壤紧实度等有关系。沙土容重较大，而黏土的容重较小，一般腐

① 余雷，张一平，沙丽清，等. 哀牢山亚热带常绿阔叶林土壤含水量变化规律及其影响因子[J]. 生态学杂志，2013，32(2)：332-336.

殖质较多的表层容重较小。土壤容重不仅仅可以用于鉴定土壤颗粒间排列的紧实度，而且是计算土壤孔隙度和空气含量的必要数据。常用的测定土壤容重的方法有环刀法。

土壤容重与土壤紧实度的关系最为直接，紧实度越大，容重也越大。已有研究表明，土壤容重为 1.40 g/cm^3 时将严重影响植物根系的生长，即 1.40 g/cm^3 是影响根系生长的容重极限值。一般适于植物生长的表层土壤容重小于 1.30 g/cm^{3}①。一般公园绿地中，靠近道路的绿地土壤容重会偏高，对植物生长十分不利，是土壤改良的重点区域。

改造后的绿地土壤紧实度也是显著减小的。将建设过低影响开发雨水源头调蓄设施的 9 个滨河绿地的土壤容重进行对比，如图 1－16 所示，由此看出绿地的土壤容重和孔隙度达到了平均标准，土壤的持水能力较强。这说明雨水源头调蓄设施建设在改善土壤质地方面颇有成效。造成这种现象的可能原因是土壤性质、植被类型和人为因素的差异性。也可以明显看出绿地中包含水体的样地呈现出较高的土壤孔隙度。

另外，改造中还涉及的因素为植被和人为影响。植被可以增加根植层土壤的孔隙率，有研究表明，森林植被土壤的粗孔隙率约为 20%，而草地的粗孔隙率只有 4%，裸露荒坡的粗孔隙率则更低。改造后的绿地植被类型更为丰富，根系也更为发达，故孔隙度更高。

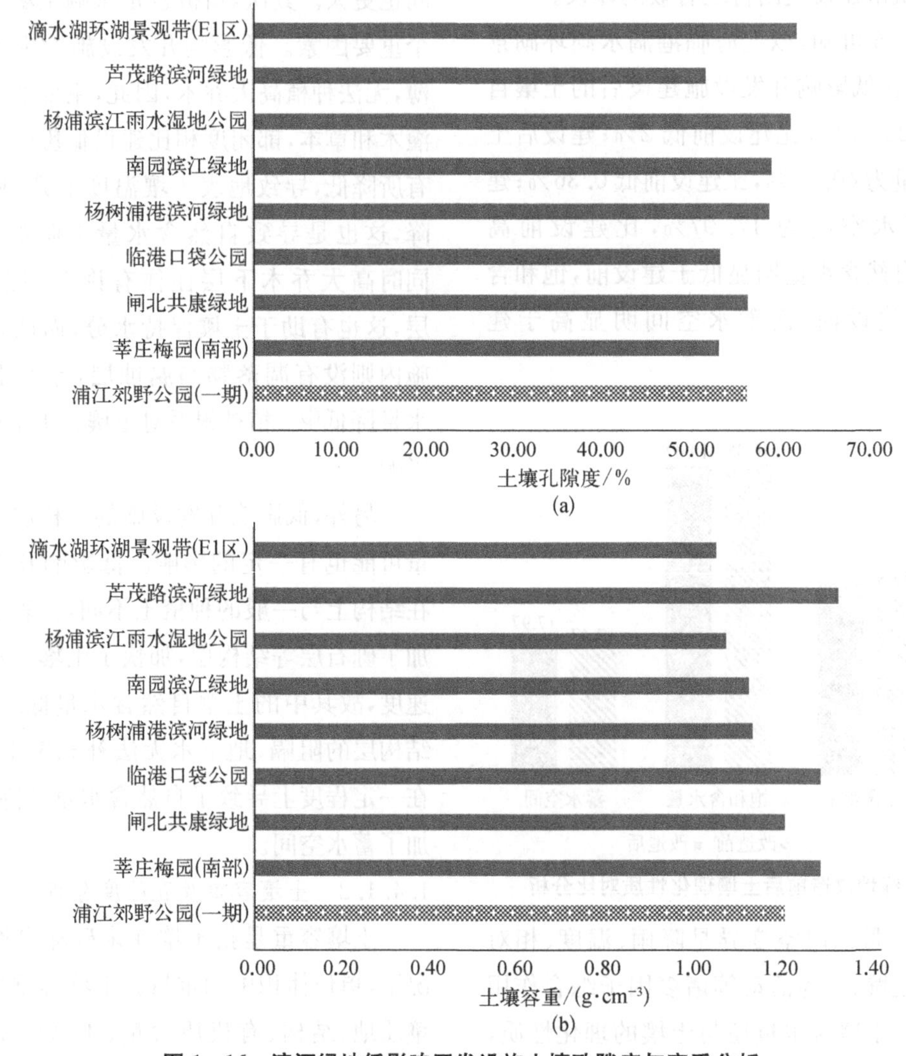

图 1－16　滨河绿地低影响开发设施土壤孔隙度与容重分析

(a) 绿地低影响开发设施土壤孔隙度分析　(b) 绿地低影响开发设施土壤容重分析

① 刘义存. 绿地土壤物理性质在海绵城市规划建设中的影响[J]. 农村经济与科技，2016(12)：21－22.

1.4.1.3 土壤紧实度及蓄水特征分析

土壤紧实度是指土壤抵抗外力的压实和破碎的能力，是土壤物理性质的一项重要指标。土壤紧实度与土壤受外力的大小、土壤质地、土壤结构和土壤有机质含量有关。本次土壤紧实度的数据使用便携式数显土壤紧实度仪测定，仪器自动记录下 0 cm、2.5 cm、5 cm、7.5 cm、10 cm、12.5 cm 和 15 cm 处的土壤紧实度。土壤紧实度测定与土样采集同时进行，在采样点周围随机测定 3 个点，取 3 个测定点的平均值作为该取样点的紧实度①。除土壤自身物理特征和植物根系以外，人为活动(如压实与践踏等)也会影响土壤紧实度，从而影响土壤的蓄水特征。

为实现更加直观的比较分析，取调查样地的土壤紧实度的平均值作为图表的基本数据。以临港芦茂路滨河绿地为例，图 1－17 可以表明雨水源头调蓄设施建设前后绿地的土壤紧实度随土壤剖面深度的变化以及其土壤紧实度的差异。地表 0 cm至地表下 15.00 cm 处，改造前后绿地的土壤紧实度呈现相同趋势，均随深度增加而逐渐增大，并且在地表下 12.50 cm 和 15.00 cm 处增幅变小，趋于稳定，建设后的紧实度明显较建设前低。改造前后的绿地呈现不同的变化趋势可能与建设养护的方式和强度密切相关。具有雨水源头调蓄设施的公园绿地进行过土壤改良，可能是其土壤紧实度在不同剖面低于改造前的原因。

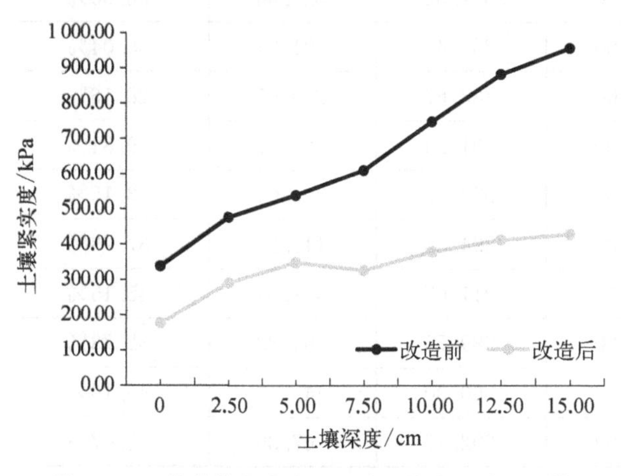

图 1－17 临港芦茂路滨河绿地设施建设前后土壤紧实度随剖面深度的变化

从图 1－18 可以看出，雨水源头调蓄设施建设前后杨浦滨江雨水湿地公园的土壤紧实度随土壤剖面深度的变化以及其土壤紧实度的差异。地表 0 cm 至地表下 15.00 cm 处，改造前绿地的土壤紧实度随深度增加逐渐增大；而改造后绿地的土壤紧实度在地表 0 cm 至地表下 2.50 cm 处呈现增加的趋势，从地表下 2.50 cm 至 15.00 cm 处，土壤紧实度基本趋于稳定。可以看出，建设后的紧实度明显较建设前低，尤其在 15.00 cm 处雨水源头调蓄设施建设前的样地土壤紧实度为 960.00 kPa，显著大于改造后的 292.17 kPa。这进一步证明了进行雨水源头调蓄设施建设与土壤改良对于土壤紧实度的降低具有一定的作用，从而保证了植物根系的正常生长。并且，建设后的绿地土壤孔隙度较之前增大，具有更好的入渗性能。

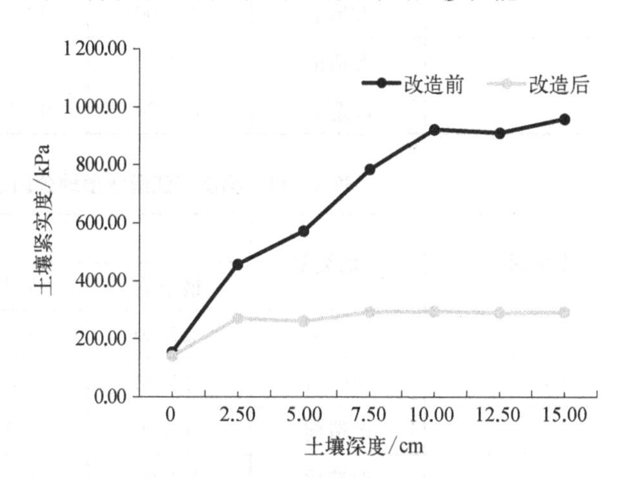

图 1－18 杨浦滨江雨水湿地公园设施建设前后土壤紧实度随剖面深度的变化

另外，建设前后不同类型的绿地土壤的紧实度均存在较大的数值变化(见表 1－10、表 1－11)，说明土壤紧实度具有较大的空间变异性。空间变异性表现在同一城区不同地点的水平变异性和沿土壤剖面的垂直变异性。

从表 1－10 中可以看出，从地表 0 cm 至地表下 15.00 cm 处(5.00 cm、7.50 cm 处除外)，改造前的土壤紧实度的最大值、最小值和平均值均大于改造后；而变异系数变化的明显规律是地表下 7.50 cm、10.00 cm、12.50 cm 和 15.00 cm 处，改造前的土壤紧实度的变异系数比改造后小。

① 刘艳. 北京市崇文区绿地表层土壤质量研究与评价[D]. 北京：中国林业科学研究院，2009.

表 1-10　临港芦茂路滨河绿地设施建设前后土壤紧实度描述统计

土壤深度/cm	绿地类型	土壤紧实度/kPa				
		最小值	最大值	平均值	标准差	变异系数
0	改造前	41.00	606.00	337.17	235.54	69.86%
	改造后	27.00	386.00	176.62	118.00	66.81%
2.50	改造前	41.00	923.00	475.33	317.61	66.82%
	改造后	27.00	441.00	290.08	119.41	41.16%
5.00	改造前	41.00	772.00	537.17	254.79	47.43%
	改造后	165.00	785.00	347.23	163.89	47.20%
7.50	改造前	386.00	758.00	608.67	126.38	20.76%
	改造后	165.00	909.00	325.77	191.64	58.83%
10.00	改造前	523.00	2 398.00	746.17	236.58	31.71%
	改造后	193.00	1 199.00	378.08	282.12	74.62%
12.50	改造前	427.00	3 170.00	879.67	390.26	44.36%
	改造后	220.00	1 240.00	411.00	327.92	79.79%
15.00	改造前	372.00	3 224.00	953.00	418.07	43.87%
	改造后	151.00	1 364.00	426.62	308.72	72.36%

表 1-11　杨浦滨江雨水湿地公园设施建设前后土壤紧实度描述统计

土壤深度/cm	绿地类型	土壤紧实度/kPa				
		最小值	最大值	平均值	标准差	变异系数
0	改造前	27.00	537.00	153.33	195.45	127.47%
	改造后	25.00	330.00	139.58	104.87	75.13%
2.50	改造前	68.00	689.00	456.67	220.17	48.21%
	改造后	151.00	468.00	269.42	94.39	35.04%
5.00	改造前	13.00	923.00	571.50	320.06	56.00%
	改造后	178.00	510.00	260.42	91.24	35.04%
7.50	改造前	620.00	2 324.00	783.67	220.67	28.16%
	改造后	206.00	524.00	291.25	86.91	29.84%
10.00	改造前	607.00	1 392.00	923.33	306.04	33.15%
	改造后	151.00	537.00	294.83	111.24	37.73%
12.50	改造前	565.00	1 599.00	911.67	411.64	45.15%
	改造后	165.00	510.00	289.75	94.83	32.73%
15.00	改造前	496.00	1 544.00	960.00	443.15	46.16%
	改造后	189.00	441.00	292.17	67.39	23.07%

从表 1-11 中可以看出，从地表 0 cm 至地表下 15.00 cm 处，改造前的土壤紧实度的最大值和平均值均大于改造后；而改造前的最小值的变化稍有波动，在地表下 7.50 cm 之后才呈现出一致的大于改造前的趋势。在地表 0 cm 处，改造前后的土壤紧实度的变异系数差异明显较大，可能

的原因是表面的土层中根系和石块等干扰因素较多。

研究表明，一般情况下，土壤紧实度测量值到 2.5 MPa 时会限制植物根系生长，3 MPa 被认为是根系生长的上限。

由表 1-10、表 1-11 可以清楚地看到，调研范围内改造前的临港芦茂路滨河绿地雨水源头调蓄设施内土壤紧实度在地下 12.50 cm 和 15.00 cm 处出现大于 3 MPa 的情况，但在其改造后，土壤紧实度最小值均低于 2.5 MPa。因此，对土壤紧实度的测定结果再次证明海绵城市建设与土壤改良措施对于改善土壤压实问题，保护植物根系生长具有非常明显的功效。

土壤紧实度还与土壤容重有关，当土壤受到的机械压实从 1 051 kPa 增加到 1 487 kPa 左右时，0 ～ 40 cm 的表层土壤紧实度会增加 29.3%①。城市中的绿色基础设施由于其承担的休闲游憩等社会服务功能而受到机械压实的程度较大，例如上海不同功能区内土壤均受到压实，其中交通道路、商业区等人流、车流量较大的区域和新建绿地压实最严重，土壤容重偏大，进而导致入渗速率的减小②。

1.4.1.4 土壤温湿度及电导率特征分析

土壤温度是指地面以下土壤中的温度。土壤湿度是表示一定深度土层的土壤干湿程度的物理量，又称土壤水分含量。土壤电导率为土壤浸出液中各种阳离子的量和各种阴离子的量之和，主要用于描述土壤盐分状况。三者之间存在着密切的联系，其中，土壤温度对土壤水分状况有多方面的影响，土壤温度升高时，土壤水的黏滞度和表面张力下降，土壤水的渗透系数随之增加；土壤温度对于土壤介质的影响亦较大，对于土壤电导的影响尤为明显。而土壤湿度的高低影响土壤温度的高低。土壤中的盐分、水分、有机质含量以及温度、质地结构都不同程度地影响着土壤电导率。

土壤温度、湿度和电导率作为土壤的三个重要参数，包含了反映土壤质量和物理性质的丰富信息。土壤含水量可以直观地说明上海地区土壤的蓄水能力，土壤电导率也可以反映上海地区的海滨土地盐碱化问题。为了更加科学准确地采集土壤三参数数据，本次调研使用 WET 土壤三参数仪在调查的 9 个样地中的 36 个样点(每个样地重复取样 4 次)逐一进行土壤三参数的测定记录，并得到相应图表数据。

图 1-19 说明了两处绿地类型的土壤电导率差异，杨浦滨江雨水湿地公园改造前后的土壤电导率差异不大。而南园滨江绿地改造后的土壤电导率明显高于改造前的绿地。可以发现，土壤改良对降低土壤中的可溶性盐离子浓度，以及改善土壤盐碱化问题是有帮助的。

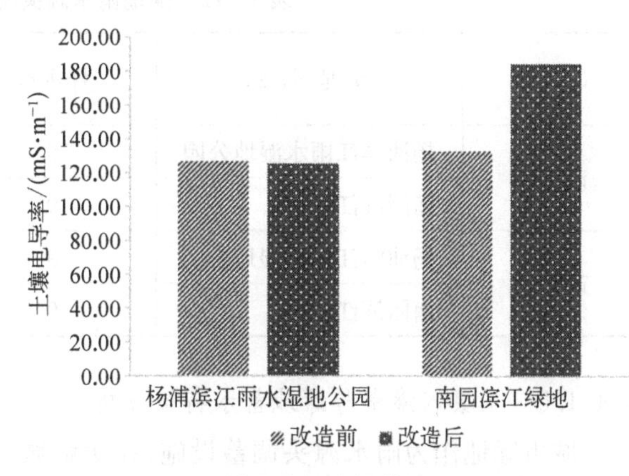

图 1-19 绿地雨水源头调蓄设施建设前后的土壤电导率对比

图 1-20 说明了两处绿地类型的土壤温度差异，杨浦滨江雨水湿地公园和南园滨江绿地的土壤温度均呈现出改造后高于改造前的结果。可能的原因是改造后的雨水源头调蓄设施内的种植层较薄，无法种植高大乔木，主要的植被类型为灌木和草本，郁闭度相比建设雨水源头调蓄设施前有所降低，影响了对直射日光的遮蔽效果，并且夏季日晒比较严重。这两者都会导致地表土壤温度上升。

表 1-12 为取各个样点的平均值得到的每个样地的土壤三参数指标，结果表明，对于杨浦滨

① 陈浩，杨亚莉. 轮胎压实对土壤水分入渗性能的影响[J]. 农机化研究，2012，34(2)：153-156.

② 聂发辉，李田，姚海峰. 上海市城市绿地土壤特性及对雨洪削减效应的影响[J]. 环境污染与防治，2008，30(2)：49-52.

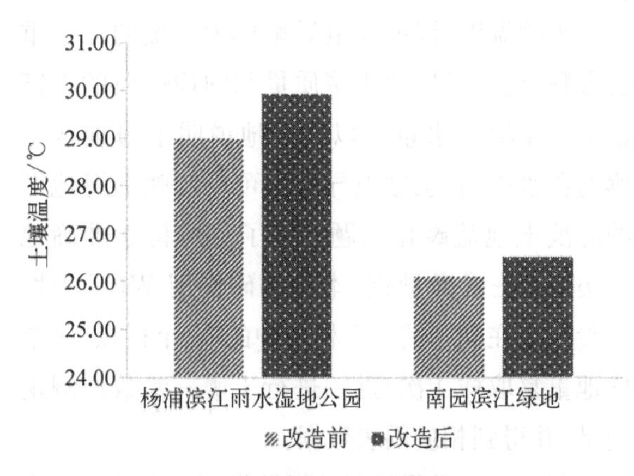

图 1-20 绿地雨水源头调蓄设施建设前后的土壤温度对比

江雨水湿地公园，建设后的土壤含水量和电导率均比建设前略低，可能的原因是雨水源头调蓄设施内主要的植被类型为灌木和草本，郁闭度相比建设雨水源头调蓄设施前有所降低，导致地表土壤温度上升，相对湿度下降。而南园滨江绿地建设后的土壤含水量和电导率明显高于建设前，结合实地调研的情况，发现其雨水源头调蓄设施不仅体现在大面积的雨水花园建设上，还包括了樱花林下的土壤改良工程，3 个样点之一取自改良过的樱花林，由于乔木长势良好，提供了很好的荫庇效果，这可能是两者三参数指标不同的主要原因。另外，建设后的绿地土壤温度均略高于建设前，同样根据实地调研的情况，发现这两个样地属于建设初步完成的阶段，现场的大乔木多为树苗或者移栽初期的形态，尚未发挥荫庇效用，因而造成阳光直射土壤，引发土温的明显升高。

表 1-12 绿地雨水源头调蓄设施土壤温湿度及电导率

时 间	绿 地 名 称	样本量	土壤含水量/%	土壤电导率/(mS·m^{-1})	土壤温度/℃
改造前	杨浦滨江雨水湿地公园	9	31.82	126.11	28.98
	南园滨江绿地	9	28.58	132.18	26.11
改造后	杨浦滨江雨水湿地公园	9	31.78	124.67	29.94
	南园滨江绿地	9	32.53	184.00	26.51

1.4.1.5 土壤入渗率与绿地蓄水特征分析

城市绿地作为雨水源头调蓄设施，在缓解城市雨水汇集方面扮演了重要的角色①，土壤入渗能力低不仅直接影响绿地土壤质量和园林植物的生长发育，而且还会阻碍土壤水分和养分的供应和储存，降低土壤水分和肥力的有效性。为增加绿地的雨水渗透能力，德、日、美等国家均对绿地提出了土壤入渗能力的要求，并且在法律中做出明确规定。相比较而言，国内在绿地设计、施工、工程验收等环节均没有考虑土壤入渗率这一重要指标，城市建设者普遍对土壤入渗的基本内涵、作用、影响因素和技术要求缺少必要了解。随着中国城市化快速进程中洪涝等城市安全问题日益凸显以及对绿地生态功能要求的逐步提高，了解土壤入渗的基本知识并在绿地建设中科学、有效地应用显得尤为重要。

土壤渗透性能是土壤的固有属性，是描述土壤入渗快慢的重要土壤物理特征参数。在其他条件相同的情况下，土壤渗透性能越好，地表径流越少。因此，土壤水分入渗参数是影响绿色基础设施雨水蓄积能力的重要因素。影响土壤入渗功能的因素有孔隙度、初使含水量、有机质含量、含沙量、压实程度等理化性质（见图 1-21）。其中，孔隙度（尤其是非毛管孔隙度）与土壤入渗能力密切相关。不同质地（粒径）的土壤对雨水的蓄渗能力不同（见表 1-13）。其中，沙土、壤土等孔隙度较大的土壤类型的雨水入渗能力较强，在降雨过程中能迅速渗透雨水，起到削减地表径流，促进雨水下渗的作用。

研究采用了 IN-8W 型双环入渗仪来测量土

① 陈华. 生态型雨水排水系统在上海的应用及发展[J]. 给水排水，2011，(4)：41-44.

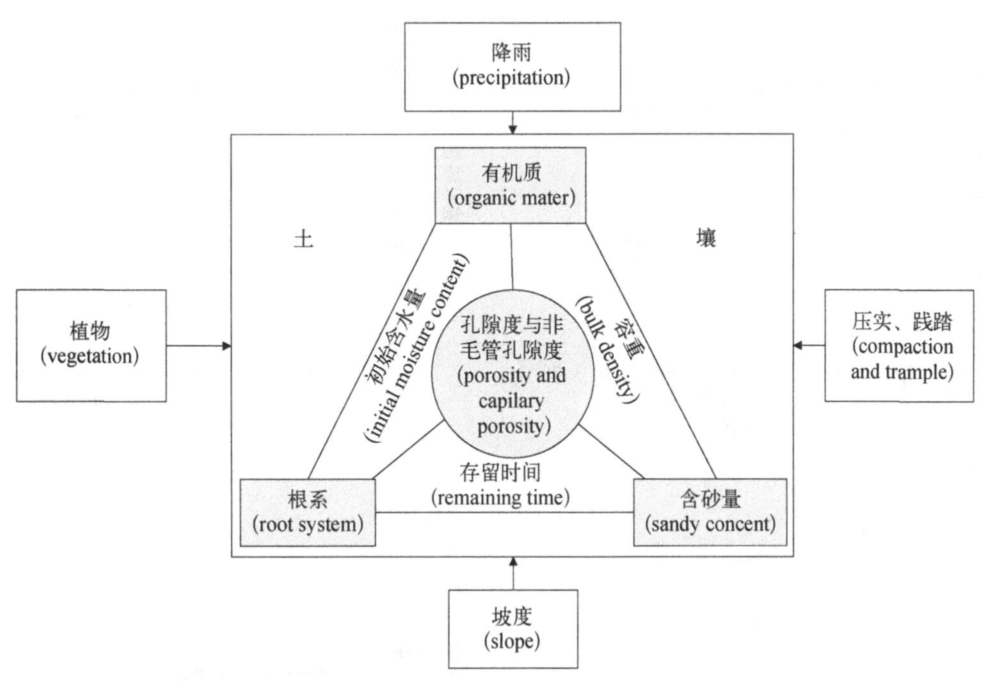

图 1-21　影响土壤稳定入渗率的主要因素

表 1-13　不同质地土壤的渗透性能比较

	土壤类型	稳定入渗率范围 /(mm·min^{-1})	平均稳定入渗率 /(mm·min^{-1})
沙土	沙土	12.40	——
	壤质沙土	1.00～2.57	1.07
壤土	沙质壤土	0.25～1.96	0.94
	沙质黏壤土	0.24～1.82	0.71
	黏质壤土	0.03～1.70	0.69
	粉沙壤土	0.22～1.10	0.52
黏土	壤质黏土	0.07～0.72	0.29

壤的入渗特性。双环入渗仪由内环和外环组成。内环直径一般为 30 cm，高 20 cm；外环直径一般为 60 cm，高 20 cm。其测量过程如下：首先将两个圆环以同心圆形式砸入土壤，插入深度一般为 10～15 cm，并应注意环口水平。然后将水注入两个环内，内外保持约 5 cm 的固定水深，内环用于控制试验面积，外环的作用是防止内环下渗水流的侧渗，尽量使内环的水分接近一维入渗。试验开始时，因土壤含水量较小，土壤入渗率较高且变化较大，所以先采用定量加水法，记录加水时距；后采用定时加水法，记录内环加水量和时距。外环同时加水，不计量，但应注意保持内、外环水面大致相平。内环单位时间单位面积的入渗水量即为测量得到的土壤入渗率，并可由各时刻的入渗率绘制入渗性能曲线。分别以时间和入渗量为横纵轴，建立土壤入渗率关系曲线，由此确定土壤的稳定入渗率①。根据达西渗透定律公式，当水利坡度 i 约等于 1 时，土壤渗流速率 v 等于渗透系数 K。

土壤饱和导水率是土壤含水量饱和时，单位水势梯度下，单位时间内通过单位面积的水量，也就是土壤入渗率最后稳定时的值，即入渗性能曲线最后的稳定入渗率。

由图 1-22 可得出，建设低影响开发设施后的滨河绿地的入渗性能曲线的整体趋势呈现出改造后明显高于改造前的规律。改造后绿地的初始入渗率和过渡速率都明显高于改造前的数据，最后的稳定入渗率即饱和导水率也高于改造前，其中临港口袋公园中雨水源头调蓄设施对土壤性能的提升作用尤其突出。由此可见，改良原有土壤理化性质，建设雨水源头调蓄设施对于土壤入渗能力的提升确实有直接的作用，但土壤入渗能力同时也受到压实程度、植物根系类型等条

① 雷廷武，张婧，王伟，等. 土壤环式入渗仪测量效果分析[J]. 农业机械学报，2013(12)：99-104.

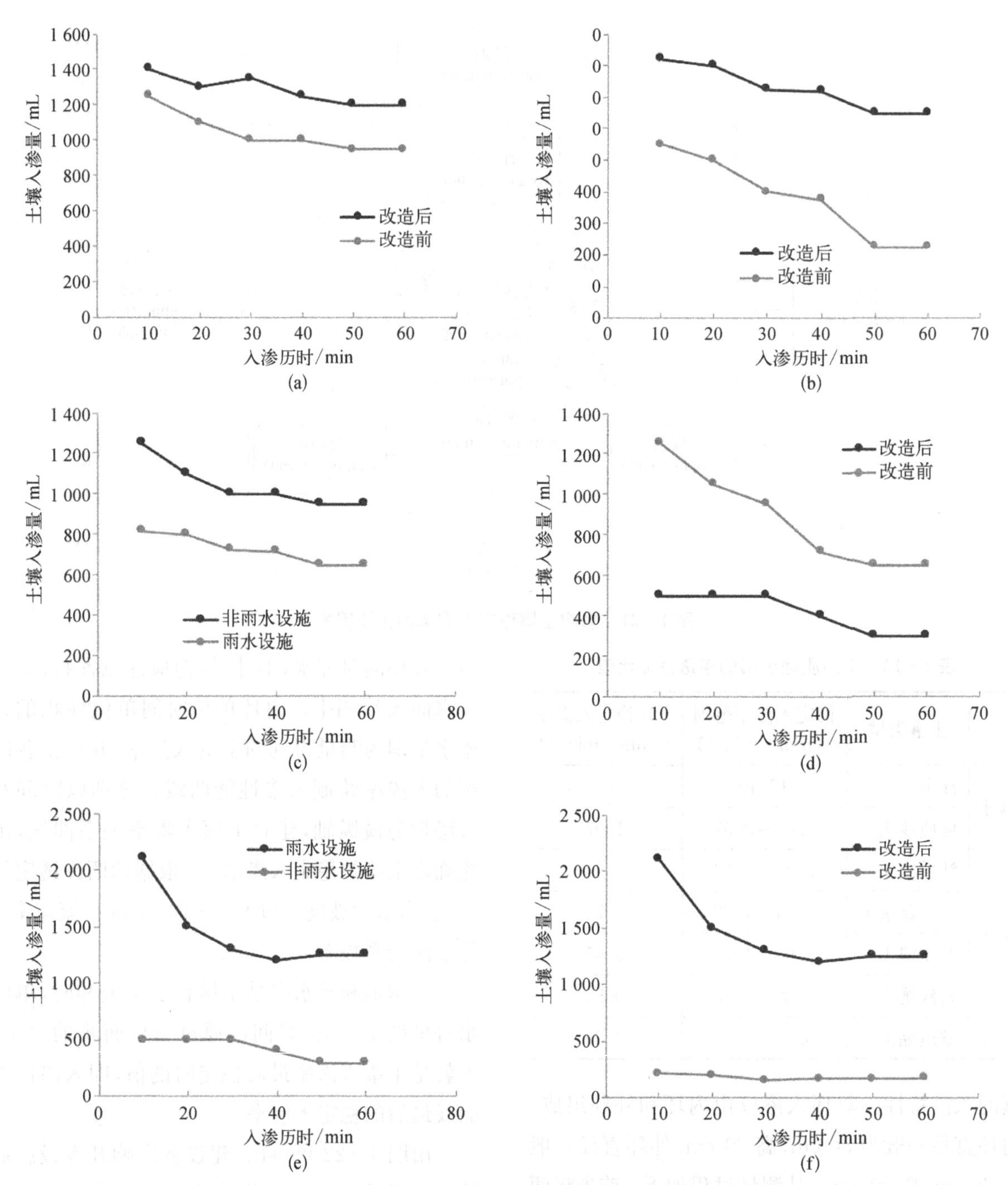

图 1-22 绿地雨水源头调蓄设施建设前后土壤入渗率对比分析

(a) 滴水湖环湖景观带(E1 区)改造前后土壤入渗量对比 (b) 杨浦滨江雨水湿地公园改造前后土壤入渗量对比 (c) 临港口袋公园低影响开发设施中土壤入渗量提升 (d) 闸北共康绿地改造前后土壤入渗量对比 (e) 莘庄梅园(南部)低影响开发设施中土壤入渗量提升 (f) 浦江郊野公园(一期)改造前后土壤入渗量对比

件的影响。压实是影响城市绿地土壤入渗的主要因素,压实一般会导致裸露的土壤表面形成阻止水分入渗的结壳层,从而降低土壤饱和导水率,显著提高地表径流量和土壤侵蚀量,导致降雨集中时短时间内引发洪涝①。也就是说,在公园内想要提高土壤对雨水的消纳能力,若只建设雨水花园、植草沟、湿地等雨水设施,则土壤渗透效果会远远小于室内实验计算值。建设雨水设施并同时改良园内土壤状况才能最大限度地提升土壤的入渗性能。

① Zhang G L, Burghardt W, Lu Y, et al. Phosphorus-enriched soils of urban and suburban Nanjing and their effect on groundwater phosphorus. [J]. Journal of Plant Nutrition & Soil Science, 2001, 164(3): 295-301.

研究表明，土壤入渗的空间变异弹性较大，受土壤质地、容重、结构和有机质含量等因素影响。解文艳等发现，土壤质地对土壤水分入渗能力影响明显，土壤质地由轻变重，土壤入渗能力显著降低。王小彬等研究证实，随着黏粒的增加，土壤饱和导水率变化不明显，而沙粒含量的提高，会显著提高土壤入渗率。研究表明，饱和导水率与土壤容重有明显的相关性，容重的增加会显著降低土壤饱和导水率。土壤非毛管孔隙度和总孔隙度是影响土壤饱和导水率的主要因素，有效孔隙的增加会显著提高土壤饱和导水率①。Watson等指出，土壤孔隙中大孔隙占的比例虽小，但它对土壤饱和导水率起着主要作用。绿地土壤调查也得到同样的结果：如杨金玲等证实南京绿地土壤容重及孔隙度与土壤入渗率显著相关，对土壤饱和导水率影响明显；伍海兵等研究发现，上海辰山植物园的土壤容重与土壤饱和导水率呈极显著负相关，而总孔隙度、非毛管孔隙度与饱和导水率呈极显著正相关；张波等研究表明，深圳城市绿地土壤饱和导水率变化较大，并受土壤孔隙分布影响明显②。

将闸北共康绿地和临港口袋公园改造前后的土壤理化性质进行比较，得到的结果如表1-14、表1-15所示。

表1-14 闸北共康绿地及临港口袋公园改造前后土壤理化性质

时 间	绿地名称	样本量	自然含水量/%	饱和含水量/%	蓄水空间/%
改造前	闸北共康绿地	6	24.04	40.38	16.48
	临港口袋公园	6	23.90	37.70	13.65
改造后	闸北共康绿地	6	22.08	40.02	17.94
	临港口袋公园	6	18.56	37.24	18.68

表1-15 闸北共康绿地及临港口袋公园改造前后土壤容重与孔隙度对比

绿地名称	时间	容重/($g\cdot cm^{-3}$)	孔隙度/%
闸北共康绿地	改造前	1.24	53.20
	改造后	1.18	55.50
临港口袋公园	改造前	1.24	53.40
	改造后	1.19	54.90

总体来说，闸北共康绿地及临港口袋公园的蓄水空间和孔隙度在改造之后都有所增长。从表1-15中可以得出，两个绿地在改造后土壤容重降低，土壤孔隙度增加，土壤入渗能力提升，饱和导水率升高。这就说明闸北共康绿地及临港口袋公园的雨水设施建设，使土壤的理化性质有所改变，有利于加大径流的入渗速度，同时也增大了雨水源头调蓄设施蓄积雨水的能力，进一步发挥了绿地对雨水的自然入渗功能，提升了绿地对雨水的蓄积和净化作用。

1.4.1.6 雨水源头调蓄设施建设后绿地水文效益估算

绿地在减少城区暴雨径流，节省市政排水设施建造成本以及净化雨水等方面具有重要作用。绿地雨水调蓄能力主要包括地上和地下两个部分。其中，地上部分为乔木和灌木冠层对自然降雨的截留作用，受乔木郁闭度、乔木类型、灌木类型、灌木覆盖度等因素影响；地下部分主要指土壤的蓄水能力，受土壤质地和坡度等因素影响。不同影响因素值所对应的雨水调蓄能力如表1-16所示。

群落调查样地的主要选择依据为是否具有雨水源头调蓄设施、地形（坡地、平地、凹地）以及植物结构类型（乔—灌—草、乔—灌、乔—草、灌—草）。

针对建设后的莘庄梅园（南部）绿地和浦江

① 廖凯华，徐绍辉，吴吉春，等．土壤饱和导水率空间预测的不确定性分析[J]．水科学进展，2012，23(2)：200-205.

② 车生泉，于冰沁，严巍．海绵城市研究与应用：以上海城乡绿地建设为例[M]．上海：上海交通大学出版社，2015.

表 1-16　不同影响因素值所对应的雨水调蓄能力

群落结构	分　类	计算值
A. 乔木郁闭度（根据联合国粮农组织规定）	密林	≥70%
	中度郁闭	50%～70%(不含 70%)
	轻度郁闭	20%～50%(不含 50%)
	疏林	<20%
B. 乔木类型（根据已有调查和相关文献整理）	常绿阔叶	10%
	落叶阔叶	18%
	常绿落阔混交	15%
	常绿针叶	23%
	落叶针叶	18%
	针阔混交	20%
C. 灌木覆盖度	高灌木覆盖度	≥50%
	中等灌木覆盖度	20%～50%
	低灌木覆盖度	<20%
D. 灌木类型	常绿	24%
	落叶	19%
	常落混合	21%
E. 土壤类型 土壤分为沙土、壤土和黏土 坡度分为≤5%，6%～12%和≥13%	≤5%坡度,沙土	908 mm
	6%～12%坡度,沙土	884 mm
	≥13%坡度,沙土	850 mm
	≤5%坡度,坡度壤土	695 mm
	6%～12%坡度,壤土	675 mm
	≥13%坡度,壤土	645 mm
	≤5%坡度,黏土	533 mm
	6%～12%坡度,黏土	509 mm
	≥31%坡度,黏土	475 mm

郊野公园，根据前文的场地特征、植物群落的基本特征、地形要素比例、雨水资源利用率、土壤质地、土壤容重、非毛管孔隙度、饱和导水率、土壤蓄水能力和土壤入渗率，评估两个公园绿地雨水源头调蓄设施建设前后的雨水调蓄功能和效益。

例如，选取莘庄梅园(南部)中的一个乔—灌—草植物群落作为调查对象，根据法瑞学派的群落学调查方法，对其群落结构和特征进行调查。其中，乔木有 5 种，灌木 6 种。乔木的数量占总数的 30%，灌木占总数的 17%。这 11 种植物中共有乡土植物 8 种，占总量的 72.7%。根据调查结果，结合植物生活型、郁闭度、绿地坡度及面积等影响因素划分群落类型，并根据表 1-16 计算植物的雨水截留能力。

(1) 群落单次冠层降雨截留能力。

群落单次冠层降雨截留能力计算方法为

$$V_i = \sum k_i \times p_i \tag{1-1}$$

式中，V_i 为第 i 种样地总冠层截留量；k_i 为第 i 种树种单次冠层雨水截留量；p_i 为第 i 种树种在样地内的冠层覆盖比例。计算结果如表 1-17 所示。

表 1-17 莘庄梅园中植物群落单次冠层降雨截留能力

样地编号	单次降雨截留能力/mm	样地编号	单次降雨截留能力/mm	样地编号	单次降雨截留能力/mm
XSL1	2.957 251 8	XSL4	1.482 243 6	XSL7	1.351 533 7
XSL2	1.078 123 6	XSL5	0.718 218 0	XSL8	5.428 609 7
XSL3	0.919 088 0	XSL6	2.482 759 3	XSL9	4.618 170 3

当降雨强度为小雨(<5 mm/12 h)时，群落的降雨截留能力可达 100%；中雨(5～15 mm/12 h)时，截留能力约为 85%；大雨(15～30 mm/12 h)时为 55%。结合群落单次降雨截留量、降雨强度和年平均降雨量，可得不同群落类型的降雨截留量与年平均降雨量的关系(见式 1-2)。

群落单次降雨截留量×不同雨强时单体群落的截留能力÷年平均降雨量=群落降雨截留量占全年平均降雨量的百分比　(1-2)

(2) 绿地全年植物群落降雨截留量。

植物群落降雨截留量 L_i 的计算式为

$$L_i=(A_i\times B_i\times H+C_i\times D_i\times H+E)\times S_i \tag{1-3}$$

式中，L_i 为第 i 类群落的降雨截留总量(m^3)；A_i 为第 i 类群落的乔木郁闭度所对应的全年平均降雨截留百分比(%)；B_i 为第 i 类群落的乔木类型所对应的全年平均降雨截留百分比(%)；H 为年平均降雨量(mm)；C_i 为第 i 类灌木覆盖率(%)；D_i 为第 i 类群落的灌木类型所对应的全年平均降雨截留百分比(%)；E 为群落土壤的降雨截留量(mm)；S_i 为第 i 类群落的面积(m^2)。

例如，莘庄梅园(南部)绿地在不改变群落游憩、生态、景观功能的前提下对群落的结构、乔灌草搭配模式进行了调整。调整后，常绿阔叶群落占 25%，落叶阔叶群落占 47%，常绿落阔混交群落占 15%，常绿针叶群落占 5%，落叶针叶群落占 3%，针阔混交群落占 5%。根据式 1-4 至式 1-6 计算出植物群落全年单位面积的截留量为 1 139 mm，截留率为 95.4%。

$$V_t=\sum L_i+W \tag{1-4}$$

$$W=0.5\times k\times S \tag{1-5}$$

$$R=\frac{V_t}{S\times H}\times 100\% \tag{1-6}$$

V_t 为全园每年截留雨量，L_i 为绿地群落截留量，W 为水体截留蓄积能力，k 为水体面积占比，S 为全园总面积，H 为年平均降雨量，R 为总截留率。

莘庄梅园绿地总面积为 25 640 m^2；硬质面积为 3 974 m^2，占总面积的 15.5%；水体面积为 0；绿地面积有 21 666 m^2，占总面积的 84.5%。

由以上公式可计算出莘庄梅园绿地和浦江郊野公园植物群落调整之后的截留能力。对比改造前的截留率数据，由图 1-23、表 1-18 可知，通过植物群落结构的调整和乔灌草植物的组合，莘庄梅园绿地和浦江郊野公园的全园截留能力都在改造前的基础上得到了提升。整体上，莘庄梅园绿地提高了约 10%的截留率，从改造前的 85.23%提高到 95.42%；浦江郊野公园提高了约 8%，从 86.52%到 94.86%。

表 1-18 绿地截留能力改造前后对比

绿地名称	绿地性质	绿地面积/hm^2	时　间	单位面积截留能力/mm	全年平均截留率/%
莘庄梅园绿地	城市公园	2.56	改造前	1 018.498 5	85.23
			改造后	1 140.269 0	95.42
浦江郊野公园	城市公园	1.67	改造前	1 033.914 0	86.52
			改造后	1 133.577 0	94.86

如图 1-23、图 1-24 所示，将建设过雨水源头调蓄设施的公园绿地截留率进行对比，由此看出受调查绿地的雨水源头调蓄设施的截留率达到了平均标准，雨水源头调蓄设施建设在绿地雨水截留方面颇有成效。园林地被植物的生态功能在现代城市生态环境中的作用不可忽视，对于居住在现代城市中的城市居民而言尤为重要。植物对雨水的截留能力，对于减少园林绿化管理中的灌溉用水量，减少城市内涝，促进雨水的循环利用具有积极的意义。

1.4.2 上海城市绿地雨水源头调蓄设施建设涌现的问题

上海地处长江流域和太湖流域的最下游，水资源丰富，雨量充沛，但是面临着地下水位高、土地开发强度大、不透水面积多、土壤入渗率低的问题。城市因建筑密度高，建筑容积率高，道路、广场、铺装硬地等不透水面积多，雨水径流快，以及河流水位高而蓄水空间少，雨水管渠排放受阻等因素，在遇到大暴雨时，就会出现较大范围的内涝，且城市水安全将受到严重影响。尤其在遭受台风袭击的情况下，城市水安全问题更为严重。因此，上海建设海绵城市是十分有必要的。

综前文所述，经过两年的时间，上海绿地雨水源头调蓄设施的建设已经初见成效。在雨水源头调蓄设施改造建设后，绿地土壤蓄水能力、土壤入渗率、雨水调蓄能力都有了不同程度的提升。但是，上海作为平原河网地区代表，具有土地利用率高、不透水面积高、地下水位高、土壤渗透率低等“三高一低”的环境特点，在绿地雨水源头调蓄设施的建设与实施过程中依然面临着一些亟待解决的问题。

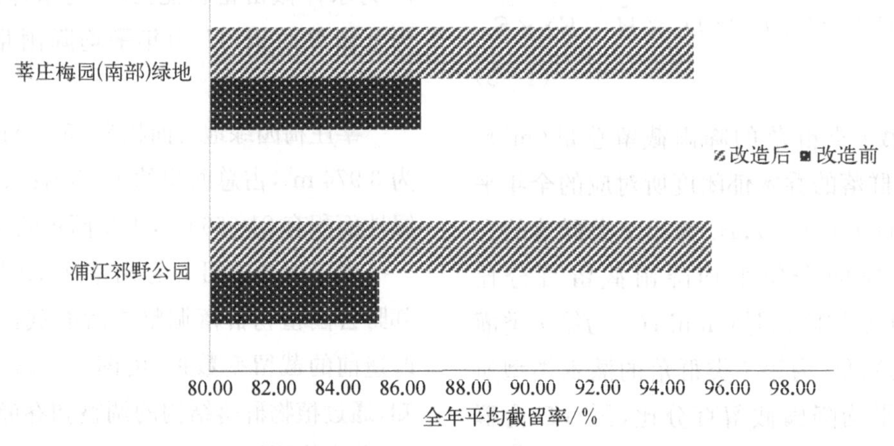

图 1-23 莘庄梅园和浦江郊野公园改造前后全年平均截留率对比

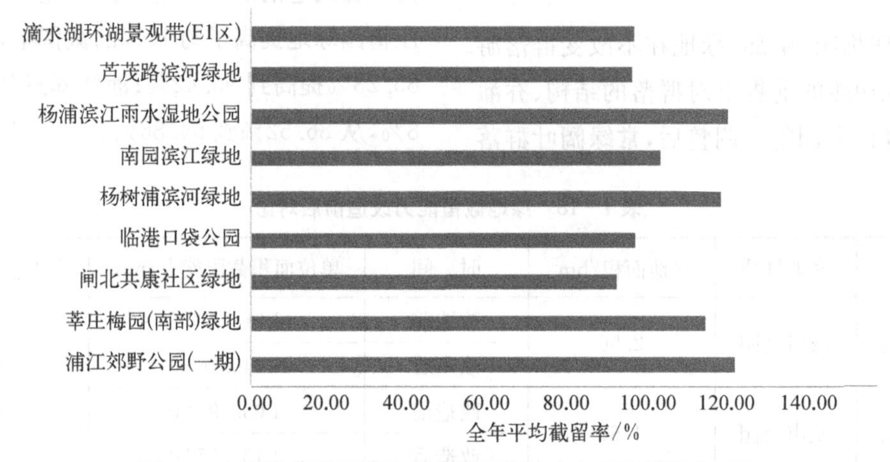

图 1-24 雨水源头调蓄设施建设后绿地全年平均截留率对比

同时,相对于一般绿地,建设了雨水源头调蓄设施的公园绿地内的植物群落对雨水的积蓄调控能力也有明显提升。渗透、径流贮存、过滤、生物滞留这些措施,有效地削减了径流量,降低了径流流速,减少了径流污染,使雨水迅速地被收集、入渗,减少了洪涝灾害的风险。同时,雨水下渗补充了地下水资源,利于生态环境的保护。已有研究表明,雨水源头调蓄设施的建设对于噪声的吸纳、城市温室效应的缓解、节能减排都有着很好的效果。海绵城市技术设施的应用让人赏心悦目,现代化城市与绿色生活交相辉映,起到了良好的生态作用。

然而,目前具有雨水源头调蓄设施的城市绿地仅仅能够在一定程度上缓解城市灰色基础设施的负荷,在小雨和中雨时期对雨水径流有一定的收集、蓄留和过滤作用,对大到暴雨基本无法发挥调蓄作用。因此,上海海绵城市的建设不仅仅是建设城市绿地中的雨水设施,还可以以此为基础,建设绿道、蓝道,并结合水利工程和交通工程,从“点、线、面”三个不同的层次建立海绵城市生态网,使上海这块“能吸满水的海绵”远离城市内涝的危险,在缺水时释放水,为人们的出行和生活提供便利,提高人们出行的安全性。

值得注意的是,建设有雨水源头调蓄设施的城市绿地的雨水调蓄作用的发挥还受施工技术、后期养护管理技术等因素的影响。首先,要依赖整个上海市的海绵城市生态网。其次,雨水源头调蓄设施能力有一定的局限性,遭遇特大暴雨的极端天气时则收效甚微。而上海地区夏季暴雨天气比较频繁,极端天气对雨水源头调蓄设施的损耗也需要放在养护管理的过程中去考虑。例如,如果透水铺装长时间不维护或更换,悬浮颗粒物就会阻塞透水孔隙,使雨水下渗效果大打折扣。所以研究对相关管理部门也提出了定期维护和更换雨水源头调蓄设施结构层的建议。

上海在建设海绵城市时,应在考虑公园绿地景观效果的同时,适当地减小对城市绿地的使用人群游憩行为的干扰。通过综合、系统地规划后,再进行设计、建设实施和运行。不同的海绵城市技术设施具有不同的利用条件,在应用时需要结合其适用条件,确定其场地的大小、位置等。不同的技术措施可以结合利用,充分考虑各自的优缺点,以达到最大的经济效益,获得最佳的效果。同时还应该在加快海绵城市建设的过程中注重雨水源头调蓄设施的定期管理,只有更精细的管理才能使海绵城市技术设施更好地发挥出最大的环境效益,实现重要的社会意义,从而可持续地提升上海海绵城市的绿地建设效益。

此外,个别已经建设完成的绿地雨水源头调蓄设施缺少景观性,植物的生长效果一般,个体的环境抗性欠缺,设施与人的观景行为和游憩活动存在一定矛盾性,这在很大程度上限制了绿地的环境功能与休闲游憩功能的共轭,同时也影响了绿地环境效益的提升和居民在休闲游憩过程中的心理和生理健康。

针对上述上海海绵城市绿地源头调蓄设施建设过程中出现的现实问题,作者所在团队立足上海(河网密集平原的沿海盐碱地区)海绵城市建设所面临的现实问题,构建了多维度雨水源头调蓄系统和调度模式;实现 XP Drainage 水文模拟模型的本土化开发,构建绩效预测模型,确定最佳调度途径;研发出具有应用创新性的对沿海盐碱地区有适应性的单项源头调蓄技术、设施介质土优化改良技术以及具有较高根系促渗能力的绿地植物群落构建技术等,并在长三角沿海地区推广;为上海海绵城市建设,源头调蓄技术适应性和系统性应用以及效益评估提供理论依据和实践技术。同时,基于人的观景行为和偏好、绿地视景空间的模式提出绿地雨水源头调蓄设施的可持续设计。

1.4.3 上海城市绿地雨水源头调蓄设施可持续设计策略

1.4.3.1 绿地雨水源头调蓄设施系统化构建策略

(1) 绿地雨水源头调蓄设施的选用。

选择合适的绿地雨水源头调蓄设施是构建

雨水源头调蓄系统的基础。在选择绿地雨水源头调蓄设施时，需要根据场地的水文特质、水资源条件、雨水控制利用目标等进行合理筛选。以上海市为例，上海属于亚热带季风气候，雨量充沛，年降雨量在 1 000 mm 以上，每年 5—9 月为汛期。根据《海绵城市建设技术指南》，上海市属于年径流总量控制率分区中的Ⅲ区，年径流总量控制率需在 75%至 85%之间。滨河绿地紧邻城市水系，当周边硬质地面较多时，需要防止径流污染入河。因此，上海市的城市滨河绿地的雨水控制目标包括控制径流总量，削减径流峰值以及减少径流污染，需要选择下渗、调蓄和净化能力较强的绿地雨水源头调蓄设施。

目前，在城市绿地中常用的绿地雨水源头调蓄设施有 17 种。调查结果表明，上海市滨水绿地中较为常用的 LID 设施有以下 8 种：透水铺装、绿色屋顶、雨水花园、湿塘、雨水湿地、植草沟、植被缓冲带以及蓄水池。在具体应用时，需要根据场地的地理气候条件、降雨特点、雨水控制利用目标、场地的形状和面积大小等具体情况进行综合考虑。

(2) 绿地雨水源头调蓄设施的组合模式。

选择合适的绿地雨水源头调蓄设施组合模式是滨河绿地雨水源头调蓄系统构建过程中最重要的一环。合适的组合模式能够使场地内各绿地雨水源头调蓄设施相互配合，优化场地雨水管理流程，实现效益的最大化。

研究结果表明，上海城市绿地中主要有 3 种绿地雨水源头调蓄设施组合模式，分别是“快速下渗、就地利用”模式、“充分净化、排入水系”模式、“调蓄净化、渗入土壤”模式。3 种模式的具体内容及适用情况如表 1－19 所示。在具体设计中，需要综合考虑场地的水文条件、与城市水系的关系、周边环境等等，确定场地的主要雨水控制目标，结合雨水的最终去向，选择合适的绿地雨水源头调蓄设施组合模式。由于滨河绿地一般以城市水系为径流受纳水体，径流污染问题比较严重，因此，适宜采用“充分净化、排入水系”的绿地雨水源头调蓄设施组合模式，避免污水进入城市水系。

(3) 绿地雨水源头调蓄设施的合理化布局策略。

上海的城市绿地雨水源头调蓄设施的整体平面布局方式主要有 3 种：① 集中斑块式，单项

表 1－19　绿地雨水源头调蓄设施组合模式

模　式	主要特征	
模式一：快速下渗、就地利用	示意图	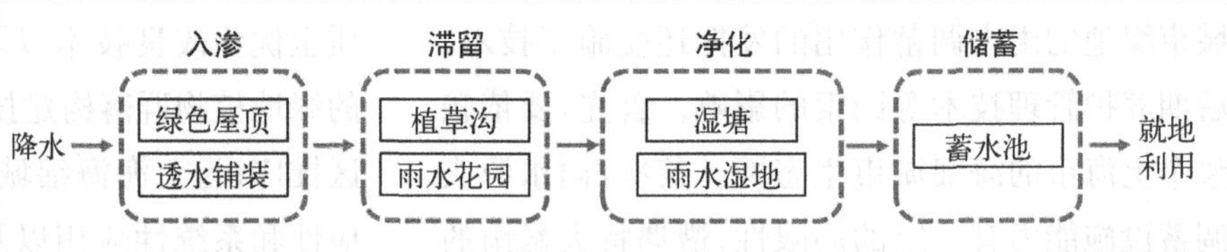 降水→入渗（绿色屋顶、透水铺装）→滞留（植草沟、雨水花园）→净化（湿塘、雨水湿地）→储蓄（蓄水池）→就地利用
	控制目标	控制径流总量和峰值，减少径流污染
	主要功能	集蓄雨水，削减径流峰值
	适用场地	适合雨水不直接进入城市水系，需要对雨水进行就地储蓄利用的绿地
模式二：充分净化、排入水系	示意图	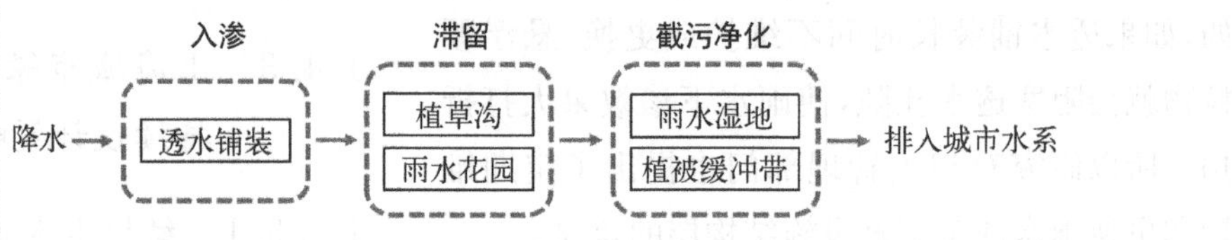 降水→入渗（透水铺装）→滞留（植草沟、雨水花园）→截污净化（雨水湿地、植被缓冲带）→排入城市水系
	控制目标	控制径流总量，减少径流污染
	主要功能	集蓄雨水，截污净化
	适用场地	适合雨水直接进入城市水系，径流污染问题比较严重的滨水绿地

（续表）

模 式	主 要 特 征	
模式三：调蓄净化、渗入土壤	示意图	降水 → [入渗：透水铺装] → [滞留净化：植草沟、雨水花园] → [调蓄下渗：湿塘] → 渗入土壤
	控制目标	控制径流总量，减少径流污染
	主要功能	净化雨水，回补地下水
	适用场地	适合需要回补地下水，提高土壤含水量的绿地

设施面积较大，呈斑块状，彼此接近，并且集中在场地中心；② 线性分散式，单项设施面积较小，呈线性沿着场地散布；③ 混合式，斑块状的大尺度设施周围分散设置多个小尺度设施。

绿地雨水源头调蓄设施的整体平面布局方式与设施的数量和种类相关，设施数量少、单项设施面积较大的通常采用集中布局方式，如雨水湿地、绿色屋顶等；而设施数量较多、尺度较小的则通常采用分散布局或混合布局方式，如雨水花园、植草沟等。绿地雨水源头调蓄设施的整体平面布局方式还与绿地的几何形状有关，线性的绿地采用线性布局，块状绿地则采用斑块式布局。

单项绿地雨水源头调蓄设施的布局策略方面，湿塘多设置于场地中部，透水铺装常贴近道路与建筑，雨水花园常散布于场地各处，植草沟往往沿着主要道路设置或与雨水花园结合布置，而雨水湿地和植被缓冲带等则临近水系。

（4）绿地雨水源头调蓄设施的景观化营建。

绿地雨水源头调蓄设施运用在景观设计中时，除了有功能、成本、效益等技术层面的考量外，还需要对单纯的工程措施进行景观化的改造，使绿地雨水源头调蓄设施在发挥雨水管理功能的同时，也能达到一定的景观效果。通过对绿地雨水源头调蓄设施的景观化营建，将雨水管理的过程作为组成部分镶嵌入城市景观当中，能够使人们对雨水的每一个处理过程进行感知和欣赏，并在获得景观美感的同时得到教育和启发。上海绿地雨水源头调蓄设施的景观化途径主要有以下 3 种：艺术处理、互动娱乐和科普教育。

艺术处理途径如下：① 以改变设施的形状、丰富设施的颜色等艺术处理方式增添设施的美观度，为人们提供多彩的视觉体验，比如将透水铺装根据场地的几何形态进行再造型，并赋予其缤纷鲜艳的色彩以吸引人们的视线；② 营造以植物为主的艺术化景观，通过植物群落丰富的色彩与组合层次带来多样的视觉体验，雨水湿地和雨水花园等都可以通过这种途径获得比较高的美观度和观赏性；③ 模拟自然河流的形态，提高设施的观赏性，植草沟常通过这种途径变为“旱溪”。

互动娱乐途径包括：① 在绿地雨水源头调蓄设施中铺设道路，为游人提供可以进入设施的媒介，使人能够近距离接触设施，如在雨水湿地中穿插亲水栈道，在绿色屋顶铺设石板路等；② 将设施与景观小品相结合，如将蓄水池与景观墙结合，让收集的雨水以“瀑布”的形式跌落，在外形和声音上都能吸引游人的注意。道路或景观小品等为人们提供了各种各样的娱乐活动空间和互动机会，鼓励游人与设施产生互动，主动进行玩耍和探索，使游人能够参与到雨水管理系统中，增强人们对雨水管理的参与感。

科普教育最常用的方式是在相关的绿地雨水源头调蓄设施旁引人注目的位置使用颜色醒目的标牌，用简洁的文字和图形通俗易懂地介绍单项设施的结构和原理等，使人们在休闲娱乐的同时也能了解雨水管理的相关知识。另外一种比较直观且更富有趣味性的方式，是通过水景组合将雨水的运动轨迹清晰地展现出来，更为生动、直观地展现雨水管理的流程。

1.4.3.2 绿地雨水源头调蓄设施景观效果提升策略

（1）视觉考量综合化。

以视景空间为基础的设计，离不开对视觉影响因素的考量，即前文所述的视距、视角与视域，三者缺一不可。前文研究表明，微观距离、中观距离、宏观距离都有对应的场地类型和尺度；不同视角会带来紧张感截然不同的体验；不同的视域适用于观赏不同类型的景观，如开阔明朗的水面可以搭配辽阔的视域，减少周边地形和植物的干扰，增强邈远感。此外，如果两处景观可以彼此形成对景，那么此时视景空间产生交流与互动，可以提供更丰富的视觉体验。

（2）观景方位差异化。

游人在观赏同一处景物时，因位移过程中不同的视点会有不同的体验，甚至可能触发不同类型的互动行为，有道是“横看成岭侧成峰，远近高低各不同”。对于体量较大的建筑、标志性构筑物，近处设置较低的视点，让人有震撼庄严的感受；远处设置较高的视点，让人可窥其全貌，且明确方位，具有较强的统领感和标志性。在微地形起伏的园路中行走，有一种神秘感和趣味性；而在高架桥上眺望微地形组团，则如同欣赏一幅大地艺术作品，秩序感和整体美感陡增。

（3）视景类型多元化。

调查研究发现，游人在绿地中所“看”的对象不局限于水景和园内的建筑与植物。绿地之外的楼群、桥梁等城市天际线的构成部分可以吸引逾六成游人的视线，此外场地中的各类活动也会吸引三成以上游人留步观看，借此也可以体现出“看”与“被看”相互转化的关系。综合来看，视景的类型应该是多样的，绿地中可以通过架设景观桥、设置露天剧场等，给予场地上的功能与活动以更多的可能性，在这些可能性中转换视景的方向与内容，使日常被看的景点在某些特定时刻也可以成为承载观景行为的场地。

（4）水岸空间多样化。

现场调研还发现，在绿地的水岸空间进行观看行为的游人是最多的，而且视景空间强、与水更亲近的水岸空间更受人喜爱。驳岸主要分为硬质和软质两种，硬质驳岸通常会结合线性的滨水步道，植物疏朗，空间开敞，方便人们远眺、慢跑、骑行等；软质驳岸可以搭配较窄的次级园路，结合微地形、水生植物、置石、木栈道等，富有野趣，适宜慢行及更加亲近水体的行为。因此，作为滨水绿地中最有代表性的空间，水岸空间的多样化对视景空间的丰富性有很重要的意义，在设计中须着重考虑，“软硬兼施”，带给游人更丰富的视景、更多样的感受。

1.4.3.3 绿地雨水源头调蓄设施环境适应性优化策略

在宏观维度上，依托 XP Drainage 径流模拟模型，通过文献研究、降雨模拟实验和实时监测，研发适合上海环境条件的径流模拟软件适应性参数，模拟上海地区源头调蓄设施耦合模式的水文效益，可为雨水源头调蓄设施的系统构建奠定决策基础。适用于上海及长三角地区同类平原河网地区的海绵城市建设过程中的绿地产汇流精准模拟，将为解决绿地产排精细化协同管控的难题提供一类科学的方案。

在中观维度上，基于对上海南汇新城国家级海绵城市建设示范地的实地踏勘和人工降雨模拟实验，构建适合上海临港地区的隔盐型雨水花园的结构优化与适应性模式，可以有效控制滨海盐碱地区的雨水滞留时间，削减径流峰值，削减初期雨水中的污染物，实现对盐碱地海绵技术及雨水源头调蓄设施对土壤盐碱地改良及雨水调蓄效益的评估。创新全周期多环境功能的绿地雨水源头调蓄设施集成，解决了系统化全域推进等难题。

在微观维度上，提出适用于滨海盐碱地区海绵城市设置种植层介质土的改良方案，筛选具有环境抗性的植物，构建源头调蓄设施植物配置模式，并根据上海常见植物根系与土壤入渗能力的关系模型，构建具有较高根系促渗能力的植物群落。针对高地下水位和低渗透率的环境条件，创新径流量质高效调控与效能提升技术，促使绿地植物群落冠层截留和根系促渗能力提升。这一技术既可以在高密度既有城区中应用，也适用于新建城区。

2 宏观维度绿地雨水源头调蓄绩效模拟参数适应性提升

2.1 研究对象与方法

海绵城市绿地雨水调蓄能力估算方法和综合技术集成如图 2-1 所示。

2.1.1 研究对象

与海绵城市建设最为直接相关，与设计和实践结合最为密切的是单元尺度水文模型。虽然 SWMM、MUSIC 等模型已支持 LID/BMPs 之类的低影响开发设施的模拟，但其分析机理、支持类型、精细化程度仍然不足。对小尺度低影响开发的设计师来说更宜使用单元尺度的模拟模型，如 XP Drainage 或 SUSTAIN。

目前，作为 SWMM 模型衍生开发的 XP Drainage 软件还未得到广泛应用，但在国外已有一些实践经验。Jo-Fai Chow 等在澳大利亚雅拉隆拉河尝试应用 XP Drainage 进行方案设计，结果证明较传统设计方案更为经济有效。Jessica Jeffery 等在美国蒙哥马利县的实践也证明应用 XP Drainage 软件进行雨洪调蓄设计相较于传统方法更为简便有效，最终形成的设计方案将径流削减率从 12%提升至 27%。

国内对模拟软件的应用往往使用既定的参数推荐值或套用国外特定地区的给定值，因其不同于本地的差异化环境条件，故对模拟结果有较大影响。针对 XP Drainage 的应用则都必须在前期进行大量实地调查和分析，故在应用 XP Drainage 对国内工程进行设计时，整合一份适用的参数模板显得尤为重要。

XP solutions 公司商业软件 XP Drainage 可以对低影响开发设施和小区域雨洪水文水质进

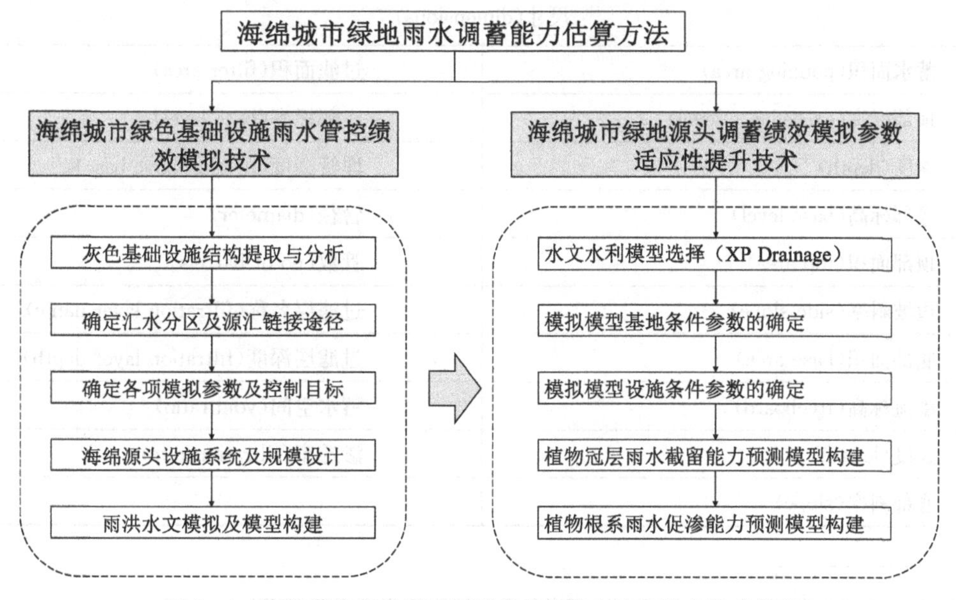

图 2-1　海绵城市绿地雨水调蓄能力估算方法和综合技术集成

行更精细的模拟和设计。它支持数字 DEM 模型快速建立地表 2D 模型，决定降雨径流的主要路径、积水区域以及设置排水设施的最佳位置；支持通过容积计算、水质计算、动态分析的组合，设计降雨以及时间序列数据用于水文分析。动态分析主要表现在污染物的去除、降雨径流滞蓄效果、排水及连接设施、控制的详细流量和深度过程模拟等层面。XP Drainage 对小尺度的雨洪调蓄设施设计安排有较好的支持作用。针对上海地区的气候特点、径流污染特性以及土壤结构等现状，进行适用于上海地区的雨洪模拟软件环境参数的率定应用 XP Drainage 软件形成适用于上海地区雨洪过程模拟的模型，为指导上海市绿色设施建设设计提供可以直接套用的模拟模型，并进行了实地工程的验证。推广适用于上海地区的 XP Drainage 模型辅助海绵城市相关雨水源头调蓄系统工程设计，将使设计流程更便捷有效，设计效益预期更准确。

XP Drainage 软件可以使用模板功能以实现设计"本地化"，模板中储存了污染物类型、排水设施、进出口规格等信息。XP Drainage 软件有助于建立一个排水系统的数据库，数据库文件中包含了各种规格和尺寸，它们可以在新工程中重复使用。

基于 XP Drainage 软件模拟需求，在流量估算阶段所需要的基础参数包括场地地表高程、地表肌理（渗透率等）、设计区域降雨曲线。在设施布置阶段需要更为细致的参数，包括设施结构、土壤条件、蒸发量。将所需参数及其获取渠道进行列表汇总，一般软件所需参数分为基地条件参数以及设施条件参数。

基地条件参数如表 2－1 所示。

表 2－1　XP Drainage 基地条件参数①

软件输入参数	实际获取参数
区域降雨量（rainfall）	区域降雨量条件
蒸发量（evapotranspiration）	区域温湿度条件
径流系数（volumetric runoff coefficient）	区域土壤条件
设施底部入渗率（base infiltration rate）	
设施侧向入渗率（side infiltration rate）	
水力传导系数（hydraulic conductivity）	

设施条件参数较基地条件参数复杂。XP Drainage 软件自带的结构模板包括雨水花园（见表 2－2）、生态植草沟（见表 2－3）、透水铺装（见表 2－4）、绿色屋顶（见表 2－5）等，具体参数如下。

表 2－2　XP Drainage 软件雨水花园相关条件参数内容

尺寸（dimensions）	
蓄水面积（ponding area）	过滤面积（filter area）
顶部标高（exceedence level）	底部标高（base level）
深度（depth）	埋管高度（height above base）
底部标高（base level）	管径（diameter）
顶部面积（top area）	管数（no of barrels）
边坡斜率（side slope）	过滤层名称（filtration layer name）
底部面积（base area）	过滤层深度（filtration layer depth）
溢流标高（freeboard）	蓄水空间（void ratio）
长度（length）	渗透率（filtration rate）
底部斜率（slope）	

① XP Drainage 软件为英文界面，参数保留中英对照使结论的实践应用价值更强。下同。

表 2-3 XP Drainage 软件生态植草沟相关条件参数

尺寸(dimensions)	
种植层(swale)	渗透沟(trench)
顶部标高(exceedence level)	渗透沟深度(trench depth)
底部标高(base level)	蓄水空间(void ratio)
顶部宽度(top width)	埋管高度(height above base)
边坡斜率(side slope)	管径(diameter)
底部宽度(base width)	管数(no of barrels)
溢流标高(freeboard)	
长度(length)	
底部斜率(slope)	
渗透率(filtration rate)	

表 2-4 XP Drainage 软件透水铺装相关条件参数

尺寸(dimensions)
顶部标高(exceedence level)
深度(depth)
底部标高(base level)
铺装厚度(paving layer depth)
膜渗透率(membrane percolation)
蓄水空间(void ratio)
长度(length)
坡度(slope)
宽度(width)
埋管高度(height above base)
管径(diameter)
管数(no of barrels)

表 2-5 XP Drainage 软件绿色屋顶相关条件参数

尺寸(dimensions)
顶部标高(exceedence level)
深度(depth)
底部标高(base level)
顶部面积(top area)
边坡斜率(side slope)
底部面积(base area)
溢流标高(freeboard)
长度(length)
底部斜率(slope)
蓄水空间(void ratio)

2.1.2 研究方法

2.1.2.1 数据收集与分析

气候条件数据获取：上海地处太平洋季风区，属亚热带季风气候，由于处于天气系统过渡带、中纬度过渡带和海陆过渡带，受冷暖气流的交替作用十分明显，环境条件复杂。在此选用《上海水务统计年鉴》和上海水务网中的近期气候资料，分析上海的降雨特征。利用中国气象数据网 1981—2010 年的气温、降水数据和主要天气现象记录资料，作者所在团队研究了上海主要气候要素和天气现象的时空分布和变化特征。

透水铺装、生态调蓄池结构参数获取：基于现有的国家标准，参考已有研究的较为深入的分析结果，通过文献对比研究得到适用的透水铺装与生态调蓄池相应参数。其中设施土基层参数根据上海土壤实际状况设定，其结构和功能参数则根据参考文献设定。

2.1.2.2 实地调查与采样分析

土壤条件数据获取：选取上海城市中心(1990 年前建设)、近郊(1990—2000 年建设)、远郊(2000 年之后)作为城市化进程的时间梯度代表性区域，并根据不同的用地类型和绿地的服务功能，选择社区绿地(黄浦瑞金社区、闵行莘城社区、松江方松社区)、公园绿地、商务区绿地、科教文卫绿地、道路广场绿地、工业区绿地中的样地进行实地踏勘和土壤采样，对土壤孔隙度、紧实度、饱和含水量、温湿度、电导率等影响雨洪调蓄设施雨水蓄积能力及土壤入渗能力的重要因素进行室内测试分析。土壤自然含水量、饱和含水量、孔隙度、容重等指标通过环刀法测定，土壤温湿度及导电率通过 WET 土壤三参数仪测定，土壤紧实度通过便携式数显土壤紧实度仪测定。

2.1.2.3 人工控制性降雨模拟实验

雨水花园、生态植草沟与绿色屋顶结构参数获取：于上海市闵行区上海交通大学温室中进行与雨水花园、生态植草沟、绿色屋顶相关的人工降雨模拟实验以确定适合上海地区应用的设施结构。以设施底部出流量来衡量设施对降雨径流水量的调蓄能力，以浊度换算法、《水质化学需氧量的测定快速消解分光光度法》(HJ/T 399—2007)、《水质总氮的测定碱性过硫酸钾消解紫外分光光度法》(HJ 636—2012)、《水质氨氮的测定纳氏试剂分光光度法》(HJ 535—2009)和《水质总磷的测定钼酸铵分光光度法》(GB 11893—1989)测定处理后的设施径流测量水样中总悬浮物(TSS)、化学需氧量(COD)、氨氮(NH_4^+-N)、总氮(TN)、总磷(TP)的浓度。

2.2 具有上海环境适应性的雨水源头调蓄设施绩效模拟基地条件参数

XP Drainage 软件在进行模拟时需要选用适宜研究场地的气候、土壤等基地条件参数以得到更准确的模拟结果。基于 XP Drainage 软件架构，分析适用于上海地区的基地条件参数，包括气候条件如降雨条件与温湿度条件，得到相应的降雨雨型与市域蒸发量数值；分析土壤条件如孔隙度与温湿度，得到径流系数、入渗率及水力传导系数等数值。关于气候条件，研究团队在收集了《上海水务统计年鉴》和上海水务网中的气候资料，购买了中国气象数据网 1981—2010 年的气温、降水数据和主要天气现象记录资料后，以此为基础研究了上海主要气候要素和天气现象的时空分布和变化特征。关于土壤条件，我们对上海城市中心、近郊、远郊不同梯度的 168 个样地进行了实地踏勘和土壤采样，对土壤孔隙度、紧实度、饱和含水量、温湿度、电导率等影响雨洪调蓄设施雨水蓄积能力及土壤入渗能力的重要因素进行室内测试分析。

2.2.1 气候条件参数

2.2.1.1 降雨条件参数

在亚热带季风气候与临海潮湿空气的影响下，上海气候四季分明，日照时间与降雨量充足。但是上海市降雨季节分配不均，主要原因是降雨受梅雨季以及台风的影响，春秋多雨，夏冬少雨，年内集中降雨在 5 月到 9 月，约占全年降水量的 50%～70%。

水文系统资料(见图 2-2)显示，上海地区汛期平均降雨量为 648.7 mm。其中徐汇区平均降雨量最大，为 725.9 mm，其次为闵行区的 687.0 mm、浦东新区的 686.6 mm，最小为青浦区的 581.0 mm。全市范围内累年月最大日降雨量平均为 180.8 mm，其中累年月最大日降雨量出现在徐汇区，为 278 mm，其次为浦东新区的 209.4 mm、嘉定区的 200.5 mm，最小为南汇区的 133.6 mm(见图 2-3)。

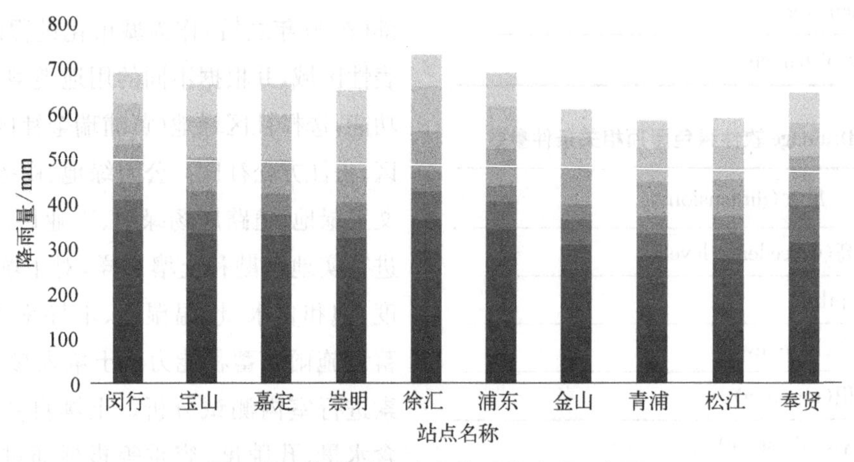

图 2-2 上海近 10 年汛期平均降雨示意图

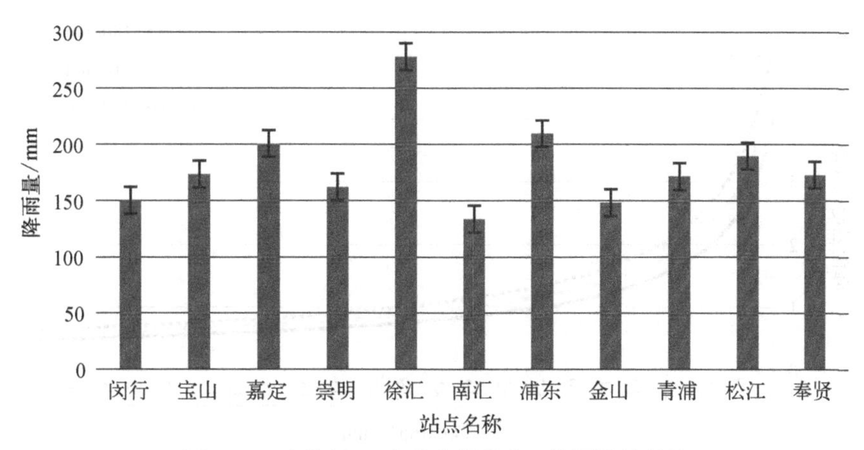

图 2-3 上海近 10 年累年月最大日降雨量统计图

上海不同重现期降雨标准为

$$i=\frac{10.669(1+0.856\log T)}{(t+8.005)^{0.7}} \quad (2-1)$$

式中，i 为降雨强度(mm/min)；t 为降雨历时(min)；T 为重现期。

可得上海重现期为 1a、3a、5a 时的降雨曲线(见图 2-4)。

将上海汛期累年月最大日降雨量等值标准与标准降雨曲线进行拟合，可得各级特大暴雨降雨曲线如图 2-5 所示。

2.2.1.2 温湿度条件参数

根据 2010 年 7 月浦东气象站数据库数据(见图 2-6、图 2-7)分析，上海 1981—2010 年累年月平均相对湿度为 78.19%，累年月平均气温为 16.35 ℃，累年月最高气温为 32.7 ℃。

根据上海市温湿度数据估算各区域蒸发量，则有

$$e=7.649[\log(100-M_r)-1.1]\times(T+17.75)\times f_w \quad (2-2)$$

式中，$f_w=0.302+0.212W$，W 表示风速(m/s)；e 表示年蒸发量；M_r 表示湿度(%)；T 表示温度(℃)。

根据宝山气象站 1991—2011 年数据统计分析可知，上海累年月平均风速为 3.06 m/s，平均气温 17.0 ℃，平均相对湿度 73.3%(见表 2-6)，代入公式 2-2 计算可得市域蒸发量参数平均值为 2.95 mm/d，从而可得到 XP Drainage 蒸发量参数值(见表 2-7)。

表 2-6 上海气候累年月平均值

平均风速/($m\cdot s^{-1}$)	平均气温/℃	平均相对湿度/%
3.06	17.0	73.3

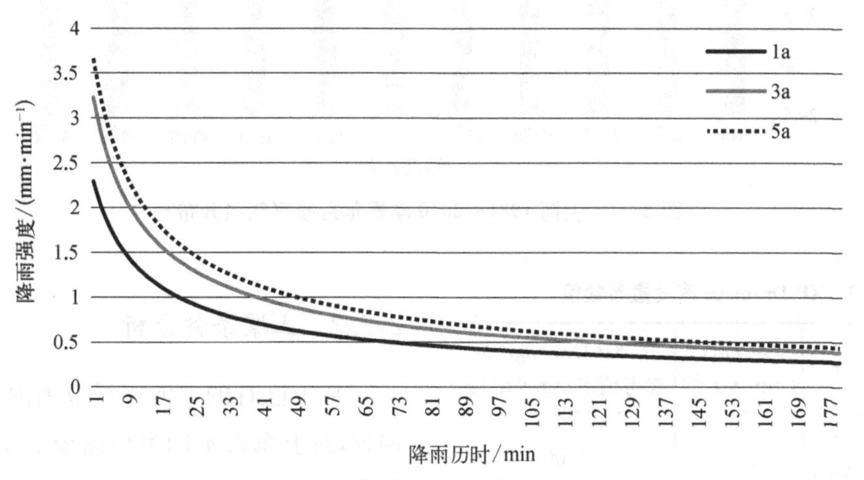

图 2-4 上海各不同重现期降雨曲线

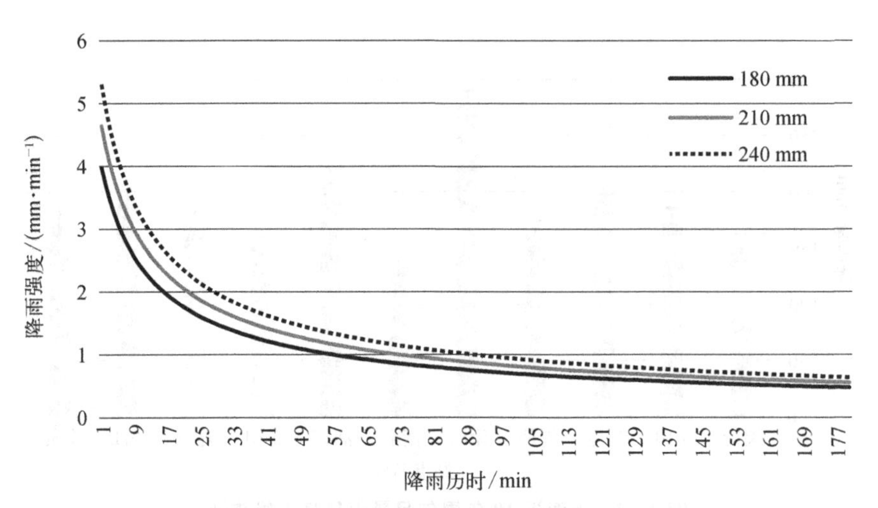

图 2-5　上海各级特大暴雨降雨曲线

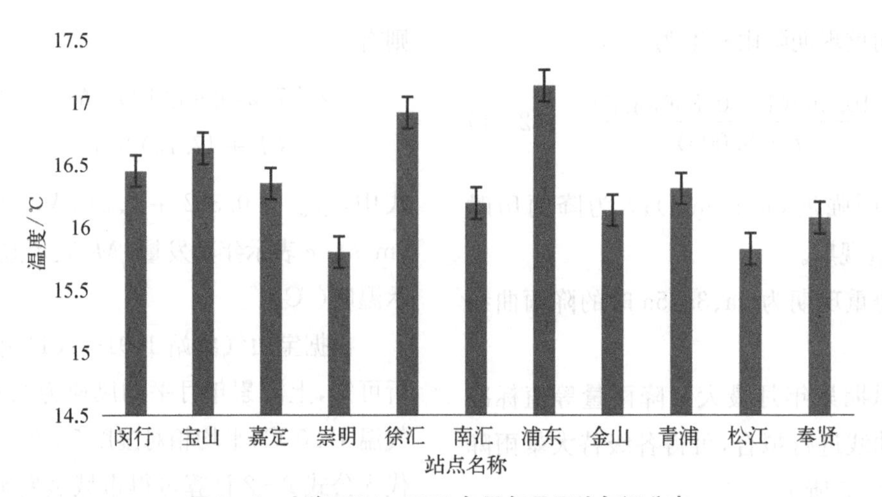

图 2-6　上海 1981—2010 年累年月平均气温分布

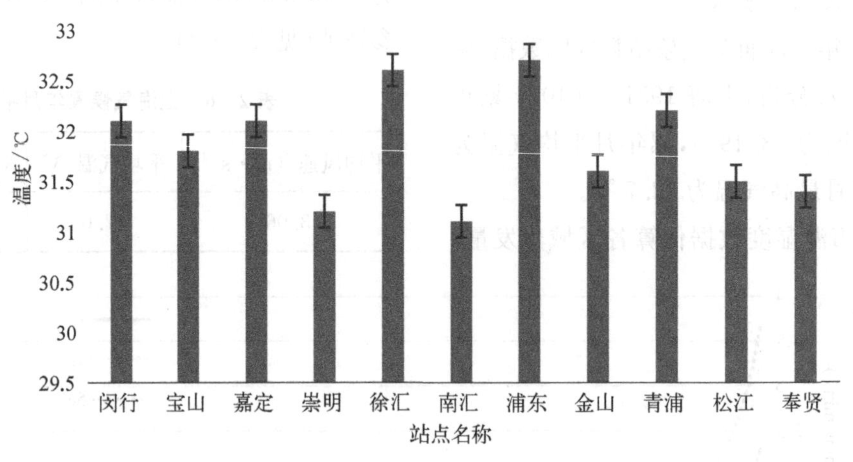

图 2-7　上海 1981—2010 年累年月最高气温分布

表 2-7　XP Drainage 蒸发量参数值

参数名	参数值/(mm·d^{-1})	XP Drainage 参考值/(mm·d^{-1})
蒸发量(evapotranspiration)	2.95	4.00

2.2.2　土壤条件分析

基于已有的上海市域范围内绿地土壤情况调查，对上海市不同类型绿地的土壤孔隙度、自然含水量、饱和含水量、容重、入渗率、有机质含量等条件进行分析。土壤参数依据中心城区、近郊、远郊进行分级，具体参数如表 2-8 所示，径流系数取值如表 2-9 所示。

表 2-8 上海土壤渗透率及水力传导系数

		垂直渗透率/(m·d⁻¹)	水力传导系数
中心城区	城市社区	5.37	17.84
	商务办公区		8.30
	科教文卫		10.48
	公园绿地		13.65
	街道绿地		13.67
	广场绿地		12.51
	道路绿化		13.73
	城市社区		4.44
	商务办公区		2.81
	科教文卫		4.04
近郊	公园绿地	1.59	3.46
	街道绿地		2.94
	广场绿地		3.37
	道路绿化		3.90
	城市社区		12.33
	商务办公区		10.99
	科教文卫		10.92
远郊	公园绿地	4.61	9.34
	街道绿地		12.96
	广场绿地		13.62
	道路绿化		10.34
XP Drainage 参考值		2.40	—

根据《室外排水设计规范》(GB 50014—2006)中有关规定，可按照表 2-9 给排水设计中径流系数取值。

表 2-9 上海径流系数取值

地面种类	径流系数(volumetric runoff coefficient)
各种屋面、混凝土或沥青路面	0.85～0.95
大块石铺砌路面或沥青表面处理的碎石路面	0.55～0.65
级配碎石路面	0.40～0.50
干砌砖石或碎石路面	0.35～0.40
非铺砌土路面	0.25～0.35
公园或绿地	0.10～0.20

2.3 具有上海环境适应性的雨水源头调蓄设施绩效模拟设施条件参数

XP Drainage 软件在进行模拟时需要分别设置海绵城市每个单项设施的结构、效果的参数值，需要针对适用于上海的雨水源头调蓄设施结构及其效益进行分析。在此，基于 XP Drainage 软件架构分析适用于上海地区的设施条件参数，包括雨水花园、生态植草沟、绿色屋顶、透水铺装、生态调蓄池的具体结构参数。将适用于上海地区的雨水花园、生态植草沟、绿色屋顶结构分析的相关研究成果作为此次研究的基础，可提出相应的适合上海环境条件的雨水源头调蓄设施的参数值。已有研究结果已在丛书之一《海绵城市研究与应用——以上海城乡绿地为例》中有所体现，本书仅引用部分实验数据探讨适用于上海地区的 XP Drainage 设施结构参数。针对透水铺装与生态调蓄池在《透水路面砖和透水路面板》(GB/T 25993—2010)和《城镇径流污染控制调蓄池技术规程》(CECS 416—2015)国家标准中已有规范的基础上，参考其他研究补充得到相应结构参数。

2.3.1 雨水花园条件参数

XP Drainage 雨水花园模块将雨水花园结构分为蓄水层与过滤层，其过滤层结构包括覆盖层、种植层、过渡层、填料层、排水层五部分。实验针对雨水花园填料层、排水层的结构进行研究，在填料方面选取种植土、碎石、沸石、砾石、砌块砖这 5 个水平，在填料层厚度方面选择 10 cm、20 cm、30 cm、40 cm、50 cm 这 5 个水平，在排水层厚度方面选择 10 cm、15 cm、20 cm、25 cm、30 cm 这 5 个水平，取每个要素的 5 个水平设计正交实验，总共形成 25 个实验组。

针对实验结果采用计分方法来得出最适宜上海地区的雨水花园应用模式，针对改善水文特征效果与改善水质效果的情况分别进行两次打分。

在雨水花园改善水文特征方面，对 5 个指标出流洪峰延迟时间、洪峰时刻累积径流削减率、总削减率、渗透率、蓄水率分别进行打分，分值依照实验结果显著性分为 5 分、3 分、1 分、0 分。在雨水花园改善水质方面，对 COD 去除率、TN 去除率、TP 去除率 3 个指标分别进行打分，分值依照实验结果显著性分为 5 分、3 分、1 分、0 分。综合分析打分结果，分别得到适宜上海地区应用的雨水花园结构组合参数(见表 2－10)。

表 2－10　适宜上海地区应用的雨水花园结构组合参数

特　性		最佳组合	次佳组合	再次佳组合
出流洪峰延迟时间	填料	沸石	改良种植土	砌块砖Ⅰ
	填料层厚度	50 cm	40 cm	20 cm
	排水层厚度	30 cm	25 cm	20 cm
洪峰时刻累积径流削减率	填料	沸石	改良种植土	砌块砖Ⅰ
	填料层厚度	50 cm	20 cm	40 cm
	排水层厚度	30 cm	20 cm	25 cm
总削减率	填料	沸石	改良种植土	瓜子片
	填料层厚度	50 cm	30 cm	40 cm
	排水层厚度	30 cm	20 cm	25 cm
渗透率	填料	沸石	砌块砖Ⅱ	砌块砖Ⅰ
	填料层厚度	30 cm	20 cm	10 cm
	排水层厚度	25 cm	20 cm	10 cm
蓄水率	填料	砌块砖Ⅱ	沸石	改良种植土
	填料层厚度	10 cm	20 cm	30 cm
	排水层厚度	15 cm	25 cm	10 cm
COD 去除率	填料	沸石	瓜子片	改良种植土
	填料层厚度	50 cm	40 cm	30 cm
	排水层厚度	30 cm	25 cm	15 cm
TN 去除率	填料	瓜子片	沸石	改良种植土
	填料层厚度	10 cm	30 cm	40 cm
	排水层厚度	20 cm	30 cm	15 cm
TP 去除率	填料	瓜子片	改良种植土	砌块砖Ⅱ
	填料层厚度	50 cm	40 cm	30 cm
	排水层厚度	30 cm	20 cm	15 cm

根据上述实验结果，提出适宜上海地区雨水源头调蓄系统应用的两种雨水花园模式，分别是调蓄型雨水花园、净化型雨水花园。其中调蓄型雨水花园适用于地表径流较多的地点，着重于雨水径流水量的调蓄；净化型雨水花园适用于硬质化程度高、径流污染严重的地点，着重于雨水径

流水质的调蓄。

采用沸石作为填料层填料，以填料层厚度取50 cm，排水层厚度取30 cm的结构参数为依据，可构建对水文特征改善能力较强的雨水花园，即调蓄型雨水花园。采用瓜子片作为填料层填料，按填料层厚度为50 cm，排水层厚度为30 cm的结构参数来构建，可得到对水质改善效果较强的雨水花园，即净化型雨水花园。

根据研究结果，结合XP Drainage模型架构，可提出适合上海地区使用的XP Drainage雨水花园结构参数，如图2-8、表2-11、表2-12所示。

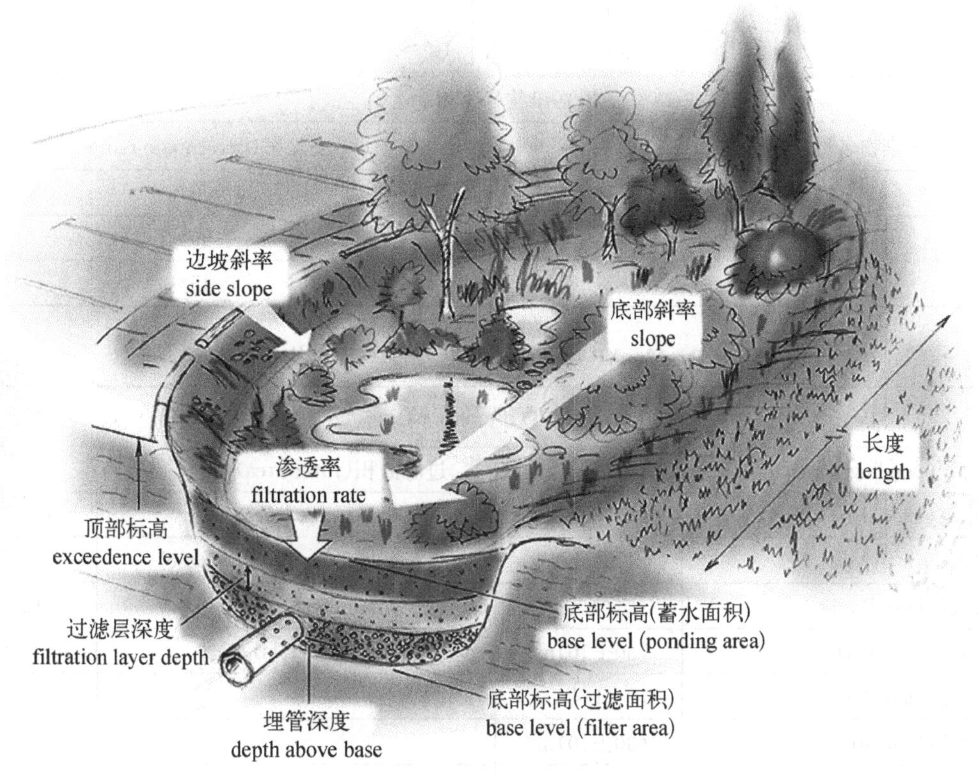

图2-8　XP Drainage雨水花园结构

（来源：XP Drainage软件）

表2-11　XP Drainage调蓄型雨水花园结构参数

尺寸(dimensions)			
蓄水面积(ponding area)	—	过滤面积(filter area)	—
顶部标高(exceedence level)	—	底部标高(base level)	—
深度(depth)	200 mm	埋管高度(height above base)	—
底部标高(base level)	—	管径(diameter)	12～17 cm
顶部面积(top area)	(30±10)m^2	管数(no of barrels)	1根
边坡斜率(side slope)	1/4		
底部面积(base area)	(30±10)m^2		
溢流标高(freeboard)	210 mm		
长度(length)	—		
底部斜率(slope)	<5%		

(续表)

过滤层(filtration layer)			
过滤层名称 (filtration layer name)	过滤层深度 (filtration layer depth)	蓄水空间 (void ratio)	渗透率 (filtration rate)
砾石、有机覆盖物等	0.05 m	30%	70 m/d
改良种植土	0.3 m		
中沙	0.05 m		
沸石	0.5 m		
ϕ1～2 cm 砾石	0.3 m		
污染物(pollution)			
污染物名称(pollution name)		去除率(percentage removal)	
COD		65%	
TN		60%	
TP		45%	

表 2-12　XP Drainage 净化型雨水花园结构参数

尺寸(dimensions)			
蓄水面积(ponding area)	—	过滤面积(filter area)	—
顶部标高(exceedence level)	—	底部标高(base level)	—
深度(depth)	200 mm	埋管高度(height above base)	—
底部标高(base level)	—	管径(diameter)	12～17 cm
顶部面积(top area)	(30±10)m²	管数(no of barrels)	1 根
边坡斜率(side slope)	1/4		
底部面积(base area)	(30±10)m²		
溢流标高(freeboard)	210 mm		
长度(length)	—		
底部斜率(slope)	<5%		
过滤层(filtration layer)			
过滤层名称 (filtration layer name)	过滤层深度 (filtration layer depth)	蓄水空间 (void ratio)	渗透率 (filtration rate)
砾石、有机覆盖物等	0.05 m	30%	40 m/d
改良种植土	0.3 m		
中沙	0.05 m		
瓜子片	0.5 m		
ϕ1～2 cm 砾石	0.3 m		
污染物(pollution)			
污染物名称(pollution name)		去除率(percentage removal)	
COD		50%	
TN		40%	
TP		65%	

2.3.2　生态植草沟条件参数

已有的针对生态植草沟的研究一般将生态植草沟分为种植层和滤料层两部分，其中种植层为种植土和植被，滤料层一般为砌块砖和碎石。实验针对生态植草沟适宜结构进行研究，其中种植土厚度选择 20 cm、30 cm、40 cm 这 3 个水平，滤料层厚度选择 20 cm、30 cm、40 cm 这 3 个水平，砌块砖厚度选择 0 cm、10 cm、20 cm、30 cm、40 cm 这 5 个水平，碎石厚度选择 0 cm、10 cm、20 cm、30 cm、40 cm 这 5 个水平，共设置 12 个实验组。计算得到 12 条生态植草沟在不同降雨强度下的出水时间(t_0)和到达洪峰时间(t_m)。通过计算总出水量与总进水量的比值，得到 12 条生态植草沟在 12 mm/h 的雨强下对降雨径流的削减率。

根据实验结果可知，生态植草沟对降雨径流的渗透能力极强。对洪峰的延缓效果最佳的生态植草沟结构为种植土厚度达 30 cm，滤料层厚度达 30 cm，平均延缓 26.4 min；对径流削减率最优的生态植草沟结构为种植土厚度达 20 cm，滤料层厚度达 40 cm，平均削减 25.9%的径流量。

在降雨径流水量较大的场地，较适合应用的生态植草沟结构为 20 cm 种植土＋40 cm 砌块砖，20 cm 种植土＋30 cm 砌块砖＋10 cm 碎石，即调蓄型生态植草沟。

由实验结果可知，分组Ⅰ中最佳的生态植草沟结构是 20 cm 种植土＋30 cm 砌块砖＋10 cm 碎石，此结构的生态植草沟对 TSS、COD、NH_4^+－N 和 TP 的削减率分别为 89.3%、48.0%、72.3%和 85.3%。分组Ⅱ中最佳的生态植草沟结构是 30 cm 种植土＋20 cm 砌块砖＋10 cm 碎石，此结构的生态植草沟对 TSS、COD、NH_4^+－N 和 TP 的削减率分别为 77.5%、72.5%、79.0%和 90.4%。分组Ⅲ中最佳的生态植草沟结构是 40 cm 种植土＋10 cm 砌块砖＋10 cm 碎石，此结构的生态植草沟对 TSS、COD、NH_4^+－N 和 TP 的削减率分别为 56.4%、49.3%、44.4%和 49.5%。

在降雨径流污染物浓度较大的区域，如停车场、广场、道路等，较适合应用的生态植草沟结构为 20 cm 种植土＋40 cm 砌块砖或 20 cm 种植土＋30 cm 砌块砖＋10 cm 碎石或 30 cm 种植土＋20 cm 砌块砖＋10 cm 碎石，即采用净化型生态植草沟。

根据研究结果，结合 XP Drainage 模型架构，可提出适合上海地区使用的 XP Drainage 生态植草沟结构参数(见图 2－9、表 2－13、表 2－14)。

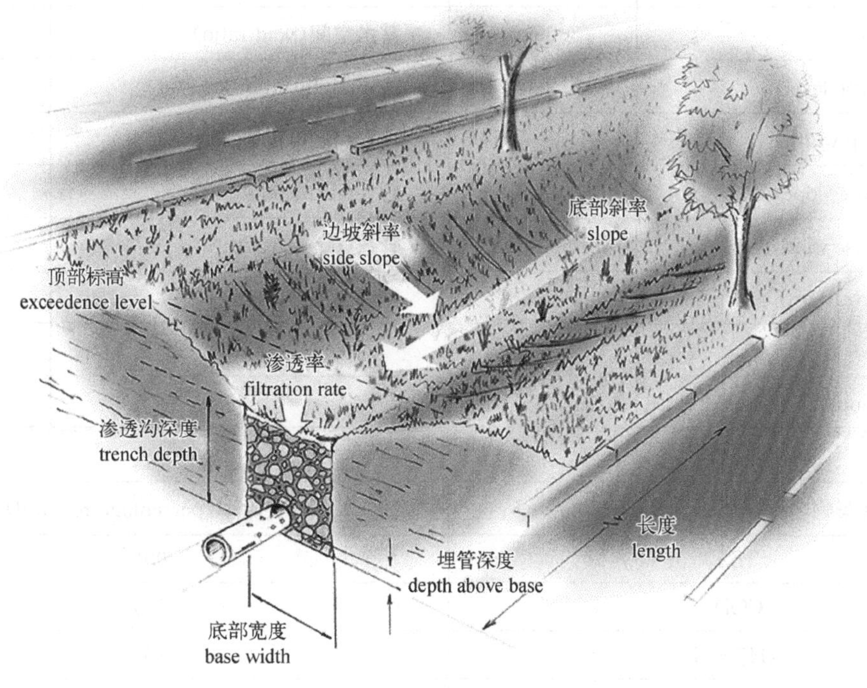

图 2－9　XP Drainage 生态植草沟结构

(来源：XP Drainage 软件)

表 2-13　调蓄型生态植草沟结构参数

尺寸(dimensions)			
顶部标高(exceedence level)	—	渗透沟深度(trench depth)	400 mm
深度(depth)	200 mm	蓄水空间(void ratio)	40%
底部标高(base level)	—	渗透率(filtration rate)	350 m/d
顶部宽度(top width)	1 500 mm	埋管高度(height above base)	—
边坡斜率(side slope)	1/4	管径(diameter)	50 mm
底部宽度(base width)	1 500 mm	管数(no of barrels)	1 根
溢流标高(freeboard)	200 mm		
长度(length)	—		
底部斜率(slope)	<5%		

污染物(pollution)	
污染物名称(pollution name)	去除率(percentage removal)
TSS	95%
COD	55%
NH_4^+ - N	67%
TP	86%

表 2-14　净化型生态植草沟结构参数

尺寸(dimensions)			
顶部标高(exceedence level)	—	渗透沟深度(trench depth)	300 mm
深度(depth)	300 mm	蓄水空间(void ratio)	30%
底部标高(base level)	—	渗透率(filtration rate)	250 m/d
顶部宽度(top width)	1 500 mm	埋管高度(height above base)	—
边坡斜率(side slope)	1/4	管径(diameter)	50 mm
底部宽度(base width)	1 500 mm	管数(no of barrels)	1 根
溢流标高(freeboard)	200 mm		
长度(length)	—		
底部斜率(slope)	<5%		

污染物(pollution)	
污染物名称(pollution name)	去除率(percentage removal)
TSS	90%
COD	75%
NH_4^+ - N	80%
TP	90%

2.3.3 绿色屋顶条件参数

为了使植物能够正常生长，合适的绿色屋顶基质容重应在 100～800 kg/m^3 范围内，以 500 kg/m^3 为最佳，总孔隙度在 60%左右，pH 值为 5.5～7.0。单一基质存在质量过轻、过重或者通气不良等缺点。为了解决这些问题，在此选用由有机基质椰糠、壤土以及无机珍珠岩按一定比例混合而成的改良土作基质进行实验。参照《土壤理化分析》的相关实验方法，对改良土的孔隙度、湿容重、含水量以及 pH 值等理化性质进行测定。每个测定做 3 个重复试验。实验分别设置 9 个实验装置，装置尺寸为 685 mm×525 mm×390 mm，由高密度聚乙烯制成，坡面倾斜角度约有 5°。绿色屋顶的基本结构不变，从上到下的 4 层结构依次为植被层（种植佛甲草）、基质层、过滤层以及排水层。

由实验结果可知，三因素组合不同导致绿色屋顶的调蓄能力不同，对氨氮的净化能力也各不相同。其中，当基质厚度为 300 mm，基质配比为 1∶1∶1，聚丙烯酸钠用量为 4 g/L 时，雨水调蓄能力达到最高，为 57.52%。当基质厚度为 300 mm，基质配比为 1∶1∶2，聚丙烯酸钠用量为 2 g/L 时，污染物氨氮的含量最低，为 0.45 mg/L。

根据研究结果，结合 XP Drainage 模型架构，可提出适合上海地区使用的 XP Drainage 绿色屋顶结构参数（见图 2-10、表 2-15、表 2-16）。

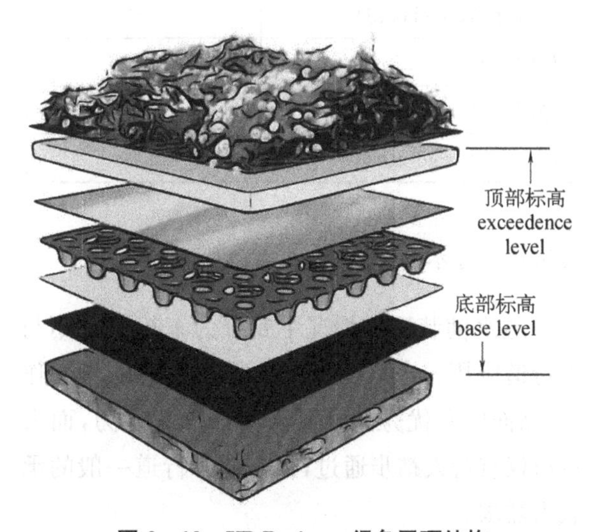

图 2-10 XP Drainage 绿色屋顶结构

表 2-15 调蓄型绿色屋顶结构参数

尺寸(dimensions)		污染物(pollution)	
		污染物名称(pollution name)	去除率(percentage removal)
顶部标高(exceedence level)	—	NH_4^+-N	92%
深度(depth)	300 mm		
底部标高(base level)	—		
顶部面积(top area)	—		
边坡斜率(side slope)	—		
底部面积(base area)	—		
溢流标高(freeboard)	—		
长度(length)	—		
底部斜率(slope)	2%		
蓄水空间(void ratio)	50%		

表 2-16 净化型绿色屋顶结构参数

尺寸(dimensions)		污染物(pollution)	
		污染物名称(pollution name)	去除率(percentage removal)
顶部标高(exceedence level)	—	NH_4^+-N	91%
深度(depth)	300 mm		

(续表)

尺寸(dimensions)		污染物(pollution)	
		污染物名称(pollution name)	去除率(percentage removal)
底部标高(base level)	—	$NH_4^+ - N$	91%
顶部面积(top area)	—		
边坡斜率(side slope)	—		
底部面积(base area)	—		
溢流标高(freeboard)	—		
长度(length)	—		
底部斜率(slope)	2%		
蓄水空间(void ratio)	32%		

2.3.4 透水铺装条件参数

透水铺装适用情况主要分为车行道应用与人行道应用。车行道需要承受机动车的压力作用,路面要有优秀的强度来保证承载能力,而人行道仅有行人踏步通过,没有如车行道一般的承载力需求。

根据《透水路面砖和透水路面板》(GB/T 25993—2010)国家标准要求,透水铺装按照透水块材生产过程中所用原料、制备工艺和产品规格的不同,分为透水混凝土路面砖(PCB)、透水混凝土路面板(PCF)、透水烧结路面砖(PFB)以及透水烧结路面板(PFF)4 类。针对不同类型的透水块材,具体尺寸要求如表 2-17 所示。

表 2-17 透水块材尺寸标准

分类标记	名称	公称尺寸/mm	长度/mm	宽度/mm	厚度/mm	对角线/mm	厚度方向垂直度/°	直角度/°
PCB	透水混凝土路面砖	所有	±2	±2	±2	—	≤1.5	≤1.0
PCF	透水混凝土路面板	长度≤500 长度>500	±2 ±3	±2 ±3	±3 ±3	±3 ±4	≤1.0	—
PFB	透水烧结路面砖	所有	±2	±2	±2	—	≤2.0	≤2.0
PFF	透水烧结路面板	长度≤500 长度>500	±3 ±3	±3 ±3	±3 ±3	±4 ±6	≤2.0	—

注:1. 矩形透水块材对角线的公称尺寸含公称长度和宽度,用几何学计算得到,计算精确至 0.5 mm。
2. 对角线、直角度的指标值仅适用于矩形透水块材。

透水铺装根据应用的场合与基地条件不同,在结构、材质上有不同的要求,包括路面承载力、路面透水性等等。所以针对不同的气候、土壤、地下水条件,需要有针对性地提出不同的设施结构以达到最佳效果。

透水铺装的设施结构有明确的分层与功能定义,并且每一层结构都有各式材质可以选择,需要综合分析各个结构层之间的相互联系与作用,在协调各个结构层形成一个整体的同时,综合各个结构层的优点,以达到雨水调蓄的最佳状态。

在透水铺装结构方面,对其雨洪调蓄能力影响最大的因素为基质孔隙率以及土壤渗透率,影响透水铺装设施洪峰延缓时间、径流滞渗能力与设施蓄水空间的大小。一方面,设施内底层结构在自然条件下的含水量过高会影响透水铺装的蓄水能力,为了削弱影响,应降低透水铺装底层结构的保水能力;另一方面,透水铺装结构底层的渗透率影响设施底层结构的湿度情况，一定程度地提升雨水出流速率可有效提升透水铺装的滞渗效率。在固定降雨强度标准下，瞬时降雨强度与降雨时长对透水铺装的结构要求有极大影响。对瞬时降雨强度高的地区，应着力提高透水铺装结构的孔隙率以提升蓄水空间；对降雨持续时间较长的地区，则应主要提升透水铺装的渗透性能。在此理念下综合分析文献中各个方案的优劣，可找出适合上海地区应用的透水铺装结构，并提炼对应的 XP Drainage 参数值。

已有研究表明，透水铺装的雨洪调蓄能力随着降雨强度增大呈对数递减。当透水铺装表面渗透系数为 5×10^{-5} m/s 时，综合影响下的透水铺装设施的年径流控制能力约为 90%；当透水铺装表面渗透系数为 1×10^{-5} m/s 时，综合影响下的透水铺装设施的年径流控制能力约为 73%。该研究提出，为了达到透水铺装雨洪调蓄能力需求，人行道的结构层厚度必须超过 20 cm，车行道的结构层厚度必须超过 25 cm。综合分析透水铺装表面强度、雨洪调蓄能力需求以及其建造的经济性，有研究提出透水铺装车行道结构层组合为 10 cm 的沥青稳定排水基层（ATPB）+15 cm 开级配碎石，选用透水性沥青面层（OGFC），面层厚度一般为 8～12 cm；人行道结构层用 20 cm 大粒径碎石，选用透水砖作表面面层，找平层厚 3 cm，过滤层厚 5 cm（见图 2-11、图 2-12）①。

基于《透水路面砖和透水路面板》（GB/T 25993—2010）国家标准并参考现有研究的数值修正，结合 XP Drainage 模型架构，可提出适合上海地区使用的 XP Drainage 透水铺装结构参数（见图 2-13、表 2-18、表 2-19）。

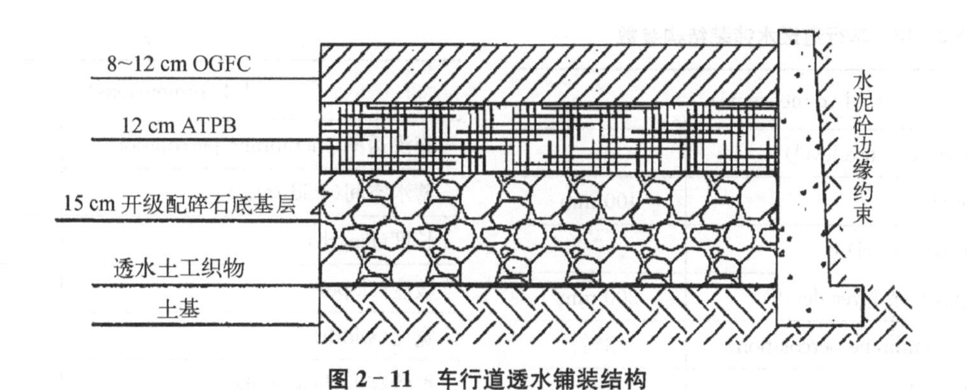

图 2-11 车行道透水铺装结构

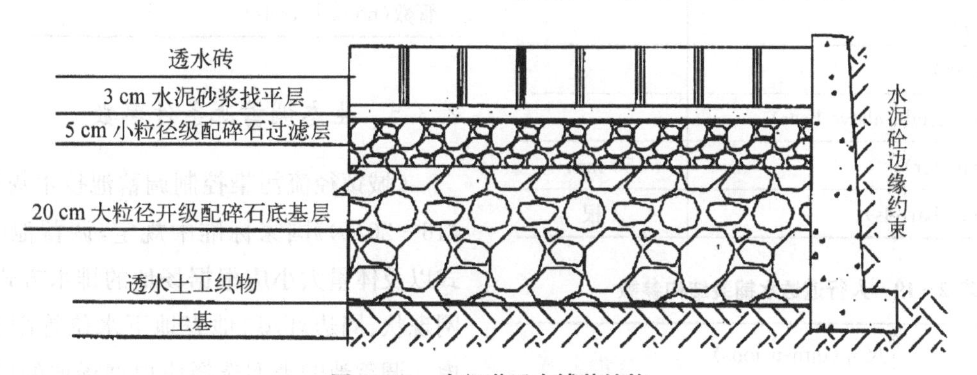

图 2-12 人行道透水铺装结构

① 赵亮. 城市透水铺装材料与结构设计研究[D]. 西安：长安大学，2010.

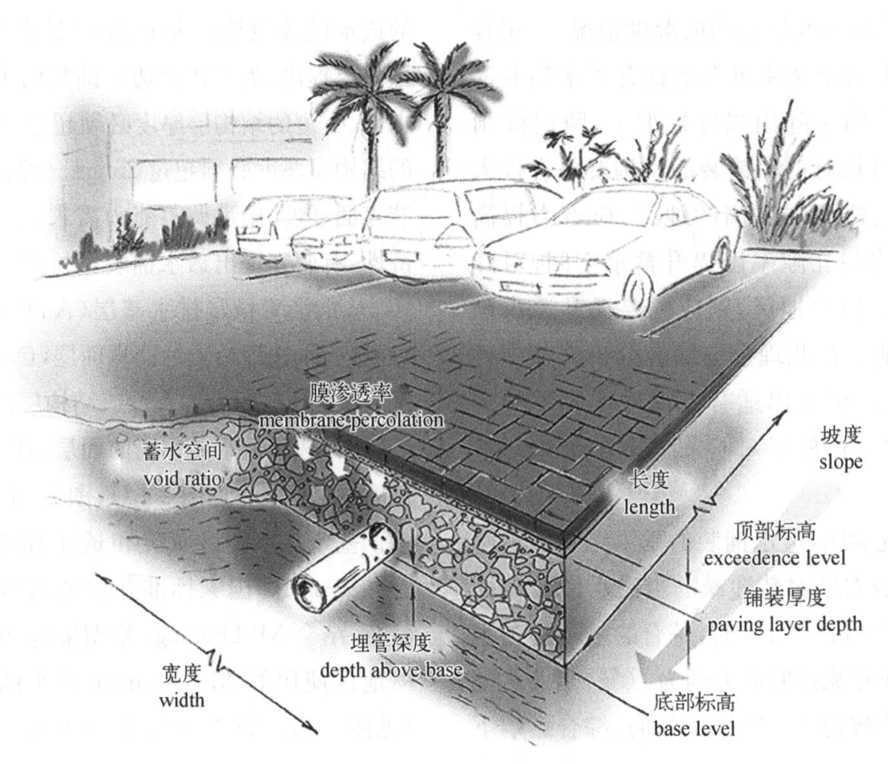

图 2-13 XP Drainage 透水铺装结构(来源：XP Drainage 软件)

表 2-18 车行道透水铺装结构参数

尺寸(dimensions)	
顶部标高(exceedence level)	—
深度(depth)	400 mm
底部标高(base level)	—
铺装厚度(paving layer depth)	200 mm
膜渗透率(membrane percolation)	8%
蓄水空间(void ratio)	20%
长度(length)	—
坡度(slope)	—
宽度(width)	—
埋管高度(height above base)	—
管径(diameter)	50 mm
管数(no of barrels)	1 根

表 2-19 人行道透水铺装结构参数

尺寸(dimensions)	
顶部标高(exceedence level)	—
深度(depth)	450 mm
底部标高(base level)	—
铺装厚度(paving layer depth)	150 mm
膜渗透率(membrane percolation)	10%
蓄水空间(void ratio)	30%
长度(length)	—
坡度(slope)	—
宽度(width)	—
埋管高度(height above base)	—
管径(diameter)	50 mm
管数(no of barrels)	1 根

2.3.5 生态调蓄池条件参数

《城镇径流污染控制调蓄池技术规程(CECS 416—2015)》国家标准中规定，调蓄池的布局方式以及体量大小应根据场地的排水方式、雨洪管网现状、周边环境、地表地下水位等因素综合考虑。调蓄池的类型选择应根据场地的雨洪现状、水质情况、下游处理设施的流量标准及污水处理能力等条件综合考虑。《合流制排水系统溢流调蓄技术研究》针对上海地区调蓄池的适应性设计做了相应研究。该研究基于上海的区位条件、土壤气候条件、城市人口条件等要素，分析评估美国、德国以及日本的生态调蓄池设计方式，认为日本的标准更适合上海，即由污染削减率目标来推导生态调蓄池的构建体量。其结论指出生态调蓄池的设计目标为排水系统流入生态调蓄池的污染量应小于生态调蓄池的污染消纳能力。

生态调蓄池区别于人工营建调蓄池，是在现有水面的基础上进行生态改造而成的，其尺寸与场地条件密切相关。具体生态调蓄池的体量应该依据其周边汇水区域的径流系数、降雨情境下的汇水面积和各个设计标准下不同的设计降雨量来确定。具体公式为

$$V=1\,000\times\varphi\times Q\times A \qquad (2-3)$$

式中，V 为生态调蓄池容积(m^3)，φ 为场地径流系数；Q 为场地设计降雨量(mm)；A 为场地汇水面积(km^2)；1 000 为换算系数。

实际在设计过程中，应结合场地多年数次降雨情境，分析生态调蓄池平均每年满载的次数、可消纳径流的总量、设施改造费用，而后综合考虑设施面积、雨水再利用效率、投资情况及其他相关因素，再进行技术经济比较，最后加以确定。

根据研究结果，适合上海地区使用的 XP Drainage 生态调蓄池结构参数应根据实际情况进行相应设置。相关的因素包括设计降雨量、汇水面积以及汇水区域的径流系数，并可根据排水管网等其他相关因素进行修正(见图 2-14)。

2.4 具有上海环境适应性的雨水源头调蓄设施绩效模拟参数的校验

基于适宜上海地区使用的气候、土壤等基地条件参数与各个单项雨水源头调蓄设施条件参数，形成了适合上海地区应用的 XP Drainage 模型。本书涉及的研究在此基础上，将模拟模型的参数应用于上海共康绿地的海绵城市建设示范工程项目中，研究过程包括前期现状调查及场地分析，基于 XP Drainage 模型的模式构建与方案设计以及工程实施与后期评估(为了校验参数的准确性和模型在上海地区的环境适用性)。监测的结果表明 XP Drainage 模型对设施的雨水源头调蓄能力的模拟有较好的效果，模拟误差均小于10%，设施的雨洪调控能力均比实测值高，降雨量误差约为 10～20 mm。XP Drainage 模型对雨

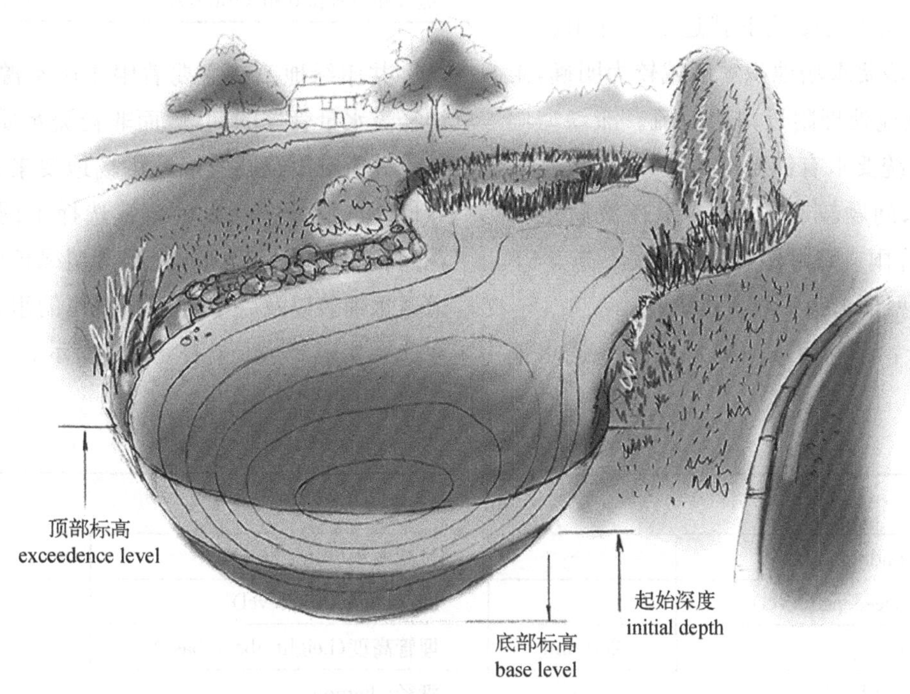

图 2-14 XP Drainage 生态调蓄池结构

(来源：XP Drainage 软件)

水源头调蓄系统降雨径流水质的模拟有较好的效果，模拟误差均小于 7%。

2.4.1 示范地雨水源头调蓄系统模式与参数选择

为了改善共康绿地雨水排放流程以达到设计目标，需要构建适合场地的雨水源头调蓄系统。根据以往的实践经验可尝试构建 3 种适合共康绿地现状的雨水源头调蓄系统构建模式，分别为引导型雨水源头调蓄系统、滞渗型雨水源头调蓄系统、综合型雨水源头调蓄系统。具体模式内容如下。

(1) 引导型雨水源头调蓄系统。

设施组合：生态植草沟＋生态调蓄池。

雨水径流在重力影响下自然流淌进入生态植草沟，经由生态植草沟进入生态调蓄池。该设施建造成本较低。一般需要场地有适宜空间布置生态植草沟导流路径，同时要求积水区域比较分散，瞬时径流量不超过生态植草沟体量，方便生态植草沟进行逐步径流汇流。

(2) 滞渗型雨水源头调蓄系统。

设施组合：绿色屋顶＋雨水花园＋透水铺装＋生态调蓄池。

雨水径流在重力影响下就近下渗并由相应设施消纳。一般要求场地积水区域较为明确，雨水调蓄设施就地处理附近雨水径流。滞渗型雨水源头调蓄系统要求有针对性地布置设施，这对解决点状积水问题较有效，但由于径流就地下渗，应对持续降雨或瞬时暴雨的灵活性不高。

(3) 综合型雨水源头调蓄系统。

设施组合：绿色屋顶＋雨水花园＋透水铺装＋植草沟＋生态调蓄池。

部分雨水径流在重力影响下就近下渗并由相应设施消纳，雨水径流在重力影响下自然流淌进入生态植草沟，再经由生态植草沟进入雨水花园、生态调蓄池。综合型雨水源头调蓄系统机制复杂，对场地条件要求较高，需要大面积改造，有较好的雨洪调控能力。

通过 XP Drainage 软件模拟分析 3 种模式的雨水源头调蓄系统应对暴雨的能力，分析适合共康绿地的最优方案。根据雨水排放流程设计雨水调蓄系统，将共康绿地适应参数导入 XP Drainage 模型。基于上海共康绿地区位并参考共康绿地土壤样本实验分析，在已有的研究结果中选择既有基地条件参数。参数模板如表 2-20 所示。

表 2-20 共康绿地基地条件参数

尺寸(dimensions)	
径流系数(volumetric runoff coefficient)	根据实际地表要素
设施底部入渗率(base infiltration rate)	5.37%
设施侧向入渗率(side infiltration rate)	忽略
水力传导系数(hydraulic conductivity)	80.1
蒸发量(evapotranspiration)	2.95 mm/d

共康绿地改造主要着眼于雨水源头调蓄系统径流水量管控的问题，而非径流水质净化。根据设计需求以及共康绿地内场地要素条件，共康绿地改造设计中的设施布置选择了调蓄型雨水花园、综合型生态植草沟、调蓄型绿色屋顶、人行道透水铺装以及一个生态调蓄池的组合，具体参数选择如表 2-21 至表 2-24 所示。

表 2-21 共康绿地调蓄型雨水花园结构参数

尺寸(dimensions)			
蓄水面积(ponding area)	—	过滤面积(filter area)	—
顶部标高(exceedence level)	—	底部标高(base level)	—
深度(depth)	200 mm	埋管高度(height above base)	—
底部标高(base level)	—	管径(diameter)	12～17 cm
顶部面积(top area)	(30±10)m^2	管数(no of barrels)	1 根

（续表）

尺寸(dimensions)			
边坡斜率(side slope)	1/4		
底部面积(base area)	$(30\pm10)m^2$		
溢流标高(freeboard)	210 mm		
长度(length)	—		
底部斜率(slope)	<5%		
过滤层(filtration layer)			
过滤层名称 (filtration layer name)	过滤层深度 (filtration layer depth)	蓄水空间 (void ratio)	渗透率 (filtration rate)
砾石、有机覆盖物等	0.05 m	30%	70 m/d
改良种植土	0.3 m		
中沙	0.05 m		
沸石	0.5 m		
ϕ1～2 cm 砾石	0.3 m		
污染物(pollution)			
污染物名称(pollution name)		去除率(percentage removal)	
COD		65%	
TN		60%	
TP		45%	

表 2-22 共康绿地综合型生态植草沟结构参数

尺寸(dimensions)			
顶部标高(exceedence level)	—	渗透沟深度(trench depth)	400 mm
深度(depth)	200 mm	渗透沟蓄水空间(trench void ratio)	40%
底部标高(base level)	—	渗透率(filtration rate)	350 m/d
顶部宽度(top width)	1 500 mm	埋管高度(height above base)	—
边坡斜率(side slope)	1/4	管径(diameter)	50 mm
底部宽度(base width)	1 500 mm	管数(no of barrels)	1 根
溢流标高(freeboard)	200 mm		
长度(length)	—		
底部斜率(slope)	<5%		
污染物(pollution)			
污染物名称(pollution name)		去除率(percentage removal)	
TSS		95%	
COD		55%	
NH_4^+-N		67%	
TP		86%	

表 2-23　共康绿地调蓄型绿色屋顶结构参数

尺寸(dimensions)		污染物(pollution)	
		污染物名称(pollution name)	去除率(percentage removal)
顶部标高(exceedence level)	—	NH_4^+-N	92%
深度(depth)	300 mm		
底部标高(base level)	—		
顶部面积(top area)	—		
边坡斜率(side slope)	—		
底部面积(base area)	—		
溢流标高(freeboard)	—		
长度(length)	—		
底部斜率(slope)	2%		
蓄水空间(void ratio)	50%		

表 2-24　共康绿地人行道透水铺装结构参数

尺寸(dimensions)	
顶部标高(exceedence level)	—
深度(depth)	450 mm
底部标高(base level)	—
铺装厚度(paving layer depth)	150 mm
膜渗透率(membrane percolation)	10
蓄水空间(void ratio)	30%
长度(length)	—
坡度(slope)	—
宽度(width)	—
埋管高度(height above base)	—
管径(diameter)	50 mm
管数(no of barrels)	1 根

2.4.2　示范地雨水源头调蓄系统构建与绩效模拟

将上海共康绿地场地条件输入 XP Drainage 软件，绘制子汇水区条件，依照雨水源头调蓄系统雨水排放模式的流程在软件中进行方案比较并形成合理高效的设计方案。首先进行场地径流量估算，然后分别根据 3 种雨水源头调蓄系统构建模式，将引导型雨水源头调蓄系统、滞渗型雨水源头调蓄系统、综合型雨水源头调蓄系统的设计方案导入 XP Drainage 模型以评估其应用效益，最后分析得出最适宜共康绿地建设的雨水源头调蓄系统。

2.4.2.1　径流估算

为了预估设施布置的数量与空间分布，需要应用 XP Drainage 软件基于场地地形、地表要素等条件进行径流量估算。主要步骤如下。

(1) 分析主要汇水点位置，作为设施的主要布置位置(见图 2-15)。

(2) 分析地表径流方向，找出需要引导径流流向的布置点(见图 2-16)。

(3) 基于降雨情境预估场地设施的蓄水量需求。根据 XP Drainage 软件估算，在重现期为 1a、3a、5a 的情况下以及暴雨降雨条件下，共康绿地大约需要 30～527 m^3 的蓄水空间，地表自然下渗量约为 0～32 m^3(见图 2-17)。

(4) 根据地表要素与场地条件划分子汇水区(见图 2-18)。

(5) 根据划分的子汇水区以及地表要素径流产生情况，估算共康绿地场地内径流(见图 2-19、图 2-20)。在 1a 重现期降雨标准下产生的径流为 246.8 m^3，3a 重现期降雨标准下产生的径流为 347.6 m^3，5a 重现期降雨标准下产生的径流为 394.4 m^3，210 mm 暴雨降雨标准下产生的径流为 571.5 m^3(见表 2-25、图 2-21)。

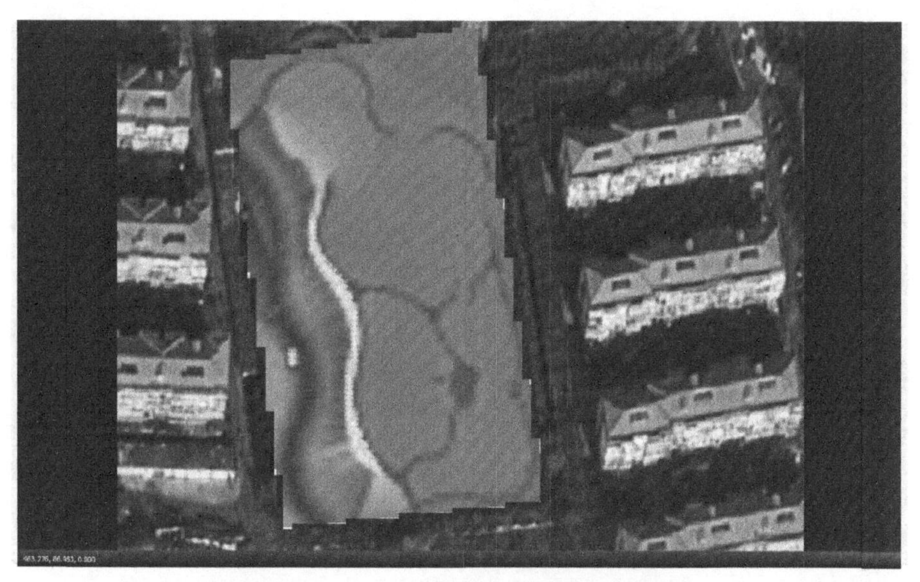

图 2-15 预估示范地的汇水区面积与位置

图 2-16 分析示范地汇水分区中的径流方向

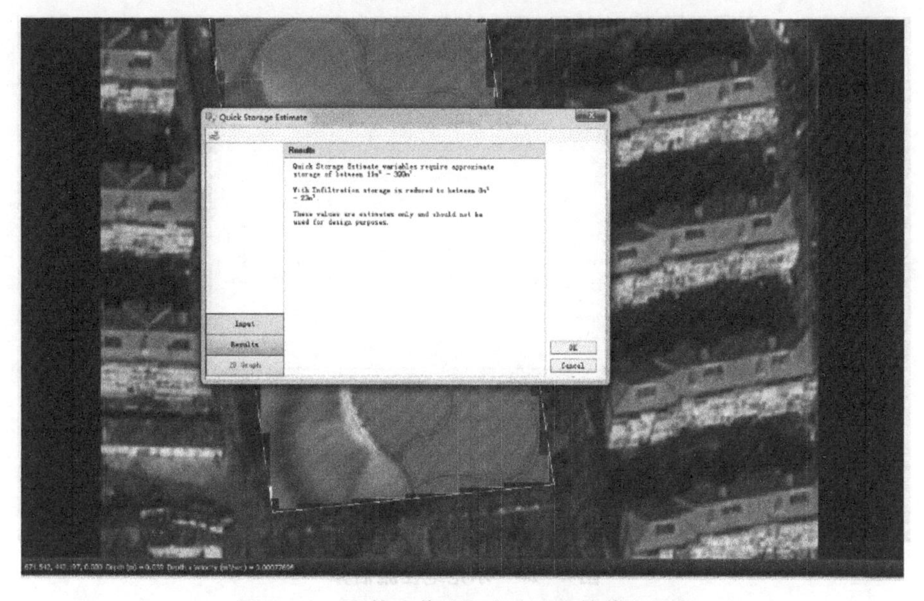

图 2-17 预估示范地汇水分区中的蓄水需求

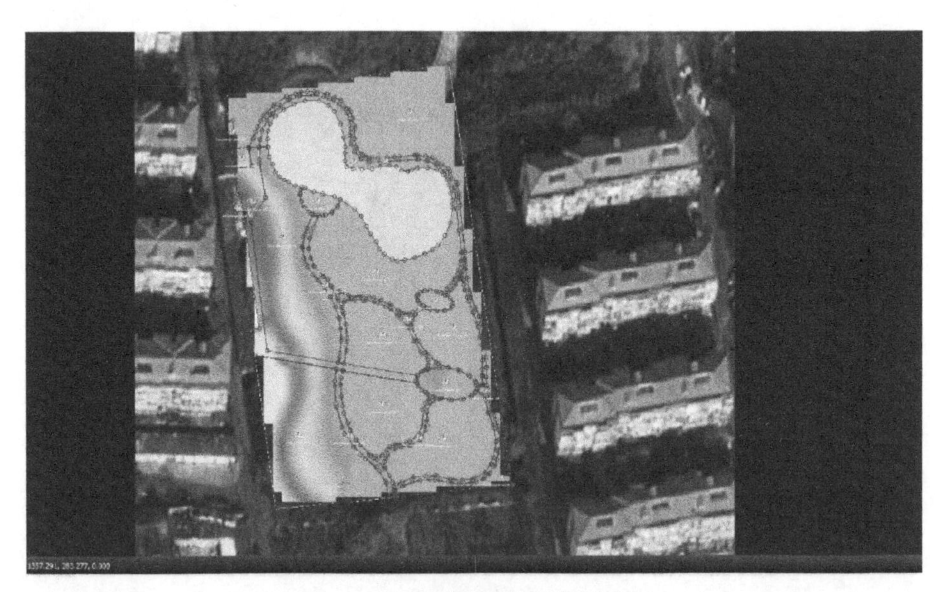

图 2-18　示范地的子汇水区划分

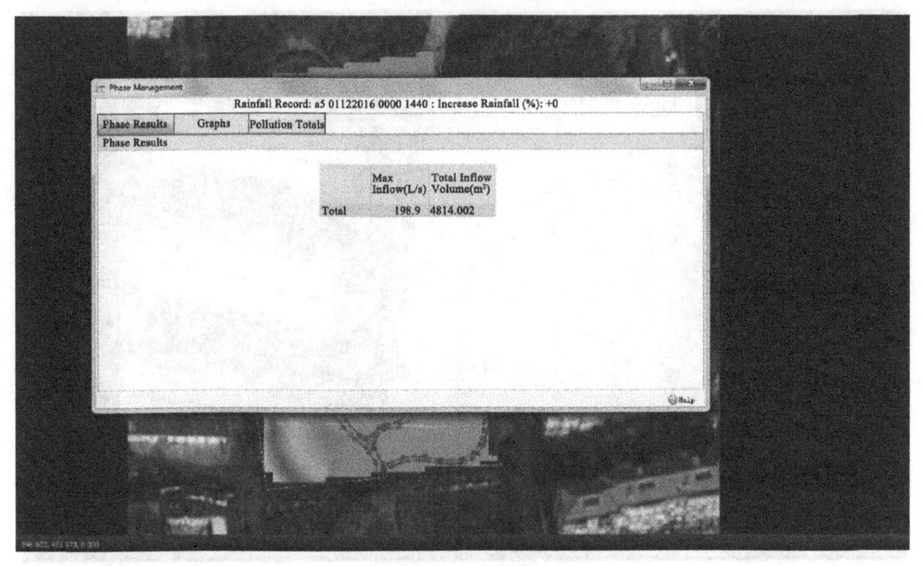

图 2-19　示范地汇水分区的径流估算

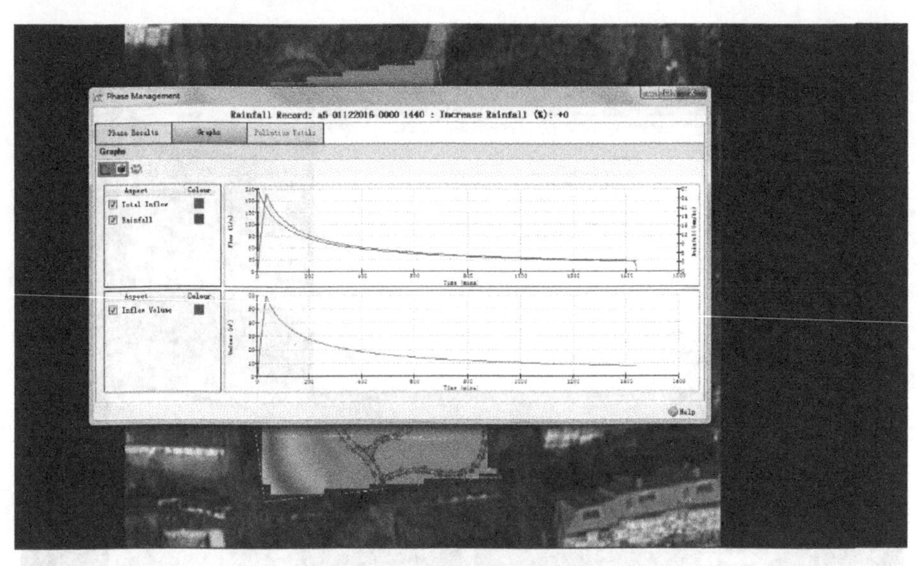

图 2-20　示范地径流估算

表 2-25 XP Drainage 示范地径流量预计

降雨标准	预计径流量/m³
104 mm(1a)	246.8
146 mm(3a)	347.6
166 mm(5a)	394.4
210 mm(暴雨)	571.5

在此基础上，将 3 种雨水源头调蓄系统构建模式指导下的设计方案导入 XP Drainage 模型以评估其应用效益。

2.4.2.2 引导型雨水源头调蓄系统

根据共康绿地场地条件进行设计，沿园路布置生态植草沟引导径流。引导型雨水源头系统包括两条生态植草沟与一个生态调蓄池。雨水径流在重力影响下自然流淌进入生态植草沟，经由生态植草沟进入生态调蓄池。将相应结构参数导入 XP Drainage 模型进行模拟。

由模拟结果可知(见图 2-22)，引导型雨水源头调蓄系统在重现期为 1a、3a、5a 以及 210 mm 降雨标准下的径流控制率分别为 99.2%、81.9%、72.0%、48.0%。在 1a 降雨条件下引导型雨水源头调蓄系统能较好完成径流处理，但是当瞬时径流超过生态植草沟蓄水空间上限时，多余的径流无法沿生态植草沟路径流向生态调蓄池，易就地形成溢流。在既有条件下，为提升引导型雨水源头调蓄系统调蓄能力，需要增加生态植草沟数量以及结构深度，但绿地园路系统并不存在多余可以导向生态调蓄池的路径，地下管线的埋设又限制了生态植草沟结构深度，故无法有效提升该系统的调蓄能力。综上所述，引导型雨水源头调蓄系统在共康绿地的应用较难满足设计要求。

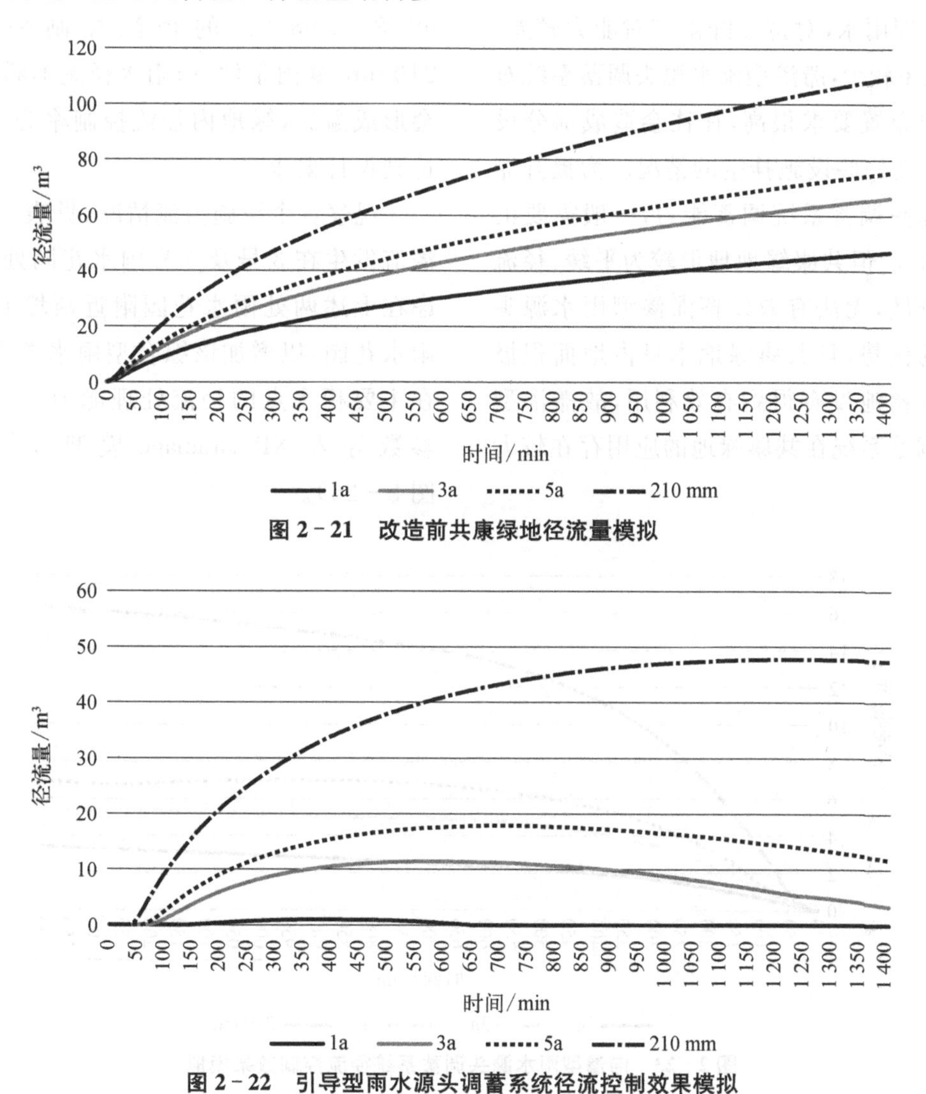

图 2-21 改造前共康绿地径流量模拟

图 2-22 引导型雨水源头调蓄系统径流控制效果模拟

2.4.2.3 滞渗型雨水源头调蓄系统

根据共康绿地场地条件进行设计，在 XP Drainage 软件模拟结果中的主要汇水点布置雨水源头调蓄设施。滞渗型雨水源头调蓄系统包括 3 个绿色屋顶、5 个雨水花园、2 条透水铺装以及 1 个生态调蓄池。雨水径流在重力影响下就近下渗并由相应设施消纳。将相应结构参数导入 XP Drainage 模型进行模拟。

由模拟结果（见图 2-23）可知，滞渗型雨水源头调蓄系统在 1a、3a、5a 以及 210 mm 降雨标准下的径流控制率分别为 84.8%、80.3%、77.0%、65.6%。滞渗型雨水源头调蓄系统存在比较固定的雨水调蓄上限。一方面，设施周围的雨水径流会以较为固定的速率流入设施，在应对瞬时大量径流时溢流情况成倍增加；另一方面，在设施达到自身调蓄上限时，只能依靠设施底部下渗缓慢处理雨水，对持续降雨应对能力较差。由于设施联系较少，滞渗型雨水源头调蓄系统对设施的空间布置要求很高，往往会造成部分设施大量溢流而一些设施挂空的情况。为提升滞渗型雨水源头调蓄系统调蓄能力，一般需要汇水点较为明确，但共康绿地地形较为平缓，径流方向较为分散，无法有效发挥滞渗型雨水源头调蓄系统的优势，且共康绿地本身占地面积极大的生态调蓄池没有得到有效利用，故滞渗型雨水源头调蓄系统在共康绿地的应用存在较大问题。

2.4.2.4 综合型雨水源头调蓄系统

根据共康绿地场地条件进行设计，沿园路布置生态植草沟引导径流，并在 XP Drainage 软件模拟结果中的主要汇水点布置雨水源头调蓄设施以消纳附近产生的径流。综合型雨水源头调蓄系统包括 3 个绿色屋顶、5 个雨水花园、1 条生态植草沟、2 条透水铺装以及 1 个生态调蓄池。部分雨水径流在重力影响下就近下渗并由相应设施消纳，雨水径流在重力影响下自然流淌进入生态植草沟，经由生态植草沟进入雨水花园、生态调蓄池。将相应结构参数导入 XP Drainage 模型进行模拟（见图 2-24）。

由模拟结果可知（见图 2-25），在多种设施协作下，该综合型雨水源头调蓄系统能较好完成径流处理，在 1a 降雨标准下达到 100% 径流控制率，在 3a、5a 降雨标准下可分别达到 99.8%、98.2% 的径流控制率。但是在 210 mm 暴雨条件下，雨水径流不断增加，依然会形成溢流，绿地内径流控制率为 81.9%，未达到设计要求。

观察各个设施溢流情况（见表 2-26）可知溢流发生在 3 号及 5 号雨水花园处。因此，考虑在上述两处雨水花园附近新增 6 号及 7 号雨水花园，以增加该综合型雨水源头调蓄系统在主要积水点的径流处理能力。将相应结构参数导入 XP Drainage 模型进行模拟（见图 2-26）。

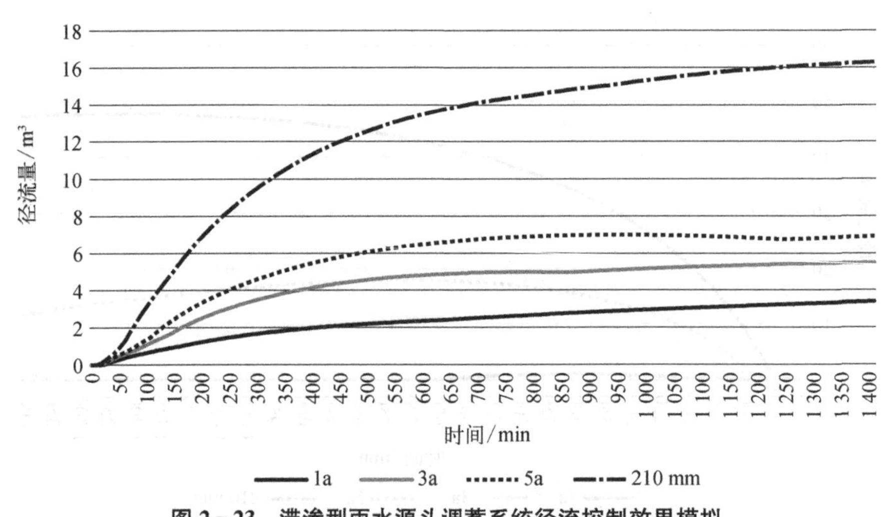

图 2-23 滞渗型雨水源头调蓄系统径流控制效果模拟

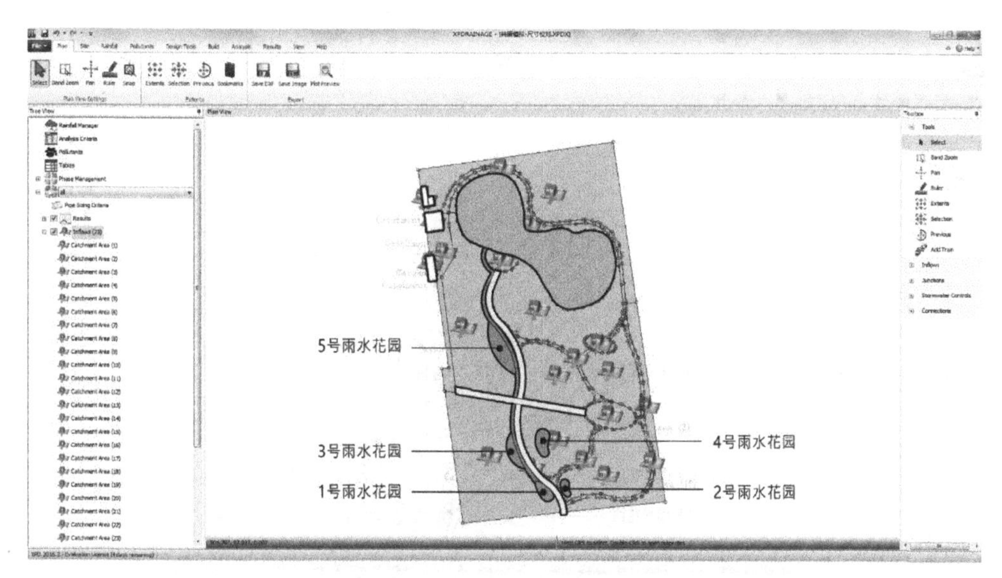

图 2-24 共康绿地综合型雨水源头调蓄系统示意图(方案 A)

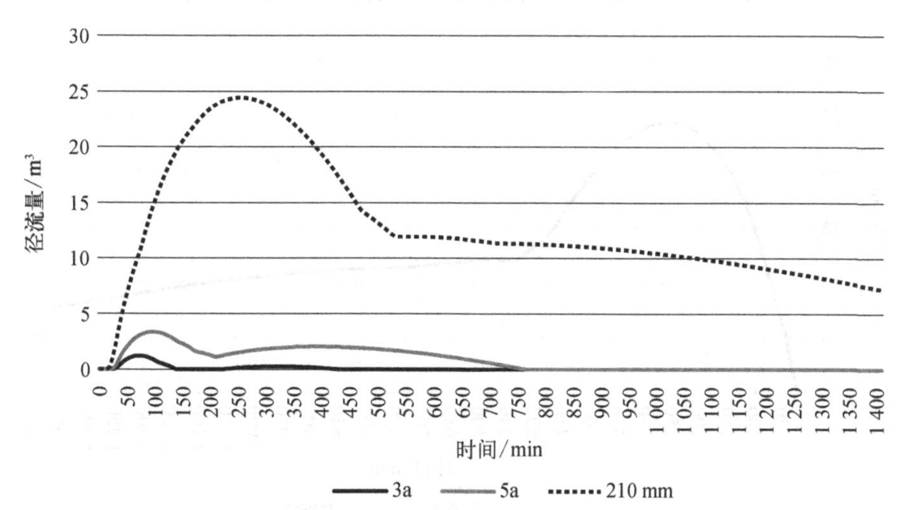

图 2-25 共康绿地综合型雨水源头调蓄系统径流控制效果模拟(方案 A)

表 2-26 共康绿地综合型雨水源头调蓄系统径流单项设施状态

雨洪调蓄设施	最大深度/m	最大入流量/(L·S⁻¹)	最大蓄水量/m³	最大溢流量/m³	剩余空间/%	状 态
1号雨水花园	0.832	2.0	4.928	0.000	51.9	OK
2号雨水花园	0.952	2.4	7.536	0.000	26.7	OK
3号雨水花园	1.401	1.2	13.431	8.332	0.0	Flood
4号雨水花园	0.504	1.0	1.682	0.000	73.6	OK
5号雨水花园	1.411	2.1	16.791	11.313	0.0	Flood

由模拟结果(见图 2-27)可知,与初始方案(方案 A)相比,改造后的综合型雨水源头调蓄系统(方案 B)对雨水径流的处理能力更强,210 mm 暴雨降雨标准下绿地内雨水径流控制率由 81.9%提升至 94.7%,可以满足共康绿地的设计要求。

2.4.3 示范地雨水源头调蓄系统绩效实测与模型校验

共康绿地改造工程竣工 9 个月后,群落恢复

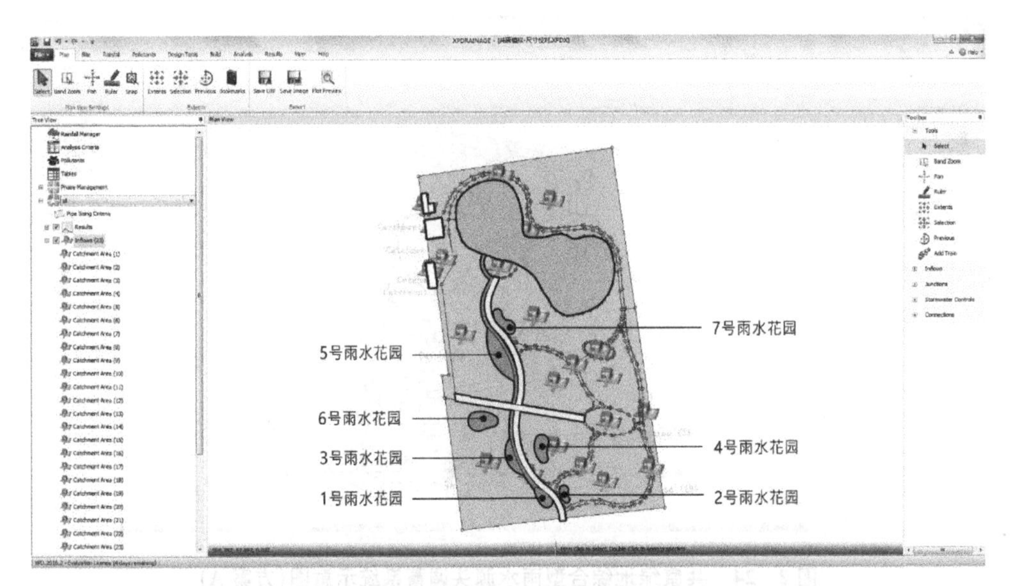

图 2-26　共康绿地综合型雨水源头调蓄系统示意图(方案 B)

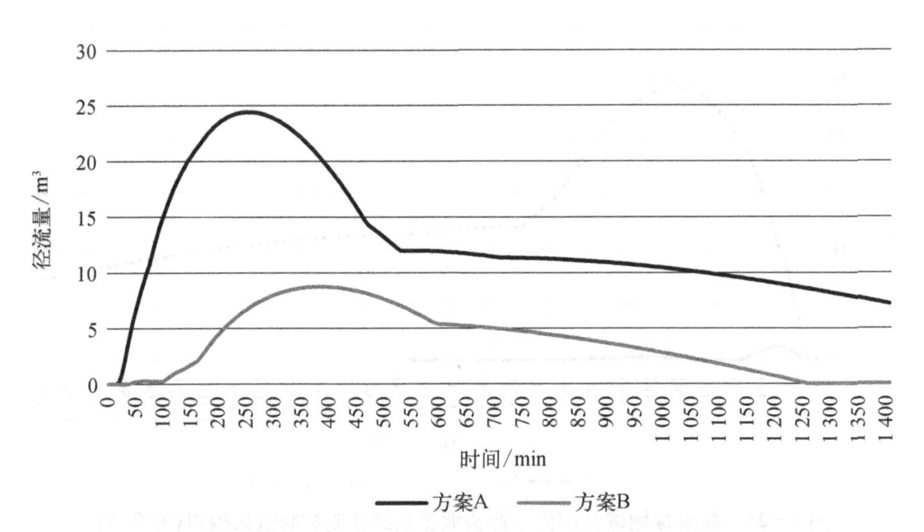

图 2-27　共康绿地改造前后综合型雨水源头调蓄系统径流控制效果模拟对比

正常生长,研究团队于 2016 年 9 月和 10 月在绿地内进行了 2 次改造效果评测(见图 2-28)。评测内容包括雨水源头调蓄系统应对降雨径流水量状况以及雨水源头调蓄系统处理径流水质效果。

2.4.3.1　实时监测与分析方法

当日实时雨量使用 Onset HOBO 公司戴维斯雨量传感器(型号 S-RGC-M002)记录,机制为通过雨量承重使金属轴磁簧开关转动,翻动计数翻斗,得到实时降雨量。根据天气预报将传感器于降雨前一日置于共康绿地内,进行 48～72 h 的持续降雨情况记录。

记录设施溢流发生时刻并收集设施处理末端水样以进行室内测试。设施溢流以蓄水区水平面高出设施边界为标准。根据天气预报,于降雨前在共康绿地内开始观测实验,观测实验持续 24 h,于开始降雨后每 5 min 观测各个设施溢流情况。

为方便水样采集,建设过程中在设施之后设置取水点,于雨水径流处理末端设置溢水口。区域共设置 4 个取水点以及 1 个总溢水口(见图 2-29、表 2-27)。其中对地表径流采集径流形成后 3 min 内的水样,在取水点采集设施末端出流后 3 min 内的水样。

分别参照浊度换算法、《水质化学需氧量的测定快速消解分光光度法》(HJ/T 399—2007)、《水质氨氮的测定纳氏试剂分光光度法》(HJ 535—2009)和《水质总磷的测定钼酸铵分光光度

图 2-28 共康绿地雨水源头调蓄设施建设过程

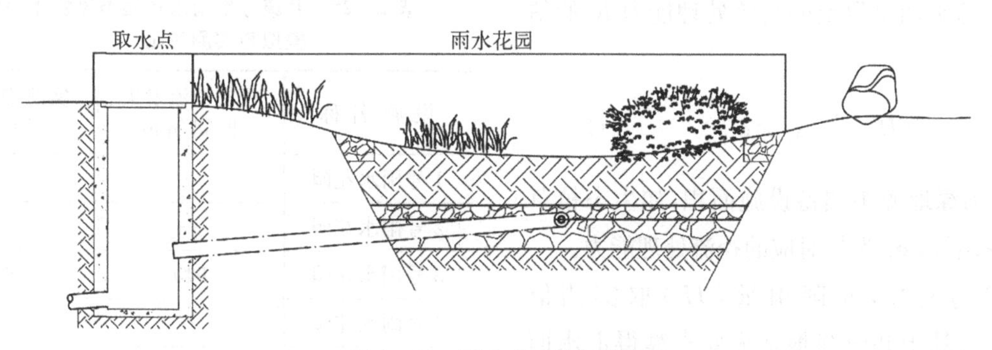

图 2-29 取水点结构示意图

表 2-27 共康绿地采样点详情

样 本	参与处理设施
1号取水点	植草沟、雨水花园
2号取水点	雨水花园
3号取水点	植草沟、雨水花园
4号取水点	植草沟
地表径流	无

法》(GB 11893—1989)，测算水样中 TSS、COD、NH_4^+-N、TN、TP 的浓度。

2.4.3.2 降雨径流水量监测

降雨径流水量观测实验于 2016 年 9 月 15、16 日在共康绿地内进行，分别测定 7 个雨水花园溢流发生时刻，样本足以代表 XP Drainage 模型模拟准确度。因此，采用一次降雨观测，多个单项设施重复的方法，验证 XP Drainage 模型模拟效果。利用观测数据分析软件模拟设施雨洪调蓄能力的准确性。实验记录 9 月 15、16 日 24 h 内降雨情况，如图 2-30 所示，观测时间为 2016 年 9 月 15 日 18: 00 至 2016 年 9 月 16 日 18: 00。

年降雨总量估算方法为

$$Q = 10 \times H \times A \tag{2-4}$$

年径流总量估算方法为

$$V = 10 \times H \times A \times \Psi \tag{2-5}$$

$$\Psi = \sum (\varphi_i \times p_i) \tag{2-6}$$

年径流总量控制率估算方法为

$$\alpha = (1 - V/Q) \times 100\% \tag{2-7}$$

上述式子中，Q 为年降雨总量(m^3)；H 为年降雨量(mm)；A 为汇水面积(hm^2)；V 为年径流总量(m^3)；Ψ 为综合径流系数；φ_i 为第 i 种用地类型径流系数；p_i 为第 i 种用地面积比例；α 为年径流总量控制率。

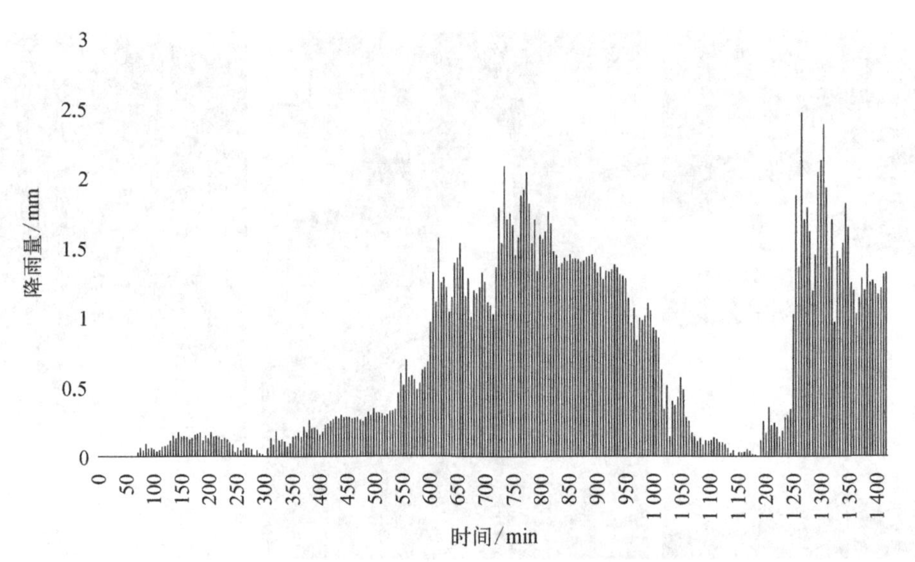

图 2-30　2016 年 9 月 15、16 日实测降雨量

雨水源头调蓄设施的径流处理能力 R 的估算方法为

$$R=\sum s_i\times\alpha_i \tag{2-8}$$

其中，s_i 为绿地源头调蓄设施面积，如生态植草沟雨水花园等，α_i 为其对应的径流处理能力。

计算过程中，年降雨量（H）取实测值 196.9 mm；基于共康绿地地表要素算得汇水面积即绿地面积为 6 850.5 m^2（占总面积的 73.1%），硬地面积为 1 133.1 m^2（占总面积的 12.1%），建筑面积为 65.3 m^2（占总面积的 0.7%）以及水体面积为 1 317.3 m^2（占总面积的 14.1%）；各种用地类型径流系数（φ_i）参考《室外排水设计规范》（GB 50014—2016）和《雨水控制与利用工程设计规范》，其中绿地取值 0.15，硬质面综合取值 0.85，水面取值 1.00。

计算可得，共康绿地年径流量为 662.3 m^3，绿色基础设施年处理量达 642.5 m^3，可以满足该地 97.1%的径流控制率，达到了设计目标。

将雨型等降雨条件导入 XP Drainage 模型，分析各雨水花园发生溢流的模拟时间与实测时间的差异（见表 2-28）。

根据结果分析，XP Drainage 模型能基本预测设施溢流发生情况，其中 3 号雨水花园模型模拟溢流发生时间为 940 min，实际溢流发生时间为 895 min，实测与模拟结果实差为 10.87 mm 的降雨量，模拟误差为 9.25%。5 号雨水花园模型模拟溢流发生时间为 1 280 min，实际溢流发生时间为 1 020 min，实测与模拟结果实差为 16.60 mm 的降雨量，模拟误差为 8.99%。7 号雨水花园模型模拟并不会发生溢流，实测溢流发生时间为 1 365 min。

表 2-28　共康绿地雨水花园溢流发生时间的模拟与实测对比

设施名称	模拟溢流发生时间/min	实测溢流发生时间/min
1 号雨水花园	—	—
2 号雨水花园	—	—
3 号雨水花园	940	895
4 号雨水花园	—	—
5 号雨水花园	1 280	1 020
6 号雨水花园	—	—
7 号雨水花园	—	1 365

由结果可知，XP Drainage 模型模拟情况与实际径流控制结果基本一致，误差均小于 10%，满足一般工程效益误差在 10%以内的要求。设施的雨洪调控能力均较实测值高，误差为 10～20 mm 的降雨量。可能的原因是实地径流路径并不像模型中确切连续，周边区块的径流没有有效进入预想的设施内进行消纳；同时雨水花园在日常状态下处于自然含水状态，相较模型模拟的初始状态，其调蓄能力有所下降。

2.4.3.3 降雨径流水质监测

在共康绿地改造完成9个月后，研究团队分别于9月7日、9月15日、9月16日、9月27日进行了3次降雨的雨水径流采样，其中对地表径流采集径流形成后3 min内的水样，在取水点采集设施末端出流后3 min内的水样。TP、TN、NH_4^+-N、COD和悬浮物(SS)的削减结果如表2-29所示。

综合3次雨水及径流采样结果进行统计分析，平均径流污染去除率如表2-30所示。

表2-29 共康绿地采样点水质检测结果

	TP/(mg·L^{-1})			TN/(mg·L^{-1})			NH_4^+-N/(mg·L^{-1})			COD/(mg·L^{-1})			SS/(mg·L^{-1})		
地表径流	0.31	0.42	0.25	4.41	4.82	3.99	0.19	0.23	0.19	20	26	18	26	32	25
1号取水点	0.08	0.11	0.08	3.13	3.33	3.11	0.08	0.11	0.09	8	12	8	6	8	8
2号取水点	0.13	0.12	0.08	3.88	3.84	3.24	0.12	0.12	0.11	14	16	12	19	17	13
3号取水点	0.12	0.18	0.1	3.36	3.45	3.02	0.09	0.11	0.09	12	13	10	17	16	11
4号取水点	0.16	0.17	0.11	4.06	4.12	3.81	0.13	0.16	0.14	14	18	14	22	24	17

注：三组数据依次为9月7日、9月15—16日、9月27日测得。

表2-30 共康绿地平均径流污染去除率

	TP	TN	NH_4^+-N	COD	SS
1号取水点	72.00%	27.33%	54.23%	56.47%	71.50%
2号取水点	65.83%	17.05%	42.26%	33.93%	47.44%
3号取水点	59.48%	25.51%	52.48%	44.81%	53.00%
4号取水点	54.64%	8.99%	29.44%	27.66%	28.50%

由结果可知，共康绿地改造中设置的绿色基础设施对污染物有较好的削减能力。雨水花园对TP、TN、NH_4^+-N、COD和SS的削减率约为66%、17%、42%、34%、47%，植草沟对TP、TN、NH_4^+-N、COD和SS的削减率约为55%、9%、29%、28%、29%。

将XP Drainage模型在该情境下对COD去除率的模拟与实测值进行对比分析，结果如表2-31所示。

表2-31 共康绿地模拟及实测的COD去除率对照

取水点	模拟COD去除率	实测COD去除率	误　差	方　差
1号取水点	60.12%	56.47%	6.07%	0.000 67
2号取水点	35.21%	33.93%	3.64%	0.000 08
3号取水点	45.59%	44.81%	1.71%	0.000 03
4号取水点	29.31%	27.66%	5.63%	0.000 14

由结果可知，XP Drainage模型对雨水源头调蓄系统降雨径流水质的模拟有较好的效果，误差均小于7%，满足一般工程效益误差在10%以内的要求。模拟COD去除率较实测值高，其中误差最大的为1号取水点，模拟COD去除率为60.12%，实测COD去除率为56.47%，误差为6.07%；误差最小的为3号取水点，模拟COD去除率为45.59%，实测COD去除率为44.81%，误差为1.71%。各个取水点模拟值均较实测值高，可能的原因是种植层肥料被冲刷导致末端取

水污染物浓度变高。

2.4.3.4 建设效果与模型校验

由上述评测过程可知，在对区域雨水源头调蓄进行模拟方面，根据2016年9月3次降雨观测与水样采集分析结果，计算可知共康绿地年径流量为662.3 m^3，绿色基础设施年处理量达642.5 m^3，可以满足该地97.1%的径流控制率，达到设计目标。

在对设施雨水源头调蓄进行模拟方面，XP Drainage模型对雨水源头调蓄系统降雨径流水量、水质的模拟有较好的效果，总的来说，XP Drainage模型对雨水源头调蓄设施水量的模拟误差均小于10%，对雨水源头调蓄设施水质的模拟误差均小于7%，有较好的拟合度。综合表明，XP Drainage模型在进行上海地区参数区域适应性调整后对上海海绵城市雨水源头调蓄系统设计能起到较好的辅助作用，应推广用于上海海绵城市建设中。

3 中观维度上海滨海盐碱地区的隔盐型雨水花园结构优化

3.1 上海临港海绵城市建设试点区现状调查

我国有海岸线长约 18 000 km 的沿海地带，包括了长江以北的辽东、苏北沿海冲积平原和长江以南的浙江、福建、广东等滨海地区。这些滨海地区独具对外开放的位置优势，形成了众多经济发展迅速、城镇化水平较高的大中型城市。然而，这些城市受自身地理条件所限，长期以来面临着土壤质地黏重、自身脱盐率低、土壤返盐、地下水位高且变化较大、植被种类单一等问题。除此之外，绝大多数沿海地区还存在着城市雨洪灾害的问题，其雨季集中在 7—8 月份，雨季的降雨量占全年雨量的 90%左右。降雨分配的不均加重了雨季期间城市排水系统的负担，不但造成严重的径流污染，也导致大量重金属离子进入土壤，进一步破坏了土壤结构，导致土壤盐碱化和次生盐碱化问题更加严重，形成恶性循环。

为解决我国滨海城市绿化建设困难的问题，各地广泛应用以阻盐、隔盐为主的改良技术，但采用彻底阻断水盐运动的方法会进一步导致滨海大中型城市的下渗困难、土地盐渍化恶性循环等问题。因此，滨海盐碱城市的绿化问题和雨洪问题仍需要从海绵城市理念中寻求解决方案，将雨水花园等低影响开发技术与土壤盐碱化改良方法结合，为滨海地区盐碱地的绿化建设和雨洪管理提供新的思路。如图 3-1 所示为上海临港滨海盐碱环境适应性海绵技术集成情况。

上海市南汇新城（临港新片区主城区）位于上海东南的长江口与杭州湾交汇处，濒临东海的南汇新城是典型的滨海盐碱地，约有 133 km^2 的土地来源于围海造地，该地区所面临的暴雨灾害、地面沉降等问题亟待解决。为了解决土壤盐

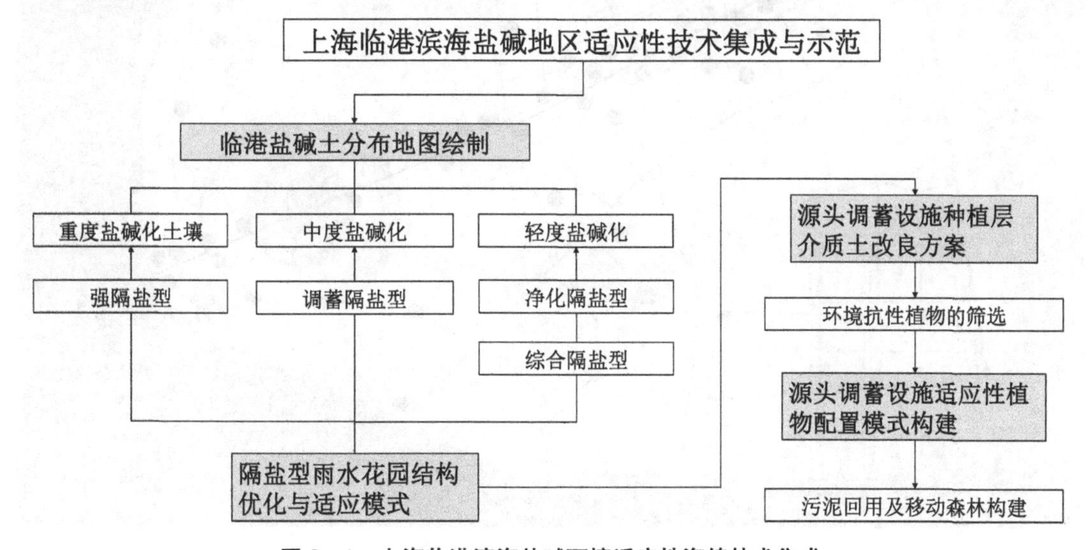

图 3-1 上海临港滨海盐碱环境适应性海绵技术集成

碱化和城市雨洪灾害的问题，上海市南汇新城开展了海绵城市建设的国家级试点工程建设，不仅符合《上海市城市总体规划(2016—2040)》的要求，也积极响应了国家海绵城市建设政策。

南汇新城作为海绵城市建设的国家级试点，急需完成新老城区雨水滞蓄和净化、盐碱土生态修复和适应性绿色基础设施系统性建设等建设目标。但现有海绵城市建设中关于雨水花园的设计缺乏对地下水位高、土壤盐碱化严重等问题的解决方案。因此，新的城市建设方案需要结合上海市南汇新城地区的土壤条件和雨洪现状，研究出适用于上海滨海盐碱地区的雨水花园设施结构、植物配置方法、介质土改良方法和植物群落的营建方法，完成海绵城市建设目标，削减径流污染，提升滨海盐碱地区的环境和生态效益。

本研究沿南汇新城的轴线，自滨海区域向内陆地区轴线选取样地(见图 3-2)进行采样，并分析土壤含盐量的差异性。

3.1.1 基本概况

上海市南汇新城海绵城市建设试点区位于上海市浦东新区的东南角，总面积约为 79.08 km^2，包括了南汇新城主城区(67.76 km^2)、国际物流园区(4.09 km^2)、芦潮港社区(3.26 km^2)以及南汇新城森林一期(3.98 km^2)(见图 3-3)。截至 2017 年年底，区域内已有常住人口 5.6 万人，其中常住户籍人口占比 50%。区域兼具新城开发与旧城改造的双重需求，其中的芦潮港社区在 20 世纪 90 年代依托港口兴建起来，代表了上海老城区城市本底特征，也与中心城区一样存在易涝、水体污染、生态破坏、用地局促紧张等问题。南汇新城主城区和国际物流园区始建于 2002 年，具有典型的上海滨海地理区位和自然条件特征，可以代表上海整体开发前的本底状况。自 2002 年新城兴建至 2017 年年底，城市基础设施建设

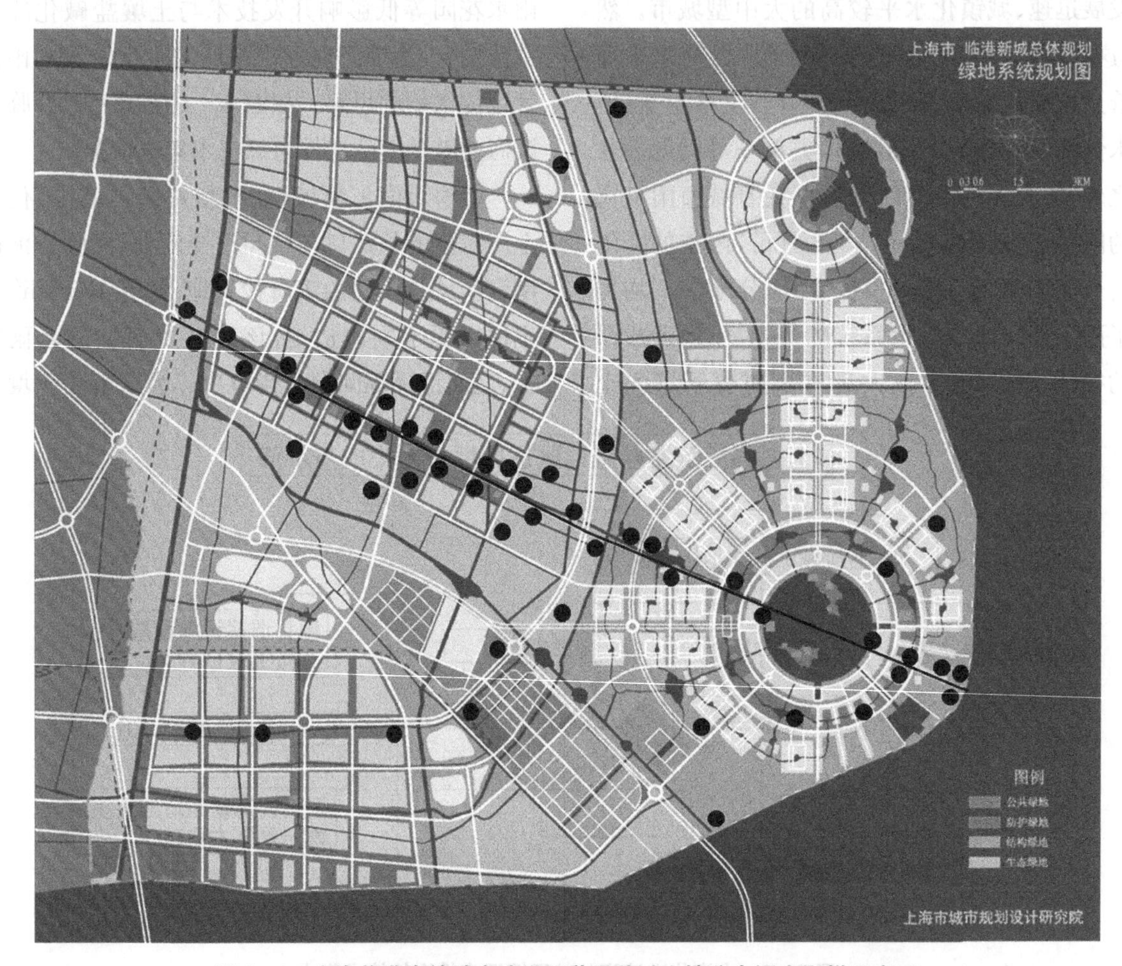

图 3-2 上海临港海绵城市建设示范区盐碱土壤分布调查取样示意图

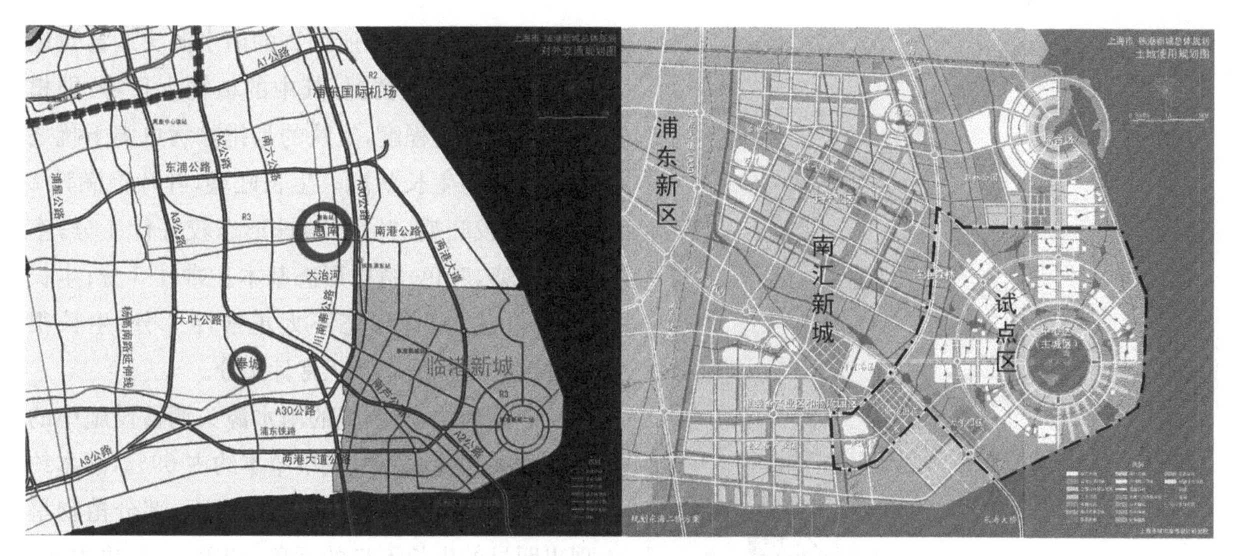

图 3-3 南汇新城海绵城市建设试点区范围图

（资料来源：《上海市南汇新城总体规划》）

和产业开发得到了迅速发展，已经形成商业办公、生活居住、休闲旅游等功能兼具的新城气象。

3.1.2 环境概况

上海市南汇新城海绵城市建设试点区域具有典型的上海滨海地理区位和自然条件特征，本书选取与滨海盐碱地区海绵城市建设密切相关的水文、水质、土壤状况进行主要介绍。

(1) 水文特征。

根据试点区内芦潮港雨量站和惠南雨量站在1988—2017年30年间的日降雨量资料统计可知，此地年降雨量均值为1 109.6 mm，年雨日约125 d；降雨年内分配不均，5月—9月为汛期，降雨量较多，约占全年的55.9%，其中6月份占16.2%。南汇新城主城区位于东南沿海，易受台风影响，并且受城市热岛效应、阻碍效应和凝结核效应等因素的影响，短历时暴雨的瞬时雨强可达16.8 mm/h，大于上海主城区的短历时暴雨降雨强度。地下水位受潮汐影响埋深浅且变化大，一般在0.8～2.0 m范围内，平均地下水位在1.40 m；浅层地下水矿化度达8 g/L以上，盐分化学组成受海水的影响以氯化物为主①。

(2) 水质特征。

对试点区内地表径流的水质监测结果显示，城市面源污染和生活污染是试点区内的主要污染源，其中城市面源污染的COD、TN、TP负荷分别为2 713.84 t/a、20.46 t/a、8.30 t/a，分别占试点区总污染负荷的56%、20%和14%；生活污染源的COD、TN、TP负荷分别为977.51 t/a、57.92 t/a、18.51 t/a，分别占试点区总污染负荷的20%、56%和32%②。对试点区内主要河道各污染指标进行分析可知，水质基本为Ⅴ类和劣Ⅴ类，超标指标主要为TP和TN的含量。

(3) 土壤特征。

试点区内70%的滨海土地是通过围海造地形成的，涵盖了轻、中、重3种类型的滨海盐碱地（见图3-4），盐分主要来源为海水，土壤离子浓度与盐分总量大小相差悬殊。试验区的平均土壤含盐量为0.43%；盐分组成以氯化物为主，Na^+占阳离子的70%左右，Cl^-占阴离子的80%～90%；土壤酸碱度偏高，土壤平均pH值为8.5，属碱性土壤。根据相关研究成果，试点区内大部分绿地土壤的入渗率都偏低，稳定入渗率在1.0×10^{-5} m/s以下。

---

① 魏凤巢，夏瑞妹，钱军，等. 上海市滨海盐渍土绿化的实践与规律探索[M]. 上海：上海科学技术出版社，2011.

② 祖国庆. 临港新城滨海盐碱地绿化给排水设计[J]. 给水排水，2009，45(11)：84-87；祖国庆，龚杰，侯云飞. 临港新城滨海盐碱地水利排盐设计[J]. 中外建筑，2009(7)：131-132.

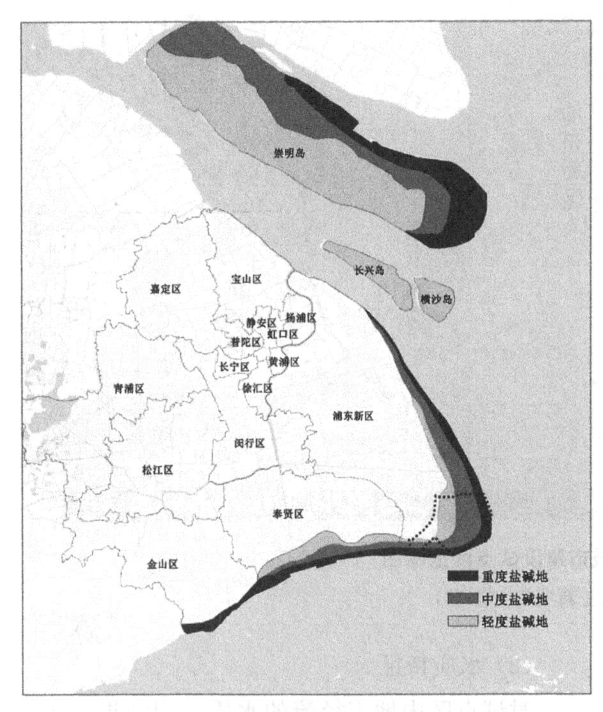

图 3-4　上海市滨海盐碱地分布示意图

3.1.3　现状调查

为更好地反映上海临港示范地雨水源头调蓄设施建设情况，调研选取了芦潮港社区小区海绵化改造工程二期、芦潮港社区小区海绵化改造工程三期、申港社区临港家园海绵化改造工程3个主要工程所包含的13个建设点为主要调研对象，统计每个样点的雨水花园建设总数。根据雨水花园总数和植物种类的分布，每个样点选取3～6个雨水花园，调查记录雨水源头调蓄设施内植物的名称、数量(株/面积)、绿化高度(m)、生长势、病虫害等数据。

根据现场调研，按照不同项目工程的不同调查样点，分析总结出所调查的雨水源头调蓄设施的绿化植物种类情况，其中的植物生长势，即植物生长的旺盛程度，反映的是排除病虫害干扰之外的植物的生长状况。生长旺盛，叶片饱满计5分；生长较旺盛，叶色、植株形态较好计4分；生长较旺盛，叶色、植株形态基本正常计3分；生长一般，叶色、植株形态不太正常计2分；生长很差，叶色、植株形态不正常计1分。

总体来说，所调查的雨水源头调蓄设施中的植物种类共计67种，其中草本约占69%，灌木约占31%。关于植物生长势，一方面，部分植物呈现出明显的生长不良的现象，如美人蕉、再力花、茅草、花叶芦竹等；另一方面，不同样点之间的植物生长势情况也有区别，如新芦苑C区、新芦苑E区、海芦镜湖苑、海芦月华苑4个海绵化改造工程的植物平均生长势得分超过4分，而新芦苑F区生长势则小于3分。影响雨水源头调蓄设施中植物生长的因素多种多样，以下针对不同样点的情况具体展开讨论。

(1) 新芦苑A区。

新芦苑A区雨水源头调蓄设施内植物生长势得分为3.3分，表现较差的植物主要有花叶络石、菖蒲、金边麦冬、彩叶杞柳、金丝桃等，共计调查6个样点，主要分布位置为住宅的宅间绿地(见图3-5)。该处雨水源头调蓄设施建设试点的整体植物生长势不佳，尤其是位于建筑北侧宅间绿地的1、3号样点。可能的原因是光照不足直接导致植物长势不良；另外植物整体分布离住

图 3-5　新芦苑A区雨水源头调蓄设施植物现场图

户过近，存在一些人为破坏的痕迹，养护管理有待加强。

(2) 新芦苑B区。

新芦苑B区雨水源头调蓄设施内植物生长势得分为3.8分，表现较差的植物主要有美人蕉、狼尾草、花叶芦竹等，共计7个调查样点，分布位置比较多样，包括宅间绿地、停车场周边、路边(见图3-6)。该处雨水源头调蓄设施建设试点的整体植物生长势尚可，但是种植面积较大的美人蕉、狼尾草、花叶芦竹等植物出现大量死亡的情况，影响了整体的景观效果。从分布位置上看，位于停车场周边和路边的样点植物生长势明显优于位于宅间绿地的植物，而在采光不良的位置只有八宝景天、石蒜等耐阴植物生长势良好，可见光照问题是影响植物生长的主要因素。在此情况下，位置不同所带来的污染物问题可以忽略。

(3) 新芦苑C区。

新芦苑C区雨水源头调蓄设施内植物生长势得分为4.2分，植物种类不多，但整体表现较好，共计调查4个样点，主要分布位置为住宅的宅间绿地和道路周边(见图3-7)。植物生长势较差的有金边麦冬、花叶络石，但不存在植物大片枯死的现象，且外围绿篱长势良好，整体景观效果不错。位于宅间的雨水花园距离住户约有1.5 m，间距比较合适，保证了采光。

(4) 新芦苑D区。

新芦苑D区雨水源头调蓄设施数量较少，只有19个，植物生长势得分为3.6分，植物种类少，共计调查3个样点，其中2个位于宅间绿地，1个位于道路周边。植物生长势整体尚可，以灌木为主，可能由于种植时间较短，灌木尚未成型，虽然灌木生长较好，但是地面裸露得较多，景观效果欠佳，建议结合铜钱草、佛甲草等抗性较强的地被植物帮助造景(见图3-8)。

图3-6 新芦苑B区雨水源头调蓄设施植物现状

图3-7 新芦苑C区雨水源头调蓄设施植物现状

图 3-8　新芦苑 D 区雨水源头调蓄设施植物现状

(5) 新芦苑 E 区。

新芦苑 E 区雨水源头调蓄设施内植物生长势得分最高，为 4.4 分，共计调查 4 个样点，均位于宅间绿地。植物生长势较好，种植面积较大的石竹、大花金鸡菊、美女樱等生长势好，覆盖度高，且其中的石竹有部分开花，整体景观效果良好。虽然植物位于宅间绿地，但是整体与建筑间距大，且位于南侧，光照充足(见图 3-9)。

(6) 新芦苑 F 区。

新芦苑 F 区试点项目内雨水源头调蓄设施建设最多，有 103 个，植物种类最多有 31 种，植物生长势得分最低，为 2.9 分，共计调查 6 个样点，其中样点 1、3、5、6 位于路边，样点 2、4 位于宅间绿地。整体植物生长势较差，种植面积较大的美人蕉、矮蒲苇、狼尾草、梭鱼草、再力花、细叶芒大面积死亡。如图 3-10 所示，不论光照条件如何，上述植物均难以成活，可见其本身并不适合临港立地条件，建议后续不再使用。值得注意的是样点 4，其面积较大且位于距离较近的建筑南面，其中垃圾很多，可能是高空抛弃所致，对植物也造成了一定的损坏，因此需要加强管理。

(7) 海汇清波苑。

海汇清波苑试点项目内雨水源头调蓄设施植物生长势得分为 3.2 分，共计调查 3 个样点，均属于宅间绿地，光照条件不良，整体植物生长势较差，种植面积较大且体量较大的美人蕉、旱伞草成活率极低；但石竹、石蒜、丝带草表现较好，稍微补偿了整体景观效果(见图 3-11)。

(8) 海汇长风苑。

海汇长风苑试点项目内雨水源头调蓄设施的植物生长势得分为 3.8 分，共计调查 3 个样点，均属于路边绿地，光照条件较好，但以细叶芒、花叶络石、木贼为代表的草本植物的枯死情况仍然严重，而石竹、丝带草生长良好，整体呈现“斑秃”

图 3-9　新芦苑 E 区雨水源头调蓄设施植物现状

图 3-10 新芦苑 F 区雨水源头调蓄设施植物现状

图 3-11 海汇清波苑雨水源头调蓄设施植物现状

的景观效果(见图 3-12)。

(9) 海芦镜湖苑。

海芦镜湖苑试点项目内雨水源头调蓄设施植物生长势得分为 4.3 分,共计调查 4 个样点,多位于路边转角处,面积较小,能比较好地融入周边绿化,并且搭配有长势良好的紫叶千鸟花、丝带草、金焰绣线菊等色叶植物,整体景观效果较好(见图 3-13)。

图 3-12 海汇长风苑雨水源头调蓄设施植物现状

图 3-13　海芦镜湖苑雨水源头调蓄设施植物现状

(10) 海芦月华苑。

海芦月华苑试点项目内雨水源头调蓄设施植物生长势得分为 4.0 分,共计调查 3 个样点,样点 1、2 位于宅间绿地,样点 3 位于路边转角处。可以明显看出,距离住宅最近的样点 1 植物生长势最差,位于路边的样点 3 整体效果最好,可能的原因是距离住宅越近人为破坏问题越严重,光照越不足。故而在条件允许的情况下,雨水花园建设位置需要斟酌选择(见图 3-14)。

(11) 临港家园海洋小区。

临港家园海洋小区试点项目内雨水源头调蓄设施较多,合计 99 处,植物生长势得分为 3.7 分,共计调查 3 个样点,样点均位于路边转角处。外围的灌木如红叶石楠、瓜子黄杨、小叶女贞等生长势较好,而相对来说草本的种植密度不够,地面裸露较多。值得关注的是溢水口的卵石排放成卡通图案,富有童趣,一定程度上提升了景观品质(见图 3-15)。

(12) 临港家园海事小区。

临港家园海事小区试点项目内雨水源头调蓄设施植物生长势得分为 3.9 分,共计调查 3 个样点,样点 1、2 均位于宅间绿地,样点 3 靠近停车场。其中的过路黄长势良好,覆盖性好,颜色具有辨识度,值得推广。另外其位于宅间绿地的雨水花园与建筑间几乎没有退让距离,排水管直接将屋面雨水排放至雨水花园中,比较影响植物生长和雨水花园的调蓄效果(见图 3-16)。

(13) 临港家园服务站、休闲广场。

临港家园服务站、休闲广场试点项目内雨水源头调蓄设施最少,为 17 个,但植物种类较丰富,植物生长势得分为 4.0 分,共计调查 4 个样点,样点均位于路边,光照充足。除个别美人蕉、

图 3-14　海芦月华苑雨水源头调蓄设施植物现状

图 3－15　临港家园海洋小区雨水源头调蓄设施植物现状

图 3－16　临港家园海事小区雨水源头调蓄设施植物现状

白茅存在枯死情况外，整体植物长势较好，尤其红叶石楠、南天竹等色叶植物的运用，形成了比较好的景观效果(见图 3－17)。

上述上海滨海盐碱地区基本环境情况和海绵城市建设过程的调查与分析结果表明，上海临港地区不同地段的土壤盐碱化程度差异较大，对植物的生长和雨水源头调蓄设施的建设均造成了影响。因此，针对上海滨海盐碱地区雨水源头调蓄设施的结构优化设计、介质土改良和植物配置等方面的研究迫在眉睫。

图 3－17　临港家园服务站、休闲广场雨水源头调蓄设施植物现状

滨海盐碱地是指因水文气候特征受海水影响而形成的盐碱地类型，滨海盐碱地的地下水位高，地下水含盐量也高，导致其土壤所含的盐分影响了作物的正常生长，通常0～30 cm的表层土壤平均含盐量≥0.1%（我国大多以30 cm土壤层来计算）。本书将根据土壤中含盐量将滨海盐碱地分为3个不同等级：轻度、中度和重度。

(1) 轻度盐碱地：土壤含盐量在0.1%～0.3%之间。由于该类型盐碱地的盐碱化程度较低，因此，可在轻度盐碱地上直接开展绿化建设，应注意根据当地气候环境使用适当的耐盐性乡土植物进行生物改良。

(2) 中度盐碱地：土壤含盐量在0.3%～0.6%之间。在该类型盐碱地中可以栽植中、重度耐盐植物，但植物选择较少且生长状况较差，因此，可根据实际需求采取必要的工程措施进行改良。

(3) 重度盐碱地：土壤含盐量≥0.6%。该类型盐碱地形成的主要原因是土壤的原生盐渍化，土质黏重，含盐量极高，只能适合部分重度耐盐植物的生长。

基于已有的研究，本书提出的隔盐型雨水花园是结合盐碱地传统工程改良措施的具有滨海盐碱地适应性的生物滞留设施。此设施基于滨海盐碱地区的土壤、水文水质等环境特点，一方面可以发挥传统雨水花园结构中种植层和填料层的雨水调蓄和水质净化作用，改善城市水循环；另一方面利用盐碱地改良的工程措施调整雨水花园的结构参数，合理引导土壤盐分转移，可降低种植土的含盐率，提高雨水花园的抗盐能力，再通过适宜性的植物搭配，能保证生物滞留设施的环境改善功能和植物景观效果，使其更适合在滨海盐碱地区进行推广。

3.2 研究方法与试验设计

本研究通过正交试验的设计，明确了试验变量的选择和试验组雨水花园的结构参数构成。然后自制模拟试验装置，通过模拟试验和数据分析的方法，研究不同结构及参数（隔盐层材料、填料层厚度、隔盐层位置）对隔盐效果、水文调蓄能力、水质净化能力的影响。

3.2.1 正交试验设计

参照盐碱地隔盐的相关研究，选取推荐较多的新型隔盐材料沸石和陶粒以及传统材料河沙作为试验变量之一，厚度上采用研究及实践中推荐的最小有效厚度（10 cm），位置上通常选在种植层与盐碱层之间。由于本研究在种植层与盐碱层之间加入了雨水花园结构层，因此，隔盐层的位置选择还需要参考《上海市海绵城市绿地建设技术导则》（以下简称《导则》）中雨水花园的标准结构。为了保证雨水花园的蓄水、净水等重要生态功能，其结构从下往上共包含6个部分：排水层、填料层、过渡层、种植层、表面覆盖层、蓄水层。本研究在种植层与过渡层、排水层与盐碱层之间设置隔盐层，并在中间段的填料层与排水层之间也设置一个试验水平，用以研究垂直方向上的位置变化规律。另外考虑到南汇新城地区平均地下水位为1.4 m，而标准结构推荐的雨水花园深度为1.45 m，接近平均地下水位，结构层容易被地下水淹没，因而参考陈舒等学者的研究成果①，对目前厚度最大的填料层进行研究。

基于上述研究，试验设置因素A——隔盐层材料、因素B——填料层厚度、因素C——隔盐层位置3种变量因素，各因素选3个水平进行正交试验（见表3-1），其余结构参照《导则》推荐的雨

表3-1 因素水平表

试验水平	试验因素		
	A	B	C
1	河沙	10 cm	种植层与过渡层之间
2	沸石	20 cm	填料层与排水层之间
3	陶粒	30 cm	排水层与盐碱层之间

① 陈舒.适用于上海地区的雨水花园结构筛选与应用模式研究[D].上海：上海交通大学，2015；臧洋飞.上海地区雨水花园草本植物适应性筛选及配置模式构建[D].上海：上海交通大学，2016.

水花园标准结构，按照 L9(3^3)表形成 9 个正交试验组(EG)；为验证隔盐效果，同时设置无任何结构层的空白对照组 10(CG10)和无隔盐层的对照组 11(CG11)(见图 3-18)。

因素 A 隔盐层材料的河沙、沸石、陶粒 3 个水平中，河沙为市场购置的淡水河沙，统一过筛，粒径集中于 0.25～0.35 mm 之间；沸石选取水处理常用沸石材料，粒径范围在 2～4 mm 之间；陶粒为水处理和建材常用材料，粒径范围为 10～25 mm。具体的孔隙度和化学成分如表 3-2 所示。

此外，采用 30%的上海市绿化常用表层土、50%的沙土和 20%的泥炭土进行混合改良作为种植层的土壤；铺设透水土工布作为过渡层；填料层也选用种植土；筛选粒径为 1～2 cm 的砾石，经过冲洗晾干后将其用于排水层，如果排水层与其上层介质材料的粒径差异大于一个数量级，需要在两者之间增加一层透水土工布以防止排水层堵塞。盐碱层所用土壤为采自南汇新城滨海地

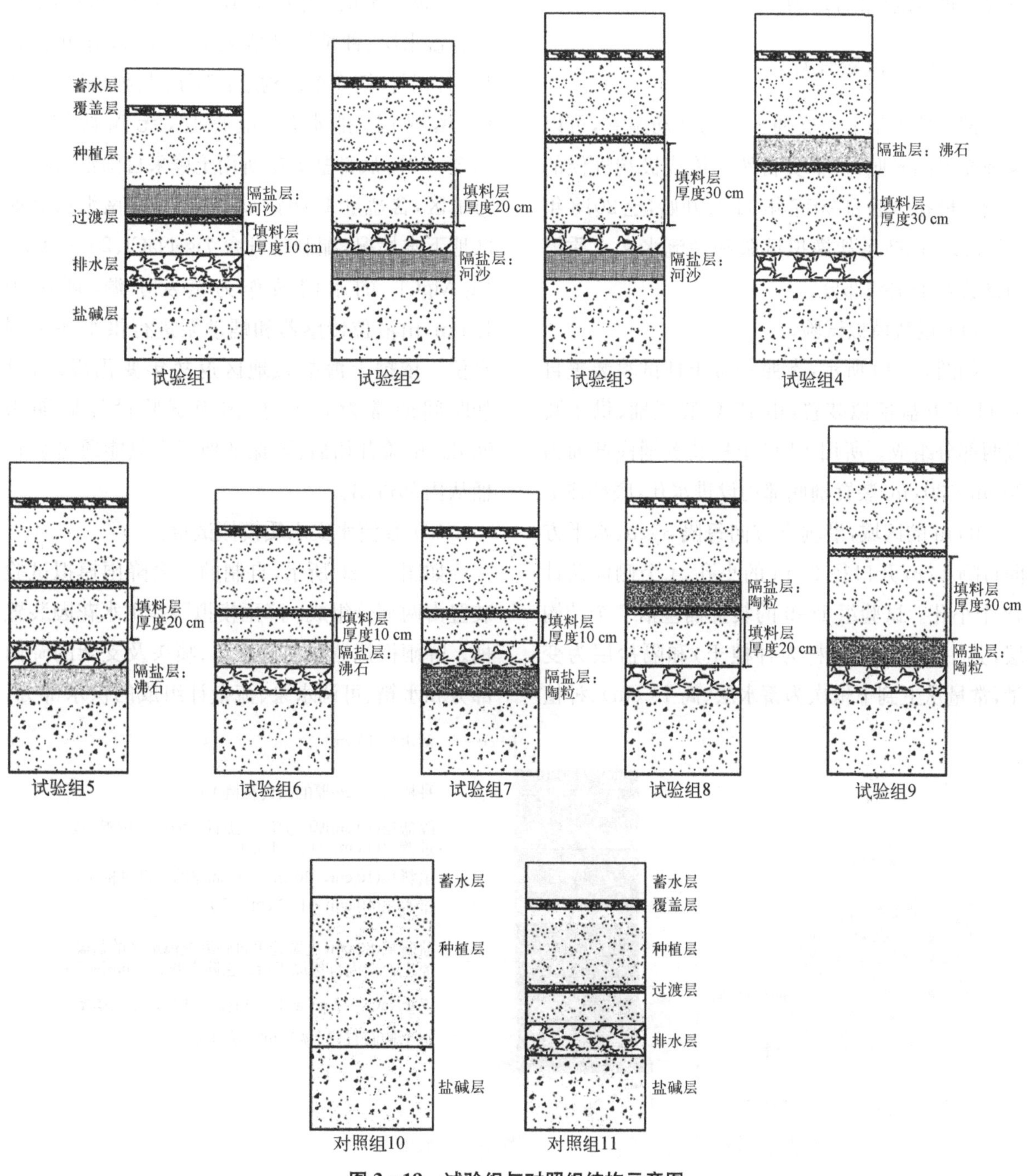

图 3-18 试验组与对照组结构示意图

表 3-2　因素 A 隔盐材料的组成与结构

隔盐材料	组成成分占比/%										粒径/mm	孔隙度/%
	SiO_2	SO_3	Na_2O	MgO	Al_2O_3	K_2O	CaO	Fe_2O_3	FeO	MnO		
河沙	71.94	0.14	0.75	2.06	6.55	1.20	6.61	2.69	—	0.15	0.25～0.35	30.5
沸石	70.22	—	2.11	—	18.12	4.00	4.06	0.98	0.51	—	2～4	56.0
陶粒	60.55	—	0.67	0.26	16.67	0.31	2.30	10.77	6.77	1.09	10～25	49.8

区的盐碱原土。将供试土壤样在室内自然风干后，磨细，去除根系、碎石等杂物，用 2 mm 的筛子过筛处理，搅拌混合均匀。

3.2.2　模拟试验设计

试验地点是上海交通大学的联动温室，可以保证充足的光照，且不受自然环境或极端气候的影响。模拟试验自 2017 年 11 月开始，至 2018 年 8 月完成，包括返盐模拟试验和径流水文水质模拟试验两个主要部分。

(1) 返盐模拟试验。

如图 3-19 所示，参照一维土柱试验装置自制 11 组返盐模拟装置，由 PVC 装置桶、供水装置两部分组成。所用 PVC 土柱装置桶横截面为 30 cm×30 cm，装置桶底部均设进水孔，底部往上 0～30 cm 的区域，沿垂直方向每隔 3 cm、水平方向每隔 4 cm 开口径 2 cm 的小孔，4 个侧面共计 48 个小孔。试验组 1～9 的装置桶包括 7 个结构层，其中填料层（材料为种植土）和隔盐层为变量，常量从上到下依次为蓄水层（高 15 cm）、种植层（高 25 cm，种植土）、过渡层（高 3 cm，有土工布 2 层）、排水层（高 10 cm，含粒径为 1～2 cm 的砾石）和盐碱土层（高 80 cm，盐碱土）。对照组 10 只有蓄水层、种植层和盐碱土层 3 层，对照组 11 从上到下包括 6 个结构层：蓄水层、种植层、过渡层、填料层、排水层、盐碱层，无隔盐层（见图 3-19）。底部盐碱层所用土壤采自南汇新城滨海地区，含盐量 4.76 g/L。参照上海南汇新城地区地下水情况，配制每升含 7 g NaCl、2 g $CaCl_2$、1 g $MgCl_2$ 的水溶液作为蒸发水源，埋深为 1.4 m，由液位传感器和蠕动泵进行供水并控制水位。依据上海盐碱地区返盐年变化规律，返盐时间通常为 3 个月，因而试验设计周期为 90 d。试验开始后，要保证地下水只能通过装置桶从内部进出。

(2) 径流水文水质模拟试验。

如图 3-20 所示，自制的 9 套降雨模拟试验装置由两部分组成：降雨模拟器和雨水花园装置桶。降雨模拟器包括进水口、喷头及支架的降雨部分和水箱、可调水泵、流量计组成的供水部分。

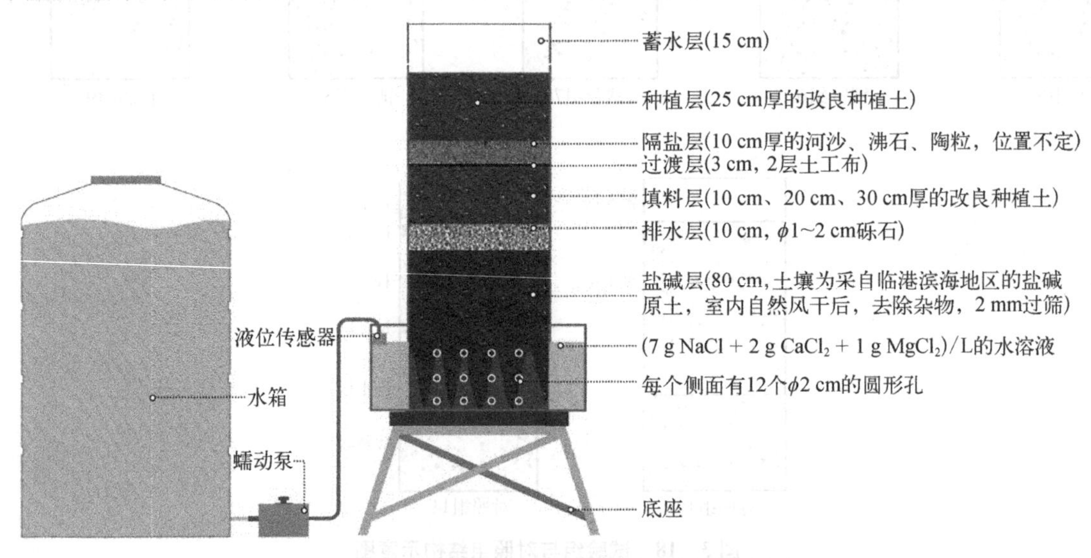

图 3-19　返盐模拟的雨水花园试验装置示意图

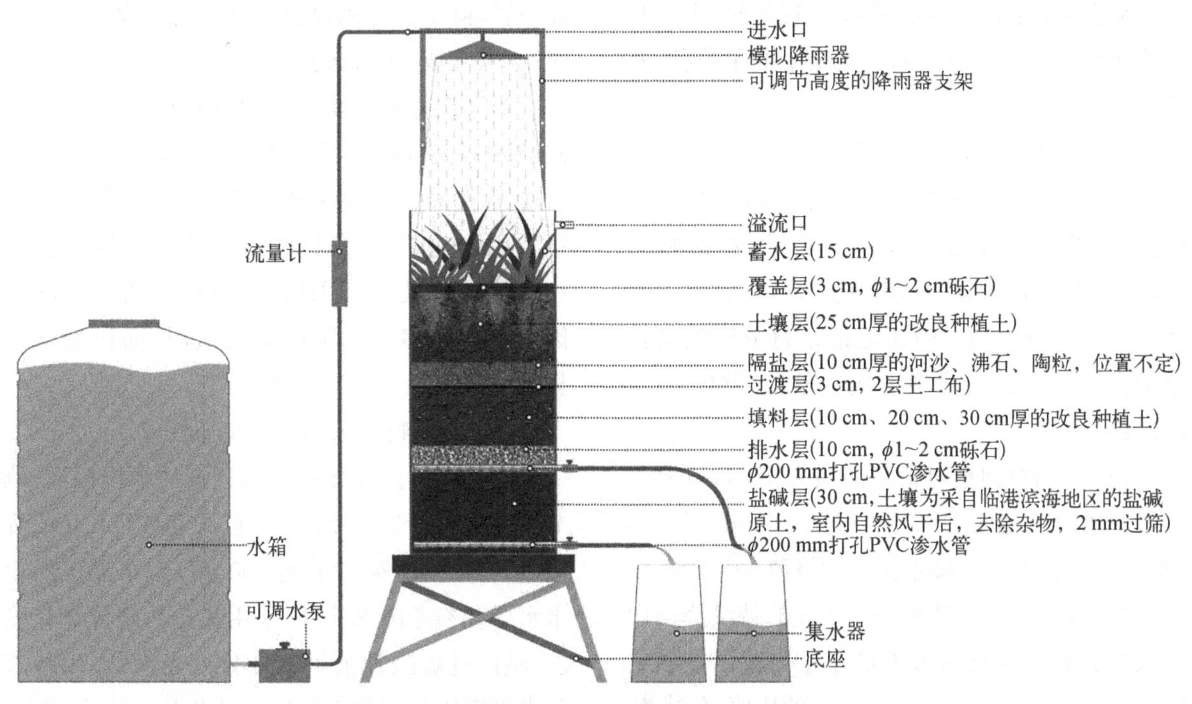

图 3-20 降雨模拟的雨水花园试验装置示意图

雨水花园装置桶内设置 8 个结构层，包含了两个部分：一是属于变量结构的填料层和隔盐层，二是属于常量结构的溢水口、蓄水层(高 15 cm)、覆盖层(高 3 cm，粒径为 1～2 cm 的砾石)、土壤层(高 25 cm，种植百子莲、铜钱草)、过渡层(高 3 cm，有土工布 2 层)、排水层(高 10 cm，含粒径为 1～2 cm 的砾石)、打孔渗水管和盐碱土层(高 30 cm，盐碱土)。装置横截面为 30 cm×30 cm。在植物稳定生长三周后开始试验。

根据南汇新城试点区在 1988—2017 年 30 年间的日降雨量资料统计①，采用 16.8 mm/h 的雨强来进行径流水文水质的模拟试验，则有

$$p_{模拟}=(a\times r_{模拟})/K \tag{3-1}$$

式中，a 为装置的横截面积，取值 0.09 m^2；$r_{模拟}$ 为模拟试验的雨强，取值 16.8 mm/h；K 为雨水花园设计面积和汇水区面积的比值，取 1/20。

由上式可得径流水文水质模拟的入水量为 8.4 mL/s。

根据南汇新城地区地表径流主要污染物的组成和含量，得到径流水质影响的试验所需污水模拟液的成分：COD 含量 220 mg/L、TN 含量 7.38 mg/L、TP 含量 1.45 mg/L。其中的 COD、TN、TP 分别使用邻苯二甲酸氢钾($C_8H_5KO_4$)、硝酸铵(NH_4NO_3)、磷酸二氢钾(KH_2PO_4)试剂进行配置。开展水文影响的模拟试验时，在水箱中直接注入自来水用以模拟降雨径流。

3.2.3 数据采集与处理方法

(1) 种植层含盐量的采集与处理。

参考室内一维土柱试验的数据采集方法，使用 PET-2000 土壤活性仪，沿垂直方向的开口，每隔 10 d 测定实验组与对照组种植层 0～5 cm、5～10 cm、10～15 cm、15～20 cm、20～25 cm 处的土壤含盐量(g/L)，共测量 9 次，历时 90 d，用以分析不同土壤剖面水盐垂直分布特征。每组试验重复 3 次。

对 3 次重复试验的种植层含盐量取平均值，使用 SPSS 22.0 软件进行独立样本 t 检验，检验带隔盐层的雨水花园相比对照组是否具有显著性的隔盐效果；然后对试验结果进行方差检验和显著性分析，获得 3 个不同因素对种植层含盐量

① 祖国庆. 临港新城滨海盐碱地绿化给排水设计[J]. 给水排水，2009，45(11)：84-87.

的影响大小；再采取图凯(Tukey)提出的 HSD 检验法比较同一因素对应的多个水平的平均值，从而讨论其差异性。

(2) 水文特征数据的采集与处理。

向水箱中注入足量的自来水用以模拟雨水径流，调节模拟降雨量为 8.4 mL/s，持续降水 1 h，测量集水器每分钟的出水体积 V。注意是否发生溢流现象，若有，则还需记录每分钟的溢流量 $V_{溢出}$。每组试验设置 3 次重复，总共完成 27 次试验。

若 1 h 内取到相对稳定的最大 $V_{洪峰}$，则到达该值所用时长记为洪峰延迟时间 t(min)；若 1 h 内未达 $V_{洪峰}$，则持续降水至达到该值。

总削减率 η(%)指的是在 1 h 的持续降雨中流入试验装置的总输入水量 $q_{进水}$ 与流出试验装置的总输出水量 $q_{出水}$ 之差与 $q_{进水}$ 的比值，公式为

$$\eta=[(q_{进水}-q_{出水})/q_{进水}]\times 100\% \quad (3-2)$$

式中，$q_{进水}$ 为 1 h 持续降雨中的总进水量；$q_{出水}$ 为 1 h 持续降雨中的总出水量。

雨水花园的渗透率 k(mm/s)是指体系内径流相对饱和时径流的下渗速率。计算公式为

$$k=V_{洪峰}/(a\times t) \quad (3-3)$$

式中，$V_{洪峰}$ 为相对稳定的每分钟的最大出流体积；a 为装置的横截面积，取值 0.09 m^2；t 为收集 $V_{洪峰}$ 所用的时间，取值 60 s。

雨水花园的蓄水率 θ(%)是指在该雨水花园装置内累积的雨水相对饱和时，进入体系的水量 $q_{总入}$ 与总出水量 $q_{总出}$ 之差与装置体积 $V_{总}$ 的比值。其计算公式为

$$\theta=[(q_{总入}-q_{总出})/V_{总}]\times 100\% \quad (3-4)$$

式中，$q_{总入}$ 为体系内饱和时的总进水量；$q_{总出}$ 为体系内饱和时的总出水量；$V_{总}$ 为装置体积。

由于雨水花园的渗透率和蓄水率需要满足径流相对饱和的情况，所以如果在 1 h 的降雨中可以取到相对稳定的 $V_{洪峰}$ 值，并且发生溢流，则可计算渗透率和蓄水率；如果 1 h 的降雨无法满足上述过程，则需要缓慢增加降雨装置的入水量，持续降水至达到该值。每组试验设置 3 次重复，总共完成 27 次试验。

对 3 次重复试验所得的洪峰延迟时间、径流总削减率、渗透率、蓄水率取平均值，使用 SPSS 22.0 软件对试验结果进行方差检验，分析 3 个试验因素对应这 4 个水文调蓄指标的影响大小和显著性关系。采取 HSD 检验法比较同一因素对应的多个水平的平均值，从而讨论其差异性。

(3) 水质特征数据的采集与处理。

向水箱中注入配置好的径流污水模拟液，调节模拟降雨量为 8.4 mL/s 且持续进行 1 h 的降雨过程，降雨结束后采集 500 mL 集水器中的出水水样。参考国家标准，采用快速消解分光光度法、碱性过硫酸钾消解紫外分光光度法、钼酸铵分光光度法分别测定各试验组出水中 COD、TN、TP 的含量。每组试验设置 3 次重复，总共完成 27 次试验。

各污染物的削减率 η(%)是指入流水体中污染物的含量 $\omega_{入流}$ 与出流水体中污染物的含量 $\omega_{出流}$ 之差与 $\omega_{入流}$ 的比值，其计算公式为

$$\eta=[(\omega_{入流}-\omega_{出流})/\omega_{入流}]\times 100\% \quad (3-5)$$

式中，$\omega_{出流}$ 为出流水体中的污染物含量；$\omega_{入流}$ 为入流水体中的污染物含量。

对 3 次重复试验所得的 COD 的削减率、TN 的削减率、TP 的削减率取平均值，使用 SPSS 22.0 软件对试验结果进行方差检验，分析 3 个试验因素对应这 3 个水质净化指标的影响大小和显著性关系；然后采取 HSD 检验法比较同一因素对应的多个水平的平均值，讨论差异性。

3.3 雨水花园结构对隔盐效果的影响

本研究的重点是探究隔盐型雨水花园结构对隔盐效果的影响，首先对返盐试验结果进行独立样本 t 检验，检验带隔盐层的雨水花园相比对照组是否具有显著性的隔盐效果。然后分析所有试验组的隔盐层材料、隔盐层位置、填料层厚

度3个因素与种植层含盐量的显著性关系和各因素的3个水平间的差异性，并分析出现该现象的原因，从而得到各变量对应不同功能的隔盐型雨水花园结构设计。

3.3.1　结构参数变量对隔盐效果的影响

在90 d的返盐过程中，本试验11个装置组种植层的含盐量变化如图3-21所示，可以看出对照组和试验组的土壤盐分含量均有增加的趋势。其中，试验组1～9的种植层含盐量＜无隔盐层的对照组11的含盐量＜无隔盐层和雨水花园结构层的对照组10的含盐量，种植层平均含盐量比对照组11和10分别低47.2%、80.9%。可以直观地看出，具有隔盐层的雨水花园结构与普通的雨水花园结构均具备很好的隔盐效果，且随着时间的推移，具有隔盐层的雨水花园结构的隔盐效果逐渐好于普通的雨水花园结构。

运用独立样本 t 检验对不同时间段的试验进行定量分析(见表3-3)。结果显示，与对照组10相比，试验组在前10 d的变化不明显(显著性＞0.05)，而从20 d后能显著降低种植层盐分含量(显著性≤0.05)；80 d时含盐量差值最大，为0.806 g/L。试验组平均含盐量为0.211 g/L，换算成含盐量百分比则为0.13%，为轻度盐碱性土壤；对照组10的含盐量为1.010 g/L，换算成含盐量百分比则为0.61%，为重度盐碱性土壤。其主要原因是在蒸发强烈时，深层土壤的水盐会沿着土壤毛管的孔隙向上迁移。因此，在种植层下部设置隔盐层可以破坏土壤毛细管的连续性，使水盐运行到隔盐层下界面时发生停滞，从而使隔盐层上部土壤的盐分积聚减少。

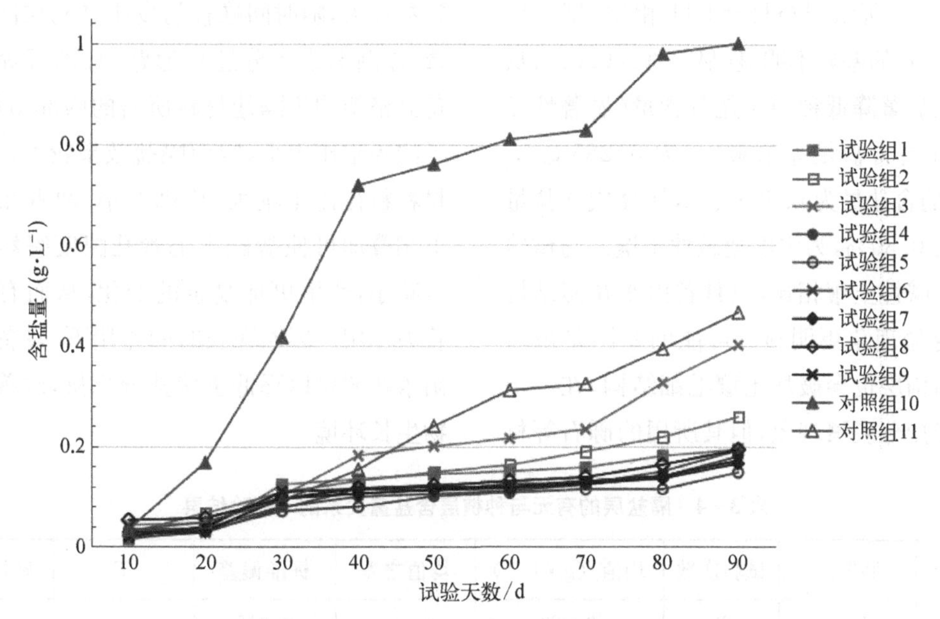

图3-21　返盐条件下装置组在不同试验周期的种植层含盐量变化

表3-3　隔盐层和雨水花园结构的有无与种植层含盐量关系的 t 检验结果

试验天数/d	装置组	试验次数	均值/(g·L⁻¹)	均值之差	标准偏差	T	显著性(双尾)
10	1～9组	27	0.029	0.005	0.013	−0.618	0.542
	10	3	0.034		0.007		
20	1～9	27	0.041	0.126	0.014	−15.828	0.000
	10	3	0.167		0.005		
30	1～9	27	0.096	0.321	0.018	−28.584	0.000
	10	3	0.417		0.025		

（续表）

试验天数/d	装置组	试验次数	均值/(g·L^{-1})	均值之差	标准偏差	T	显著性(双尾)
40	1～9	27	0.120	0.599	0.028	−34.685	0.000
	10	3	0.719		0.032		
50	1～9	27	0.130	0.631	0.031	−33.828	0.000
	10	3	0.761		0.019		
60	1～9	27	0.138	0.673	0.035	−32.261	0.000
	10	3	0.811		0.027		
70	1～9	27	0.149	0.679	0.040	−28.568	0.000
	10	3	0.828		0.028		
80	1～9	27	0.174	0.806	0.064	−21.287	0.000
	10	3	0.981		0.039		
90	1～9	27	0.211	0.791	0.077	−17.474	0.000
	10	3	1.010		0.015		

注：显著性≤0.05表示该因素对结果影响显著，显著性≤0.01表示该因素的影响极其显著。（下同）

如表3-4所示，与对照组11相比，试验组1～9在前40 d的差异不明显（显著性>0.05）；从50 d以后能显著降低种植层盐分含量（显著性≤0.05）；90 d时含盐量差值最大，为0.285 g/L。对照组11的含盐量为0.496 g/L，换算成含盐量百分比则为0.30%，为中度盐碱性土壤。与试验组的轻度盐碱性土壤相比，只具备雨水花园结构的装置组返盐现象更明显。可能的原因是虽然雨水花园结构层也会破坏土壤毛细结构，在一定程度上减轻盐分表聚现象，但其所用的砾石等材料粒径大，随时间推移易发生结构层间的互相渗透，逐渐形成水分迁移通路，且砾石等材料不具备晶格架构等隔盐材料所需的内部结构，对盐离子的吸附作用小，因而隔盐效果较差。另外隔盐材料粒径比土壤大、比砾石小，两者在不同位置上相叠加可使盐碱土毛管孔隙度突然由小变大再减小，产生更加复杂的变化，从而有效减弱毛管力作用。因而在长时间作用下，具备隔盐层的雨水花园可以降低土壤盐分含量，改善盐碱地植物生长环境。

表3-4　隔盐层的有无与种植层含盐量关系的 t 检验结果

试验天数/d	装置组	试验次数	均值/(g·L^{-1})	均值之差	标准偏差	T	显著性(双尾)
10	1～9	27	0.029	0.003	0.013	−0.361	0.721
	11	3	0.032		0.003		
20	1～9	27	0.041	0.008	0.014	−0.953	0.349
	11	3	0.049		0.006		
30	1～9	27	0.096	−0.004	0.018	0.381	0.706
	11	3	0.092		0.006		
40	1～9	27	0.120	0.033	0.028	−1.992	0.056
	11	3	0.153		0.019		
50	1～9	27	0.130	0.110	0.031	−5.984	0.000
	11	3	0.240		0.007		

（续表）

试验天数/d	装置组	试验次数	均值/($g \cdot L^{-1}$)	均值之差	标准偏差	T	显著性(双尾)
60	1～9	27	0.138	0.173	0.035	−8.403	0.000
	11	3	0.311		0.017		
70	1～9	27	0.149	0.175	0.040	−7.390	0.000
	11	3	0.323		0.022		
80	1～9	27	0.174	0.219	0.064	−5.807	0.000
	11	3	0.393		0.033		
90	1～9	27	0.211	0.285	0.077	−5.522	0.000
	11	3	0.496		0.061		

3.3.2　各因素对隔盐效果的显著性影响

通过正交试验测定不同试验组的种植层土壤含盐量，并运用SPSS软件进行各因素对雨水花园种植层土壤含盐量影响的方差检验，结果表明，隔盐层材料、填料层厚度对种植层土壤含盐量的影响显著（显著性≤0.05），而隔盐层位置对其的影响不显著（显著性>0.05）。由3个因素的方差比较可知，三者对隔盐效果的影响从大到小排序为：隔盐层材料>填料层厚度>隔盐层位置（见表3-5）。所以在场地盐碱化水平偏高，需要发挥雨水花园的隔盐功能时，推荐首先进行隔盐层材料的选择，再设计填料层的厚度，最后考虑隔盐层的位置布局。

表3-5　各因素隔盐效果的方差分析

来　源	第Ⅲ类平方和	自由度	平均值平方	F	显著性
修正后的模型	0.105*	6	0.017	7.655	0
截距	1.208	1	1.208	529.002	0
隔盐层材料	0.071	2	0.036	15.617	0
填料层厚度	0.022	2	0.011	4.876	0.019
隔盐层位置	0.011	2	0.006	2.472	0.110
误差	0.046	20	0.002	—	—
总数	1.359	27	—	—	—
修正后总数	0.151	26	—	—	—

注：*表示$R^2=0.697$（调整的$R^2=0.606$）。

3.3.3　各水平下隔盐效果的差异性

应用HSD检验法对3个因素的不同水平进行比较，并根据平均值以及相应的标准差绘制簇状柱形图（见图3-22）。柱形图的数值代表了各试验组在不同水平下对应的种植层含盐量的平均值，误差线指示了试验组的误差情况。

通过HSD检验方法比较隔盐层材料中河沙、沸石、陶粒的隔盐能力差异，结果显示，因素A隔盐层材料中沸石对应的种植土含盐量最低，约为0.173 g/L；陶粒次之，约为0.177 g/L；河沙最高，约为0.284 g/L（见表3-6），换算成含盐量百分比分别为0.10%、0.11%、0.17%。原因是沸石内部晶格架构中具有大量孔穴通道，可吸附直径小于孔道的Na^+、Cl^-等盐离子，且沸石和陶粒材料本身的粒径较大，因而对潜水上升的阻断能力

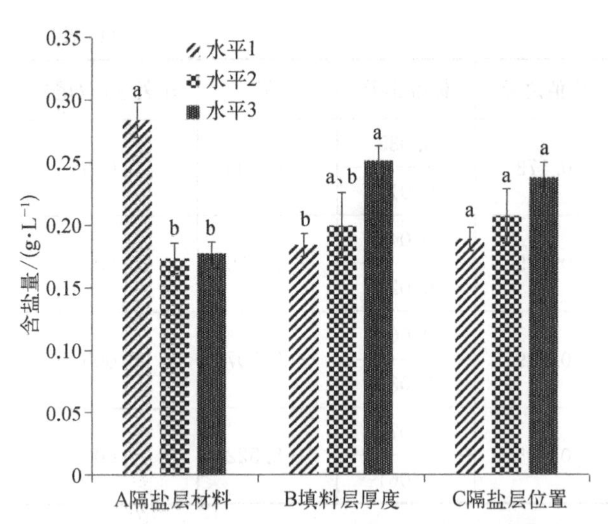

图 3-22　各因素在不同水平下对应的种植层含盐量

注：1. a、b 是 HSD 检验法的分类结果。

2. 因素 A 隔盐层材料中水平 1～3 分别对应河沙、沸石、陶粒；因素 B 填料层厚度中水平 1～3 对应的厚度分别为 10 cm、20 cm、30 cm；因素 C 隔盐层位置中水平 1～3 分别对应种植层与过渡层之间、填料层与排水层之间、排水层与盐碱层之间。

和对下行重力水的渗透能力皆大于河沙①。因此，沸石作为雨水花园隔盐层时隔盐效果最好。

表 3-6　因素 A 各水平间的种植层含盐量的比较

隔盐层材料	样本数/个	种植层含盐量/(g·L⁻¹)	
		子集 1	子集 2
沸石	9	0.173 333	—
陶粒	9	0.177 111	—
河沙	9	—	0.284 222
显著性	—	0.985	1

注：1. 表中含盐量数值显示的是同质子集中组群的平均值。根据观察到的平均数，可得错误项目是平均值的平方和=0.002。(下同)

2. 样本数量按调和均值算，为 9。(下同)

3. Alpha=9.5。(下同)

如表 3-7 所示，关于因素 B 填料层厚度的差异性分析结果表明，种植土含盐量与填料层厚度之间为正相关关系，厚度为 10 cm、20 cm、30 cm 的填料层对应的含盐量约为 0.184 g/L、0.200 g/L、0.251 g/L，换算成含盐量百分比分别为 0.11%、0.15%、0.17%。可能的原因是厚度大造成向下挖深更大，越接近含盐量高的地下水，下层水分的上升作用越明显，从而带来更多的盐分上移。因此，在优先考虑雨水花园隔盐效果时，推荐使用厚度为 10 cm 的填料层。

表 3-7　因素 B 各水平间的种植层含盐量的比较

填料层厚度/cm	样本数/个	种植层含盐量/(g·L⁻¹)	
		子集 1	子集 2
10.00	9	0.183 778	—
20.00	9	0.199 778	0.199 778
30.00	9	—	0.251 111
显著性	—	0.76	0.082

如表 3-8 所示，根据因素 C 隔盐层位置的分析结果显示，隔盐层位置对种植土含盐量无显著影响，但存在隔盐层位置越接近地表，即越接近种植层，隔盐效果越好的趋势。隔盐层位置从上到下的含盐量分别约为 0.189 g/L、0.207 g/L、0.238 g/L，换算成含盐量百分比分别为 0.11%、0.12%、0.14%。可以在后续研究中适当延长监测时间或增加隔盐层位置的纵向差异，以进行进一步验证。

表 3-8　因素 C 各水平间的种植层含盐量的比较

隔盐层位置	样本数/个	种植层含盐量/(g·L⁻¹)
种植层与过渡层之间	9	0.188 889
填料层与排水层之间	9	0.207 333
排水层与盐碱层之间	9	0.238 444
显著性	—	0.096

试验数据首先验证了具有隔盐层的雨水花园结构比普通的雨水花园结构具备更好的隔盐效果，在 3 个月的返盐周期中，所有试验组均可以把种植土壤的盐分含量控制在 0.2%以下，以满足各类耐盐植物的生长需求。出现这一结果的主要原因是隔盐层材料内部的晶格架构更有利于盐离子的吸附，粒径普遍较小的隔盐层材料与雨水花园结构层进行组合可以在纵向上形成

① 严增瑞. 天津滨海重盐碱地区绿地结构设计应用比较[D]. 天津：天津大学，2009.

粒径级配差异，有效减弱毛管力作用。

本研究中影响隔盐效果的主要因子包括隔盐层材料和填料层厚度。隔盐层材料孔隙度越大，内部具有越多的孔穴通道，可吸附直径小于孔道的 Na^+、Cl^- 等盐离子，因而沸石和陶粒的隔盐效果明显优于传统河沙材料；而填料层厚度大，雨水花园就会接近地下水，将带来更严重的返盐问题。因而滨海盐碱地的雨水花园建设需要根据地下水位情况进行结构层厚度调整，必要情况下可以选择浅根性植物，以压缩种植层厚度。

根据结构参数变量对应的隔盐能力，可得隔盐效果高、中、低 3 个隔盐型雨水花园的结构组合(见表 3-9)。因此，在需要发挥隔盐型雨水花园对盐碱地的适应性时，此处推荐采用以沸石作为隔盐层材料，隔盐层位置在种植层与过渡层之间，填料层厚度减小到 10 cm 的雨水花园。

表 3-9　隔盐效果较好的雨水花园结构

排序	结构参数		
	隔盐层材料	填料层厚度/cm	隔盐层位置
高	沸石	10	种植层与过渡层之间
中	陶粒	20	填料层与排水层之间
低	河沙	30	排水层与盐碱层之间

3.4 雨水花园结构对降雨径流水文特征的影响

隔盐型雨水花园对降雨径流水文的影响以洪峰延迟时间、总削减率、渗透率、蓄水率 4 个关键指标作为依据。分析隔盐层材料、隔盐层位置、填料层厚度 3 个因素与指标的显著性关系和各因素的 3 个水平所存在的差异性，并探讨出现该现象的原因，可得到各变量对应不同功能的隔盐型雨水花园结构设计。

3.4.1 结构参数变量对洪峰延迟时间的影响

3.4.1.1 各因素对洪峰延迟时间的显著性影响

运用 SPSS 软件对洪峰延迟时间的试验数据进行方差检验，结果表明，隔盐层材料对洪峰延迟时间的影响极显著(显著性≤0.01)，隔盐层位置对洪峰延迟时间的影响也极显著(显著性≤0.01)，填料层厚度对洪峰延迟时间的影响显著(显著性≤0.05)。根据 3 个因素的方差比较可知，在对洪峰延迟时间的影响程度上，从大到小的排序为隔盐层材料＞隔盐层位置＞填料层厚度(见表 3-10)。所以在以发挥雨水花园的洪峰延迟功能为目标时，优先考虑隔盐层材料，其次为隔盐层位置，最后为填料层厚度。

表 3-10　各因素洪峰延迟时间的方差分析

来　源	第Ⅲ类平方和	自由度	平均值平方	F	显著性
修正后的模型	2 310.222*	6	385.037	14.782	0
截距	41 614.815	1	41 614.815	1 597.611	0
隔盐层材料	1 645.407	2	822.704	31.584	0
填料层厚度	203.852	2	101.926	3.913	0.037
隔盐层位置	460.963	2	230.481	8.848	0.002
误差	520.963	20	26.048	—	—
总数	44 446	27	—	—	—
修正后总数	2 831.185	26	—	—	—

注：* 表示 $R^2=0.816$(调整的 $R^2=0.761$)。

3.4.1.2 各水平下洪峰延迟时间的差异性

将各试验组对应的洪峰延迟时间的平均值以及相应的标准差绘成簇状柱形图，结果如图 3-23 所示。柱形图的数值代表了各试验组在不同水平下对应的出流洪峰延迟时间的平均值，图上的误差线指示了试验组的误差情况。

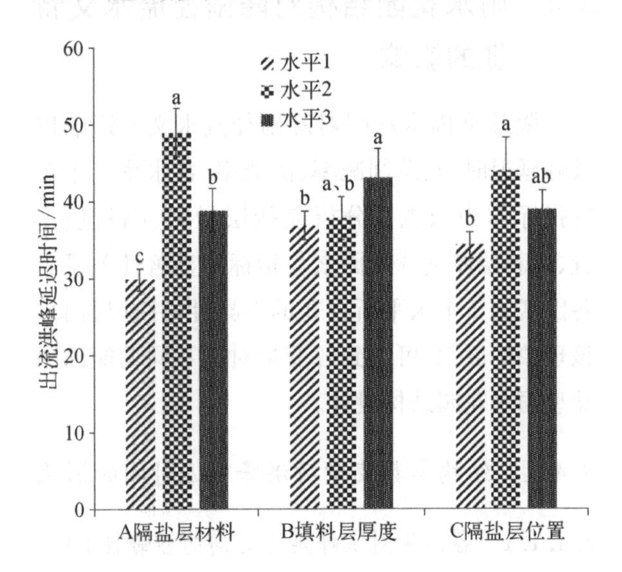

图 3-23　各因素在不同水平下对应的洪峰延迟时间

注：1. a、b、c是HSD检验法的分类结果。

2. 因素A隔盐层材料中水平1～3分别对应河沙、沸石、陶粒；因素B填料层厚度中水平1～3对应的厚度分别为10 cm、20 cm、30 cm；因素C隔盐层位置中水平1～3分别对应种植层与过渡层之间、填料层与排水层之间、排水层与盐碱层之间。（下同）

如表3-11所示，比较隔盐层材料中河沙、沸石、陶粒延迟洪峰能力的差异，结果显示，因素A隔盐层材料中沸石作用下的洪峰延迟时间最长，达到了49.00 min；陶粒次之，约为38.89 min；河沙最短，约29.89 min。主要原因是3种隔盐材料中沸石的孔隙度最大，增加了降雨径流下渗效率，而且材料本身的吸附作用增加了对径流的黏滞效应，因此，对洪峰延迟的时间较长；而河沙的孔隙度是最小的，且其较小粒径也造成了材料之间空隙偏小，因而对径流的下渗过程产生了较大的阻力，对延迟洪峰的时间也相应变短。因此，以沸石作为隔盐层材料的隔盐型雨水花园延迟洪峰的效果最好。

如表3-12所示，当因素B填料层厚度为30 cm时，延迟时间最长，约为43.11 min；当厚度为20 cm、10 cm时，延迟时间较短，分别约为37.78 min、36.89 min。洪峰延迟时间随填料层厚度增大而增大，两者的正相关趋势明显。另有相关学者的试验研究也证明了出流延迟时间与填料层高度呈一定的线性增长关系。主要原因是填料层厚度越大，装置中积蓄的水量越大，对于相同底面积的结构将产生更大的水压，会促进雨水下渗，延迟洪峰的出现。然而，前文提到，上海滨海盐碱地区的地下水位通常较高，实际工程中无法过度挖深，所以在选择填料层厚度时应尽量保持在30 cm以内。

表3-11　因素A各水平间的洪峰延迟时间比较

隔盐层材料	样本数/个	洪峰延迟时间/min		
		子集1	子集2	子集3
河沙	9	29.888 9	—	—
陶粒	9	—	38.888 9	—
沸石	9	—	—	49.000 0
显著性	—	1.000	1.000	1.000

注：会显示同质子集中组群的平均值。根据观察到的平均数，可得错误项目为平均值的平方和=26.048。（下同）

表3-12　因素B各水平间的洪峰延迟时间比较

填料层厚度/cm	样本数/个	洪峰延迟时间/min	
		子集1	子集2
10.00	9	36.888 9	—
20.00	9	37.777 8	37.777 8
30.00	9	—	43.111 1
显著性	—	0.928	0.093

如表3-13所示，因素C的试验结果表明，当隔盐层位于填料层与排水层之间时，对洪峰的延迟时间约为44.44 min；位于排水层与盐碱层之间时，为39 min；在种植层与过渡层之间时约为34.33 min。可能的原因是填料层对洪峰的延迟起主要作用，并且与其他层的材料相比，隔盐层材料的粒径较小，表面粗糙程度较高，因此，隔

盐层位置越偏下，对径流的黏滞效应越好。因而，在需要发挥隔盐型雨水花园的洪峰延迟效果的场地，隔盐层的最佳位置是在填料层与排水层之间。

表 3-13　因素 C 各水平间的洪峰延迟时间比较

隔盐层位置	样本数/个	洪峰延迟时间/min	
		子集 1	子集 2
种植层与过渡层之间	9	34.333 3	—
排水层与盐碱层之间	9	39.000 0	39.000 0
填料层与排水层之间	9	—	44.444 4
显著性	—	0.154	0.085

3.4.2　结构参数变量对径流总削减率的影响

3.4.2.1　各因素对径流总削减率的显著性影响

对不同试验组的径流总削减率分别进行方差检验，其试验结果表明，因素 A 隔盐层材料、因素 B 填料层厚度对径流总削减率的影响都极显著（显著性值≤0.01）；因素 C 隔盐层位置对径流总削减率的影响显著（显著性值≤0.05）。将各因素的方差比较可知，在对总削减率的影响程度方面，从大到小依次是隔盐层材料、填料层厚度、隔盐层位置（见表 3-14）。因此，为了发挥雨水花园的径流削减功能，可优先选择隔盐层材料，其次确定填料层厚度，最后确定隔盐层位置。

表 3-14　各因素总削减率的方差分析

来　源	第Ⅲ类平方和	自由度	平均值平方	F	显著性
修正后的模型	0.134*	6	0.022	11.224	0
截距	4.407	1	4.407	2 211.652	0
隔盐层材料	0.080	2	0.040	19.996	0
填料层厚度	0.037	2	0.019	9.326	0.001
隔盐层位置	0.017	2	0.009	4.351	0.027
误差	0.040	20	0.002	—	—
总数	4.581	27	—	—	—
修正后总数	0.174	26	—	—	—

注：* 表示 $R^2=0.771$（调整的 $R^2=0.702$）。

3.4.2.2　各水平下径流总削减率的差异性

将根据不同因素的正交试验分别所得的径流总削减率的平均值及标准差绘制成簇状柱形图（见图 3-24）。柱形图的数值代表了各试验组在不同水平下对应的径流总削减率的平均值，图上的误差线指示了试验组的误差情况。

如表 3-15 所示，比较隔盐层材料中河沙、沸石、陶粒的径流总削减率的差异，结果显示，因素 A 中河沙的径流总削减率最高，约为 46.56%；沸石最低，约为 33.34%。原因可能是河沙孔隙度最小，粒径也小，径流下渗速率较慢，通过渗流设施流出体系的总径流量少；而沸石孔隙度大，降雨径流下渗效率快，装置体系内留存的水量明显小于其他材料的，在同样的试验时间内总削减率相对偏低。所以在需要发挥径流削减功能的场地中，推荐的最优隔盐层材料是河沙，其次是陶粒。

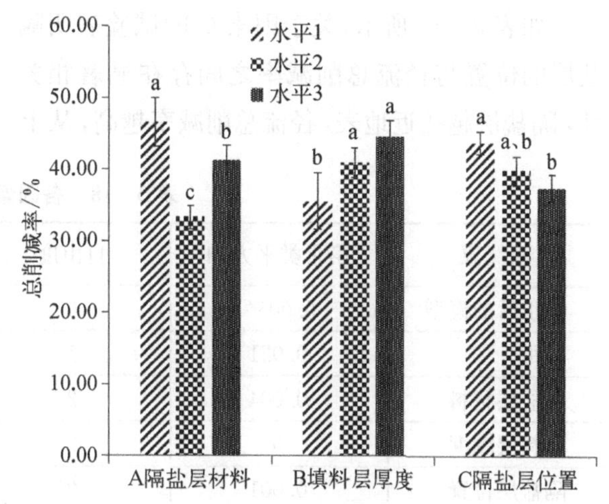

图 3-24　各因素在不同水平下对应的径流总削减率

表 3-15 因素 A 各水平间径流总削减率的比较

隔盐层材料	样本数/个	径流总削减率/%	
		子集 1	子集 2
沸石	9	0.333 444	—
陶粒	9	—	0.412 911
河沙	9	—	0.465 611
显著性	—	1	0.053

注：会显示同质子集中组群的平均值。根据观察到的平均数，可得错误项目为平均值的平方和=0.002。(下同)

如表 3-16 所示，因素 B 中当填料层厚度为 30 cm 时，总削减率最大约为 44.61%，厚度为 20 cm、10 cm 时，总削减率分别为 41.01%、35.58%，呈现出总削减率随厚度增大而增大的相关性关系。主要原因是增加填料层厚度使得体系内储水空间显著增加，在一定时间内可以贮存更多的雨水径流，表现为径流削减率更高。同样由于滨海盐碱地地下水位过高的现状，推荐在选择填料层厚度时考虑 20～30 cm 的范围。

表 3-16 因素 B 各水平间径流总削减率的比较

填料层厚度/cm	样本数/个	径流总削减率/%	
		子集 1	子集 2
10.00	9	0.355 800	—
20.00	9	—	0.410 111
30.00	9	—	0.446 056
显著性	—	1	0.227

如表 3-17 所示，关于因素 C 的试验表明隔盐层的位置与径流总削减率之间存在显著相关性，隔盐层越接近地表，径流总削减率越高，从上到下的径流总削减率分别约为 43.71%、39.93%、37.55%。可能的原因是与其他层的材料相比，隔盐层材料的粒径较小，表面粗糙程度较高，位置偏上能增加对径流的削减效应。因而，在优先考虑雨水花园对径流总削减率影响的情况下，建议将隔盐层布置在种植层与过渡层之间。

表 3-17 因素 C 各水平间径流总削减率的比较

隔盐层位置	样本数/个	径流总削减率/%	
		子集 1	子集 2
排水层与盐碱层之间	9	0.375 544	—
填料层与排水层之间	9	0.399 333	0.399 333
种植层与过渡层之间	9	—	0.437 089
显著性	—	0.507	0.197

3.4.3 结构参数变量对渗透率的影响

3.4.3.1 各因素对渗透率的显著性影响

对不同试验组中雨水花园的渗透率进行方差检验，结果表明，因素 A 隔盐层材料对渗透率的影响极其显著(显著性≤0.01)，因素 C 隔盐层位置对渗透率的影响显著(显著性≤0.05)，因素 B 填料层厚度对渗透率无显著影响(显著性>0.05)。根据各因素的方差分析可知，在对渗透率的影响程度方面，从大到小依次是隔盐层材料、隔盐层位置、填料层厚度(见表 3-18)。所以在构建适用于上海滨海盐碱地区的雨水花园，并主要关注雨水花园的渗透效率时，优先考虑隔盐层材料的选择，其次考虑隔盐层位置，最后考虑填料层厚度。

表 3-18 各因素渗透率的方差分析

来　源	第Ⅲ类平方和	自由度	平均值平方	F	显著性
修正后的模型	0.005*	6	0.001	12.817	0
截距	0.021	1	0.021	313.75	0
隔盐层材料	0.004	2	0.002	32.773	0
填料层厚度	0	2	0	1.801	0.191
隔盐层位置	0.001	2	0	3.876	0.038
误差	0.001	20	6.68×10^{-5}	—	—
总数	0.027	27	—	—	—
修正后总数	0.006	26	—	—	—

注：* 表示 $R^2=0.794$(调整的 $R^2=0.732$)。

3.4.3.2 各水平下渗透率的差异性

将根据不同因素的正交试验分别所得的平均值及标准差绘制成簇状柱形图，柱形图的数值和误差线分别表示了各因素在3个水平下的平均值和试验误差(见图3-25)。

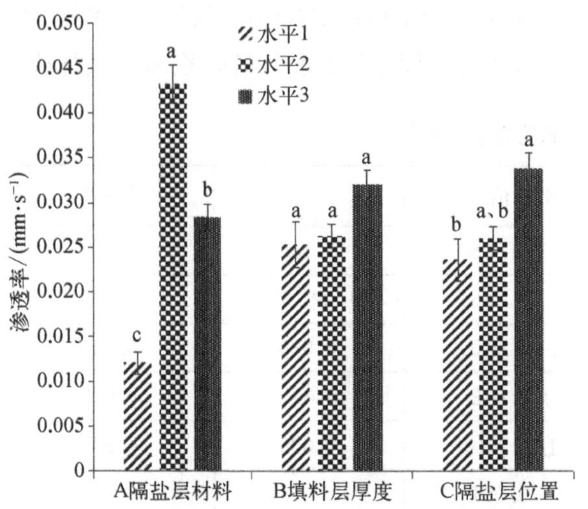

图3-25 各因素在不同水平下对应的渗透率

如表3-19所示，对因素A的3个水平的平均值进行比较，结果显示，因素A中沸石的渗透率最大，约为0.043 mm/s；陶粒次之，约为0.028 mm/s；河沙最小，约为0.012 mm/s。原因可能是河沙的孔隙率最低，其内部透水性差，所以径流在其间下渗速率较慢；而陶粒的粒径最大，种植层的沙土容易掺杂其中，也会影响下渗。相对来说沸石的粒径适中，材料本身孔隙度最大，因而使用沸石作为隔盐层材料时，雨水下渗效果最好。

如表3-20所示，因素B填料层厚度的变化与渗透率的试验结果不存在显著的相关性，但是存在渗透率随厚度增大而变大的变化趋势。当填料层厚度为30 cm时，渗透率最高，约为0.032 mm/s；填料层厚度为10 cm时，渗透率最低，约为0.025 mm/s。主要原因是填料厚度的增加会使装置内总体水压变大，对下渗有促进作用。但是以10 cm为单位的厚度增加所带来的水压变化在径流饱和的情况下，对下渗的影响比较小。可以在后续研究中适当增加填料层厚度的差异或者采用更大的降雨强度，以进一步验证填料层厚度对渗透性的影响。

表3-19 因素A各水平间渗透率的比较

填料内容	样本数/个	渗透率/%		
		子集1	子集2	子集3
河沙	9	0.012 041	—	—
陶粒	9	—	0.028 326	—
沸石	9	—	—	0.043 228
显著性	—	1.000	0.111	0.700

注：会显示同质子集中组群的平均值。根据观察到的平均数，可得错误项目为平均值的平方和$=6.682\times10^{-5}$。(下同)

表3-20 因素B各水平间渗透率的比较

填料层厚度/cm	样本数/个	渗透率/%
10.00	9	0.025 301
20.00	9	0.026 241
30.00	9	0.032 053
显著性	—	0.211

表3-21 因素C各水平间渗透率的比较

填料层厚度	样本数/个	渗透率/%	
		子集1	子集2
种植层与过渡层之间	9	0.023 637	—
填料层与排水层之间	9	0.026 059	0.026 059
排水层与盐碱层之间	9	—	0.033 9
显著性	—	0.806	0.13

如表3-21所示，因素C的试验结果表明隔盐层位置越接近地表，渗透率越低，从上到下分别约为0.024 mm/s、0.026 mm/s、0.034 mm/s。可能的原因是隔盐层材料整体的粒径偏小，其位置越偏上，对雨水下渗的阻力越大，可以推测位置偏下的结构层对洪峰延迟和促进下渗起主要作用。因此，渗透效果好的隔盐层材料与排水层结合会更有利于下渗过程。在优先考虑雨水花

园下渗性能的情况下，推荐将隔盐层布置在排水层与盐碱层之间。

3.4.4 结构参数变量对蓄水率的影响

3.4.4.1 各因素对蓄水率的显著性影响

对不同试验组的蓄水率进行方差检验，结果表明，隔盐层材料、填料层厚度对雨水花园蓄水率的影响都极其显著(显著性值≤0.01)，而隔盐层位置对其的影响不显著(显著性值>0.05)。根据各因素的方差分析可知，在对蓄水率的影响程度方面，从大到小的排序为填料层厚度>隔盐层材料>隔盐层位置(见表3-22)。所以在需要发挥雨水花园蓄水功能的应用实践中，建议先选择填料层的厚度，其次考虑隔盐层材料，最后考虑隔盐层位置。

表3-22 各因素蓄水率的方差分析

来 源	第Ⅲ类平方和	自由度	平均值平方	F	显著性
修正后的模型	0.045*	6	0.008	5.156	0.002
截距	2.286	1	2.286	1 558.659	0
隔盐层材料	0.020	2	0.010	6.983	0.005
填料层厚度	0.025	2	0.012	8.477	0.002
隔盐层位置	2.58×10^{-5}	2	1.29×10^{-5}	0.009	0.991
误差	0.029	20	0.001	—	—
总数	2.360	27	—	—	—
修正后总数	0.075	26	—	—	—

注：*表示 $R^2=0.607$(调整的 $R^2=0.490$)。

3.4.4.2 各水平下蓄水率的差异性

将根据不同因素的正交试验分别所得的平均值及标准差绘制成簇状柱形图，柱形图的数值和误差线分别表示了各因素在3个水平下的蓄水率平均值和试验误差(见图3-26)。

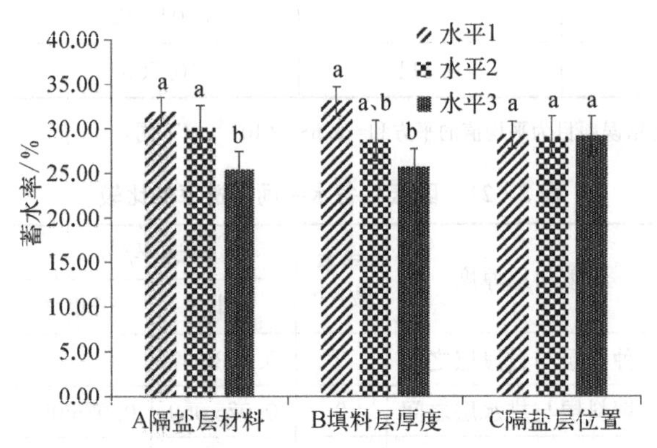

图3-26 各因素在不同水平下对应的蓄水率

如表3-23所示，对同一因素3个水平的平均值进行比较，结果显示，因素A中各水平对于雨水花园蓄水率的影响极其显著，其中河沙、沸石的蓄水率较高，分别约为31.88%、30.06%。可能的原因是河沙的粒径较小，颗粒之间比较容易堆叠，从而形成更多的外部蓄水空间；沸石材料的孔隙度较大，内部蓄水能力较好。因此，当河沙和沸石作为雨水花园隔盐层时，蓄水能力较强。在优先考虑雨水花园蓄水能力的情况下，推荐的最佳隔盐层材料是河沙。

表3-23 因素A各水平间蓄水率的比较

隔盐层材料	样本数/个	蓄水率/%	
		子集1	子集2
陶粒	9	0.253 447	—
沸石	9	—	0.300 626
河沙	9	—	0.318 799
显著性	—	1	0.581

注：会显示同质子集中组群的平均值。根据观察到的平均数，可得错误项目是平均值的平方和=0.001。(下同)

如表3-24所示，因素B填料层厚度对雨水花园蓄水率的影响最为显著，当厚度为10 cm时，蓄水率最大，约为33.03%；厚度为20 cm、30 cm时，蓄水率分别约为28.62%、25.64%。呈现出蓄水率随厚度增大而减小的明显趋势。主要原因是在体系内径流入水量基本饱和的情况下，填料层厚度的增加对增加装置蓄水总量的贡献不大，但是会明显增加雨水花园的体积，从而造成蓄水率的降低。因此，填料层厚度为 10 cm 的雨水花园蓄水率最高。

表 3-24　因素 B 各水平间蓄水率的比较

填料层厚度/cm	样本数/个	蓄水率/%	
		子集 1	子集 2
30	9	0.256 404	—
20	9	0.286 193	0.286 193
10	9	—	0.330 276
显著性	—	0.249	0.06

如表 3-25 所示，因素 C 隔盐层位置对蓄水率不存在显著影响。当隔盐层位于种植层与过渡层之间时，蓄水率最高，约为 29.23%；当隔盐层位于填料层与排水层之间时最低，约为 28.99%。3 个水平之间差异不大，也未呈现隔盐层位置在不同深度间的变化与蓄水率之间的相关性，可以在后续试验中通过改变深度和位置进行更深入的研究。

表 3-25　因素 C 各水平间蓄水率的比较

隔盐层位置	样本数/个	蓄水率/%
填料层与排水层之间	9	0.289 916
排水层与盐碱层之间	9	0.290 693
种植层与过渡层之间	9	0.292 264
显著性	—	0.991

综上所述，隔盐型雨水花园的结构对于隔盐效果的影响表现为如下几个方面。

(1) 主要影响因子分析。

研究时选取雨水花园的出流洪峰延迟时间、总削减率、渗透率、蓄水率这 4 个参数用以表示其对降雨水文特征的影响。其中，出流洪峰延迟时间与渗透率紧密相关，共同代表了雨水花园对雨水的下渗能力，一般来说，下渗越好，延迟时间越长，洪峰出现得越晚；总削减率和蓄水率之间相关性较强，共同表现了雨水花园对于降雨径流的蓄留能力。

分析试验数据可以发现，本研究中针对雨水花园下渗能力的主要影响因素包括隔盐层选用材料的孔隙度和粒径大小，以及隔盐层的位置。隔盐层材料孔隙度越大，材料本身的内部透水性越好，降雨径流下渗效率越高，对应的出流洪峰延迟时间也就越长；隔盐层材料的粒径小会造成材料自身之间空隙偏小，对径流下渗过程产生较大的阻力，使洪峰延迟时间变短。由于有学者发现雨水花园的下渗过程主要发生在填料层[①]，可以推测位置偏下的结构层对洪峰延迟和促进下渗起主要作用，而且隔盐层材料的粒径小、表面粗糙，因此，隔盐层位置偏下，对径流的下渗效应越好。

影响总削减率和蓄水率的主要因子包括隔盐层材料孔隙度和粒径大小，以及填料层厚度。孔隙度和粒径小的材料使得径流下渗速率变慢，导致通过渗流设施流出体系的总径流量少，而且颗粒之间比较容易堆叠，从而形成更多的外部蓄水空间；同样，填料层厚度越大，体系内的总水量越大。而填料层厚度对于蓄水率的影响呈现不同的趋势，由于产生蓄水情况时装置内的水量是饱和状态的，因此，增加填料层的厚度就会增加雨水花园的体积，从而造成蓄水率的降低。

(2) 雨水花园结构优化组合参数。

本研究根据隔盐型雨水花园对出流洪峰延迟时间、总削减率、雨水花园渗透率、雨水花园蓄水率的试验效果，得到适用于上海滨海盐碱地区的水文调蓄能力分别为高、中、低的隔盐型雨水花园结构(见表 3-26)。

本研究选取的洪峰延迟时间、总削减率、渗透率、蓄水率 4 个指标均为影响隔盐型雨水花园水文特征的重要参数，但各自呈现最佳状态时对应的雨水花园材料选择和结构组成有所差异。为平衡这几方面的影响，得到水文调蓄能力的最佳结构组合，本研究综合各变量对 4 个指标的平均处理能力和影响的重要性程度，通过打分的形式作判断。将这 4 项水文指标的权重均定为

① 郭婷婷. 生物滞留设施生态水文效应研究[D]. 北京：北京建筑大学，2015.

25%；这3个因素的影响程度按最显著、较显著、显著、不显著分别对应占比100%、67%、33%、0%；对各因素下3个水平之间的水文调蓄能力进行排序，分别计5分、3分、1分。

表3-26 水文调蓄效果较好的雨水花园结构

排序	结构参数											
	洪峰延迟时间			总削减率			渗透率			蓄水率		
	隔盐层材料	填料层厚度/cm	隔盐层位置	隔盐层材料	填料层厚度/cm	隔盐层位置	隔盐层材料	填料层厚度/cm	隔盐层位置	隔盐层材料	填料层厚度/cm	隔盐层位置
高	沸石	30	填料层与排水层间	河沙	30	种植层与过渡层间	沸石	30	排水层与盐碱层间	河沙	10	种植层与过渡层间
中	陶粒	20	排水层与盐碱层间	陶粒	20	填料层与排水层间	陶粒	20	填料层与排水层间	沸石	20	排水层与盐碱层间
低	河沙	10	种植层与过渡层间	沸石	10	排水层与盐碱层间	河沙	10	种植层与过渡层间	陶粒	30	填料层与排水层间

表3-27综合了4项水文特征指标的不同结构变量的径流调蓄能力，结果显示，对水文特征改善能力最好的隔盐层材料为沸石，其对4项水文指标改善能力的平均分数最高，为3.25分；填料层厚度分别为10 cm、20 cm、30 cm时的分差比较小，平均得分分别为1.50、1.51、1.51；隔盐层位置在填料层与排水层之间时最好，得分为1.60分。综合以上结果，在此推荐采用以沸石作为隔盐层材料，填料层厚度为20～30 cm，隔盐层位置在填料层与排水层之间的隔盐型雨水花园，用以处理场地径流的水文问题。

表3-27 雨水花园水文调蓄能力综合评价

试验因素	试验水平	各项得分				加权平均分
		洪峰延迟时间	总削减率	渗透率	蓄水率	
隔盐层材料	显著性占比	100%	100%	100%	67%	—
	河沙	1	5	1	5	2.59
	沸石	5	1	5	3	3.25
	陶粒	3	3	3	1	2.42
填料层厚度	显著性占比	34%	67%	0%	100%	—
	10 cm	1	1	1	5	1.50
	20 cm	3	3	3	3	1.51
	30 cm	5	5	5	1	1.51
隔盐层位置	显著性占比	67%	34%	67%	0%	—
	种植层与过渡层之间	1	5	1	5	0.76
	填料层与排水层之间	5	3	3	1	1.60
	排水层与盐碱层之间	3	1	5	3	1.43

3.5 雨水花园结构对降雨径流水质特征的影响

本节研究隔盐型雨水花园对降雨径流水质净化的效果，以 COD、TN、TP 的削减率 3 个关键指标作为依据，分析隔盐层材料、隔盐层位置、填料层厚度 3 个因素与指标的显著性关系和各因素的 3 个水平间的差异性，并分析出现该现象的原因，从而得到各变量对应不同功能的隔盐型雨水花园结构设计。

3.5.1 结构参数变量对 COD 削减率的影响

3.5.1.1 各因素对 COD 削减率的显著性影响

运用 SPSS 软件对 COD 削减率的试验数据进行方差检验，结果显示，隔盐层材料、填料层厚度对 COD 削减率的影响都较为显著(显著性值≤0.05)，隔盐层位置对 COD 削减率的影响极为显著(显著性值≤0.01)。根据各因素的方差分析可知，在对蓄水率的影响程度方面，从大到小的排序为隔盐层位置＞隔盐层材料＞填料层厚度(见表 3 - 28)。所以在 COD 污染严重的场地内，隔盐型雨水花园的结构需要优先进行隔盐层位置的选择，其次考虑隔盐层材料，最后考虑填料层厚度。

3.5.1.2 各水平下 COD 削减率的差异性

将根据不同因素的正交试验分别所得的 COD 削减率平均值及标准差绘制成簇状柱形图，柱形图的数值和误差线分别表示了各因素在 3 个水平下的平均值和试验误差情况(见图 3 - 27)。

表 3 - 28 各因素 COD 削减率的方差分析

来 源	第Ⅲ类平方和	自由度	平均值平方	F	显著性
修正后的模型	0.111*	6	0.018	5.323	0.002
截距	18.519	1	18.519	5 345.461	0
隔盐层材料	0.033	2	0.017	4.784	0.020
填料层厚度	0.032	2	0.016	4.577	0.023
隔盐层位置	0.046	2	0.023	6.608	0.006
误差	0.069	20	0.003	—	—
总数	18.699	27	—	—	—
修正后总数	0.18	26	—	—	—

注：* 表示 $R^2=0.615$(调整的 $R^2=0.499$)。

如表 3 - 29 所示，对同一因素 3 个水平的 COD 削减率平均值进行独立比较，结果如下：隔盐层材料中河沙的 COD 削减率最高，约为 87.77%；沸石与陶粒表现相当，分别为 80.54% 与 80.15%。可能的原因是雨水花园种植层的植物根系和隔盐层等其他结构层可以通过生物截留和材料吸附的方式对 COD 产生物理性拦截，随后经过雨水花园体系内的微生物环境实现化学分解，变成植物可以吸收利用的元素和离子①。河沙孔隙度和粒径较小，对径流的蓄留能力更强，因而对污水中有机物的截留能力强，同时蓄水情况下为微生物分解有机物创造了更好的条件；而沸石与陶粒孔隙度大，主要通过形成生物膜吸附可溶性有机物。因此，三者的 COD 削减率均比较高，且以河沙为最佳。在优先考虑对 COD 削减率影响的盐碱地区雨水花园建设中，推荐的最优隔盐层材料是河沙。

由表 3 - 30 可知，因素 B 中当填料层厚度为 30 cm 时，COD 削减率最大，约为 86.20%，厚度为 20 cm、10 cm 时，COD 削减率分别约为 84.13%、

① Hunt W F, Davis A P, Traver R G. Meeting hydrologic and water quality goals through targeted bioretention design[J]. Journal of Environmental Engineering Asce, 2012, 138(6): 698 - 707.

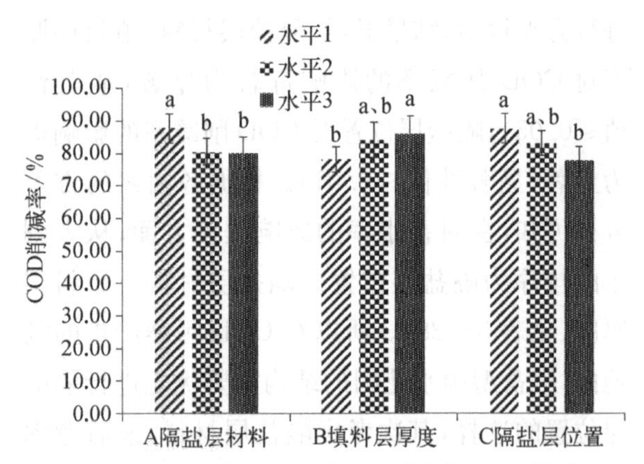

图 3-27 各因素在不同水平下对应的 COD 削减率

注：1. a、b 是 HSD 检验法的分类结果。

2. 因素 A 隔盐层材料中水平 1～3 分别对应河沙、沸石、陶粒；因素 B 填料层厚度中水平 1～3 对应的厚度分别为 10 cm、20 cm、30 cm；因素 C 隔盐层位置中水平 1～3 分别对应种植层与过渡层之间、填料层与排水层之间、排水层与盐碱层之间。（下同）

表 3-29 因素 A 各水平间 COD 削减率的比较

隔盐层材料	样本数/个	COD 削减率/%	
		子集 1	子集 2
陶粒	9	0.801 500	—
沸石	9	0.805 356	—
河沙	9	—	0.877 678
显著性	—	0.989	1

注：会显示同质子集中组群的平均值。根据观察到的平均数，可得错误项目是平均值的平方和＝0.003。（下同）

78.12%，呈现出削减率随厚度增大而增大的趋势。因为污水中的 COD 主要通过填料层材料进行截留；另外本研究中的填料层材料为种植土，比较有益于微生物的生存，微生物会对 COD 进行最终化学分解，进而削减 COD。因此，填料层厚度越大，越有利于 COD 的吸附、沉降和分解，但由于滨海盐碱地地下水位过高的问题，不可挖深过大，推荐采用厚度为 20～30 cm 的填料层。

表 3-30 因素 B 各水平间 COD 削减率的比较

填料层厚度/cm	样本数/个	COD 削减率/%	
		子集 1	子集 2
10.00	9	0.781 211	—
20.00	9	0.841 289	0.841 289
30.00	9	—	0.862 033
显著性	—	0.102	0.738

表 3-31 显示，因素 C 隔盐层位置与 COD 削减率存在显著的相关性，隔盐层越接近种植层，COD 削减率越高。当隔盐层位于种植层与过渡层之间时，COD 削减率约为 87.72%；位于填料层与排水层之间时，削减率约为 83.10%，位于排水层与盐碱层之间时，约为 77.64%。可能的原因是种植层具备丰富的植物根系和微生物环境，对有机物的吸附和去除起了主要作用，而与其他层的材料相比，隔盐层材料的粒径较小，表面粗糙程度较高，因此，隔盐层与种植层越接近，越有利于将有机物截留在种植层。因而，若建设地的主要径流污染物为 COD，建议采用隔盐层布置在种植层与过渡层之间的雨水花园。

表 3-31 因素 C 各水平间 COD 削减率的比较

隔盐层位置	样本数/个	COD 削减率/%	
		子集 1	子集 2
排水层与盐碱层之间	9	0.776 411	—
填料层与排水层之间	9	0.830 956	0.830 956
种植层与过渡层之间	9	—	0.877 167
显著性	—	0.147	0.243

3.5.2 结构参数变量对 TN 削减率的影响

3.5.2.1 各因素对 TN 削减率的显著性影响

对不同试验组的 TN 削减率进行了方差检验，结果显示，因素 B 填料层厚度、因素 C 隔盐层位置对 TN 削减率的影响都极显著（显著性值≤0.01），因素 A 隔盐层材料对 TN 削减率的影响显著（显著性值≤0.05）（见表 3-32）。根据 3 个因素的方差比较可知，3 个因素对 TN 削减率的影响，按程度从大到小依次为：隔盐层位置＝填料层厚度＞隔盐层材料。因而，在 TN 污染严重的场地内，雨水花园结构设计应该首先满足隔盐层位置和填料层厚度的设计需求，最后选择隔盐层材料。

3.5.2.2 各水平下 TN 削减率的差异性

将根据不同因素的正交试验分别所得的 TN 削减率的平均值及标准差绘制成簇状柱形图（见图 3-28）。柱形图的数值表示各试验组 TN 削

表 3 - 32　各因素 TN 削减率的方差分析

来　源	第Ⅲ类平方和	自由度	平均值平方	F	显著性
修正后的模型	0.225*	6	0.038	12.707	0
截距	15.610	1	15.610	5 285.919	0
隔盐层材料	0.033	2	0.016	5.557	0.012
填料层厚度	0.101	2	0.051	17.113	0
隔盐层位置	0.091	2	0.046	15.452	0
误差	0.059	20	0.003	—	—
总数	15.894	27	—	—	—
修正后总数	0.284	26	—	—	—

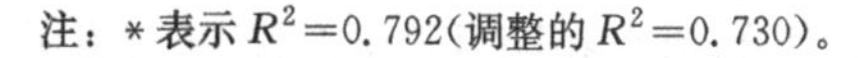
注：* 表示 $R^2=0.792$（调整的 $R^2=0.730$）。

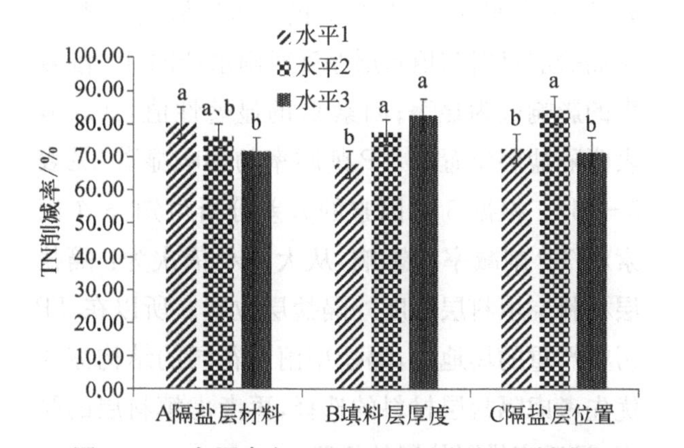

图 3 - 28　各因素在不同水平下对应的 TN 削减率

表 3 - 33　因素 A 各水平间 TN 削减率的比较

隔盐层材料	样本数/个	TN 削减率	
		子集 1	子集 2
陶粒	9	0.716 878	—
沸石	9	0.761 978	0.761 978
河沙	9	—	0.802 233
显著性	—	0.208	0.281

注：会显示同质子集中组群的平均值。根据观察到的平均数，可得错误项目是平均值的平方和＝0.003。（下同）

表 3 - 34　因素 B 各水平间 TN 削减率的比较

填料层厚度/cm	样本数/个	TN 削减率	
		子集 1	子集 2
10.00	9	0.679 111	—
20.00	9	—	0.775 222
30.00	9	—	0.826 756
显著性	—	1	0.135

减率的平均值，图上的误差线指示了试验组的误差情况。

由表 3 - 33 可知，因素 A 隔盐层材料中河沙的 TN 削减率最高，约为 80.22%；陶粒最低，约为 71.69%。原因可能是径流中的氮以 NH_4^+、NO_3^- 为主，可以通过细菌的反硝化过程分解。而河沙孔隙度和粒径均比较小，径流下渗速率较慢；沸石材料的孔隙度较大，内部蓄水能力较好，两者与陶粒相比可以形成湿度较大的内部环境，更有利于反硝化细菌的培养和反硝化反应的发生。因此，在优先考虑受 TN 削减率影响较大的盐碱地区雨水花园建设中，推荐的最优隔盐层材料是河沙，其次是沸石。

由表 3 - 34 可知，TN 削减率随填料层厚度的增大而增大，当厚度为 30 cm 时，对于 TN 的削减率最大约为 82.68%，厚度为 20 cm、10 cm 时，对于 TN 的削减率分别约为 77.52%、67.91%。其主要原因是填料层材料为含沙土的种植土时，土壤中含有较多的 SiO_2、Al_2O_3 等化合物，易与污水中的 NH_4^+ 结合①。另外，更厚的填料层可以提供更大的硝化反应环境，更有利于氮素的硝化分解。因而随着填料层厚度的增加，其对 TN

① Hunt W F, Davis A P, Traver R G. Meeting hydrologic and water quality goals through targeted bioretention design[J]. Journal of Environmental Engineering Asce, 2012, 138(6): 698 - 707.

的削减能力也会增加。同样由于滨海盐碱地地下水位过高的现状问题，当建设地的主要径流污染物为 TN 时，比较推荐的填料层厚度是 20～30 cm。

由表 3-35 可知，隔盐层位置的上下变化与 TN 削减率之间存在显著相关性，因素 C 的试验结果表明，隔盐层越接近填料层，其 TN 削减效果明显越好于其他位置。当隔盐层位于填料层与排水层之间时，TN 削减率最大，约为 84.24%；当隔盐层分别位于种植层与过渡层之间、排水层与盐碱层之间时，对 TN 的削减率分别为 72.44%、71.43%。该差异出现的原因可能是：雨水花园中微生物硝化-反硝化作用主要发生在种植层和填料层，隔盐材料位于填料层之下对径流及其中的污染物有较好的蓄留作用，使得种植层和填料层能保持较长时间的湿润状态，构成更适合硝化细菌繁殖和硝化反应的厌氧环境；而当径流流到排水层时，由于下渗效果好，径流快速流出，没有得到较好的削减与过滤，导致削减率有所下降。因而，当建设地的主要径流污染物为 TN 时，建议将隔盐层布置在填料层与排水层之间。

表 3-35　因素 C 各水平间 TN 削减率的比较

隔盐层位置	样本数/个	TN 削减率	
		子集 1	子集 2
排水层与盐碱层之间	9	0.714 311	—
种植层与过渡层之间	9	0.724 400	—
填料层与排水层之间	9	—	0.842 378
显著性	—	0.918	1

3.5.3　结构参数变量对 TP 削减率的影响

3.5.3.1　各因素对 TP 削减率的显著性影响

对试验组的雨水花园 TP 削减率进行方差检验，结果表明，因素 A 与 B 的显著性值≤0.01，可见隔盐层材料与填料层厚度对雨水花园 TP 削减率的影响极为显著；因素 C 的显著性值≤0.05，表明隔盐层位置对 TP 削减率的影响显著(见表 3-36)。根据 3 个因素的方差分析可知，3 个因素对 TP 削减率的影响，从大到小依次为：隔盐层材料＞填料层厚度＞隔盐层位置。所以在 TP 污染严重的场地内，隔盐型雨水花园的结构需要优先考虑隔盐层材料的选择，再考虑填料层的厚度，最后安排隔盐层的位置。

表 3-36　各因素 TP 削减率的方差分析

来　源	第Ⅲ类平方和	自由度	平均值平方	F	显著性
修正后的模型	0.005*	6	0.092	11.425	0
截距	0.021	1	20.394	2 536.844	0
隔盐层材料	0.004	2	0.177	22.066	0
填料层厚度	0	2	0.068	8.470	0.002
隔盐层位置	0.001	2	0.030	3.738	0.042
误差	0.001	20	0.008	—	—
总数	0.027	27	—	—	—
修正后总数	0.006	26	—	—	—

注：* 表示 $R^2=0.774$(调整的 $R^2=0.706$)。

3.5.3.2　各水平下 TP 削减率的差异性

图 3-29 表示不同因素的正交试验分别所得的 TP 削减率的平均值及标准差，柱形图的数值和误差线分别代表各因素在 3 个水平下的平均值和试验误差。

由表 3-37 可知，因素 A 隔盐层材料中的 3 个水平差异非常明显，河沙的 TP 削减率最大，约为 96.39%；沸石次之，约为 93.56%；陶粒最小，约为 70.78%。原因可能为径流中的 TP 主要通过填料的物理吸附、化学吸附和微生物吸附作用

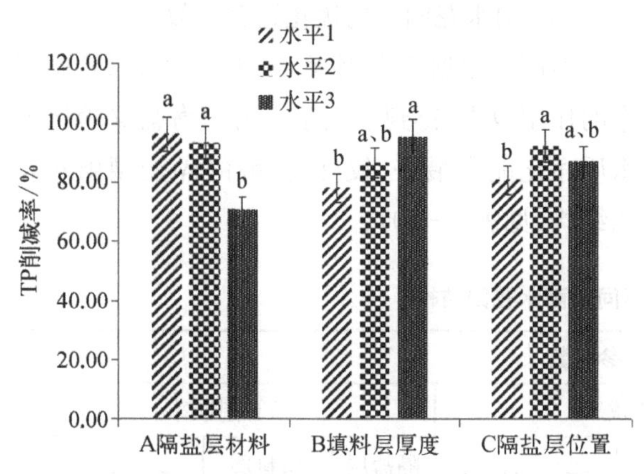

图 3-29 各因素在不同水平下对应的 TP 削减率

来进行削减。而陶粒材料孔隙度大，粒径也最大，在堆积状态下其内外部会形成很多空隙，容易使被土壤层吸附成沉淀物的 TP 从空隙间流失，导致出流中 TP 含量的升高。因此，在 TP 污染严重的场地内，最推荐的隔盐层材料是河沙，沸石次之。

表 3-37 因素 A 各水平间 TP 削减率的比较

隔盐层材料	样本数/个	TP 削减率	
		子集 1	子集 2
陶粒	9	0.707 822	—
沸石	9	—	0.935 556
河沙	9	—	0.963 933
显著性	—	1	0.783

注：会显示同质子集中组群的平均值。根据观察到的平均数，可得错误项目是平均值的平方和＝0.008。(下同)

因素 B 填料层厚度的试验结果表明(见表 3-38)，当填料层厚度为 30 cm 时，TP 削减率最高，约为 95.66%；填料层厚度为 20 cm、10 cm 时，TP 削减率分别约为 86.81%、78.26%。可见 TP 削减率也呈现出削减率随厚度增大而增大的趋势。其原因是雨水花园可以通过填料介质中的 Al^{3+}、Ca^{2+} 等金属离子与 P 形成沉淀或者络合物，该反应对 TP 的吸附效果较为稳定，是水处理流程中常用的除磷方式①。同样由于滨海盐碱地地下水位过高的现状问题，当建设地的主要径流污染物为 TP 时，比较推荐的填料层厚度是 20～30 cm。

表 3-38 因素 B 各水平间 TP 削减率的比较

填料层厚度/cm	样本数/个	TP 削减率	
		子集 1	子集 2
10.00	9	0.782 633	—
20.00	9	0.868 089	0.868 089
30.00	9	—	0.956 589
显著性	—	0.133	0.117

因素 C 的试验结果(见表 3-39)表明，当隔盐层在填料层与排水层之间时，TP 削减率最高，约为 92.56%；当隔盐层位于种植层与过渡层之间时，TP 削减率最低，约为 81.00%。该结果与 TN 削减率的结果有相同的趋势，隔盐层的位置与 TP 削减率之间存在显著相关性。隔盐层越接近填料层，TP 削减效果明显越好于其他位置，原因同样是雨水花园对 P 的去除主要依靠填料介质的过滤吸附作用。所以在优先考虑雨水花园对 TP 削减率影响的情况下，建议将隔盐层布置在填料层与排水层之间。

表 3-39 因素 C 各水平间 TP 削减率的比较

填料层位置	样本数/个	TP 削减率	
		子集 1	子集 2
种植层与过渡层之间	9	0.810 044	—
排水层与盐碱层之间	9	0.871 744	0.871 744
填料层与排水层之间	9	—	0.925 522
显著性	—	0.331	0.427

综上所述，隔盐型雨水花园对于降雨径流的水质特征的影响表现为如下几个方面：

(1) 主要影响因子分析。

在本试验中，COD、TN 和 TP 的去除与隔盐层材料、隔盐层位置、填料层厚度 3 个因素较为相关。其原因是雨水花园主要通过植物根系以及材料表面形成的生物膜对污染物离子进行截留和吸附，最终由各类微生物通过化学反应过程

① Allen P D, William F H, Robert G T, et al. Bioretention technology: overview of current practice and future needs[J]. Journal of Environmental Engineering, 2009, 135(3): 109-117.

将这些污染物彻底分解。隔盐材料的截留能力强，填料介质的厚度大，使得污水径流在体系内有更长的过滤和反应时间，同时可以创造出更好的微生物作用环境，从而使 COD、TN 和 TP 等污染物被去除的概率大大增加。

(2) 雨水花园结构优化组合参数。

本研究根据 3 个因素对 COD、TN、TP 削减率的作用效果，得到适用于上海滨海盐碱地区的水质净化能力最好、较好、一般的隔盐型雨水花园结构(见表 3-40)。

表 3-40　水质净化效果不同的雨水花园结构

排序	结构参数								
	COD 削减率			TN 削减率			TP 削减率		
	隔盐层材料	填料层厚度/cm	隔盐层位置	隔盐层材料	填料层厚度/cm	隔盐层位置	隔盐层材料	填料层厚度/cm	隔盐层位置
高	河沙	30	种植层与过渡层之间	河沙	30	填料层与排水层之间	河沙	30	填料层与排水层之间
中	沸石	20	填料层与排水层之间	沸石	20	种植层与过渡层之间	沸石	20	排水层与盐碱层之间
低	陶粒	10	排水层与盐碱层之间	陶粒	10	排水层与盐碱层之间	陶粒	10	种植层与过渡层之间

本试验选取了 COD 削减率、TN 削减率、TP 削减率 3 个指标作为评价隔盐型雨水花园水质净化能力的指示参数，3 个指标的重要程度相当，但其对应的雨水花园材料选择和结构组成有所差异。为平衡这 3 个方面的影响，在此针对各变量对 3 个指标的平均处理能力和影响的重要性程度进行综合打分。这 3 项水文指标的权重均定为 33.3%；3 个因素对水文指标的影响程度按最显著、较显著、显著、不显著分别占比 100%、67%、33%、0%；将 3 个因素下 3 个水平的处理能力按高、中、低分别计为 5 分、3 分、1 分来进行打分。

表 3-41 反映了雨水花园水质净化能力的综合评价，结果显示，对综合水质特征改善能力最好的是以河沙为隔盐层材料，其分数最高，为 3.90 分；填料层厚度最优为 30 cm，得分为 3.55 分；隔盐层位置在填料层与排水层之间时最好，得分为 3.23 分。综合以上结果，本研究推荐采用以河沙作为隔盐层材料，填料层厚度为 30 cm，隔盐层位置在填料层与排水层之间的隔盐型雨水花园，可将其用于地表径流污染严重的滨海盐碱区域。

表 3-41　雨水花园水质净化能力综合评价

试验因素	试验水平	各项得分			加权平均分
		COD 削减率	TN 削减率	TP 削减率	
隔盐层材料	显著性占比	67%	67%	100%	—
	河沙	5 分	5 分	5 分	3.90 分
	沸石	3 分	3 分	3 分	2.34 分
	陶粒	1 分	1 分	1 分	0.78 分
填料层厚度	显著性占比	33%	100%	67%	—
	10 cm	1 分	1 分	1 分	0.67 分
	20 cm	3 分	3 分	3 分	2.01 分
	30 cm	5 分	5 分	5 分	3.55 分

（续表）

试验因素	试 验 水 平	各 项 得 分			加权平均分
		COD 削减率	TN 削减率	TP 削减率	
隔盐层位置	显著性占比	100%	100%	33%	—
	种植层与过渡层之间	5 分	1 分	1 分	2.11 分
	填料层与排水层之间	3 分	5 分	5 分	3.23 分
	排水层与盐碱层之间	1 分	3 分	3 分	1.67 分

3.6 适用于上海滨海盐碱地区的雨水花园模式构建

3.6.1 适用于上海南汇新城试点区的雨水花园结构

根据上海市滨海盐碱地的分布特征、南汇新城目前的海绵城市建设规划和不同场地对水文水质功能的需求，归纳出南汇新城试点区 4 种主要的雨水花园应用区域，分别是盐碱地返盐问题严重的重度盐碱地区，主要位于芦潮港南侧杭州湾岸段；内涝严重但污染较轻的中轻度盐碱地区，主要包括芦潮港北侧段和南汇新城主城区内绿化程度较高的场地；径流污染严重但雨洪压力较轻的中轻度盐碱地区，主要包括芦潮港北侧段和南汇新城主城区内硬质化程度高的场地；雨水径流量大且污染严重的中轻度盐碱地区，涉及的区域范围较大。

根据前文的试验结果总结了相对应的 4 种隔盐型雨水花园应用模式，分别是适用于重度盐碱地区的强隔盐型雨水花园和适用于中轻度盐碱地区的调蓄隔盐型雨水花园、净化隔盐型雨水花园、综合隔盐型雨水花园，使用时要综合土壤和水分条件进行植被选择。

强隔盐型雨水花园适用于重度盐碱地区（含盐量≥0.6%）。因此，强隔盐型雨水花园应具有较好的隔盐效果。相关研究筛选出隔盐能力较强的结构参数：隔盐层材料为沸石，隔盐层位置位于种植层与过渡层之间，填料层厚度为 10 cm。

调蓄隔盐型雨水花园适用于地表径流较多，但径流污染较轻的中度盐碱地区（含盐量为 0.3%～0.6%）和轻度盐碱地区（含盐量为 0.1%～0.3%）。相关研究平衡了洪峰延迟时间、总削减率、渗透率、蓄水率 4 项反映水文调蓄功效的指标，推荐隔盐材料是沸石，位置在填料层与排水层之间，填料层厚度为 20 cm 的雨水花园结构。

净化隔盐型雨水花园适用于硬质化程度高，径流污染严重的中度盐碱地区（含盐量为 0.3%～0.6%）和轻度盐碱地区（含盐量为 0.1%～0.3%）。相关研究平衡了 COD 削减率、TN 削减率、TP 削减率 3 项反映水质净化功效的指标，推荐的结构参数为以河沙作为隔盐层材料，隔盐层位置在填料层与排水层之间，填料层厚度为 30 cm。

综合隔盐型雨水花园适用于径流量较大且污染较严重的中度盐碱地区（含盐量为 0.3%～0.6%）和轻度盐碱地区（含盐量为 0.1%～0.3%）。因此，该类型雨水花园在满足隔盐的同时还具有良好的径流调蓄和径流净化功能，适用于南汇新城试点区的大部分场地。在此，参照前文对水文、水质的评价结果得出综合隔盐型雨水花园的结构参数，由于南汇新城试点区的整体水质尚可，因而当地雨水花园建设的主要目的是雨洪调蓄，所以水文和水质对应的权重分别为 70% 和 30%。如表 3-42 所示，隔盐层填料为沸石和河沙时综合能力最好，分数为 2.98 分；填料层厚度为 30 cm 时最好，得分为 2.06 分；隔盐层位于填料层与排水层之间时最好，得分为 2.09 分。但由于河沙材料的隔盐效果明显低于沸石，不利于雨水花园在盐碱地区的大范围推广，因此，宜采用以沸石作为隔盐层材料，位置在填料层与排水层之间，填料层厚度为 30 cm 的组合，构建适用于上海市滨海盐碱地区的综合隔盐型雨水花园。

表 3-42　雨水花园水文和水质影响的综合评价　　单位：分

试验因素	试验水平	水文调蓄得分	水质净化得分	加权平均分
隔盐层材料	河沙	2.59	3.90	2.98
	沸石	3.25	2.34	2.98
	陶粒	2.42	0.78	1.93
填料层厚度	10 cm	1.50	0.67	1.25
	20 cm	1.51	2.01	1.66
	30 cm	1.51	3.55	2.06
隔盐层位置	种植层与过渡层之间	0.76	2.11	1.17
	填料层与排水层之间	1.60	3.23	2.09
	排水层与盐碱层之间	1.43	1.67	1.50

3.6.2　强隔盐型雨水花园

强隔盐型雨水花园适用于距离海边较近，地下水位高，土地盐渍化严重的重度盐碱地区（含盐量≥0.6%），如上海芦潮港南侧杭州湾岸段及崇明岛北支岸段等地区。

3.6.2.1　结构设计

强隔盐型雨水花园通常由7个结构层组成，按照从下往上的顺序分别是排水层、填料层、过渡层、隔盐层、种植层、表面覆盖层、蓄水层（见表3-43）。应充分考虑盐碱地区的地下水位情况，当强隔盐型雨水花园底部距地下水不足0.6 m时，考虑在排水层下铺设防渗膜。还应将雨水花园分散布置，规模不宜过大，雨水花园面积可以按照不透水汇水面积的5%～10%来进行估算。将蓄水层厚度设置为0.15～0.20 m；种植土由30%的上海市绿化常用表层土、50%的沙土和20%的泥炭土混合而成。在种植层表面铺设树皮或者砾石作为覆盖物，种植层的水平方向四周设置防渗透隔盐板，以阻拦水盐的水平位移。由于种植层下部为厚度达0.10 m的隔盐层，因此，建议铺设粒径为2～4 mm的沸石，在垂直方向上阻挡盐分的上行趋势。隔盐层下铺设粒径为0.35～0.50 mm的中沙作为过渡层，过渡层的厚度一般为0.05 m，可以结合地下水位高度进行调整，当地下水位过高时可以选择铺设土工布作为过渡层。填料层材料为种植土，厚度以0.10 m为宜。排水层厚度为0.10 m，材料为粒径10～20 mm的砾石，如果排水层与其上层介质材料的粒径差异大于1个数量级，则需要在两者之间加设透水土工布以防止排水层堵塞。

表 3-43　强隔盐型雨水花园的结构构成

设计指标		设计参数	
		材料	厚度/mm
结构层	蓄水层	—	150～200
	表面覆盖层	树皮或砾石	2～5
	种植层	种植土	200～300
	隔盐层	粒径2～4 mm沸石	100
	过渡层	透水土工布或中沙	50
	填料层	种植土	100
	排水层	粒径10～20 mm砾石	100

（续表）

设计指标		设计参数	
		材料	厚度/mm
其他主要指标	设计面积	$(60\pm10)\,m^2$	
	总深度	0.70～0.85 m	
	边坡坡度 i	1/5～1/4	
断面图		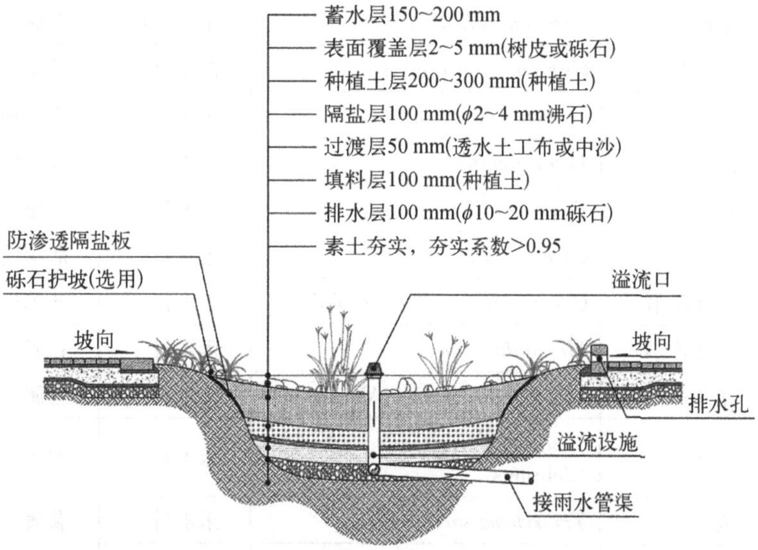 蓄水层150~200 mm 表面覆盖层2~5 mm(树皮或砾石) 种植土层200~300 mm(种植土) 隔盐层100 mm(ϕ2~4 mm沸石) 过渡层50 mm(透水土工布或中沙) 填料层100 mm(种植土) 排水层100 mm(ϕ10~20 mm砾石) 素土夯实，夯实系数>0.95 防渗透隔盐板 砾石护坡(选用) 溢流口 坡向 坡向 排水孔 溢流设施 接雨水管渠	

渗流结构位于结构的最底部，由渗水排水管和渗水管构成。渗水管位于排水层的底部，管径通常为 100 mm，四面打孔，穿孔管收集的经过雨水花园内部的雨水径流最终会进入渗水排水管，渗水排水管通常有 1%～3% 的倾斜坡度，用以就近连接市政排水支管或雨水井。

溢流结构由雨水花园内部的溢流管和底部的溢流排水管组成。溢流管的管径通常为 150 mm，溢流管的最上部为溢流口，溢流口上安装有蜂窝型挡板，以防止杂物堵塞溢流设施。溢流排水管也具有 1%～3% 的倾斜坡度，通常就近连接市政排水支管或雨水井。

3.6.2.2 植物配置

强隔盐型雨水花园的植物配置应主要考虑重度盐碱地的场地情况，选择耐盐性较强的雨水花园常用植物，比如芒属（*Miscanthus*）、荻属（*Triarrhena*）、狼尾草属（*Pennisetum*）等耐盐性强的植物，以保证雨水花园植物在高盐碱度环境下能够成活。如此既可以维持景观质量，还可以降低后期植物养护或更换的成本。

具体的植物品种参考《上海市海绵城市绿地建设技术导则》中推荐的适生植物种类以及上海市绿化和市容管理局科技信息处推荐的上海新优耐盐碱薄植物，表 3-44 为对本类型雨水花园较适用的草本植物和灌木植物品种。

表 3-44 强隔盐型雨水花园适生植物种类推荐名录

序号	植物中文名	拉丁名	科名	属名	生态习性
草本类植物					
1	佛甲草	*Sedum lineare*	景天科	景天属	耐旱、耐盐碱、耐贫瘠、耐寒
2	八宝景天	*Hylotelephium erythrostictum*	景天科	八宝属	耐旱、耐盐碱、耐瘠薄
3	鸢尾	*Iris tectorum*	鸢尾科	鸢尾属	耐涝、耐旱、耐盐碱、耐寒

(续表)

序号	植物中文名	拉丁名	科 名	属 名	生态习性
4	马蔺	*Iris lacteal*	鸢尾科	鸢尾属	耐旱、耐盐碱、耐寒
5	兰花三七	*Liriope cymbidiomorpha* (*ined*)	百合科	山麦冬属	耐涝、耐盐碱、耐寒、耐阴
6	吉祥草	*Reineckia carnea*	百合科	吉祥草属	耐涝、较耐盐碱、耐寒、耐阴
7	萱草	*Hemerocallis fulva*	百合科	萱草属	耐旱、耐涝、较耐盐碱、耐寒
8	千屈菜	*Lythrum salicaria*	千屈菜科	千屈菜属	耐旱、耐涝、耐盐碱
9	风车草	*Cyperus alternifolius*	莎草科	莎草属	耐旱、耐涝、耐盐碱
10	狗牙根	*Cynodon dactylon*	禾本科	狗牙根属	耐旱、耐涝、耐盐碱
11	高羊茅	*Festuca elata*	禾本科	羊茅属	较耐旱、较耐涝、耐盐碱
12	狼尾草	*Pennisetum alopecuroides*	禾本科	狼尾草属	耐旱、耐涝、耐盐碱
13	蒲苇	*Cortaderia selloana*	禾本科	蒲苇属	耐旱、耐涝、耐盐碱
14	花叶蒲苇	*Carexoshimensis* 'Evergold'	禾本科	蒲苇属	耐旱、较耐涝、耐盐碱
15	细叶芒	*Miscanthus sinensis*	禾本科	芒属	耐旱、较耐涝、耐盐碱
16	花叶芒	*Miscanthus sinensis* 'Variegatus'	禾本科	芒属	耐旱、较耐涝、耐盐碱
17	斑叶芒	*Miscanthus sinensis* Andress 'Zebrinus'	禾本科	芒属	耐旱、较耐涝、耐盐碱
18	荻	*Triarrhena sacchariflora*	禾本科	荻属	耐旱、稍耐涝、耐盐碱
19	茅荻	*T. lutarioriparia* var. *gracilior*	禾本科	荻属	耐旱、稍耐涝、耐盐碱
20	南荻	*Miscanthus lutarioriparius*	禾本科	荻属	耐旱、稍耐涝、耐盐碱
21	芦竹	*Arundo donax*	禾本科	芦竹属	耐旱、耐涝、耐盐碱
22	花叶芦竹	*Arundo donax* var. *versicolor*	禾本科	芦竹属	耐旱、耐涝、耐盐碱
23	香蒲	*Typha orientalis*	香蒲科	香蒲属	耐涝、较耐旱、耐盐碱
		灌木类植物			
24	木芙蓉	*Hibiscus mutabilis*	锦葵科	木槿属	耐旱、耐涝、耐盐碱
25	柽柳	*Tamarix chinensis*	柽柳科	柽柳属	耐旱、耐涝、耐盐碱
26	水杨梅	*Geum chiloense*	茜草科	水团花属	耐涝、较耐盐碱
27	齿叶溲疏	*Deutzia crenata*	虎耳草科	溲疏属	耐旱、较耐涝、耐盐碱
28	单叶蔓荆	*Vitex rotundifolia*	马鞭草科	牡荆属	耐旱、耐涝、耐盐碱、耐寒、耐瘠薄
29	穗花牡荆	*Vitex agnus-castus*	马鞭草科	牡荆属	耐旱、耐涝、耐盐碱
30	伞房决明	*Senna corymbosa*	豆科	决明属	耐盐碱、较耐寒、耐瘠薄
31	紫穗槐	*Amorpha fruticosa*	豆科	紫穗槐属	耐旱、耐涝、耐盐碱
32	毛核木	*Symphoricarpos sinensis*	忍冬科	毛核木属	耐旱、较耐涝、耐盐碱
33	石斑木	*Rhaphiolepis indica*	蔷薇科	石斑木属	耐涝、耐盐碱
34	滨梅	*Prunus maritima*	蔷薇科	李属	耐旱、耐涝、耐盐碱
35	红叶石楠	*Photinia*×*fraseri*	蔷薇科	石楠属	耐旱、耐盐碱、耐瘠薄

雨水花园内采用典型草本植物模式配置，选择细叶芒、狼尾草、蒲苇等植株较高、根系分布较广、植株无明显杆径的植物植于雨水花园的底部；而八宝景天、佛甲草的植株较为低矮，且植株

生长覆盖度强，将其植于外围护坡区域，能发挥植物的护坡能力。若在雨水花园内进行灌木的种植，则需要酌情加大种植层的深度，以保证植物的正常生长，并且避免植物根系刺穿下层的结构层。另外强隔盐型雨水花园多用于重度盐碱地区的道路绿地中，可以根据道路绿化带的植物搭配情况，在周围配置柽柳、滨梅等灌木，再结合其他植物营造出较为立体的雨水花园景观。

3.6.2.3　实践应用

上海芦潮港南侧的重度盐碱地区的现状土地类型主要是生态待建区和少量公共绿地，该区域的海绵城市建设主要围绕堤顶路、两港大道等城市主干道路展开，强隔盐型雨水花园也较多应用于该区域的道路绿地或街旁绿地中。由于两种绿地的环境条件比较相似，因此，实践应用效果以道路绿地为例进行展示。

强隔盐型雨水花园可以应用于机动车道与人行道交汇之间的机非隔离带或者路侧的绿化带中，从而对机动车道与人行道在降雨时产生的径流进行高效处理，避免道路积水，削减地表径流的污染物含量，从而能降低城市排水系统的负载压力且保护临近的滴水湖水源。通过雨水花园技术和道路绿化景观的整合，可以形成极具特色的海绵城市道路绿地景观。由于道路绿化带本身具有一定的占地面积，可以满足雨水花园设计需求，进行海绵城市建设时无须进行大规模工程改造，因此，该方案也具有很好的经济性。该类型雨水花园应用于道路绿地的平面结构图和剖面示意图如图 3－30、图 3－31 所示。

在实际的道路绿地内建造强隔盐型雨水花园时，除了需要注意植物选择和配置问题之外，还应该考虑布局选址、地形竖向等设计因素：

(1) 在重度盐碱地的道路边进行雨水花园布局时，可以将隔盐型雨水花园靠近硬质铺地设计，使得盐分随水蒸发导向路基，从而减少种植土的含盐率。

(2) 在对已建成地区的道路绿地的海绵城市建设中，尽量将强隔盐型雨水花园的选址与已有的道路基础设施相结合，从而可以降低海绵城市的改造成本。

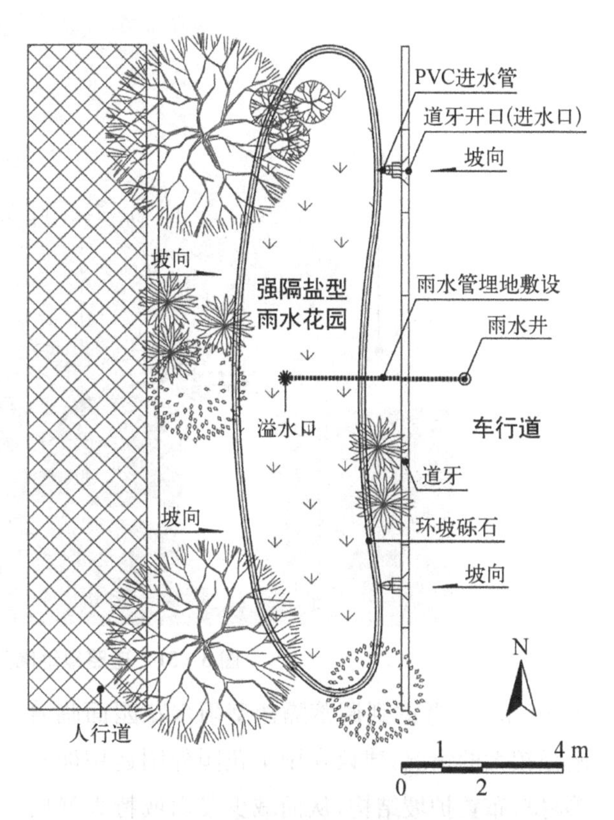

图 3－30　强隔盐型雨水花园应用于道路绿地的平面结构图

(3) 工程实施时需要与道路的竖向给排水设计进行融合，将强隔盐型雨水花园布置在地表径流的汇聚处，以最大限度地减少路边积水。

(4) 为了使雨水快速流入强隔盐型雨水花园中，可以在车行道和人行道的道牙处设置开口，并利用 PVC 水管进行引流。

3.6.3　调蓄隔盐型雨水花园

调蓄隔盐型雨水花园可以较迅速地处理暴雨径流，适用于距离海边有一定距离，内涝问题严重，盐碱化程度相对较轻的地区(含盐量为 0.1%～0.6%)，包括芦潮港北侧岸段、崇明岛南支岸段及长兴岛、横沙岛、团结沙岸段以及南汇新城主城区内部内涝严重、以下渗问题为主的场地，比如公园绿地。

3.6.3.1　结构设计

调蓄隔盐型雨水花园通常也由 7 个结构层组成，按从下往上的顺序分别是排水层、隔盐层、填料层、过渡层、种植层、表面覆盖层、蓄水层(见

图 3-31　道路绿地隔盐型雨水花园剖面示意图

表 3-45)。考虑到调蓄隔盐型雨水花园面临着雨强较大的情况,建议在雨水花园外围运用卵石等材料布置护坡结构,从而减少暴雨或特大暴雨造成的结构破坏和水土流失。同时,蓄水层的厚度设置为 0.15～0.20 m,种植土由 30%的上海市绿化常用表层土、50%的沙土和 20%的泥炭土混合而成。在种植层表面铺设树皮或者砾石作为覆盖物,种植层的水平方向四周设置防渗透隔盐板,阻拦水盐的水平位移。铺设粒径 0.35～0.50 mm 的中沙作为过渡层,过渡层的厚度一般为 0.05 m,可以结合地下水位高度进行调整,当地下水位过高时可以选择铺设土工布作为过渡层。填料层材料为种植土,厚度以 0.20 m 为宜。填料层下为厚度 0.10 m 的隔盐层,建议铺设粒径为 2～4 mm 的沸石,在保证下渗的前提下阻挡盐分的上行趋势。隔盐层下排水层厚度为 0.10 m,材料为直径 10～20 mm 的砾石,如果排水层与其上层介质材料的粒径差异大于 1 个数量级,需要在两者之间加设透水土工布以防止排水层堵塞。该雨水花园渗水设施和溢流设施的结构组成与上文中的强隔盐型雨水花园相同。

表 3-45　调蓄隔盐型雨水花园的结构构成

设计指标		设计参数	
		材　料	厚度/mm
结构层	蓄水层	—	150～200
	表面覆盖层	树皮或砾石	2～5
	种植层	种植土	200～300
	过渡层	透水土工布或中沙	50
	填料层	种植土	200
	隔盐层	粒径 2～4 mm 沸石	100
	排水层	粒径 10～20 mm 砾石	100
其他主要指标	设计面积	$(60\pm10)m^2$	
	总深度	0.80～0.95 m	
	边坡坡度 i	1/5～1/4	

（续表）

设计指标	设计参数	
	材　料	厚度/mm
断面图	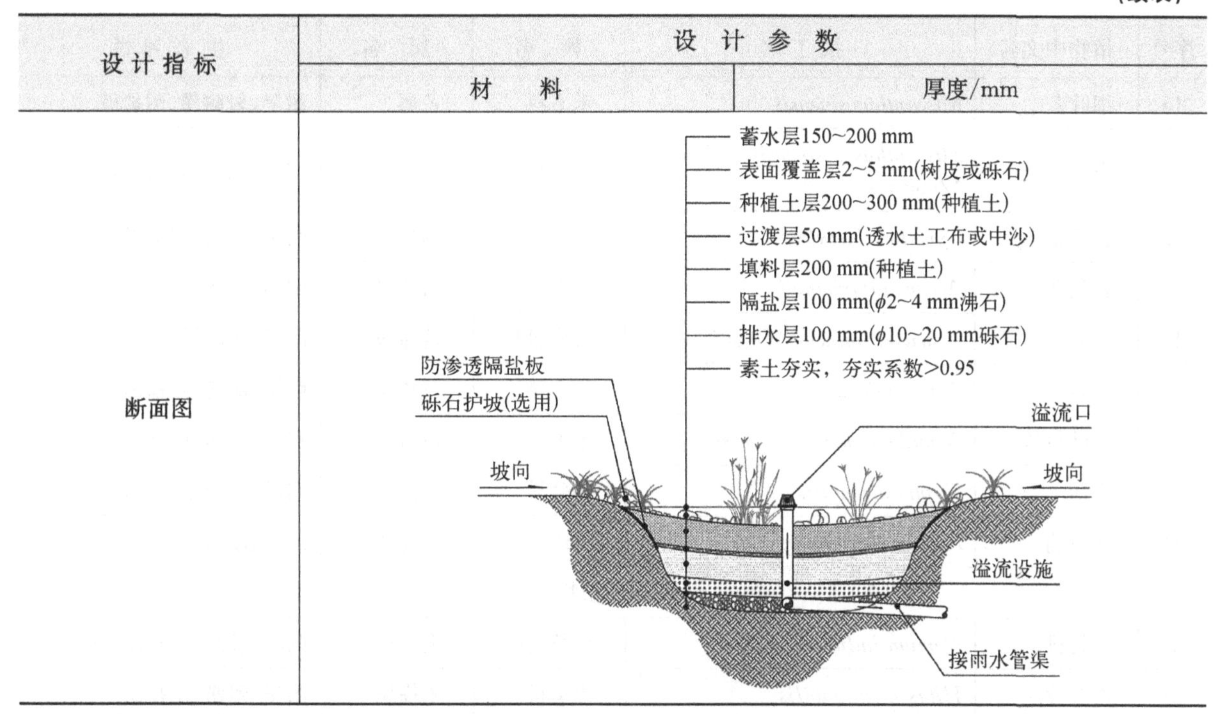	

3.6.3.2　植物配置

调蓄隔盐型雨水花园主要用于径流污染较轻但地表径流较多的中轻度盐碱地区，这一类雨水花园应对强暴雨时会有短期水淹现象，但自身下渗能力较好，可以较快地削减降雨径流，所以在进行植物配置时应考虑到植物的短期耐涝性和长期耐旱性。

植物选择参考《上海市海绵城市绿地建设技术导则》中上海低影响开发适生植物种类推荐以及实验室前期研究成果，筛选出的对本类型雨水花园较适用的草本类植物和灌木类植物品种如表3-46所示。

表3-46　调蓄隔盐型雨水花园适生植物种类推荐名录

序号	植物中文名	拉丁名	科名	属名	生态习性
草本类植物					
1	铜钱草	*Hydrocotyle vulgaris*	伞形科	天胡荽属	耐涝、稍耐旱，较耐盐碱、耐阴
2	过路黄	*Lysimachia christinae*	报春花科	报春花属	耐涝、较耐旱、稍耐盐碱
3	千屈菜	*Lythrum salicaria*	千屈菜科	千屈菜属	耐旱、耐涝、耐盐碱
4	风车草	*Cyperus alternifolius*	莎草科	莎草属	耐旱、耐涝、耐盐碱
5	鸢尾	*Iris tectorum*	鸢尾科	鸢尾属	耐涝、耐旱、耐盐碱、耐寒
6	黄菖蒲	*Iris pseudacorus*	鸢尾科	鸢尾属	耐涝、耐旱、较耐盐碱
7	吉祥草	*Reineckia carnea*	百合科	吉祥草属	耐涝、较耐盐碱、耐寒、耐阴
8	萱草	*Hemerocallis fulva*	百合科	萱草属	耐旱、耐涝、较耐盐碱、耐寒
9	百子莲	*Agapanthus africanus*	石蒜科	百子莲属	较耐旱、耐涝
10	狼尾草	*Pennisetum alopecuroides*	禾本科	狼尾草属	耐旱、耐涝、耐盐碱
11	蒲苇	*Cortaderia selloana*	禾本科	蒲苇属	耐旱、耐涝、耐盐碱
12	花叶蒲苇	*Carexoshimensis* 'Evergold'	禾本科	蒲苇属	耐旱、较耐涝、耐盐碱

（续表）

序号	植物中文名	拉丁名	科 名	属 名	生态习性
13	细叶芒	*Miscanthus sinensis*	禾本科	芒属	耐旱、较耐涝、耐盐碱
14	斑叶芒	*Miscanthus sinensis* Andress 'Zebrinus'	禾本科	芒属	耐旱、较耐涝、耐盐碱
15	狗牙根	*Cynodon dactylon*	禾本科	狗牙根属	耐旱、耐涝、耐盐碱
16	石菖蒲	*Acorus tatarinowii*	天南星科	菖蒲属	耐涝、较耐旱
17	金叶石菖蒲	*Acorusgramineus* 'Ogon'	天南星科	菖蒲属	耐涝、较耐旱
18	芦竹	*Arundo donax*	禾本科	芦竹属	耐旱、耐涝、耐盐碱
19	花叶芦竹	*Arundo donax* var. *versicolor*	禾本科	芦竹属	耐旱、耐涝、耐盐碱
20	香蒲	*Typha orientalis*	香蒲科	香蒲属	耐涝、较耐旱、耐盐碱
21	翠芦莉	*Ruellia brittoniana*	爵床科	单药花属	耐旱、耐涝
灌木类植物					
22	夹竹桃	*Nerium indicum*	夹竹桃科	夹竹桃属	耐旱、较耐涝、较耐盐碱
23	木芙蓉	*Hibiscus mutabilis*	锦葵科	木槿属	耐旱、耐涝、耐盐碱
24	紫穗槐	*Amorpha fruticosa*	豆科	紫穗槐属	耐旱、耐涝、耐盐碱
25	柽柳	*Tamarix chinensis*	柽柳科	柽柳属	耐旱、耐涝、耐盐碱
26	单叶蔓荆	*Vitex rotundifolia* Linnaeus f.	马鞭草科	牡荆属	耐旱、耐涝、耐盐碱、耐寒、耐瘠薄
27	穗花牡荆	*Vitex agnus-castus*	马鞭草科	牡荆属	耐旱、耐涝、耐盐碱
28	女贞	*Ligustrum lucidum*	木犀科	女贞属	耐旱、较耐涝、较耐盐碱
29	南天竹	*Nandina domestica*	小檗科	南天竹属	耐旱、耐涝、较耐盐碱
30	海桐	*Pittosporum tobira*	海桐科	海桐花属	耐旱、较耐涝、较耐盐碱、耐寒
31	滨梅	*Prunus maritima*	蔷薇科	李属	耐旱、耐涝、耐盐碱
32	金银花	*Lonicera japonica*	忍冬科	忍冬属	耐旱、较耐涝、耐寒

雨水花园内的灌木种植同样需要酌情加大种植层的深度。另外考虑到调蓄隔盐型雨水花园多应用于公园绿地之中，可以根据公园绿地的植物配置环境，在重要景观节点结合公园的主题、景观小品，选择鸢尾、千屈菜、萱草、过地黄、佛甲草、八宝景天等色叶、开花的宿根性草本植物和相应灌木搭配，提升园林景观的美观度和品质性。在非重要区域的场地可以栽种以斑叶芒、细叶芒、芦竹等为主的禾本科植物，在保证其功能性的同时降低建设成本。

3.6.3.3　实践应用

上海芦潮港北侧岸段和南汇新城区内，各项基础设施建设较完整，包含了滴水湖公园、上海海昌海洋公园等一系列大型公园。公园绿地由于绿化率比较高，生态效益较好，所面临的径流污染问题较轻，但滨海地区土壤质地偏黏，入渗率偏低。因此，公园绿地的雨水源头调蓄设施应以解决下渗问题为主，推荐采用调蓄隔盐型雨水花园。

调蓄隔盐型雨水花园可应用于中度或轻度盐碱地区的各类公园绿地中，如南汇新城区，该区域包含了滴水湖公园、上海海昌海洋公园等不同主题和类型的许多公园。公园作为市民的游憩休闲场地，比较强调自身的美观程度和环境功能，与海绵城市技术相结合可以挖掘出更深远的科教文化价值，有望成为特色教育实践基地或生态旅游景点。调蓄隔盐型雨水花园在公园绿地中的应用及剖面示意图如图 3－32、图 3－33 所示。

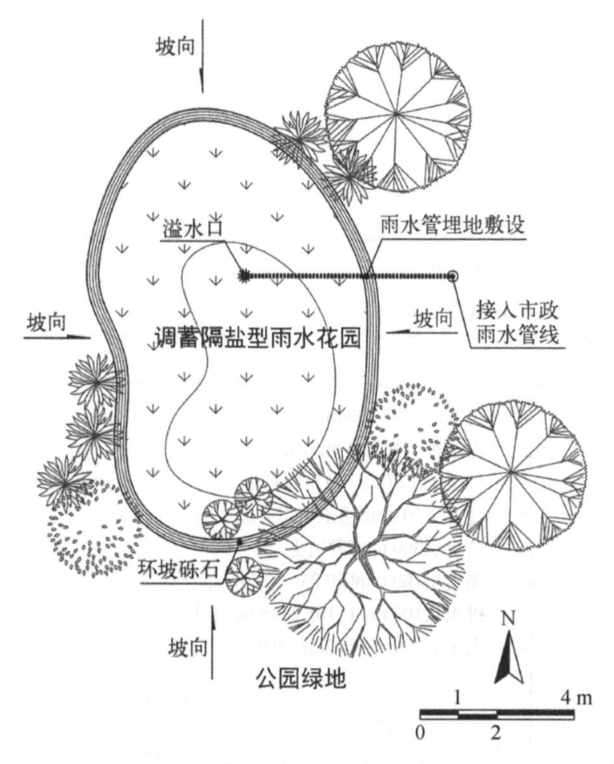

图 3－32 调蓄隔盐型雨水花园应用于公园绿地的平面结构图

图 3－33 公园绿地隔盐型雨水花园剖面示意图

公园绿地内的调蓄隔盐型雨水花园建设还需要注意以下问题：

(1) 调蓄隔盐型雨水花园的选址要因地制宜，充分利用公园竖向地形设计，选择在低洼汇流处布置雨水花园，保证其对雨水的处理效率。

(2) 调蓄隔盐型雨水花园的建设可以结合公园中已有的雨水设施，连通湿地水体、明沟、暗沟的排水体系，形成具备协同作用的雨水处理系统。

(3) 可以将雨水花园结合其他水景观共同设计，如加入音乐喷泉、灯光效果等。特色景观节点的形成能鼓励民众更好地了解雨水花园等生态技术，也能发挥其更深远的科教文化价值。

3.6.4 净化隔盐型雨水花园

净化隔盐型雨水花园可以依靠较小的设计面积处理较大汇流面积所收集的径流，且对污染严重的径流有很好的处理能力，适用于距离海边有一定距离，径流污染问题严重，盐碱化程度相对较轻的地区(含盐量为 0.1%～0.6%)，包括芦潮港北侧岸段、崇明岛南支岸段及长兴岛、横沙岛、团结沙岸段，以及南汇新城城区内部污染较严重的广场、道路、停车场等场地。

3.6.4.1 结构设计

净化隔盐型雨水花园也由 7 个结构层组成：排水层、隔盐层、填料层、过渡层、种植层、表面覆盖层、蓄水层。其与调蓄隔盐型雨水花园结构的竖向顺序一致，但在具体材料和厚度上有差异(见表 3－47)。为了保护雨水花园的正常功能，在实际操作时建议将降雨时前 10～15 min 积累的高浓度污水直接弃置于城市排污水管中。蓄水层、种植层、表面覆盖层、过渡层的设置与调蓄隔盐型雨水花园的结构基本一致。填料层材料为种植土，厚度以 0.30 m 为宜。填料层下为隔盐层，建议在此铺设粒径为 0.25～0.35 mm 的河沙，其在保证下渗的前提下能阻挡盐分的上行趋势，同时还具有较好的污染物去除效果。隔盐层下排水层厚度为 0.10 m，材料为粒径 10～20 mm 的砾石。该雨水花园与上文中的强隔盐型雨水花园具有相同的渗水设施和溢流设施的结构组成。

表 3-47　净化隔盐型雨水花园的结构构成

设计指标		设计参数	
		材　料	厚度/mm
结构层	蓄水层	—	150～200
	表面覆盖层	树皮或砾石	2～5
	种植层	种植土	200～300
	过渡层	透水土工布或中沙	50
	填料层	种植土	300
	隔盐层	粒径 0.25～0.35 mm 河沙	100
	排水层	粒径 10～20 mm 砾石	100
其他主要指标	设计面积	$(60\pm10)\ m^2$	
	总深度	0.90～1.05 m	
	边坡坡度 i	1/5～1/4	
断面图		蓄水层150~200 mm 表面覆盖层2~5 mm(树皮或砾石) 种植土层200~300 mm(种植土) 过渡层50 mm(透水土工布或中沙) 填料层300 mm(种植土) 隔盐层100 mm(ϕ0.25~0.35 mm河沙) 排水层100 mm(ϕ10~20 mm砾石) 素土夯实，夯实系数>0.95 防渗透隔盐板 砾石护坡(选用) 溢流口 坡向 坡向 溢流设施 接雨水管渠	

3.6.4.2　植物配置

净化隔盐型雨水花园主要用于盐碱化程度较轻地区的径流污染问题严重的场地，如硬质面积大的广场、道路、停车场等。植物主要通过生物截留和根系吸附作用来稳固土壤、净化水体。在对应植物的选择过程中，应着重考虑所选植物的去污能力、耐污能力、景观效果和管理难度，特别是对于应用在道路和停车场上的净化隔盐型雨水花园，在植物的选择上应偏向于能提升景观效果，便于管理和养护，同时具有很强去污、抗污能力的多年生草本植物。依据植物的去污和抗污能力，选择的对本类型雨水花园较适用的植物品种如表 3-48 所示。

表 3-48　净化隔盐型雨水花园适生植物种类推荐名录

序号	植物中文名	拉丁名	科名	属名	生态习性
草本类植物					
1	铜钱草	*Hydrocotyle vulgaris*	伞形科	天胡荽属	耐涝、稍耐旱、较耐盐碱、耐阴
2	佛甲草	*Sedum lineare*	景天科	景天属	耐旱、耐盐碱、耐贫瘠、耐寒

（续表）

序号	植物中文名	拉丁名	科名	属名	生态习性
3	风车草	*Cyperus alternifolius*	莎草科	莎草属	耐旱、耐涝、耐盐碱
4	萱草	*Hemerocallis fulva*	百合科	萱草属	耐涝、耐旱、耐寒、耐阴
5	吉祥草	*Reineckia carnea*	百合科	吉祥草属	耐涝、较耐盐碱、耐寒、耐阴
6	兰花三七	*Liriope cymbidiomorpha (ined)*	百合科	山麦冬属	耐涝、耐盐碱、耐寒、耐阴
7	金边麦冬	*Liriope spicata* var. *Variegata*	百合科	山麦冬属	耐涝、耐盐碱、耐寒
8	玉簪	*Hosta plantaginea*	百合科	玉簪属	耐涝、耐寒、耐阴
9	花叶玉簪	*Hosta undulata*	百合科	玉簪属	耐涝、耐寒、耐阴
10	晨光芒	*Miscanthus sinensis* 'Morning Light'	禾本科	芒属	耐旱、较耐涝、较耐盐碱
11	蓝羊茅	*Festuca glauca*	禾本科	羊茅属	耐旱、耐盐碱
12	翠芦莉	*Ruellia brittoniana*	爵床科	单药花属	耐旱、耐涝
13	金鸡菊	*Coreopsis drummondii*	菊科	金鸡菊属	耐旱、耐寒
14	矾根	*Heuchera micrantha*	虎耳草科	矾根属	耐涝、稍耐旱、耐寒、耐阴
灌木类植物					
15	夹竹桃	*Nerium indicum*	夹竹桃科	夹竹桃属	耐旱、较耐涝、较耐盐碱
16	木芙蓉	*Hibiscus mutabilis*	锦葵科	木槿属	耐旱、耐涝、耐盐碱
17	紫穗槐	*Amorpha fruticosa*	豆科	紫穗槐属	耐旱、耐涝、耐盐碱
18	丁香	*Syzygium aromaticum*	桃金娘科	蒲桃属	耐涝、耐热
19	红叶石楠	*Photinia*×*fraseri*	蔷薇科	石楠属	耐旱、耐盐碱、耐瘠薄
20	火棘	*Pyracantha fortuneana*	蔷薇科	火棘属	耐旱、耐贫瘠
21	女贞	*Ligustrum lucidum*	木犀科	女贞属	耐旱、较耐涝、较耐盐碱
22	紫薇	*Lagerstroemia indica*	千屈菜科	紫薇属	耐旱、较耐涝、耐寒
23	海桐	*Pittosporum tobira*	海桐科	海桐花属	耐旱、较耐涝、较耐盐碱、耐寒

净化隔盐型雨水花园主要应用于道路、广场、停车场绿地中，这些场地的绿化通常需要有大乔木提供荫庇，雨水花园可以与原有乔木进行结合，形成较为丰富的乔-灌-草搭配。在与常绿大乔木搭配时需要考虑光照问题，多选用耐阴的低影响开发的适应性植物；在灌木种植时需要考虑植物根系与种植层深度的匹配程度，以保证植物正常生长和下层结构层完好。

3.6.4.3 实践应用

芦潮港北侧岸段和南汇新城城市化水平较高且区域内水体丰富，尤其芦潮港社区及部分主城区主要为建成区。建成区硬化面积多，目前比较突出的问题是旧城区部分河道黑臭现象严重，推荐采用净化隔盐型雨水花园。该类型雨水花园能够处理较大范围的汇流面积径流，且对水体中的主要污染物 COD、TN、TP 有良好的处理效果，适用于硬质化程度高且污染严重的停车场、交通广场、道路等场地。由于停车场与道路绿地的布局方式较为类似，本小节主要展示停车场绿地和广场绿地的建设效果。

(1) 停车场绿地。

净化隔盐型雨水花园可设置在停车场周围的绿地和种植池中。由于这些场地的绿地面积通常较小，可以将净化隔盐型雨水花园和透水铺装结合运用，减轻地表径流压力，提升雨水花园的去污效率；同时还可以结合原有绿地的绿化，利用植物的生态功能降低汽车尾气污染，以及车辆使用过程中的噪声影响，为停车场打造更好的小气候环境。净化隔盐型雨水花园在停车场中的平面结构图及剖面示意图如图 3-34、图 3-35 所示。

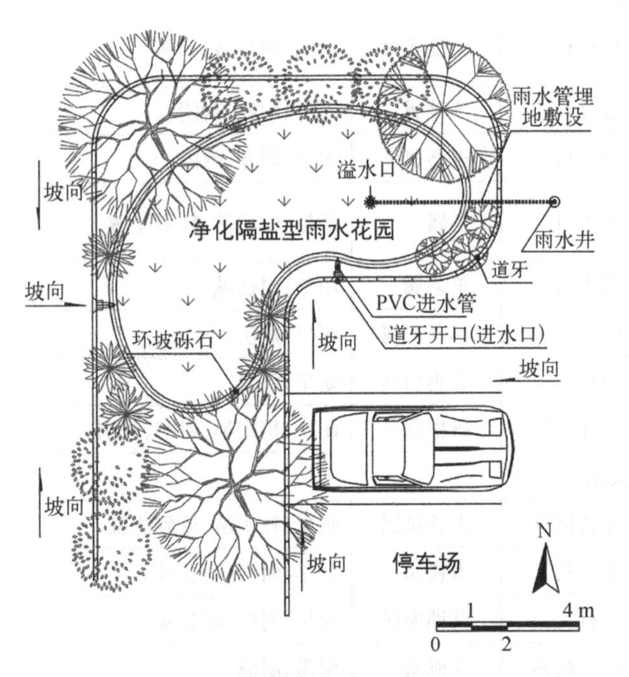

图 3-34 应用于停车场绿地中的净化隔盐型雨水花园的平面结构图

图 3-35 停车场绿地隔盐型雨水花园剖面示意图

(2) 广场绿地。

在广场绿地的景观带、花坛以及种植池等小规模绿地中也可以建设净化隔盐型雨水花园景观。雨水花园的选址主要参照现有广场的排水坡度和方向，选择汇流量大的地点；雨水花园的形状设计注意配合绿地现有形状进行。可以采用引水管等装置辅助引流，以实现雨水径流的就地滞留，减少景观绿地的日常用水。图 3-36 为净化隔盐型雨水花园应用在广场中的剖面示意图。

图 3-36 广场绿地隔盐型雨水花园剖面示意图

3.6.5 综合隔盐型雨水花园

综合隔盐型雨水花园同样推荐应用于盐碱化程度相对较轻的地区（含盐量为 0.1%～0.6%），包括芦潮港北侧岸段、崇明岛南支岸段及长兴岛、横沙岛、团结沙岸段，以及南汇新城城区内部的区域。综合隔盐型雨水花园在处理雨水径流的水质和水量方面都有较好的效果，因此，适用于雨水径流量大且地表径流污染严重的中轻度盐碱区域。在实际场景中可布置于街旁、居住区等绿地面积不大但雨洪管理和水质净化压力均比较大的场地中。

3.6.5.1 结构设计

与净化隔盐型雨水花园相似，综合隔盐型雨水花园也由 7 个结构层组成，与净化隔盐型雨水花园结构层的竖向顺序一致，但在具体材料和厚度上有差异（见表 3-49）。该类型的雨水花园应用范围较大，在建设面积充足的情况下，可以在雨水花园外围运用卵石等材料布置护坡结构，并且将降雨时前 10～15 min 积累的高浓度污水直接弃置于城市排污水管中，以减少暴雨和高浓度污染物对综合隔盐型雨水花园的植物和结构层的破坏。蓄水层、种植层、表面覆盖层、过渡层的设置与净化隔盐型雨水花园的结构基本一致。填料层材料为种植土，厚度以 0.30 m 为宜。填料层下为厚度达 0.10 m 的隔盐层，建议铺设粒径为 2～4 mm 的沸石，在保证下渗的前提下阻挡盐分的上行趋势。隔盐层下排水层厚度为 0.10 m，材料为粒径 10～20 mm 的砾石。该雨水花园渗水设施和溢流设施的结构组成与上文中的强隔盐型雨水花园相同。

表 3-49　综合隔盐型雨水花园的结构构成

设计指标		设计参数	
		材　料	厚度/mm
结构层	蓄水层	—	150～200
	表面覆盖层	树皮或砾石	2～5
	种植层	种植土	200～300
	过渡层	透水土工布或中沙	50
	填料层	种植土	300
	隔盐层	粒径 2～4 mm 沸石	100
	排水层	粒径 10～20 mm 砾石	100
其他主要指标	设计面积	$(60\pm10)\,m^2$	
	总深度	0.90～1.05 m	
	边坡坡度 i	1/5～1/4	
断面图		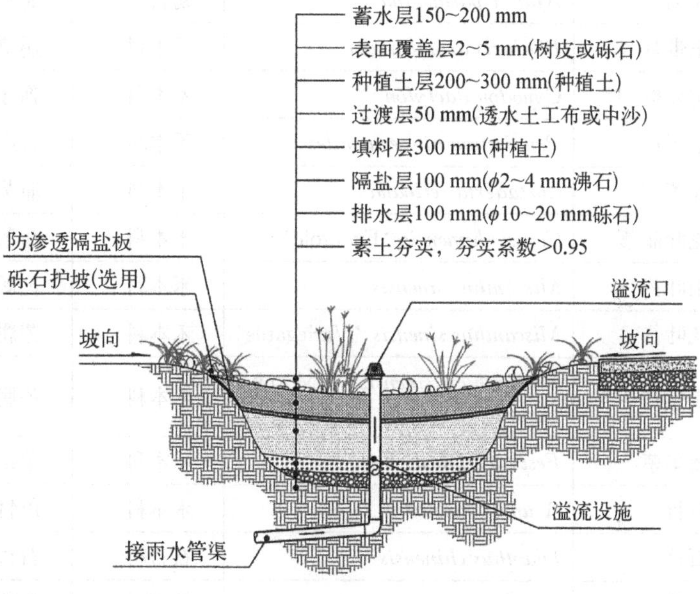 蓄水层150~200 mm 表面覆盖层2~5 mm(树皮或砾石) 种植土层200~300 mm(种植土) 过渡层50 mm(透水土工布或中沙) 填料层300 mm(种植土) 隔盐层100 mm(ϕ2~4 mm沸石) 排水层100 mm(ϕ10~20 mm砾石) 素土夯实，夯实系数>0.95 防渗透隔盐板 砾石护坡(选用) 坡向 溢流口 坡向 溢流设施 接雨水管渠	

3.6.5.2　植物配置

在实际应用中，综合隔盐型雨水花园的使用范围是最广泛的。因此，在对其进行植物配置时，应综合考虑植物的耐性，选用尽量多的草本和灌木植物种类，以帮助综合隔盐型雨水花园营建各类景观效果，提高其推广性。

参考《上海市海绵城市绿地建设技术导则》中推荐的上海低影响开发适生植物种类以及文献中对植物综合能力的评价，对植物耐旱性、耐涝性、去污耐污能力进行综合选择，据此推荐的草本和灌木植物品种如表 3-50 所示。

表 3-50　综合隔盐型雨水花园适生植物种类推荐名录

序号	植物中文名	拉丁名	科名	属名	生态习性
			草本类植物		
1	铜钱草	*Hydrocotyle vulgaris*	伞形科	天胡荽属	耐涝、稍耐旱、较耐盐碱、耐阴
2	佛甲草	*Sedum lineare*	景天科	景天属	耐旱、耐盐碱、耐贫瘠、耐寒
3	八宝景天	*Hylotelephium erythrostictum*	景天科	八宝属	耐旱、耐盐碱、耐瘠薄
4	矾根	*Heuchera micrantha*	虎耳草科	矾根属	耐涝、稍耐旱、耐寒、耐阴
5	鸢尾	*Iris tectorum*	鸢尾科	鸢尾属	耐涝、耐旱、耐盐碱、耐寒
6	马蔺	*lris lacteal*	鸢尾科	鸢尾属	耐旱、耐盐碱、耐寒
7	黄菖蒲	*Iris pseudacorus*	鸢尾科	鸢尾属	耐涝、耐旱、较耐盐碱
8	兰花三七	*Liriope cymbidiomorpha* (*ined*)	百合科	山麦冬属	耐阴、耐涝、耐盐碱、耐寒
9	吉祥草	*Reineckia carnea*	百合科	吉祥草属	耐寒、耐阴、耐涝、较耐盐碱
10	萱草	*Hemerocallis fulva*	百合科	萱草属	耐旱、耐涝、较耐盐碱、耐寒
11	花叶玉簪	*Hosta undulata*	百合科	玉簪属	耐涝、耐寒、耐阴
12	千屈菜	*Lythrum salicaria*	千屈菜科	千屈菜属	耐旱、耐涝、耐盐碱
13	风车草	*Cyperus alternifolius*	莎草科	莎草属	耐旱、耐涝、耐盐碱
14	金鸡菊	*Coreopsis drummondii*	菊科	金鸡菊属	耐旱、耐寒
15	亚菊	*Ajania pallasiana*	菊科	亚菊属	耐旱、耐寒
16	玉带草	*Phalaris arundinacea*	禾本科	虉草属	耐阴、耐涝、较耐盐碱
17	狗牙根	*Cynodon dactylon*	禾本科	狗牙根属	耐旱、耐涝、耐盐碱
18	狼尾草	*Pennisetum alopecuroides*	禾本科	狼尾草属	耐旱、耐涝、耐盐碱
19	蒲苇	*Cortaderia selloana*	禾本科	蒲苇属	耐旱、耐涝、耐盐碱
20	花叶蒲苇	*Carexoshimensis* 'Evergold'	禾本科	蒲苇属	耐旱、较耐涝、耐盐碱
21	细叶芒	*Miscanthus sinensis*	禾本科	芒属	耐旱、较耐涝、耐盐碱
22	花叶芒	*Miscanthus sinensis* 'Variegatus'	禾本科	芒属	耐旱、较耐涝、耐盐碱
23	晨光芒	*Miscanthus sinensis* 'Morning Light'	禾本科	芒属	耐旱、较耐涝、较耐盐碱
24	蓝羊茅	*Festuca glauca*	禾本科	羊茅属	耐旱、耐盐碱
25	芦竹	*Arundo donax*	禾本科	芦竹属	耐旱、耐涝、耐盐碱
26	石竹	*Dianthus chinensis*	石竹科	石竹属	耐旱、较耐盐碱、耐寒
27	香蒲	*Typha orientalis*	香蒲科	香蒲属	耐涝、较耐旱、耐盐碱
28	过路黄	*Lysimachia christinae*	报春花科	报春花属	耐涝、较耐旱、稍耐盐碱
29	百子莲	*Agapanthus africanus*	石蒜科	百子莲属	较耐旱、耐涝
30	美女樱	*Verbena hybrida*	马鞭草科	马鞭草属	耐涝、稍耐盐碱、耐寒
			灌木类植物		
31	木芙蓉	*Hibiscus mutabilis*	锦葵科	木槿属	耐旱、耐涝、耐盐碱
32	柽柳	*Tamarix chinensis*	柽柳科	柽柳属	耐旱、耐涝、耐盐碱

（续表）

序号	植物中文名	拉 丁 名	科 名	属 名	生 态 习 性
33	六道木	*Abelia biflora*	忍冬科	六道木属	耐旱、耐寒
34	金银花	*Lonicera japonica*	忍冬科	忍冬属	耐旱、较耐涝、耐寒
34	齿叶溲疏	*Deutzia crenata*	虎耳草科	溲疏属	耐旱、较耐涝、耐盐碱
35	单叶蔓荆	*Vitex rotundifolia* Linnaeus f.	马鞭草科	牡荆属	耐旱、耐涝、耐盐碱、耐寒、耐瘠薄
36	穗花牡荆	*Vitex agnus-castus*	马鞭草科	牡荆属	耐旱、耐涝、耐盐碱
37	黄金菊	*Euryops pectinatus*	菊科	菊属	耐涝，较耐盐碱
38	女贞	*Ligustrum lucidum*	木犀科	女贞属	耐旱、较耐涝、较耐盐碱
39	南天竹	*Nandina domestica*	小檗科	南天竹属	耐旱、耐涝、较耐盐碱
40	紫穗槐	*Amorpha fruticosa*	豆科	紫穗槐属	耐旱、耐涝、耐盐碱
41	火棘	*Pyracantha fortuneana*	蔷薇科	火棘属	耐旱、耐贫瘠
42	滨梅	*Prunus maritima*	蔷薇科	李属	耐旱、耐涝、耐盐碱
43	红叶石楠	*Photinia*×*fraseri*	蔷薇科	石楠属	耐旱、耐盐碱、耐瘠薄

考虑到综合隔盐型雨水花园多应用于居住区绿地之中，因此，在选择植物时，也需要考虑后期的物业维护成本和居民的接受程度。在植物选择上需要避免气味特殊、有刺或具有毒性的植物，以保障居住区绿化的安全性。同时，尽量选择多年生的低矮地被植物（如佛甲草、八宝景天等）覆盖裸露的种植层，从而减少杂草的产生，降低人工除草的成本。

3.6.5.3 实践应用

芦潮港旧城区及部分临港新片区主城区内的居住小区众多，承担着比较大的海绵城市建设压力，尤其要应对旧城区存在的建筑屋面雨水直排量大和初期雨水面源污染问题。另外旧城区的老小区基本采用地上停车的方式，没有地下车库的隔断作用，因而绿化用地还面临着盐碱地返盐问题，推荐在其宅间绿地建设综合隔盐型雨水花园。

居住区的雨水径流主要来自硬化道路和广场、屋顶排水和绿地汇流3个方面，其中来自硬化道路和广场的径流污染物含量通常较高，来自屋顶排水和周边绿地汇流的雨水径流量大，因此，需要在3种径流交汇处设置水文调蓄和水质净化效果平衡的综合隔盐型雨水花园。同时，雨水花园建设还可以提升居住区绿地的雨水利用功能，解决内部的部分水源问题，减少绿化景观用水，降低后期物业维护成本。综合隔盐型雨水花园在居住区绿地应用中的平面结构图及剖面示意图如图3-37、图3-38所示。

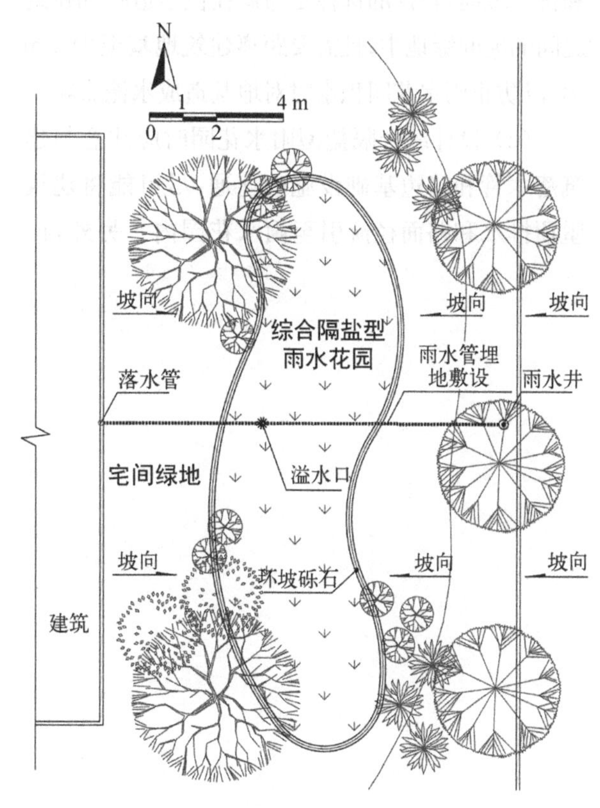

图3-37 应用于居住区绿地中的综合隔盐型雨水花园的平面结构图

图 3-38　居住区绿地综合隔盐型雨水花园剖面示意图

综合隔盐型雨水花园应用于居住区绿地中时还需要注意以下问题：

（1）综合隔盐型雨水花园在居住区的选址需要兼顾道路广场、建筑屋顶、绿化用地三者的位置和排水坡向，较优的选择是布局在位于道路和建筑之间的宅间绿地中，且需要距离建筑地基至少 3 m 远，以防止雨水花园积水时对地基造成水淹影响。

（2）设计综合隔盐型雨水花园时应注意与建筑落水管和路边基础设施的连通，尽可能将建筑屋顶排水和路面径流引至雨水花园内。另外，在建筑落水管出水处设置砾石等材料组成的缓冲区，防止大流量的屋面落水对雨水花园表面的冲刷破坏。

（3）雨水花园可以与居住区内其他的低影响设施进行配合，比如建筑的屋顶绿化、道路和广场透水铺装、植草沟和蓄水池等。

（4）确保居住区绿地中雨水花园建设的安全性。在老人、儿童易到达的位置需要有醒目的提示牌和灯光照明，也可以设置绿篱等生态防护屏障，防止居民进入。

4 微观维度绿地雨水源头调蓄设施种植层介质土优化改良

4.1 研究对象

按照功能分类，雨水花园分为净化型雨水花园、蓄积型雨水花园和综合功能型雨水花园三类。按渗透速率分类，雨水花园分为快速渗透型雨水花园、雨水积蓄型雨水花园、局部浸润型雨水花园、综合功能型雨水花园等。按照建设目的分类，雨水花园分为控制径流污染型雨水花园和控制径流量型雨水花园。

种植层包括种植土以及种植于土中的植被。该层为植物生长提供必需的营养物质及水分。同时以过滤、植物吸收、土壤吸附、微生物作用等方式去除径流中的有机物、金属离子、氮、磷等污染物。本研究在雨水花园种植层中采用了不同种类的介质土。

4.2 研究方法

4.2.1 雨水花园种植层介质土实验设计

4.2.1.1 雨水花园结构层次

已有研究表明，雨水花园具备特定的集中雨水、入渗雨水、净化雨水、储蓄雨水等生态功能。本章的研究对象为调蓄型雨水花园(见图 4-1)，其结构一般包括预处理设施、蓄水层、覆盖层、种植层、过渡层、填料层、排水层、渗水设施和溢流设施。沿蓄水层垂直方向依次设置覆盖层、种植层、过渡层、填料层和排水层，排水层位于雨水花园底部。

预处理设施四周是环形边坡，环形边坡上覆盖一层砾石。本章采用模拟实验喷灌方式，所以不需使用预处理设施。

蓄水层位于雨水花园结构的最上层，由环形

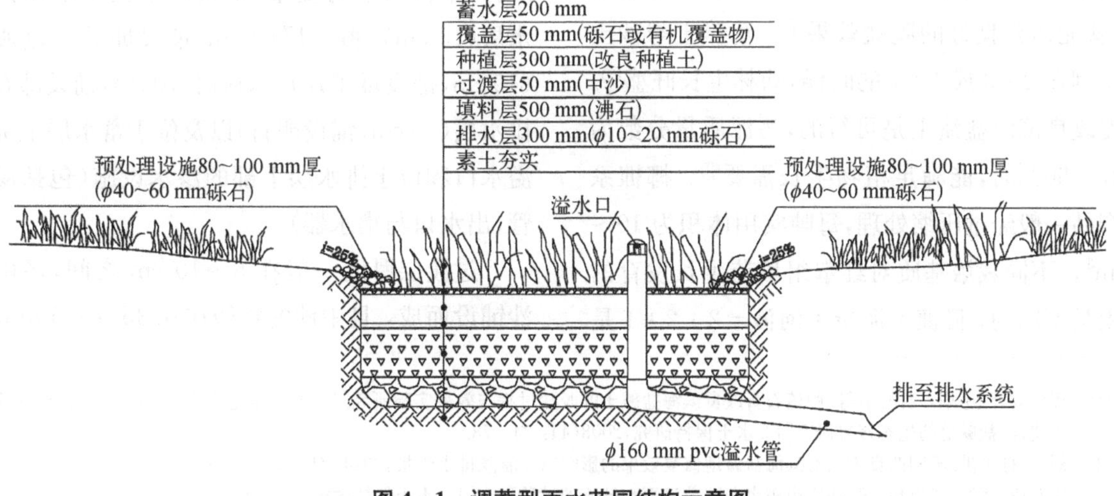

图 4-1 调蓄型雨水花园结构示意图

边坡和雨水花园的顶部水平围合构成，降雨时雨水优先滞留于此，发挥雨洪调蓄作用；同时通过植物的作用过滤雨水，使得径流中的沉淀物留在此层，植物还起到去除附着在沉淀物上的有机物和金属离子的作用。其高度根据周边地形和所在地降雨特性等因素来确定，多为 100～250 mm。本模拟实验采用 150 mm 作为蓄水层的设计高度。

覆盖层多由 3～5 cm 的砾石或有机覆盖物铺设而成，主要为了提高土壤渗透能力，有效保持土壤湿度，避免土壤板结而导致的土壤渗透性能下降，防止水土流失。同时它可以缓冲雨水径流对于雨水花园结构层的侵蚀作用。覆盖层还可以为微生物提供良好的生长环境，有利于促进径流中有机物的降解，并且过滤一些悬浮物。本实验中所有实验组均铺设 3 cm 厚，粒径为 1 cm 左右的卵石作为覆盖层。

种植层包括种植土以及种植于土中的植被。种植植物一般选取本土植物，考虑到临港地区盐碱土壤的特性，因此，所选植物需要有一定的耐盐碱性。种植层是本实验的重点，主要采用了 7 种不同的处理方式，最终选定适合应用于上海临港地区雨水花园中的种植层结构。研究发现，增施草炭能提高土壤速效磷、速效钾、有机质、腐殖质的含量，提高微生物群落对碳源的利用率，1.8 kg/m^2 的施入比例对土壤肥力和土壤酶活性的提升效果最佳。滨海盐碱地加入脱硫石膏后能明显提高土壤颗粒的凝聚性，质量配比超过 1%就能达到良好的脱盐效果①。营养土与沙土的比例在 2∶3 或 1∶1 的时候，幼林生长旺盛②。污泥改良滨海盐渍土是可行的，污泥质量分数为 20%～60%时，能满足植物生长需要③。椰糠系列产品一般经过压缩处理，每吨实用体积为 10～17 m^3。不同栽培基质对红掌组培苗生长发育的作用是不同的，椰糠∶泥炭∶河沙＝2∶2∶1 是最佳基质配方④。根据实验要求，将不同质量比换算成体积比，具体施入比例如表 4－1 所示。本模拟实验选取百子莲（*Agapanthus africanus*）、红叶石楠（*Photinia* × *fraseri*）、吉祥草（*Reineckia carnea*）作为雨水花园中所种植的植物，种植层高度取 200 mm，每种处理重复做 3 次，以便减少偶然性。

表 4－1　种植层实验设计

方案	材料名称	施　入　比　例
处理一	草炭	加入体积比为 15%的草炭
处理二	有机肥	加入体积比为 17%的有机肥
处理三	石膏	加入体积比为 11%的石膏
处理四	黄沙原土	加入体积比为 15%的黄沙原土
处理五	污泥	加入体积比为 15%的污泥
处理六	椰糠	加入体积比为 10%的椰糠
混合组	混合土	加入体积比分别为 4%的黄沙原土、6%的草炭、2%的有机肥、2%的污泥、2%的椰糠
对照一	现盐碱土	空白对照
对照二	原种植土	空白对照
对照三	无机轻质土	空白对照
对照四	有机介质土	空白对照

根据实验方案自制 11 组模拟雨水花园实验装置（见图 4－2、图 4－3），实验装置由模拟降雨器和雨水花园装置两部分组成，其中模拟降雨器包括水箱、可调控进水量的水泵、流量计、入水口、喷头以及支架；雨水花园装置包括 6 个结构层，其中种植层为变量，常量从上到下依次为蓄水层（15 cm）、覆盖层（3 cm，铺设卵石）、过渡层（10 cm，铺设瓜子片）、填料层（10 cm，铺设沸石）、排水层（10 cm、铺设卵石）以及位于蓄水层上部的溢水口和位于排水层下部的渗水设施（包括渗水管、出水口与集水器）。

过渡层厚度一般在 5～10 cm 之间，多由中沙铺设而成，且中沙的粒径在 0.35～0.5 mm 范

① 程镜润，陈小华，刘振鸿，等. 脱硫石膏改良滨海盐碱土的脱盐过程与效果实验研究[J]. 中国环境科学，2014(6)：1505－1513.
② 张建锋. 盐碱地的生态修复研究[J]. 水土保持研究，2008(4)：74－78.
③ 刘云，孙书洪. 不同改良方法对滨海盐碱地修复效果的影响[J]. 灌溉排水学报，2014(Z1)：248－250＋272.
④ 唐双成，罗纨，贾忠华，等. 西安市雨水花园蓄渗雨水径流的试验研究[J]. 水土保持学报，2012(6)：75－79＋84.

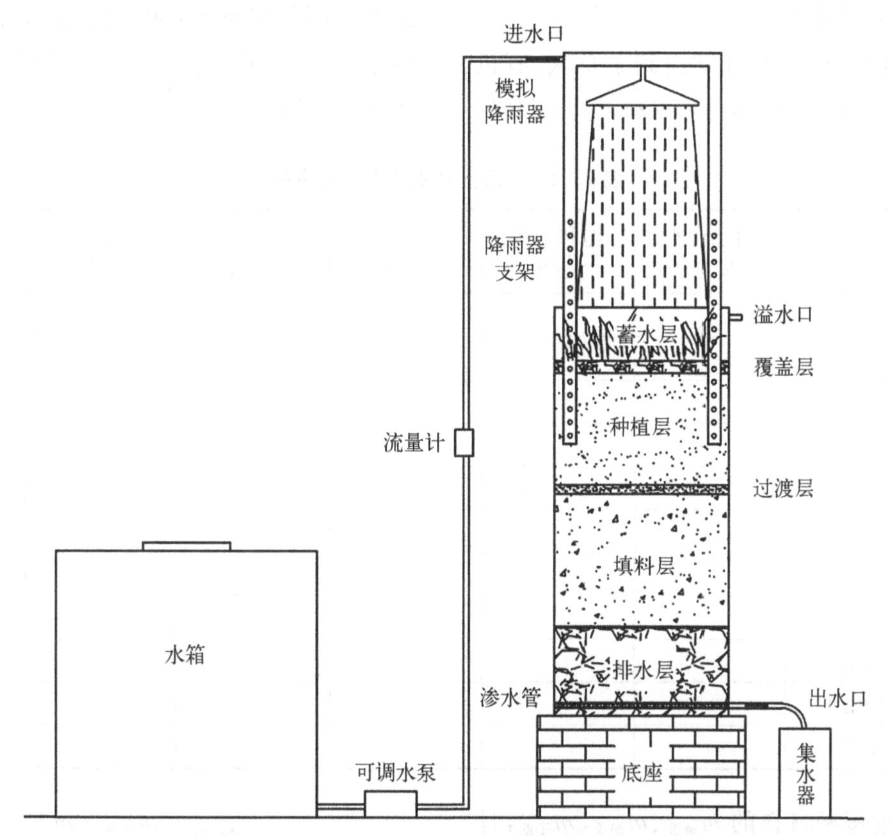

图 4-2　雨水花园人工降雨模拟装置示意图

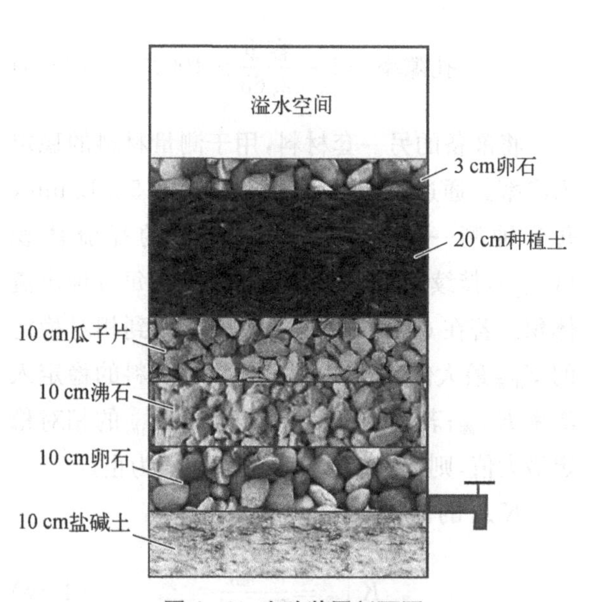

图 4-3　实验装置剖面图

围内最佳。本实验选取瓜子片作为过渡层，高度为 100 mm。

填料层常选用渗透性较强且去污能力较高的天然或人工材料。具体厚度根据临港地区的降雨特性、雨水花园的服务面积等确定，一般在 2～5 cm 之间。结合上海临港地区现状，本模拟实验选取沸石作为填料层填料，高度为 100 mm。

排水层一般由粒径 1～3 cm 的卵石构成，其可以加快多余雨水的排出，并有一定的净化水质的作用。本模拟实验选取粒径 1～2 cm 的卵石作为排水层材料，高度为 100 mm。

渗水设施由渗水管和渗水排水管构成。渗水管位于排水层的底部，常采用直径为 100 mm 的穿孔管，雨水径流经过系统处理后，由穿孔管收集后进入具有 1%～3%坡度的渗水排水管，其较高的一端与渗水管连通，较低的一端与附近的排水支管或雨水井连通。本模拟实验在排水层底部安置直径为 100 mm 的穿孔管，穿孔管连接外部集水器。雨水花园的处理能力是有一定限度的，如果超过其所能处理的最大径流量时，就需要通过溢流设施将过量的雨水排走。本模拟实验留有足够的溢水空间，如果发生溢流，会通过装置上方溢流设施将雨水排入集水器。

盐碱环境中土壤会有反盐的现象，因此，在排水层下方添加厚 100 mm 的盐碱土，来测试反盐现象对植物的影响，研究雨水花园是否能起到隔盐的作用。

4.2.1.2 实验材料选择

在上述处理方式中，分别提到了草炭、有机肥、石膏、黄沙原土、污泥、椰糠等材料，每种材料的自然含水量、饱和含水量、蓄水空间、容重、孔隙率、稳定入渗率等基本特性需要事先调查明确。调查结果可以表格形式进行记录(见表4-2)。

表4-2 介质土基本特性调查表格

材　料	自然含水量/%	饱和含水量/%	蓄水空间/%	容重/($kg \cdot m^{-3}$)	孔隙率/%	稳定入渗率/($m \cdot s^{-1}$)
草炭						
有机肥						
石膏						
黄沙原土						
污泥						
椰糠						
混合土						
(对照一)现盐碱土						
(对照二)原种植土						
(对照三)无机轻质土						
(对照四)有机介质土						

通过测量每种材料的$m_{鲜重}$、$m_{湿重}$、$m_{干重}$，计算出不同的基本特性。

用环刀取得每种材料的样本，总共两套，每套各准备3份材料。在不做任何处理的前提下，分别测量每种材料的重量，记为$m_{鲜重}$；将环刀带孔隙的一面朝下，浸入水中24 h，取出后放置12 h，直到无明显落水现象后，用于取材并测量每种材料的重量，记为$m_{湿重}$。将各材料放入烘箱中，用80 ℃的温度烘24 h，取出后测量每种材料的重量，即$m_{干重}$。最后将每种材料从环刀中取出，分别测量每个环刀的重量，记为$m_{盒}$。通过以下公式，算出自然含水量、饱和含水量、蓄水空间、容重以及孔隙率等材料基本特性。

$$自然含水量 = \frac{m_{鲜重} - m_{干重}}{m_{干重} - m_{盒}} \times 100\% \quad (4-1)$$

$$饱和含水量 = \frac{m_{湿重} - m_{干重}}{m_{干重} - m_{盒}} \times 100\% \quad (4-2)$$

$$蓄水空间 = 饱和含水量 - 自然含水量 \quad (4-3)$$

$$容重 = \frac{m_{干重} - m_{盒}}{100} \quad (4-4)$$

$$孔隙率 = 1 - \frac{容重}{2.65} \times 100\% \quad (4-5)$$

将准备的另一套材料，用于测量材料的稳定入渗率。通过调节进水量，使其达到5 mL/min，每分钟测一次由环刀底部流出的径流体积($V_{出流}$)，持续降水60 min，记录60次每分钟出流体积。若在60 min的实验过程中取到相对稳定的$V_{出流}$最大值(V_{max})，则可计算该材料的稳定入渗率$K_{入渗}$；若在60 min内未达到$V_{出流}$的相对稳定最大值，则持续降水直至取到该值为止。

$K_{入渗}$的计算公式为

$$K_{入渗} = \frac{V_{max}}{T \times A} \quad (4-6)$$

式中，$K_{入渗}$为材料稳定入渗率；V_{max}为相对稳定的$V_{出流}$最大值；T为收集V_{max}所用时间；A为仪器底面积。

4.2.2 模拟降雨实验设计

4.2.2.1 模拟雨水花园装置

根据实验方案，自制11组模拟雨水花园装

置(见图 4-4)。

4.2.2.2 降雨量设计

参考上海临港地区 30 年以来降雨事件的变化特征,针对水文特征、水质情况进行的模拟实验设计中,降雨量为 4 mm/h,模拟降雨量 $Q_{模拟}$ 的计算公式为

$$Q_{模拟} = h_{模拟} \times a \times K \tag{4-7}$$

式中,a 为仪器底面积,取值 706.9 cm^2;K 为雨水花园服务面积与其设计面积的比值,取值 50;$h_{模拟}$ 为设计降雨量,取值 4 mm/h。

计算得出实验装置单位时间进水量为 4 mL/s。

4.2.3 介质土对水文特征的影响

本实验需要收集雨水花园种植层不同介质土的出流洪峰延迟时间、洪峰时刻累积削减率、总削减率、渗透率等相关数据,利用水箱装置模拟雨水径流,通过水泵上的旋钮将进水量调节为 4 mL/s,每分钟测一次集水器中的出流径流体积 $V_{出流}$,持续降水 60 min,即总共记录 60 次 $V_{出流}$。同时注意是否发生溢流,如果发生,记录每分钟的溢流径流体积 $V_{溢流}$。每组实验重复 3 次,共计 33 次实验。

4.2.3.1 对出流洪峰延迟时间、洪峰时刻累积削减率、总削减率的影响

如果在 60 min 内取到相对稳定的 $V_{出流}$ 最大值,则将到达该值所用的时间作为本次实验出流洪峰延迟时间 $T_{洪峰}$(单位: min);若在 60 分钟内未取到 $V_{出流}$ 的相对稳定最大值,则持续降水直至达到该值为止。

洪峰时刻累积削减率 $\eta_{洪峰}$ 为从实验开始到出现 $T_{洪峰}$ 时刻的这个时间段内,实际进入体系的径流量 $Q_{入流}$ 与通过渗流设施流出体系的径流量 $Q_{出流}$ 的差值占实际进入体系的径流量 $Q_{入流}$ 的比例,计算公式为

$$\eta_{洪峰} = \frac{Q_{入流} - Q_{出流}}{Q_{入流}} \times 100\% \tag{4-8}$$

总削减率 $\eta_{总}$ 为在 60 min 的实验时间内总进水量 $Q_{总入}$ 与通过渗流设施流出体系的总径流量 $Q_{总出}$ 的差值占 $Q_{总入}$ 的比例,计算公式为

$$\eta_{总} = \frac{Q_{总入} - Q_{总出}}{Q_{总入}} \times 100\% \tag{4-9}$$

4.2.3.2 对雨水花园渗透率的影响

如果在 60 min 内,取到相对稳定的 $V_{出流}$ 最大值,则可计算该结构参数的雨水花园渗透率 K_{max};如果在 60 min 内未取到 $V_{出流}$ 的相对稳定最大值,则持续降水直至取到该值为止。雨水花园渗透率 K_{max}(单位: m/s)的计算公式为

$$K_{max} = \frac{V_{max}}{T \times A} \tag{4-10}$$

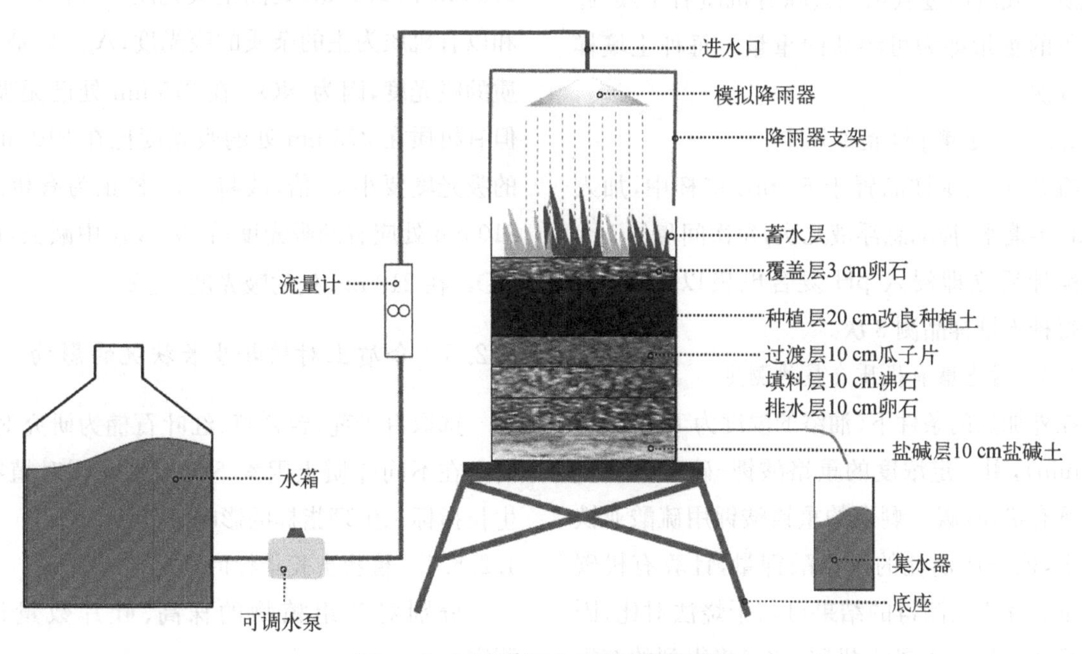

图 4-4 雨水花园人工降雨模拟装置

式中，K_{max} 为雨水花园渗透率；V_{max} 为相对稳定的 $V_{出流}$ 最大值；T 为收集 V_{max} 所用时间；A 为仪器底面积。

4.2.4 介质土对盐碱土改善的影响

将不同的介质土与盐碱土混合（共有 11 组），得到不同类型的种植土，随后对各种介质土的全盐量、pH 值、土壤有机质含量以及可以表达土壤肥力的有效磷、速效钾、硝态氮进行测定。

处理一，加入体积比为 15%的草炭；处理二，加入体积比为 17%的有机肥；处理三，加入体积比为 11%的石膏；处理四，加入体积比为 15%的黄沙原土；处理五，加入体积比为 15%的污泥；处理六，加入体积比为 10%的椰糠；处理七，将材料混合，加入体积比分别为 4%的黄沙原土、6%的草炭、2%的有机肥、2%的污泥、2%的椰糠。对照一，取自深层盐碱土的材料；对照二，取自现有种植土的材料；对照三，新型无机介质材料；对照四，新型有机介质材料。每种介质土准备 500 g 的样本进行检测，各项指标各测 3 次。

4.2.4.1 对土壤全盐量的测定

土壤样品按一定的固液比（5∶1）加适量水，经一定时间的振荡或搅拌后过滤，吸取一定量的滤液，蒸干后称得的重量即为烘干残渣总量。再将此烘干残渣用过氧化氢去除有机质后干燥，此时称得的重量即为可溶盐的重量。每种土壤样品测 3 次。

4.2.4.2 对土壤 pH 值的测定

将 20 g 土壤样品置于 50 mL 烧杯中，加入 20 mL 蒸馏水，搅动悬浮液几次，每次间隔约 1 h，停止搅拌后立即浸入 pH 复合电极以测量 pH 值。每种土壤样品测 3 次。

4.2.4.3 对土壤有机质含量的测定

在外加热的条件下（油浴的温度为 180 ℃，沸腾 5 min），用一定浓度的重铬酸钾-硫酸溶液氧化土壤有机质（碳），剩余的重铬酸钾用硫酸亚铁来滴定，根据所消耗的重铬酸钾量，计算有机碳的含量。此方法测得的结果可与干烧法对比，因此法只能氧化 90%的有机碳，故可将得到的有机碳与校正系数相乘，以计算有机碳量。

4.2.4.4 对土壤肥力的测定

土壤肥力的测定方法有 3 种，分别用到有效磷、速效钾、硝态氮。

（1）有效磷：用 0.50 mol/L 的碳酸氢钠溶液浸提土壤有效磷。对于石灰性土壤的浸提液，碳酸氢钠可以抑制溶液中 Ca^{2+} 的活度，使某些活性较大的磷酸钙盐被浸提出来；而酸性土壤因 pH 值的提高，其所含有的活性磷酸铁、铝盐将被水解而浸出。在浸出液中由于 Ca、Fe、Al 离子浓度较低，不会产生磷的再沉淀，故可用钼锑抗比色法定量几类物质的含量。

（2）速效钾：利用浸提剂将土壤中的水溶性和交换性钾提取出来，再以火焰光度法测定钾含量。

（3）硝态氮：对于土壤浸出液中的 NO^{3-}，在用紫外分光光度计检测时可于波长 210 nm 处表现出较高吸光度，而浸出液中的其他物质，除 OH^-、CO_3^{2-}、HCO_3^-、NO_2^- 和有机质等外，吸光度均很小。对浸出液加酸进行中和，即可消除其中 OH^-、CO_3^{2-}、HCO_3^- 的干扰。NO_2^- 一般含量极少，也很容易消除。因此，用校正因数法消除有机质的干扰后，即可用紫外分光光度法直接测定 NO_3^- 的含量。待测液酸化后，分别可在 210 nm 和 275 nm 处测定吸光度。A_{210} 是 NO_3^- 和以有机质为主的杂质的吸光度；A_{275} 只是有机质的吸光度，因为 NO_3^- 在 275 nm 处已无吸收。但有机质在 275 nm 处的吸光度比在 210 nm 处的吸光度要小 R 倍，故将 A_{275} 校正为有机质在 210 nm 处应有的吸光度后，从 A_{210} 中减去，即得 NO_3^- 在 210 nm 处的吸光度（△A）。

4.2.5 介质土对植物生长状况的影响

选取百子莲、吉祥草、红叶石楠为研究对象，研究在不同介质土因素下的雨水花园对植物的生长指标和生理指标的影响。

4.2.5.1 植物生长指标的测定

分别对各组植物的株高、叶片数量进行测定。

株高是指植株根颈部到顶部之间的距离，其中顶部是指主茎顶部。株高是植物形态学调查工作中的基本指标之一，其定义为从植株基部至主茎顶部即主茎生长点之间的距离。测量方法是将尺子挨着地面量到苗顶最高位置，读数即为株高。

标注好植物位置，数出叶片数，记录叶片数量。

4.2.5.2 植物生理指标的测定

使用CIRAS-2光合仪测定光合速率(Pn)、蒸腾速率(E)等生理指标。

选择晴朗的天气，测定时间以上午8:30～11:30最佳。实验前一天将仪器充满电，检查仪器的吸收管，调试好仪器。实验当天将要测定的植物材料提前半小时放到阳光下进行充分光适应。

4.2.6 介质土对出流雨水水质的影响

收集流经雨水花园的水样，每组实验装置收集500 mL。

参照《水质化学需氧量的测定快速消解分光光度法》(HJ/T 399—2007)、《水质总氮的测定碱性过硫酸钾消解紫外分光光度法》(HJ 636—2012)、《水质总磷的测定钼酸铵分光光度法》(GB 11893—1989)、《水质悬浮物的测定重量法》(GB 11901—1989)，测量水样中的COD、TP、TN、SS浓度。

4.3 雨水花园介质土对盐碱土改良效果的分析

4.3.1 介质土的基本特性及对盐碱土的改良效果

4.3.1.1 介质土基本特性

测量每种介质土的三重(鲜重、湿重、干重)。根据前文所提公式，算出自然含水量、饱和含水量、蓄水空间、容重、孔隙率及稳定入渗率等介质土的基本特性(见表4-3)。

表4-3 介质土基本特性

材　料	自然含水量/%	饱和含水量/%	蓄水空间/%	容重/(kg·m^{-3})	孔隙率/%	稳定入渗率/(m·s^{-1})
草炭	24.2	67.8	43.6	0.786 8	70.31	7.60×10^{-7}
有机肥	32.3	76.0	43.7	0.871 8	67.10	7.02×10^{-7}
石膏	22.3	76.8	54.5	0.876 5	66.92	1.22×10^{-6}
黄沙原土	24.1	57.5	33.4	1.026 2	61.28	2.81×10^{-6}
污泥	30.6	79.7	49.0	0.779 2	70.59	1.67×10^{-6}
椰糠	33.2	102.5	69.3	0.716 0	72.98	1.62×10^{-6}
混合土	31.0	82.8	51.8	0.828 4	68.74	7.02×10^{-7}
现盐碱土(对照一)	15.6	42.2	26.6	1.090 6	58.85	1.26×10^{-6}
原种植土(对照二)	18.8	51.0	32.2	1.008 8	61.93	4.21×10^{-6}
无机轻质土(对照三)	48.0	506.7	458.8	0.121 0	95.43	2.81×10^{-6}
有机介质土(对照四)	36.3	80.5	44.2	0.764 5	71.15	7.30×10^{-6}

由表4-3可以看出，(对照一)现盐碱土自然含水量、饱和含水量低，分别仅有15.6%和42.2%。土壤蓄水空间小、孔隙率低、入渗能力差也是从表中可以看出的盐碱土特性。这些特性说明了盐碱土不能给植物提供良好的生长环境，对暴雨灾害不能起到良好的缓冲作用。

加入各种介质材料后，可以发现土壤的自然含水量、饱和含水量、蓄水空间、孔隙率都有不同程度的增加。说明加入介质土后，盐碱土从物理角度上得到了一定的改善。

两种新型材料，(对照三)无机轻质土和(对照四)有机介质土均有着不同的突出特点。无机轻质土有着极强的蓄水能力，有机介质土有着很强的入渗能力。

4.3.1.2 介质土对盐碱土改善效果

如表4-4所示为7类介质土与4类对照组的盐碱性指标对照情况。

表4-4 介质土盐碱性情况对照表

项目	全盐量/($g \cdot kg^{-1}$)	pH值	土壤有机质含量/($g \cdot kg^{-1}$)	土壤肥力/($mg \cdot kg^{-1}$)		
				有效磷	速效钾	硝态氮
草炭	3.20	8.08	26.40	11.80	192.00	8.42
有机肥	6.00	8.18	34.50	71.10	862.00	38.80
石膏	15.80	8.06	5.50	45.00	146.00	6.20
黄沙原土	3.00	8.54	4.60	8.90	123.00	3.08
污泥	7.00	7.84	52.10	67.40	303.00	94.50
椰糠	5.40	7.84	45.70	18.70	1 097.00	0.72
混合土	3.50	8.05	36.90	36.00	320.00	20.90
现盐碱土(对照一)	13.40	8.77	6.70	9.10	204.00	3.37
原种植土(对照二)	1.50	7.96	18.40	18.00	122.00	65.30
无机轻质土(对照三)	4.80	7.68	2.30	105.80	835.00	298.00
有机介质土(对照四)	2.30	7.44	46.80	22.20	219.00	6.36

针对现盐碱土(对照一)的全盐量和pH值这2个指标，加入多种介质材料后的介质土相应的变化结果如表4-5所示。

表4-5 实验组土壤盐碱指标变化趋势

项目	全盐量/($g \cdot kg^{-1}$)	pH值
草炭	↓10.2	↓0.69
有机肥	↓7.4	↓0.59
石膏	↑2.6	↓0.71
黄沙原土	↓10.4	↓0.23
污染	↓6.4	↓0.93
椰糠	↓8.0	↓0.93
混合土	↓9.9	↓0.72

针对原种植土(对照二)的土壤有机质含量和土壤肥力这2个指标，加入多种介质材料后的变化结果如表4-6所示。

针对土壤而言，检测的全盐量包括K^+、Na^+、CO_3^{2-}、HCO_3^-、Ca^{2+}、Mg^{2+}、Cl^-以及SO_4^{2-}等8种离子的总和。

根据表4-4、表4-5、表4-6，可以发现上海临港地区的现盐碱土(对照一)相比于其他材料有着较高的全盐量和pH值。其取自深层盐碱土，土壤有机质含量和土壤肥力均不高。

表4-6 实验组土壤有机指标变化趋势

项目	土壤有机质含量/($g \cdot kg^{-1}$)	土壤肥力/($mg \cdot kg^{-1}$)		
		有效磷	速效钾	硝态氮
草炭	↑8.0	↓6.2	↑70	↓56.9
有机肥	↑16.1	↑53.1	↑740	↓26.5
石膏	↓12.9	↑27.0	↑24	↓59.1
黄沙原土	↓13.8	↓9.1	↑1.0	↓62.2
污泥	↑33.7	↑49.4	↑181	↑29.2
椰糠	↑27.3	↑0.7	↑975	↓64.6
混合土	↑18.5	↑18	↑198	↓44.4

处理一，加入草炭，土壤有机质含量增加了294%，盐碱度也有所改善。

处理二，加入有机肥，土壤中的有机质含量和速效钾含量明显增加，分别约为现盐碱土的

5.1倍和4.2倍，盐碱度得到改善。

处理三，加入石膏，石膏的主要成分是硫酸钙，Ca^{2+}和SO_4^{2-}均属于全盐量检测范畴，因此，全盐量较高。石膏并不含大量营养物质，本身以无机盐为主，因此，土壤有机质含量和土壤肥力的提升不明显。

处理四，加入黄沙原土，对土壤全盐量有一定稀释作用，但因黄沙有机质含量很低，因此，对土壤有机质含量的提高和土壤肥力的提升效果不明显。

处理五，加入污泥，所用污泥经过了发酵处理，含有丰富的有机质，因此，可以看出土壤有机质含量显著提升，约是现盐碱土的7.8倍。土壤肥力中的有效磷、速效钾、硝态氮含量也均有不同程度的提高。

处理六，加入椰糠，椰糠是一种含植物营养成分很高的材料，因此，可以看出土壤有机质含量有明显提高，约是现盐碱土的6.8倍。较为突出的影响是速效钾含量显著增加，相比现盐碱土增加了约438%。

混合组，加入了各种材料，因此，各项指标变化比较均衡，全盐量下降，pH值趋向于中性，土壤有机质含量及土壤肥力均稳步提高。

对照二取自现有种植土，现有种植土的含盐量较低，土壤有机质含量和土壤肥力适中。

对照三取自一种无机轻质土，这种材料全盐量低，因为是无机材料，所以对土壤有机质含量的提升没有帮助，但是含有大量可供植物吸收的有效磷、速效钾和硝态氮。

对照四取自一种有机介质土，可以增加土壤有机质含量，提高土壤肥力。

综上所述，加入了不同种介质后，盐碱土的盐碱情况均有改善，使土壤pH值趋于中性。针对现有种植土而言，不同特性的材料使土壤有机质含量和土壤肥力有着不同程度的变化。加入草炭、有机质、椰糠、污泥等有机质含量丰富的材料，会使土壤有机质含量增加，土壤肥力提升。将几类物质以对土壤有机质含量的提高程度按从高到低的顺序排列，则有污泥＞椰糠＞混合土＞有机肥＞草炭。

4.3.2 介质土对降低全盐量的影响

4.3.2.1 对全盐量变化的显著性分析

通过对实验所得的不同介质土的全盐量进行方差分析，结果如表4-7所示。介质土变化的显著性小于0.01，由此可见雨水花园介质土的变化对全盐量的影响极显著。

表4-7 全盐量方差检验

	平方和	自由度	均　方	F	显著性
组间	624.433	10	62.443	223.108	0.000
组内	6.157	22	0.280		
总数	630.591	32			

4.3.2.2 对降低全盐量的效果分析

根据全盐量的实验，得到不同介质土的全盐量的柱形图。如图4-5所示，其表示了不同介质土全盐量的均值，柱形图上的误差线表示的是实验组误差情况，由此可见，实验误差情况处于可以接受的范围之内。

根据HSD检验法中a和b方法对不同介质土的两两比较得知，不同介质土的全盐量两两差异较显著。通过表4-8的分析，可以得知现盐碱土的全盐量很高，约达13.3 g/kg。除加入石膏外，在混入多种介质土之后，全盐量均有下降，其中混入黄沙原土后下降最为明显，约降至3.0 g/kg。出现这种结果的可能原因是黄沙原土主要成分是SiO_2，对介质土全盐量有一定的稀释作用，而石膏的主要成分是硫酸钙，构成的两种离子均为全盐量检测离子，所以土壤全盐量出现了上升情况。

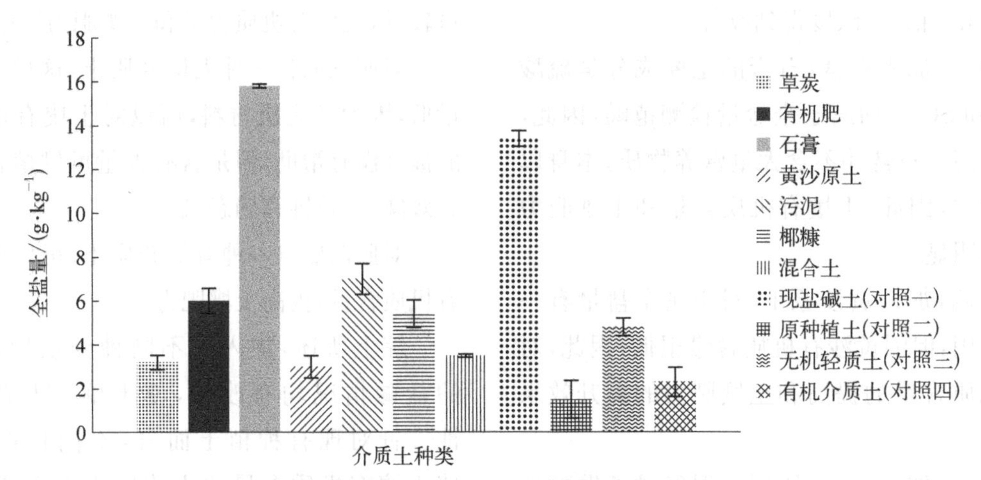

图 4-5 土壤全盐量(均值)柱状分析图

表 4-8 不同介质土全盐量的两两比较

介质土种类	样本数/个	全盐量/(g·kg^{-1})						
		子集 1	子集 2	子集 3	子集 4	子集 5	子集 6	子集 7
原种植土(对照二)	3	1.483 2						
有机介质土(对照四)	3	2.152 1	2.152 1					
黄沙原土	3		3.049 7					
草炭	3		3.285 4					
混合土	3		3.538 0	3.538 0				
无机轻质土(对照三)	3			5.002 5	5.002 5			
椰糠	3				5.169 6			
有机肥	3				5.813 7	5.813 7		
污泥	3					7.193 1		
现盐碱土(对照一)	3						13.275 8	
石膏	3							15.790 9
显著性		0.887	0.105	0.073	0.724	0.108	1.000	1.000

注：将显示同类子集中的组均值；
a. 将使用调和均值样本大小=3。b. Alpha=0.05。(下同)

4.3.3 介质土对降低 pH 值的影响

4.3.3.1 对 pH 值变化的显著性分析

通过对实验所得的不同介质土的 pH 值进行方差分析(见表 4-9),结果表明介质土变化的显著性小于 0.01,由此可见,雨水花园介质土的变化对 pH 值的影响极显著。

表 4-9 pH 值方差检验

	平方和	自由度	均 方	F	显著性
组间	4.194	10	0.419	219.774	0.000
组内	0.042	22	0.002		
总数	4.236	32			

4.3.3.2 对 pH 值降低的效果分析

根据土壤 pH 值的实验，得到不同介质土的 pH 值的柱形图。如图 4-6 所示，其表示了不同介质土 pH 值的均值，柱形图上的误差线表示的是实验组误差情况，由此可见，实验误差情况处于可以接受的范围之内。

根据 HSD 检验法中 a 和 b 方法对不同介质土的两两比较得知，不同介质土的 pH 值两两差异较显著。通过表 4-10 的分析，现盐碱土的 pH 值最高，约为 8.78，在加入不同介质土后，pH 值均有所降低，使土壤趋向于中性，其中 pH 值变化最大的是加入椰糠，变化量约为 0.95。

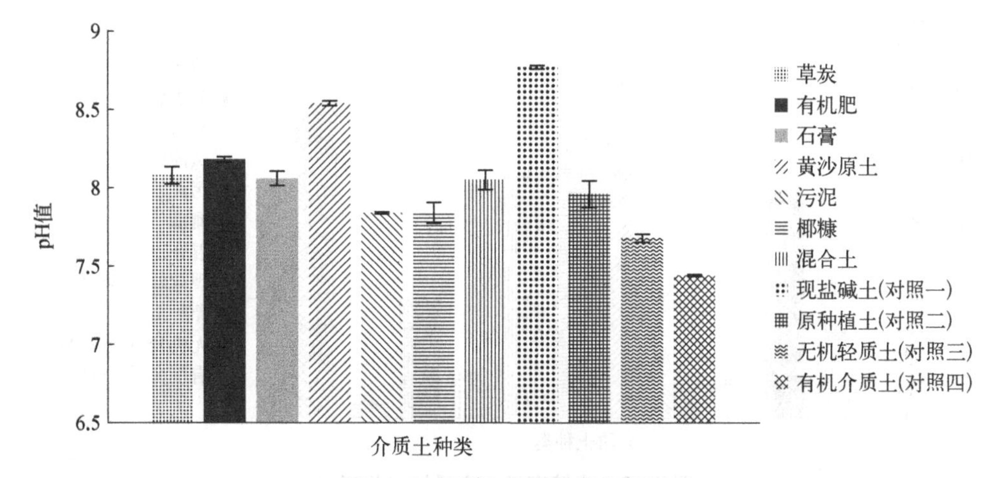

图 4-6 土壤 pH 值柱状分析图

表 4-10 不同介质土 pH 值的两两比较

介质土种类	样本数/个	pH 值							
		子集 1	子集 2	子集 3	子集 4	子集 5	子集 6	子集 7	子集 8
有机介质土(对照四)	3	7.438 5							
无机介质土(对照三)	3		7.677 9						
椰糠	3			7.824 4					
污泥	3			7.841 2	7.841 2				
原种植土(对照二)	3				7.958 9	7.958 9			
混合土	3					8.035 9			
石膏	3					8.057 8	8.057 8		
草炭	3					8.078 5	8.078 5		
有机肥	3						8.171 6		
黄沙原土	3							8.543 3	
现盐碱土(对照一)	3								8.775 0
显著性		1.000	1.000	1.000	0.088	0.079	0.108	1.000	1.000

4.3.4 介质土对土壤有机质含量的影响

4.3.4.1 对土壤有机质含量改变的显著性分析

通过对实验所得的不同介质土的有机质含量进行方差分析(见表 4-11)，结果表明介质土变化的显著性小于 0.01，可见雨水花园介质土的变化对土壤有机质含量的影响极显著。

4.3.4.2 对土壤有机质含量改变的效果分析

根据土壤有机质含量的实验，得到不同介质土的有机质含量的柱形图。如图 4-7 所示，其表示了不同介质土有机质含量的均值，柱形图上的误差线表示的是实验组误差情况，由此可见，实

表 4-11 土壤有机质含量方差检验

	平方和	自由度	均 方	F	显著性
组间	10 701.145	10	1 070.114	4 078.855	0.000
组内	5.772	22	0.262		
总数	10 706.917	32			

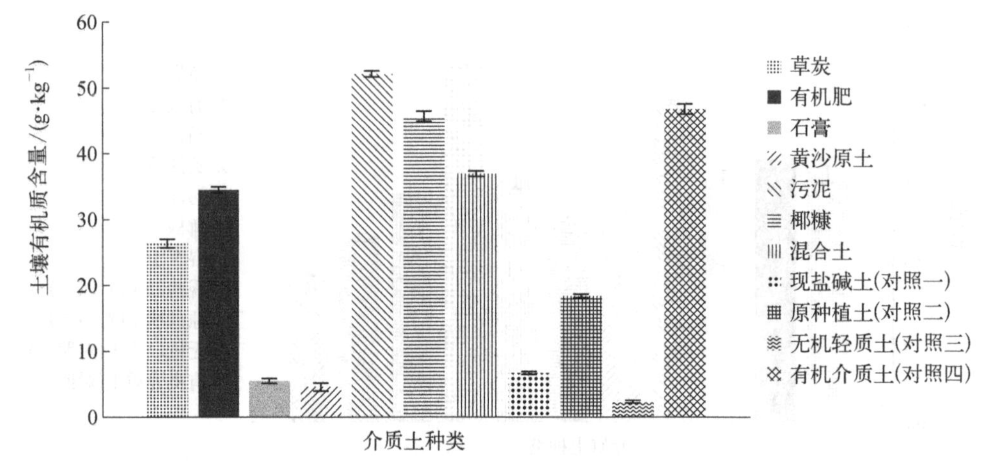

图 4-7 土壤有机质含量柱状分析图

验误差情况处于可以接受的范围之内。

根据 HSD 检验法中 a 和 b 方法对不同介质土的两两比较得知，不同介质土的土壤有机质含量两两差异较显著。通过表 4-12 的分析，可以得知现盐碱土的土壤有机质含量很低，仅约 6.7 g/kg。加入石膏、黄沙原土等介质土后，土壤有机质相对现盐碱土分别降低约 1.1 g/kg 和 2.4 g/kg。出现这个结果的可能原因是这两种介质土多由无机成分组成，因此，在稀释盐碱土的同时，土壤有机质含量也会相应减少。加入草炭、有机肥、污泥、椰糠等介质材料以及形成混合土，使得土壤有机质含量增加了约 19.5～45.4 g/kg，其中加入污泥介质的土壤有机质含量最高，约为 52.1 g/kg。无机轻质土和有机介质土分别由无机轻质和有机介质构成，因此，无机轻质土土壤有机质含量最低约为 2.4 g/kg，而有机质介质土的土壤有机质含量达到了约 46.9 g/kg。

表 4-12 不同介质土有机质含量的两两比较

介质土种类	样本数/个	有机质含量/$(g \cdot kg^{-1})$								
		子集 1	子集 2	子集 3	子集 4	子集 5	子集 6	子集 7	子集 8	子集 9
无机轻质土(对照三)	3	2.395 6								
黄沙原土	3		4.375 3							
石膏	3		5.605 1	5.605 1						
现盐碱土(对照一)	3			6.732 2						
原种植土(对照二)	3				18.451 7					
草炭	3					26.191 2				
有机肥	3						34.605 5			
混合土	3							36.789 5		
椰糠	3								45.804 9	

(续表)

介质土种类	样本数/个	有机质含量/(g·kg^{-1})								
		子集1	子集2	子集3	子集4	子集5	子集6	子集7	子集8	子集9
有机介质土(对照四)	3								46.853 2	
污泥	3									52.149 5
显著性		1.000	0.173	0.263	1.000	1.000	1.000	1.000	0.352	1.000

4.3.5 介质土对土壤肥力的影响

4.3.5.1 对有效磷、速效钾、硝态氮含量变化的显著性分析

通过对实验所得的不同介质土的有效磷、速效钾、硝态氮含量进行方差分析(见表4-13、表4-14、表4-15),结果表明介质土变化的显著性小于0.01。由此可见,雨水花园介质土的变化对有效磷、速效钾、硝态氮的影响极显著。

表4-13 有效磷含量方差检验

	平方和	自由度	均 方	F	显著性
组间	30 059.707	10	3 005.971	8 120.907	0.000
组内	8.143	22	0.370		
总数	30 067.850	32			

表4-14 速效钾含量方差检验

	平方和	自由度	均 方	F	显著性
组间	3 713 209.330	10	371 320.933	1 015 972.110	0.000
组内	8.041	22	0.365		
总数	3 713 217.371	32			

表4-15 硝态氮含量方差检验

	平方和	自由度	均 方	F	显著性
组间	231 384.198	10	23 138.420	72 895.365	0.000
组内	6.983	22	0.317		
总数	231 391.181	32			

4.3.5.2 对有效磷、速效钾、硝态氮含量变化的效果分析

根据土壤有效磷含量的实验,得到不同介质土的有效磷含量的柱形图。如图4-8所示,其表示了不同介质土有效磷含量的均值,柱形图上的误差线表示的是实验组误差情况,由此可见,实验误差情况处于可以接受的范围之内。

根据HSD检验法中a和b方法对不同介质土的两两比较得知,不同介质土的土壤有效磷含量两两差异较显著。通过表4-16的分析,可以得知现盐碱土所含有效磷最低,约为9.0 mg/kg,加入其他介质土后,土壤有效磷含量均有提高,其中最高的是加入有机肥的土壤,有效磷含量约为71.2 mg/kg,最低的是加入黄沙原土的土壤,约为9.1 mg/kg。原种植土有效磷含量约为18.0 mg/kg,加入有机肥、石膏、污泥、椰糠等介质以及形成混合土,均使土壤有效磷含量增加,其中增量最多的是加入有机肥的介质土,相比原

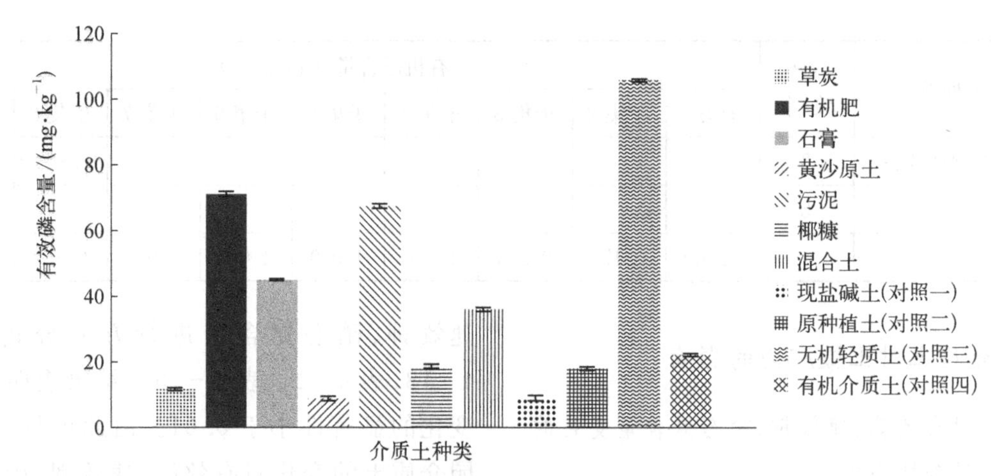

图 4-8　土壤有效磷含量柱状分析图

表 4-16　不同介质土有效磷含量的两两比较

介质土种类	样本数/个	有效磷含量/$(mg \cdot kg^{-1})$								
		子集 1	子集 2	子集 3	子集 4	子集 5	子集 6	子集 7	子集 8	子集 9
现盐碱土(对照一)	3	8.978 3								
黄沙原土	3	9.068 5								
草炭	3		11.748 9							
原种植土(对照二)	3			18.049 2						
椰糠	3			18.553 8						
有机介质土(对照四)	3				22.188 8					
混合土	3					35.806 7				
石膏	3						44.857 9			
污泥	3							67.226 4		
有机肥	3								71.206 2	
无机介质土(对照三)	3									105.842 8
显著性		1.000	1.000	0.997	1.000	1.000	1.000	1.000	1.000	1.000

种植土增加了约 53.2 mg/kg。

根据土壤速效钾含量的实验，得到不同介质土的速效钾含量的柱形图。如图 4-9 所示，其表示了不同介质土速效钾含量的均值，柱形图上的误差线表示的是实验组误差情况，由此可见，实验误差情况处于可以接受的范围之内。

根据 HSD 检验法中 a 和 b 方法对不同介质土的两两比较得知，不同介质土的土壤速效钾含量两两差异较显著。通过表 4-17 的分析，可以得知现盐碱土所含速效钾含量约为 204.1 mg/kg，加入污泥、混合土、有机肥、椰糠等介质，使得土壤速效钾含量增加。原种植土所含速效钾含量最低，约为 121.7 mg/kg，说明加入其他介质后，土壤速效钾含量均有提高，其中含量最多的是加入椰糠的介质土，约为 1 097.2 mg/kg，相比原种植土约增加了 975.5 mg/kg。

根据土壤硝态氮含量的实验，得到不同介质土的硝态氮含量的柱形图。如图 4-10 所示，其表示了不同介质土硝态氮含量的均值，柱形图上的误差线表示的是实验组误差情况，由此可见，实验误差情况处于可以接受的范围之内。

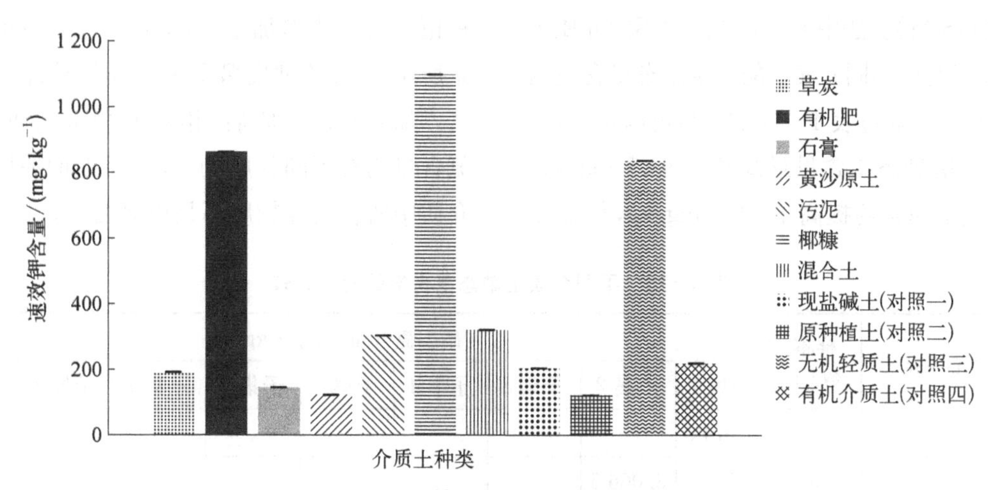

图 4-9　土壤速效钾含量柱状分析图

表 4-17　不同介质土速效钾含量的两两比较

介质土种类	样本数/个	速效钾含量/(mg・kg^{-1})									
		子集 1	子集 2	子集 3	子集 4	子集 5	子集 6	子集 7	子集 8	子集 9	子集 10
原种植土(对照二)	3	121.67									
黄沙原土	3	122.89									
石膏	3		145.83								
草炭	3			191.90							
现盐碱土(对照一)	3				204.13						
有机介质土(对照四)	3					219.04					
污泥	3						302.87				
混合土	3							319.85			
无机介质土(对照三)	3								834.99		
有机肥	3									861.91	
椰糠	3										1 097.18
显著性		0.374	1.000	1.000	1.000	1.000	1.000	1.000	1.000	1.000	1.000

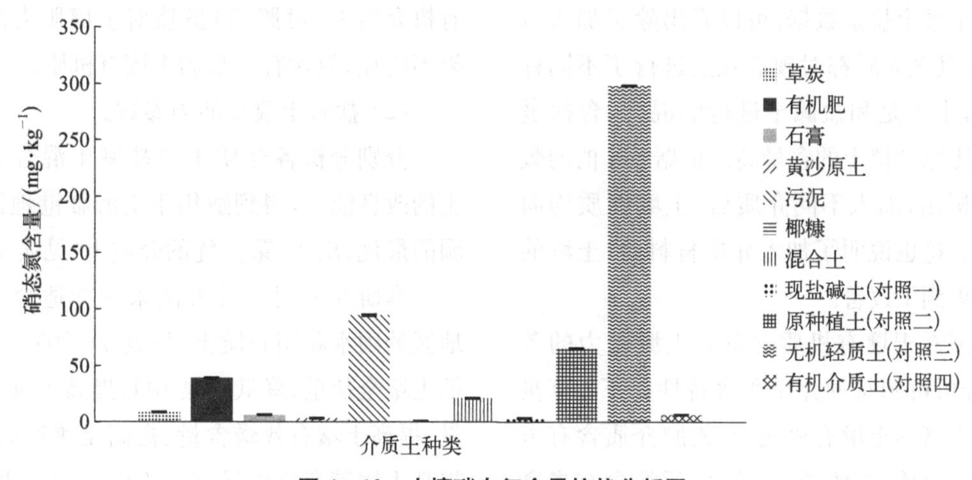

图 4-10　土壤硝态氮含量柱状分析图

根据HSD检验法中a和b方法对不同介质土的两两比较得知，不同介质土的土壤硝态氮含量两两差异较显著。通过表4-18的分析可以得出，加入污泥后土壤硝态氮含量最高约为94.5 mg/kg，相比现盐碱土而言约提高了91.0 mg/kg，相比原种植土而言约增加了29.3 mg/kg。可能的原因是所用污泥经过发酵处理，硝态氮含量较为丰富。加入其余介质后，相对原种植土而言，硝态氮含量均有不同程度的下降，可能的原因是其他介质中所含营养物质不是以氮为主。

表4-18　不同介质土硝态氮含量的两两比较

介质土种类	样本数/个	硝态氮含量/(mg·kg^{-1})								
		子集1	子集2	子集3	子集4	子集5	子集6	子集7	子集8	子集9
椰糠	3	0.574 0								
黄沙原土	3		3.066 5							
现盐碱土(对照一)	3		3.503 0							
有机介质土(对照四)	3			6.323 7						
石膏	3			6.512 1						
草炭	3				8.392 3					
混合土	3					21.190 9				
有机肥	3						38.957 3			
原种植土(对照二)	3							65.271 9		
污泥	3								94.530 0	
无机轻质土(对照三)	3									298.217 5
显著性		1.000	0.996	0.998	1.000	1.000	1.000	1.000	1.000	1.000

综上所述，雨水花园介质土对于盐碱土改良效果的影响表现为以下方面。

(1) 影响分析。

根据本实验的结果，可以看出雨水花园种植层介质土的改变对盐碱土的改善情况是极显著的。

分析土壤全盐量数据，可以看出除了加入石膏介质外，其余介质都对现盐碱土进行了不同程度的稀释，由于是和盐碱土进行的混合，含盐量整体还是比原种植土的含量高。根据pH值的数据可以分析出，加入不同介质后，土壤性质均向中性发展。这也说明了加入介质材料后，土壤的盐碱情况得到了改善。

综合来看土壤有机质含量和土壤肥力的各项数据，分析可知每种介质所含特性如下：草炭介质含有丰富的土壤有机质，有机肥介质含有丰富的土壤有机质、有效磷、速效钾，污泥含有丰富的土壤有机质硝态氮，椰糠含有丰富的土壤有机质和速效钾，而石膏和黄沙原土对土壤有机质含量的增加和土壤肥力的改善没有很好的效果。混合土各项指标比较均衡，拥有每种介质的特点。

两类新型材料特征的区别比较明显，无机轻质土(对照三)虽然有很少的土壤有机质，但含有大量可供植物吸收的有效磷、速效钾、硝态氮，而有机介质土(对照四)虽然对土壤肥力的提升效果不明显，但含有丰富的土壤有机质。

(2) 盐碱土改良能力参数。

分别分析各介质土与盐碱土混合后对盐碱土的改良能力，得到适用于上海临港地区雨水花园的最优、次优、第三优的介质土(见表4-19)。

本研究采用计分方法来选择适合上海临港地区的雨水花园介质土(见表4-20)。为了使降低土壤全盐量、降低土壤pH、提高土壤有机质含量、提高土壤有效磷含量、提高土壤速效钾含量、提高土壤硝态氮含量这6方面的影响更加平衡，将这6项的权重均定为16.7%；对于各介质土的影响程度，则按影响程度极其显著（100%）、显著（50%）、不显著（0%）计分；同时，按各介质土对盐碱土改良能力的最优（5 分）、次优（3 分）、第三优（1 分）、其他（0 分）4 个等级计分。

表 4－19 改良盐碱土的能力参数

改良能力	降低全盐量	降低pH	提高土壤有机质	提高土壤有效磷	提高土壤速效钾	提高土壤硝态氮
最优	黄沙原土	椰糠	污泥	有机肥	椰糠	污泥
次优	草炭	污泥	椰糠	污泥	有机肥	有机肥
第三优	混合土	混合土	混合土	石膏	混合土	混合土

表 4－20 构建改善盐碱土的雨水花园介质土的计分方法

内　容	计　分　方　法					
权重	降低全盐量：16.7%	降低 pH：16.7%	提高土壤有机质含量：16.7%	提高土壤有效磷含量：16.7%	提高土壤速效钾含量：16.7%	提高土壤硝态氮含量：16.7%
因素显著程度	极其显著：100%		显著：50%		不显著：0%	
处理能力	最优：5 分		次优：3 分	第三优：1 分		其他：0 分

根据表 4－21 的计分结果，对盐碱土改善能力最好的介质是污泥，其分值最高为 3.5 分，次之是椰糠，其分值为 2.2 分；再次是有机肥，其分值为 1.8 分。分值体现了介质对盐碱土改良的综合能力。因此，在上海临港地区，着重考虑雨水花园对盐碱土的改良时，可以采用加入污泥介质的方式。

表 4－21 构建改善盐碱土的雨水花园介质土的计分结果

介质土种类	因素影响程度/%	得分/分							
		降低土壤全盐量	降低土壤pH	提高土壤有机质含量	提高土壤有效磷含量	提高土壤速效钾含量	提高土壤硝态氮含量	总分	加权分
草炭	100	3	0	0	0	0	0	3	0.5
有机肥	100	0	0	0	5	3	3	11	1.8
石膏	100	0	0	0	1	0	0	1	0.2
黄沙原土	100	5	0	0	0	0	0	5	0.8
污泥	100	0	3	5	3	0	5	21	3.5
椰糠	100	0	5	3	0	5	0	13	2.2
混合土	100	1	1	1	0	1	1	5	0.8

4.4 雨水花园介质土对径流水文特征的影响

4.4.1 介质土对出流洪峰延迟时间的影响

4.4.1.1 对出流洪峰延迟时间影响的显著性分析

通过对实验所得的不同介质土的出流洪峰延迟时间进行方差分析（见表 4－22），结果表明介质土变化的显著性小于 0.01。可见雨水花园介质土的变化对出流洪峰延迟时间的影响极显著。

4.4.1.2 对出流洪峰延迟时间的效果分析

根据雨水花园出流洪峰延迟时间的实验，得到不同介质土的出流洪峰延迟时间的柱形图。图 4－11 表示了不同介质土对雨水花园出流洪峰延迟时间的均值，柱形图上的误差线表示的是实

表 4-22 出流洪峰延迟时间方差检验

	平方和	自由度	均 方	F	显著性
组间	3 119.515	10	311.952	72.496	0.000
组内	94.667	22	4.303		
总数	3 214.182	32			

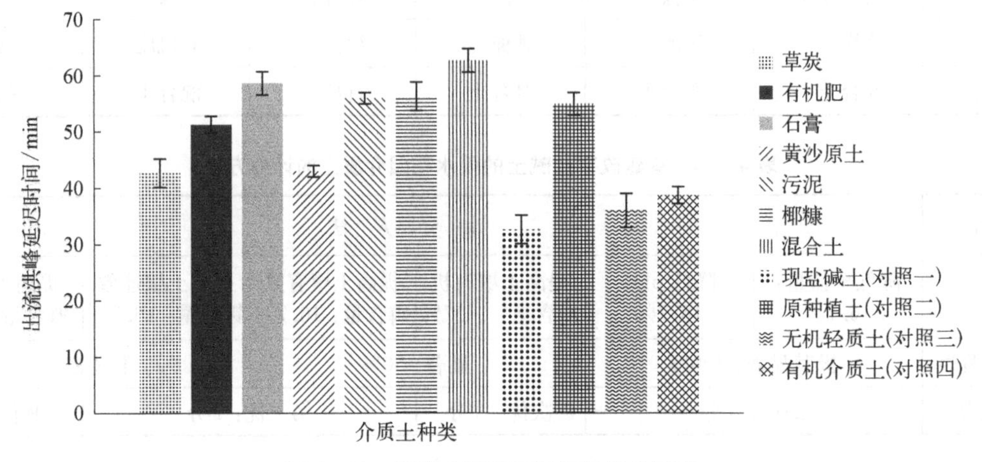

图 4-11 出流洪峰延迟时间柱状分析图

验组误差情况，由此可见，实验误差情况处于可以接受的范围之内。

根据 HSD 检验法中 a 和 b 方法对不同介质土的两两比较得知(见表 4-23)，不同介质土对于出流洪峰延迟时间两两差异较显著，其中混合土对出流洪峰延迟时间最高，约为 63 min。原因可能是混合土所含介质土类型多，增加了土壤黏滞能力。原种植土出流洪峰延迟时间为 55 min，加入有机肥、污泥、椰糠、石膏等介质的土壤出流洪峰延迟时间与原种植土的相近，分别约为 51 min、56 min、56 min、59 min。

表 4-23 不同介质土出流洪峰延迟时间的两两比较

介质土种类	样本数/个	出流洪峰延迟时间/min				
		子集 1	子集 2	子集 3	子集 4	子集 5
现盐碱土(对照一)	3	32.666 7				
无机轻质土(对照三)	3	36.000 0				
有机介质土(对照四)	3	38.666 7	38.666 7			
草炭	3		42.666 7			
黄沙原土	3		43.000 0			
有机肥	3			51.333 3		
原种植土(对照二)	3			55.000 0	55.000 0	
污泥	3			56.000 0	56.000 0	
椰糠	3			56.333 3	56.333 3	
石膏	3				58.666 7	58.666 7
混合土	3					62.666 7
显著性		0.053	0.326	0.169	0.549	0.431

注：将显示同类子集中的组均值。
a. 将使用调和均值样本大小=3.000。b. Alpha=0.05。(以下同)

因此，在构建适用于临港地区的雨水花园并优先考虑增加出流洪峰延迟时间时，可以选择混合土作为雨水花园种植层介质土。

4.4.2　介质土对洪峰时刻累积径流削减率的影响

4.4.2.1　对洪峰时刻累积径流削减率影响的显著性分析

通过对实验所得的不同介质土的累积洪峰削减率进行方差分析（见表 4－24），结果表明介质土变化的显著性小于 0.01。可见，雨水花园介质土的变化对洪峰时刻累积径流削减率的影响极显著。

4.4.2.2　对洪峰时刻累积径流削减率的效果分析

根据雨水花园洪峰时刻累积径流削减率的实验，得到不同介质土的洪峰时刻累积径流削减率的柱形图。图 4－12 表示了不同介质土对雨水花园洪峰时刻累积径流削减率的均值，柱形图上的误差线表示的是实验组误差情况，由此可见，实验误差情况处于可以接受的范围之内。

根据 HSD 检验法中 a 和 b 方法对不同介质土的两两比较得知（见表 4－25），不同介质土对于洪峰时刻累积径流削减率的两两差异较显著，其中现盐碱土对洪峰时刻累积径流的削减率最高，约为 91％，原因可能是盐碱土黏度大，不利于雨水下渗。实验组中，加入草炭、黄沙原土、污泥介质的土壤对洪峰时刻累积径流的削减率较高，分别约为 89％、87％、78％，原因可能是加入三者后，相对于其他材料，种植土表面更为粗糙，进而使累积的削减量增多，且分别比原种植土增加了约 17％、15％、6％。

表 4－24　洪峰时刻累积径流削减率方差检验

	平方和	自由度	均　方	F	显著性
组间	0.730	10	0.073	93.722	0.000
组内	0.017	22	0.001		
总数	0.748	32			

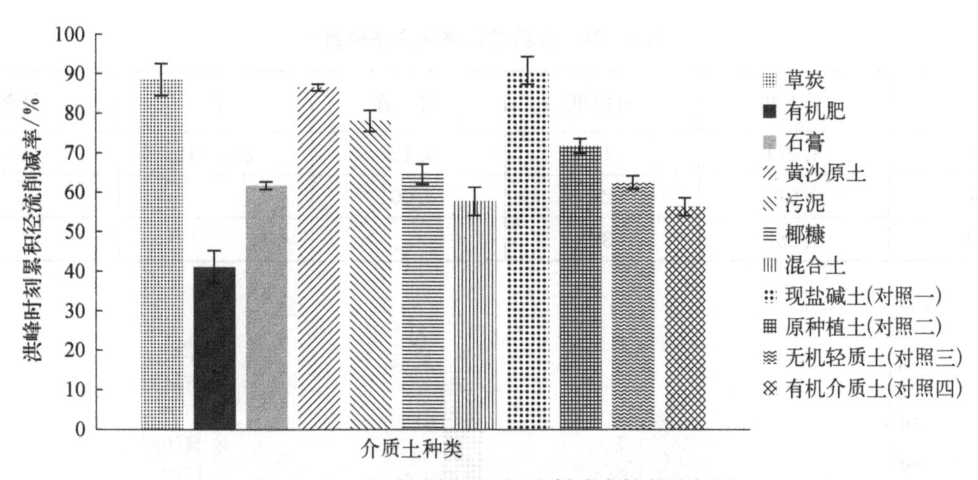

图 4－12　洪峰时刻累积径流削减率柱状分析图

表 4－25　不同介质土对洪峰时刻累积削减率影响的两两比较

介质土种类	样本数/个	洪峰时刻累积削减率/％					
		子集 1	子集 2	子集 3	子集 4	子集 5	子集 6
有机肥	3	41.16					
有机介质土(对照四)	3		56.39				

（续表）

介质土种类	样本数/个	洪峰时刻累积削减率/%					
		子集 1	子集 2	子集 3	子集 4	子集 5	子集 6
混合土	3		57.73	57.73			
石膏	3		61.79	61.79			
无机轻质土(对照三)	3		62.56	62.56			
椰糠	3			64.69	64.69		
原种植土(对照二)	3				71.83	71.83	
污泥	3					78.11	
黄沙原土	3						86.58
草炭	3						88.54
现盐碱土(对照一)	3						90.91
显著性		1.000	0.259	0.140	0.122	0.238	0.712

因此，在构建适用于临港地区的雨水花园并优先考虑提高洪峰时刻累积径流削减率时，可以选择草炭、黄沙原土、污泥作为雨水花园种植层介质。

4.4.3 介质土对径流总削减率的影响

4.4.3.1 对径流总削减率影响的显著性分析

通过对实验所得的不同介质土的径流总削减率进行方差分析（见表 4－26），结果表明介质土变化的显著性小于 0.01。可见，雨水花园介质土的变化对径流总削减率的影响极显著。

4.4.3.2 对径流总削减率影响的效果分析

根据雨水花园径流总削减率的实验，得到不同介质土的径流总削减率的柱形图。图 4－13 表示了不同介质土对雨水花园径流总削减率的均值，柱形图上的误差线表示的是实验组误差情况，由此可见，实验误差情况处于可以接受的范围之内。针对原种植土而言，加入不同介质对径流总削减率都有着不同程度的影响。

表 4－26 径流总削减率方差检验

	平方和	自由度	均 方	F	显著性
组间	1.274	10	0.127	232.612	0.000
组内	0.012	22	0.001		
总数	1.287	32			

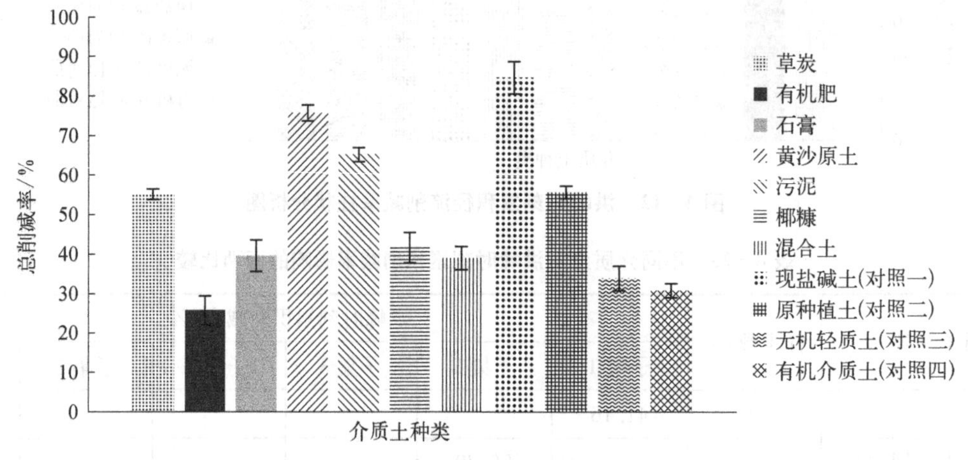

图 4－13 径流总削减率柱状分析图

根据HSD检验法中a和b方法对不同介质土的两两比较得知(见表4-27),不同介质土对于总削减率的两两差异较显著,其中现盐碱土的总削减率最高,约为85%,原因可能是盐碱土黏度大,在相同时间、相等降雨量的条件下,其通过实验装置出流的总径流量少于其他介质土。实验组中,加入黄沙原土、污泥的介质土的总削减率较高,分别约为76%、65%,原因可能是加入两者后,种植土相对于其他材料更为粗糙,进而使通过实验装置出流的总径流量减少,且分别比原种植土增加了约21%、9%。

表4-27　不同介质土对总削减率影响的两两比较

介质土种类	样本数/个	总削减率/%						
		子集1	子集2	子集3	子集4	子集5	子集6	子集7
有机肥	3	25.76						
有机介质土(对照四)	3	30.80	30.80					
无机轻质土(对照三)	3	33.92	33.92	33.92				
混合土	3		38.94	38.94				
石膏	3			39.61				
椰糠	3			41.68				
草炭	3				55.12			
原种植土(对照二)	3				55.69			
污泥	3					65.27		
黄沙原土	3						75.76	
现盐碱土(对照一)	3							84.59
显著性		0.066	0.067	0.092	1.000	1.000	1.000	1.000

因此,在构建适用于临港地区的雨水花园并优先考虑提高径流总削减率时,可以选择黄沙原土、污泥作为雨水花园种植层介质。

对照组中的无机轻质土和有机介质土是两种新型材料,可能是因为这两种新型材料相对于其他材料更为光滑,对于径流的黏滞能力低,故其出流洪峰延迟时间、洪峰时刻累积径流削减率以及总削减率,均比原种植土低。

4.4.4　介质土对渗透率的影响

4.4.4.1　对雨水花园渗透率影响的显著性分析

通过对实验所得的不同介质土的渗透率进行方差分析(见表4-28),结果表明介质土变化的显著性小于0.01。可见,雨水花园介质土的变化对土壤渗透率的影响极显著。

表4-28　土壤渗透率方差检验

	平方和	自由度	均　方	F	显著性
组间	0.000	10	0.000	189.780	0.000
组内	0.000	22	0.000		
总数	0.000	32			

4.4.4.2　对雨水花园渗透率影响的效果分析

根据雨水花园渗透率的实验,得到不同介质土渗透率的柱形图。图4-14表示了不同介质土渗透率的均值,柱形图上的误差线表示的是实验

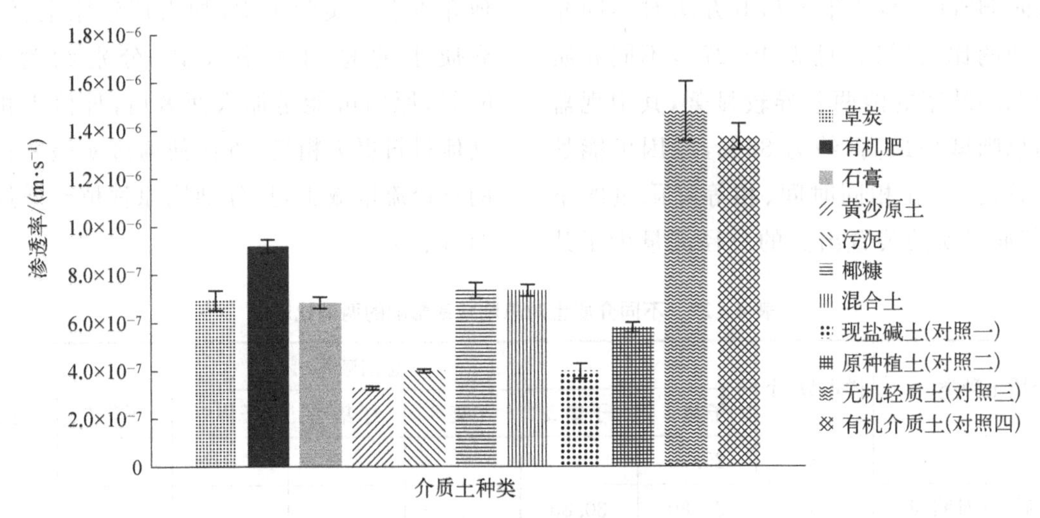

图 4-14 土壤渗透率状分析图

组误差情况，由此可见，实验误差情况处于可以接受的范围之内。

根据 HSD 检验法中 a 和 b 方法对不同介质土的两两比较得知(见表 4-29)，不同介质土对于渗透率的两两差异较显著，其中无机轻质土对雨水花园渗透率最高，约为 1.5×10^{-6} m/s，有机介质土次之，约为 1.4×10^{-6} m/s。原因可能是两种新型材料孔隙率高，径流在其间下渗速率较快。实验组中，加入有机肥的土壤对雨水花园的渗透率最高，约为 9.2×10^{-7} m/s，混合土以及加入椰糠、草炭、石膏等介质的土壤对雨水花园的渗透率相对于原种植土(约 5.8×10^{-7} m/s)也有不同程度的增加。原因可能是加入各种介质土后，土壤的孔隙率均有所增加，从而加快了雨水下渗速率。

因此，在构建适用于临港地区的雨水花园并优先考虑土壤对雨水渗透的效率时，可以选择有机肥、混合土、椰糠、草炭、石膏作为雨水花园种植层介质。

综上所述，雨水花园介质土对径流水文特征的影响表现为如下 2 个方面。

表 4-29 不同介质土对雨水花园渗透率影响的两两比较

介质土种类	样本数/个	渗透率/(m·s⁻¹)				
		子集 1	子集 2	子集 3	子集 4	子集 5
黄沙原土	3	0.32912×10^{-6}				
现盐碱土(对照一)	3	0.39859×10^{-6}				
污泥	3	0.40008×10^{-6}				
原种植土(对照二)	3		0.57926×10^{-6}			
石膏	3		0.68381×10^{-6}	0.68381×10^{-6}		
草炭	3		0.69240×10^{-6}	0.69240×10^{-6}		
椰糠	3			0.73344×10^{-6}		
混合土	3			0.73423×10^{-6}		
有机肥	3				0.91918×10^{-6}	
有机介质土(对照四)	3					1.37347×10^{-6}
无机轻质土(对照三)	3					1.48053×10^{-6}
显著性		0.746	0.175	0.958	1.000	0.230

(1) 影响分析。

根据本实验的结果，可以看出每个实验的显著性均小于0.01，这说明雨水花园种植层介质土的改变，对出流洪峰延迟时间、洪峰时刻累积径流削减效率、径流总削减率、土壤渗透率的影响极显著。

出流洪峰延迟时间由短到长的土壤依次为：现盐碱土(对照一)＜无机轻质土(对照三)＜有机介质土(对照四)＜草炭＜黄沙原土＜有机肥＜原种植土(对照二)＜污泥＜椰糠＜石膏＜混合土。

洪峰时刻累积径流削减率由低到高的土壤依次为：有机肥＜有机介质土(对照四)＜混合土＜石膏＜无机轻质土(对照三)＜椰糠＜原种植土(对照二)＜污泥＜黄沙原土＜草炭＜现盐碱土(对照一)。

径流总削减率由低到高的土壤依次为：有机肥＜有机介质土(对照四)＜无机轻质土(对照三)＜混合土＜石膏＜椰糠＜草炭＜原种植土(对照二)＜污泥＜黄沙原土＜现盐碱土(对照一)。

土壤渗透率由低到高的土壤依次为：黄沙原土＜现盐碱土(对照一)＜污泥＜原种植土(对照三)＜石膏＜草炭＜椰糠＜混合土＜有机肥＜有机介质土(对照四)＜无机轻质土(对照三)。

对比原种植土，雨水花园介质土的改变对土壤性状的改变较为明显，加入污泥、椰糠、石膏等介质的土壤以及混合土，使得出流洪峰延迟时间增长了约1～8 min，其中延迟时间最多的是混合土，约为63 min；加入污泥、黄沙原土、草炭等介质，使得洪峰时刻累积径流削减率增加了约6%～17%，其中削减率最高的介质是草炭，约为89%；加入污泥、黄沙原土等介质，使得径流总削减率增加了约9%～21%，其中径流总削减率最高的介质是黄沙原土，约为76%；加入石膏、草炭、椰糠、有机肥等介质的土壤以及混合土，使雨水花园渗透率有不同程度的增加，其中渗透率最高的介质是有机肥，约为9.2×10^{-7} m/s。

现盐碱土由于土壤黏度大、黏滞力强，洪峰时刻径流累积削减率和径流总削减率分别达到了约91%和85%，但是其因为雨水入渗能力差、不利于植物生长等缺点，并不适合直接用于雨水花园种植层。根据各组实验结果，在加入各种介质后，土壤的性状得到了显著改善。

两类新型材料无机轻质土(对照三)和有机介质土(对照四)的最大特点是具备很强的渗透效率，因此，在上海滨海地区需要构建具有很强的雨水渗透效率的雨水花园时，可以选择这两种新型材料作为种植层介质土。

(2) 水文处理能力参数。

通过分析不同介质土对水文特征的影响，根据出流洪峰延迟时间、洪峰时刻累积径流削减率、径流总削减率、渗透率的处理效果，得到适用于上海临港地区雨水花园的最优、次优、第三优的介质土(见表4-30)。

表4-30 水文处理能力参数

处理能力	出流洪峰延迟时间	洪峰时刻累积径流削减率	径流总削减率	渗透率
最优	混合土	草炭	黄沙原土	有机肥
次优	石膏	黄沙原土	污泥	混合土
第三优	椰糠	污泥	草炭	椰糠

本研究采用计分方法来选择适合上海临港地区的雨水花园介质土，为了使出流洪峰延迟时间、洪峰时刻累积径流削减率、径流总削减率、渗透率这四方面的影响更加平衡，将这4项的权重均定为25%；对于各介质土的影响程度，则按影响程度极其显著(100%)、显著(50%)、不显著(0%)计分；各介质土对水文情况的处理能力按最优(5分)、次优(3分)、第三优(1分)、其他(0分)4个等级计分(见表4-31)。

根据表4-32的计分结果，对水文特征改善能力最好的介质土是混合土和加入黄沙原土的介质土,其分数分值最高,为 2.0 分;次之是草炭,其分值为 1.5 分;再次是有机肥,其分值为 1.3 分。分值体现了介质土对水文特征改善的综合能力,因此,在上海临港地区的建设中,着重考虑雨水花园对水文特征的改善时,可以采用混合土或加入黄沙原土介质的土壤。

表 4-31 构建改善水文的雨水花园介质土的计分方法

内 容	计 分 方 法			
权重	出流洪峰延迟时间:25%	洪峰时刻累积径流削减率:25%	径流总削减率:25%	渗透率:25%
因素显著程度	极其显著:100%	显著:50%		不显著:0%
处理能力	最优:5 分	次优:3 分	第三优:1 分	其他:0 分

表 4-32 构建改善水文的雨水花园介质土的计分结果

介质土种类	因素影响程度/%	得分/分					
		出流洪峰延迟时间	洪峰时刻累积径流削减率	径流总削减率	渗透率	总分	加权分
草炭	100	0	5	1	0	6	1.5
有机肥	100	0	0	0	5	5	1.3
石膏	100	3	0	0	0	3	0.8
黄沙原土	100	0	3	5	0	8	2.0
污泥	100	0	1	3	0	4	1.0
椰糠	100	1	0	0	1	2	0.5
混合土	100	5	0	0	3	8	2.0

4.5 雨水花园介质土对设施植物生长效果的影响

4.5.1 介质土对植物生长高度的影响

4.5.1.1 对红叶石楠生长高度影响的显著性分析

通过对实验所得的红叶石楠生长高度的数据进行方差分析(见表 4-33),得到介质土变化的显著性小于 0.01。由此可见,雨水花园介质土的变化对红叶石楠生长高度的影响极显著。

4.5.1.2 对红叶石楠生长高度影响的效果分析

根据雨水花园介质土对植物生长影响的实验,得到不同介质土下生长两周后的红叶石楠生长高度的柱形图。图 4-15 表示红叶石楠在不同介质土下生长高度的均值,柱形图上的误差线表示的是实验组误差情况,由此可见,实验误差情况处于可以接受的范围之内。

表 4-33 红叶石楠生长高度方差检验

	平方和	自由度	均 方	F	显著性
组间	1 471.022	10	147.102	464.516	0.000
组内	6.967	22	0.317		
总数	1 477.989	32			

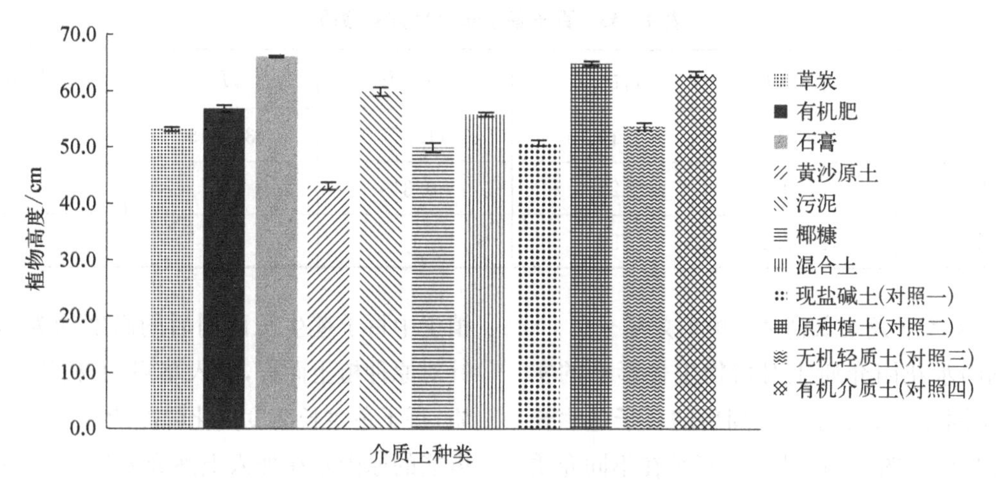

图 4-15　不同介质土中红叶石楠生长高度柱状分析图

根据 HSD 检验法中 a 和 b 方法对不同介质土的两两比较得知，不同介质土对红叶石楠生长高度的两两差异较显著（见表 4-34）。原种植土中红叶石楠生长两周后的高度约为 65 cm。针对原种植土而言，加入石膏、污泥等介质，使得红叶石楠生长高度变化幅度约为 1～5 cm，可能的原因是加入石膏和污泥后，红叶石楠的生长环境与原种植土相似；加入黄沙原土、椰糠、草炭、有机肥等介质土以及混合土，使红叶石楠生长高度有不同程度的下降，其中下降最明显的是加入黄沙原土的土壤，使生长高度约下降了 22 cm，可能的原因是红叶石楠在上述土壤中吸收营养物质的效率比在原来的生长环境中低。

4.5.1.3　对百子莲生长高度影响的显著性分析

通过对实验所得的百子莲生长高度的数据进行方差分析（见表 4-35），得到介质土变化的显著性小于 0.01。可见，雨水花园介质土的变化对百子莲生长高度的影响极显著。

表 4-34　不同介质土对红叶石楠生长高度影响的两两比较

介质土种类	样本数/个	红叶石楠生长高度/cm						
		子集 1	子集 2	子集 3	子集 4	子集 5	子集 6	子集 7
黄沙原土	3	43.124 1						
椰糠	3		49.892 8					
现盐碱土(对照一)	3		50.776 8					
草炭	3			53.177 8				
无机轻质土(对照三)	3			53.743 6				
混合土	3				55.839 4			
有机肥	3				56.859 6			
污泥	3					59.847 5		
有机介质土(对照四)	3						63.077 0	
原种植土(对照二)	3							64.921 5
石膏	3							66.091 5
显著性		1.000	0.697	0.971	0.515	1.000	1.000	0.332

注：将显示同类子集中的组均值。
a. 将使用调和均值样本大小=3.000。b. Alpha=0.05。（以下同）

表 4-35　百子莲生长高度方差检验

	平方和	自由度	均　方	F	显著性
组间	119.769	10	11.977	37.515	0.000
组内	7.024	22	0.319		
总数	126.792	32			

4.5.1.4　对百子莲生长高度影响的效果分析

根据雨水花园介质土对植物生长影响的实验，得到不同介质土下生长两周后的百子莲生长高度的柱形图。图 4-16 表示百子莲在不同介质土下生长高度的均值，柱形图上的误差线表示的是实验组误差情况，由此可见，实验误差情况处于可以接受的范围之内。

根据 HSD 检验法中 a 和 b 方法对不同介质土的两两比较得知(见表 4-36)，不同介质土对百子莲生长高度影响的两两差异较显著。原种植土中百子莲生长两周后的高度约为 23.0 cm。针对原种植土而言，加入草炭、有机肥、污泥等介质，百子莲生长高度变化幅度约为 0.3～1.0 cm，可能的原因是在加入上述介质后，百子莲的生长环境与原种植土相似；加入椰糠、石膏、黄沙原土等介质的土壤以及混合土，使百子莲的生长高度有不同程度的下降，其中下降最明显的是加入椰糠的土壤，使生长高度约下降了 5.0 cm，可能的原因是百子莲在上述介质中吸收营养物质的效率比在原来的生长环境中低。

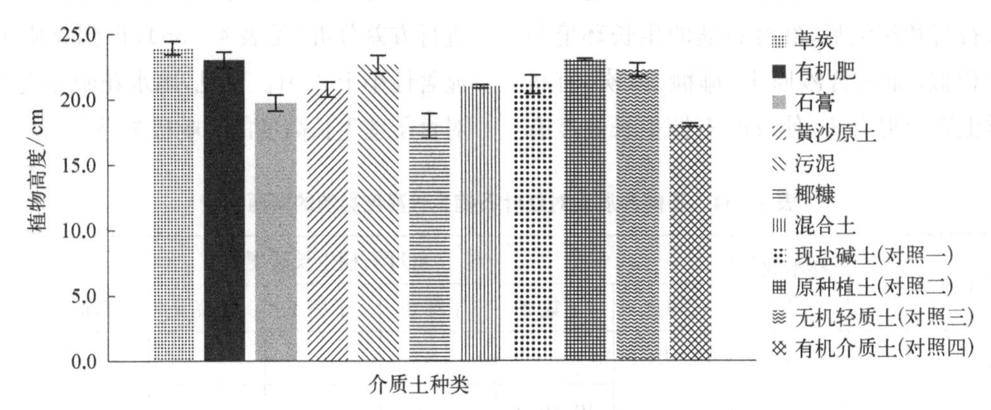

图 4-16　百子莲生长高度柱状分析图

表 4-36　不同介质土对百子莲生长高度影响的两两比较

介质土种类	样本数/个	百子莲生长高度/cm					
		子集 1	子集 2	子集 3	子集 4	子集 5	子集 6
椰糠	3	17.972 0					
有机介质土(对照四)	3	18.013 1					
石膏	3		19.704 0				
黄沙原土	3		20.739 7	20.739 7			
混合土	3		20.980 7	20.980 7			
现盐碱土(对照一)	3		21.100 0	21.100 0	21.100 0		
无机轻质土(对照三)	3			22.205 6	22.205 6	22.205 6	
污泥	3				22.656 0	22.656 0	22.656 0

（续表）

介质土种类	样本数/个	百子莲生长高度/cm					
		子集 1	子集 2	子集 3	子集 4	子集 5	子集 6
原种植土(对照二)	3					22.957 3	22.957 3
有机肥	3					22.992 9	22.992 9
草炭	3						23.921 2
显著性		1.000	0.148	0.111	0.076	0.817	0.243

4.5.1.5 对吉祥草生长高度影响的显著性分析

通过对实验所得的吉祥草生长高度的数据进行方差分析（见表 4-37），结果表明介质土变化的显著性小于 0.01。由此可见，雨水花园介质土的变化对吉祥草生长高度的影响极显著。

4.5.1.6 对吉祥草生长高度影响的效果分析

根据雨水花园介质土对植物生长影响的实验，得到不同介质土下生长两周后的吉祥草生长高度的柱形图。图 4-17 表示吉祥草在不同介质土下生长高度的均值，柱形图上的误差线表示的是实验组误差情况，由此可见，实验误差情况处于可以接受的范围之内。

根据 HSD 检验法中 a 和 b 方法对不同介质土的两两比较得知（见表 4-38），不同介质土对吉祥草生长高度的两两差异较显著。原种植土中吉祥草生长两周后的高度约为 35 cm。针对原种植土而言，混合土以及加入污泥的土壤，使吉祥草生长高度变化幅度约为 3～5 cm，可能的原因是加入上述介质后，吉祥草的生长环境与原种植土相似；加入黄沙原土、草炭、石膏、椰糠、有机肥等介质，使吉祥草生长高度有不同程度的下降，其中下降最明显的是加入黄沙原土的土壤，约下降了 12 cm，可能的原因是吉祥草在上述介质中吸收营养物质的效率比在原来的生长环境中低。

表 4-37 吉祥草生长高度方差检验

	平方和	自由度	均 方	*F*	显著性
组间	630.832	10	63.083	259.909	0.000
组内	5.340	22	0.243		
总数	636.171	32			

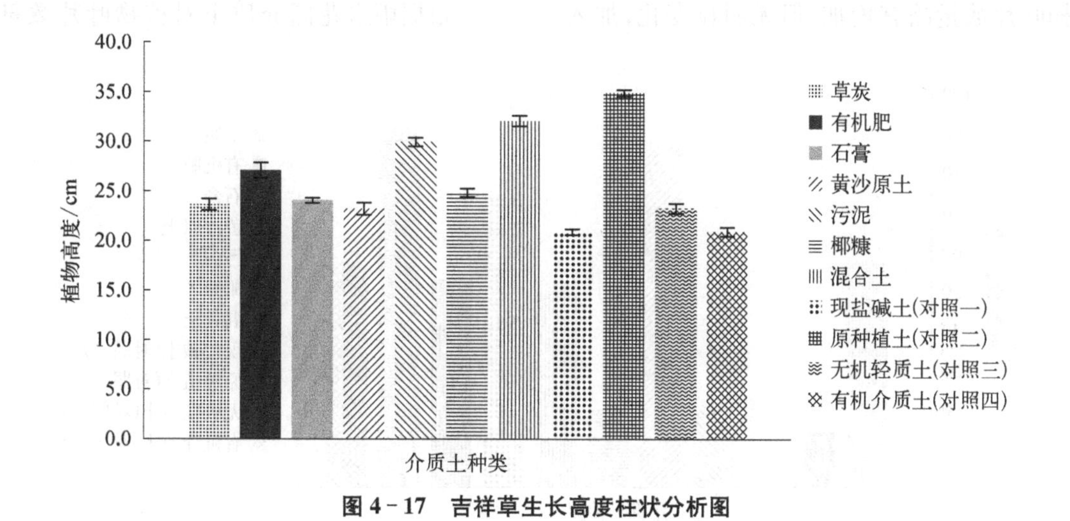

图 4-17 吉祥草生长高度柱状分析图

表 4－38　不同介质土对吉祥草生长高度影响的两两比较

介质土种类	样本数/个	吉祥草生长高度/cm						
		子集 1	子集 2	子集 3	子集 4	子集 5	子集 6	子集 7
现盐碱土(对照一)	3	20.922 2						
有机介质土(对照四)	3	20.957 8						
黄沙原土	3		23.277 0					
无机轻质土(对照三)	3		23.280 8					
草炭	3		23.689 0	23.689 0				
石膏	3		24.107 5	24.107 5				
椰糠	3			24.889 0				
有机肥	3				27.139 6			
污泥	3					29.985 0		
混合土	3						32.107 6	
原种植土(对照二)	3							34.925 7
显著性		1.000	0.611	0.160	1.000	1.000	1.000	1.000

4.5.2　介质土对植物叶片数量的影响

4.5.2.1　对红叶石楠叶片数量影响的效果分析

根据雨水花园介质土对植物叶片数量影响的实验，得到不同介质土下红叶石楠叶片数量的柱形图。图 4－18 表示红叶石楠在不同介质土下的叶片数量。

由柱状图分析可以看出，不同介质土对红叶石楠叶片数量有着不同的影响。针对原种植土而言，加入污泥介质后，红叶石楠更加茂盛，叶片数量显著增加；加入草炭的土壤以及混合土使红叶石楠叶片数量略有增加，但无明显变化；加入有机肥、石膏、黄沙原土、椰糠等介质后，红叶石楠叶片数量显著减少。

将新型材料无机轻质土(对照三)和有机介质土(对照四)做对比，发现加入无机轻质土，使红叶石楠叶片数量显著增加；加入有机介质后，红叶石楠叶片数量无显著变化。

综上所述，在同等光照、温度、水分等生长条件下，加入草炭、污泥、无机轻质土等介质的土壤以及混合土会使红叶石楠生长更加茂盛，叶片数量增加。

4.5.2.2　对百子莲叶片数量影响的效果分析

根据雨水花园介质土对植物叶片数量影响

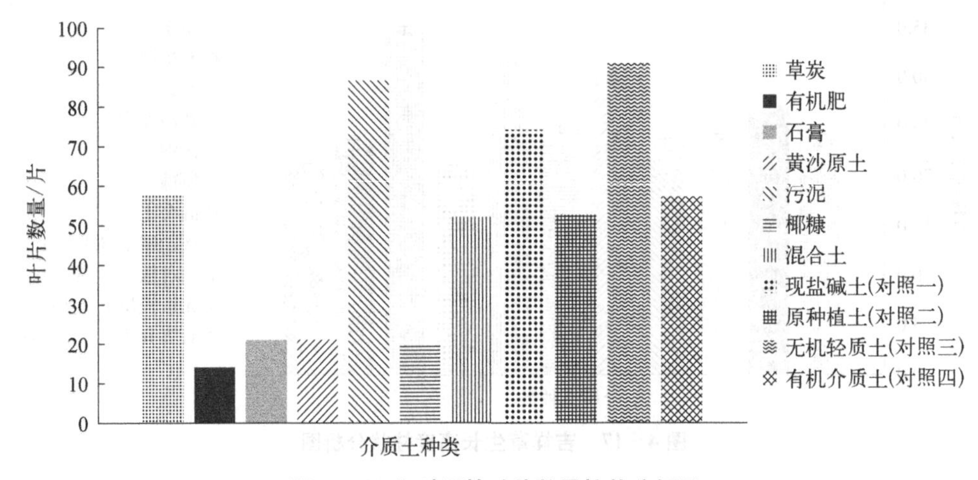

图 4－18　红叶石楠叶片数量柱状分析图

的实验，得到不同介质土下百子莲叶片数量的柱形图。图 4－19 表示百子莲在不同介质土下的叶片数量。

由图可知，不同介质土对百子莲叶片数量有着不同的影响。针对原种植土而言，在加入不同介质后，百子莲叶片数量均减少，其中加入草炭、有机肥等介质材料后，叶片数量下降不明显，减少 1～2 片；加入石膏、黄沙原土、污泥、椰糠等介质的土壤以及混合土，使叶片数量下降较明显，百子莲较为稀疏。

对比两种新型材料无机轻质土（对照三）和有机介质土（对照四），可发现加入这两种介质后，百子莲叶片数量呈减少现象，但下降不明显。

4.5.2.3　对吉祥草叶片数量影响的效果分析

根据雨水花园介质土对植物叶片数量影响的实验，得到不同介质土下吉祥草叶片数量的柱形图。图 4－20 表示吉祥草在不同介质土下的叶片数量。

由图可知，不同介质土对吉祥草叶片数量有着不同的影响。针对原种植土而言，加入不同介质土后，吉祥草叶片数量均略微减少，减少数量在 2～4 片之间。

对比两种新型材料无机轻质土（对照三）和有机介质土（对照四），发现加入无机轻质土，吉祥草叶片数量显著增加；加入有机介质土，吉祥草叶片数量无显著变化。

综上所述，在同等光照、温度、水分等生长条件下，加入无机轻质土，会使吉祥草叶片数量增加。

4.5.3　介质土对植物光合速率的影响

光合速率，表示植物在光合作用中吸收二氧化碳的能力。光合速率越高，植物在光合作用中吸收的二氧化碳越多，制造的碳水化合物也就越多，产量亦随之增加。

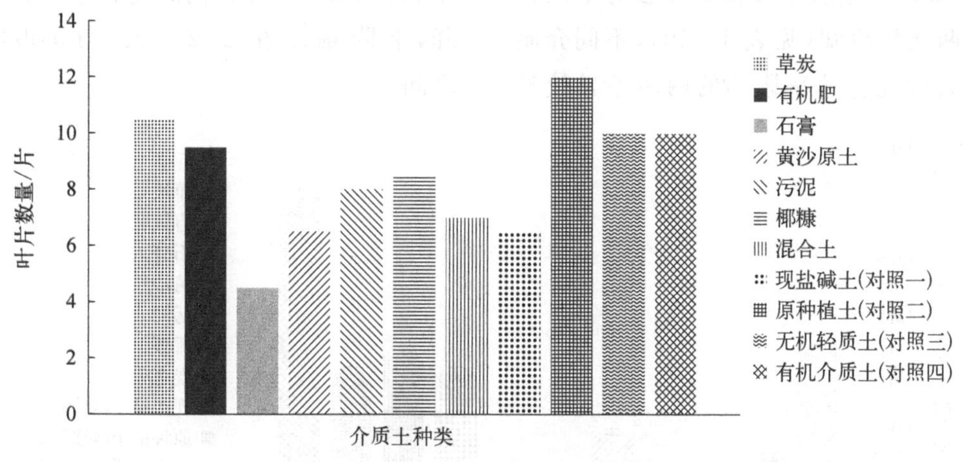

图 4－19　百子莲叶片数量柱状分析图

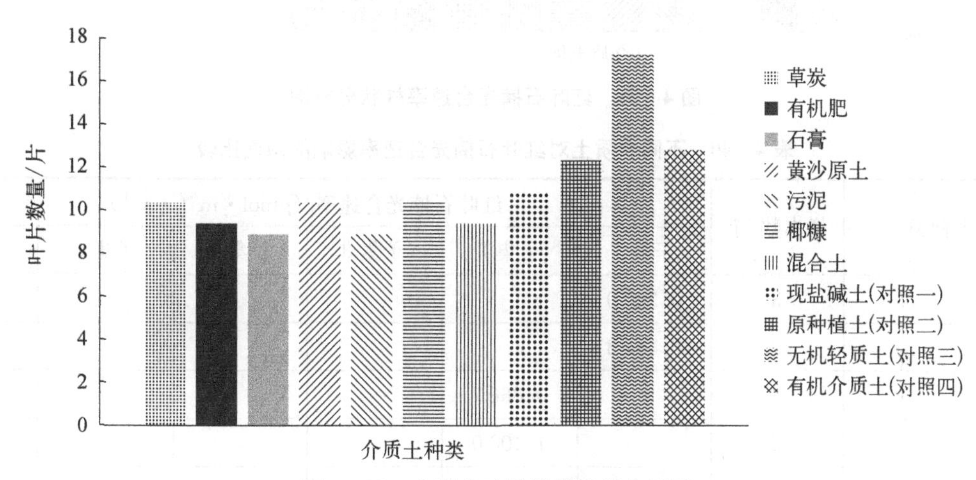

图 4－20　吉祥草叶片数量柱状分析图

4.5.3.1 对红叶石楠光合速率影响的显著性分析

通过对实验所得的红叶石楠光合速率进行方差分析(见表 4-39),结果表明介质土变化的显著性小于 0.01,可见雨水花园介质土的变化对红叶石楠光合速率的影响极显著。

表 4-39 红叶石楠光合速率方差检验

	平方和	自由度	均 方	F	显著性
组间	90.169	10	9.017	676.268	0.000
组内	0.293	22	0.013		
总数	90.462	32			

4.5.3.2 对红叶石楠光合速率影响的效果分析

根据雨水花园介质土对植物生理影响的实验,得到不同介质土下红叶石楠光合速率的柱形图。图 4-21 表示红叶石楠在不同介质土下光合速率的均值,柱形图上的误差线表示的是实验组误差情况,由此可见,实验误差情况处于可以接受的范围之内。

根据 HSD 检验法中 a 和 b 方法对不同介质土的两两比较得知(见表 4-40),不同介质土对红叶石楠光合速率影响的两两差异较显著。其中原种植土中红叶石楠光合速率为 3.3 μmol/(m^2 · s),针对原种植土而言,加入草炭将使红叶石楠光合速率增加 0.2 μmol/(m^2 · s),可能的原因是红叶石楠喜好加入草炭后的生长环境;加入有机肥、污泥等介质,使得光合速率略有下降,约为原来的 50%～60%;加入石膏、黄沙原土、椰糠等介质的土壤或混合土后,红叶石楠的光合速率皆有显著下降,下降幅度在 2.2～3.1 μmol/(m^2 · s)之间。

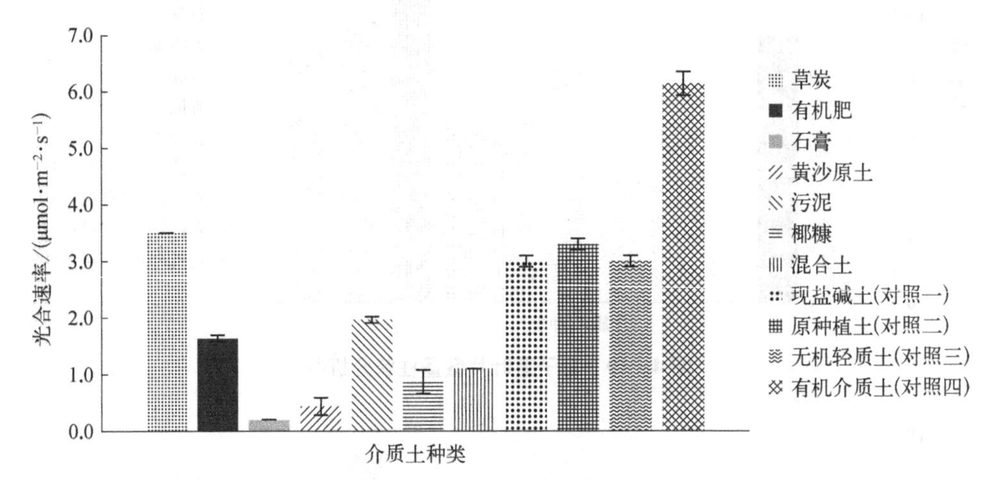

图 4-21 红叶石楠光合速率柱状分析图

表 4-40 不同介质土对红叶石楠光合速率影响的两两比较

介质土种类	样本数/个	红叶石楠光合速率/(μmol · m^{-2} · s^{-1})					
		子集 1	子集 2	子集 3	子集 4	子集 5	子集 6
石膏	3	0.200 0					
黄沙原土	3	0.433 3					
椰糠	3		0.866 7				
混合土	3		1.100 0				
有机肥	3			1.633 3			

（续表）

介质土种类	样本数/个	红叶石楠光合速率/(μmol·m⁻²·s⁻¹)					
		子集 1	子集 2	子集 3	子集 4	子集 5	子集 6
污泥	3			1.966 7			
现盐碱土(对照一)	3				3.000 0		
无机轻质土(对照三)	3				3.000 0		
原种植土(对照二)	3				3.300 0	3.300 0	
草炭	3					3.500 0	
有机介质土(对照四)	3						6.133 3
显著性		0.368	0.368	0.054	0.110	0.576	1.000

对比两种新型材料无机轻质土和有机介质土发现，加入无机轻质土，使得红叶石楠光合速率下降 0.3 μmol/(m^2·s)，加入有机介质土，使红叶石楠光合速率显著增加，是原来的近 2 倍。可能的原因是红叶石楠对有机介质土较为敏感，有机介质土使得其光合速率增加，产能提高。

4.5.3.3 对百子莲光合速率影响的显著性分析

通过对实验所得的百子莲光合速率进行方差分析(见表 4－41)，结果表明介质土变化的显著性小于 0.01。由此可见，雨水花园介质土的变化对百子莲光合速率的影响极显著。

表 4－41 百子莲光合速率方差检验

	平方和	自由度	均 方	F	显著性
组间	46.076	10	4.608	370.859	0.000
组内	0.273	22	0.012		
总数	46.350	32			

4.5.3.4 对百子莲光合速率影响的效果分析

根据雨水花园介质土对植物生理影响的实验，得到不同介质土下百子莲光合速率的柱形图。图 4－22 表示百子莲在不同介质土下光合速率的均值，柱形图上的误差线表示的是实验组误差情况，实验误差情况处于可以接受的范围之内。

根据 HSD 检验法中 a 和 b 方法对不同介质土的两两比较得知(见表 4－42)，不同介质土对百子莲光合速率影响的两两差异较显著。原种植

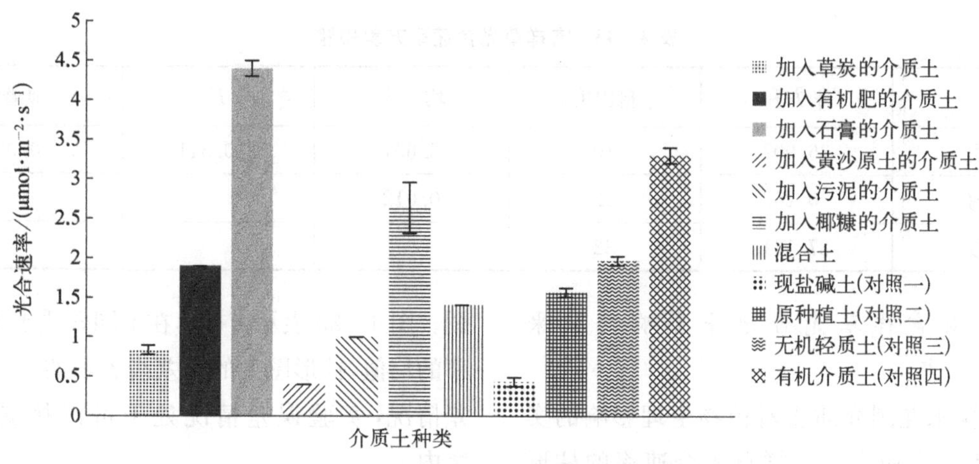

图 4－22 百子莲光合速率柱状分析图

土中百子莲光合速率约为 1.6 μmol/(m² · s)。针对原种植土而言，加入有机肥、石膏、椰糠等介质使得百子莲光合速率增加，其中加入石膏后光合速率增加最为明显，达到 4.4 μmol/(m² · s)，约是原种植土对应的光合速率的 2.8 倍，可能的原因是百子莲喜好加入石膏后的生长环境；加入草炭、黄沙原土、污泥等介质的土壤或混合土，使得百子莲光合速率有着不同程度的下降，其中生长在混合土中的百子莲光合速率下降不明显，仅比生长在原种植土中时下降了不到 0.2 μmol/(m² · s)，加入草炭、污泥、黄沙原土等介质，则使得光合速率下降约 0.6～1.2 μmol/(m² · s)。

两种新型材料无机轻质土和有机介质土，均使百子莲光合速率增加，其中加入无机轻质土使得光合速率增加约 0.4 μmol/(m² · s)；加入有机介质土使得光合速率增加约 1.7 μmol/(m² · s)，效果显著，约是原种植土的 2.1 倍。可能的原因是百子莲对有机介质土较为敏感，有机介质土使得其光合速率增加，产能提高。

4.5.3.5 对吉祥草光合速率影响的显著性分析

通过对实验所得的吉祥草光合速率进行方差分析(见表 4-43)，结果表明介质土变化的显著性小于 0.01，可见雨水花园介质土的变化对吉祥草光合速率的影响极显著。

表 4-42 不同介质土对百子莲光合速率影响的两两比较

介质土种类	样本数/个	百子莲光合速率/(μmol · m⁻² · s⁻¹)						
		子集 1	子集 2	子集 3	子集 4	子集 5	子集 6	子集 7
黄沙原土	3	0.400 0						
现盐碱土(对照一)	3	0.433 3						
草炭	3		0.833 3					
污泥	3		1.000 0					
混合土	3			1.400 0				
原种植土(对照二)	3			1.566 7				
有机肥	3				1.900 0			
无机轻质土(对照三)	3				1.966 7			
椰糠	3					2.633 3		
有机介质土(对照四)	3						3.300 0	
石膏	3							4.400 0
显著性		1.000	0.751	0.751	0.999	1.000	1.000	1.000

表 4-43 吉祥草光合速率方差检验

	平方和	自由度	均　方	*F*	显著性
组间	36.907	10	3.691	320.511	0.000
组内	0.253	22	0.012		
总数	37.161	32			

4.5.3.6 对吉祥草光合速率影响的效果分析

根据雨水花园介质土对植物生理影响的实验，得到不同介质土下吉祥草光合速率的柱形图。图 4-23 表示吉祥草在不同介质土下光合速率的均值，柱形图上的误差线表示的是实验组误差情况，实验误差情况处于可以接受的范围之内。

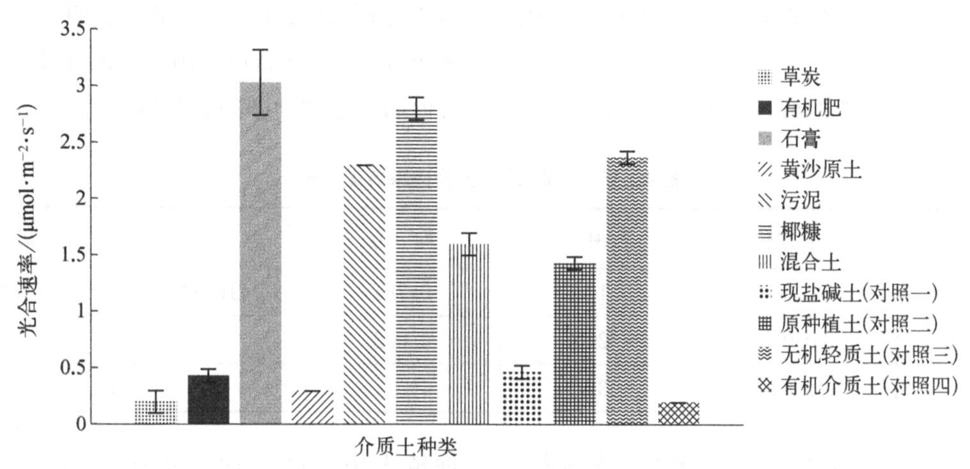

图 4-23 吉祥草光合速率柱状分析图

根据HSD检验法中a和b方法对不同介质土的两两比较得知(见表4-44),不同介质土对吉祥草光合速率影响的两两差异较显著。原种植土中吉祥草光合速率约为1.4 μmol/(m^2 · s)。针对原种植土而言,加入混合土或加入石膏、污泥、椰糠等介质,使吉祥草光合速率增加约0.2～1.6 μmol/(m^2 · s),其中加入石膏后,光合速率增加最为显著,约为原种植土对应光合速率的2.1倍,可能的原因是吉祥草喜好加入石膏后的生长环境。加入草炭、有机肥、黄沙原土等介质,使吉祥草光合速率明显下降,下降幅度约在1.0～1.2 μmol/(m^2 · s)之间。

表 4-44 不同介质土对吉祥草光合速率影响的两两比较

介质土种类	样本数/个	吉祥草光合速率/(μmol · m^{-2} · s^{-1})			
		子集 1	子集 2	子集 3	子集 4
草炭	3	0.200 0			
有机介质土(对照四)	3	0.200 0			
黄沙原土	3	0.300 0			
有机肥	3	0.433 3			
现盐碱土(对照一)	3	0.466 7			
原种植土(对照二)	3		1.433 3		
混合土	3		1.600 0		
污泥	3			2.300 0	
无机轻质土(对照三)	3			2.366 7	
椰糠	3				2.800 0
石膏	3				3.033 3
显著性		0.143	0.710	0.999	0.277

对比两种新型材料无机轻质土和有机介质土发现,加入无机轻质土,使得吉祥草光合速率增加约1.0 μmol/(m^2 · s),是原来的近1.7倍,而加入有机介质土,使得光合速率明显下降,仅有0.2 μmol/(m^2 · s),下降幅度近90%。

4.5.4 介质土对植物蒸腾速率(E)的影响

蒸腾速率,是植物在一定时间内单位叶面积蒸腾的水量。蒸腾速率的高低体现出植物对水分吸收和运输的动力以及对矿物质吸收和运输的能力。

4.5.4.1　对红叶石楠蒸腾速率影响的显著性分析

通过对实验所得的红叶石楠蒸腾速率进行方差分析(见表 4-45),结果表明介质土变化的显著性小于 0.01,可见雨水花园介质土的变化对红叶石楠蒸腾速率的影响极显著。

表 4-45　红叶石楠蒸腾速率方差检验

	平方和	自由度	均　方	F	显著性
组间	2.836	10	0.284	116.975	0.000
组内	0.053	22	0.002		
总数	2.889	32			

4.5.4.2　对红叶石楠蒸腾速率影响的效果分析

根据雨水花园介质土对植物生理影响的实验,得到不同介质土下红叶石楠蒸腾速率的柱形图。图 4-24 表示红叶石楠在不同介质土下蒸腾速率的均值,柱形图上的误差线表示的是实验组误差情况,由此可见,实验误差情况处于可以接受的范围之内。

根据 HSD 检验法中 a 和 b 方法对不同介质土的两两比较得知(见表 4-46),不同介质土对红叶石楠蒸腾速率影响的两两差异较显著。原种植土中红叶石楠蒸腾速率为 0.17 mmol · m^{-2} · s^{-1}。针对原种植土而言,加入混合土或加入有机肥、黄沙原土、椰糠、污泥、石膏等介质,使红叶石楠蒸腾速率增加约 0.03～0.9 mmol · m^{-2} · s^{-1},其中加入有机肥后,蒸腾速率增加最为明显,约是原种植土对应的蒸腾速率的 6.6 倍,可能的原因是有机肥中的营养物质有利于提高红叶石楠的蒸腾速率。加入草炭介质后,蒸腾速率下降约 0.07 mmol · m^{-2} · s^{-1}。

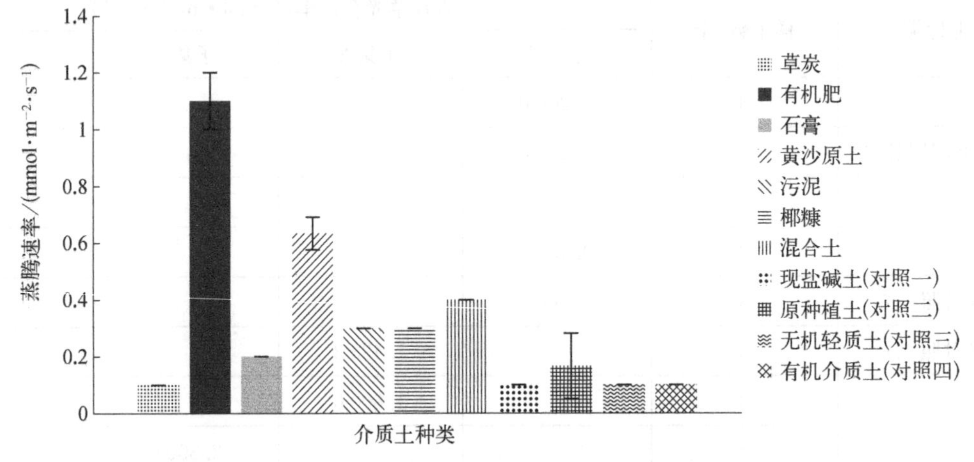

图 4-24　红叶石楠蒸腾速率柱状分析图

表 4-46　不同介质土对红叶石楠蒸腾速率影响的两两比较

介质土种类	样本数/个	红叶石楠蒸腾速率/(mmol · m^{-2} · s^{-1})				
		子集 1	子集 2	子集 3	子集 4	子集 5
草炭	3	0.100 0				
现盐碱土(对照一)	3	0.100 0				
无机轻质土(对照三)	3	0.100 0				
有机介质土(对照四)	3	0.100 0				
原种植土(对照二)	3	0.166 7	0.166 7			

(续表)

介质土种类	样本数/个	红叶石楠蒸腾速率/(mmol·m^{-2}·s^{-1})				
		子集 1	子集 2	子集 3	子集 4	子集 5
石膏	3	0.200 0	0.200 0			
污泥	3		0.300 0	0.300 0		
椰糠	3		0.300 0	0.300 0		
混合土	3			0.400 0		
黄沙原土	3				0.633 3	
有机肥	3					1.100 0
显著性		0.362	0.085	0.362	1.000	1.000

两种新型材料无机轻质土和有机介质土，均使红叶石楠蒸腾速率下降 0.07 mmol·m^{-2}·s^{-1}。

4.5.4.3 对百子莲蒸腾速率影响的显著性分析

通过对实验所得的百子莲蒸腾速率进行方差分析(见表 4-47)，得到的结果表明，介质土变化的显著性小于 0.01，可见雨水花园介质土的变化对百子莲蒸腾速率的影响极显著。

4.5.4.4 对百子莲蒸腾速率影响的效果分析

根据雨水花园介质土对植物生理影响的实验，得到不同介质土下百子莲蒸腾速率的柱形图。图 4-25 表示百子莲在不同介质土下蒸腾速率的均值，柱形图上的误差线表示的是实验组误差情况，由此可见，实验误差情况处于可以接受的范围之内。

根据 HSD 检验法中 a 和 b 方法对不同介质土的两两比较得知(见表 4-48)，不同介质土对百子莲蒸腾速率影响的两两差异较显著。原种植土中百子莲蒸腾速率约为 0.47 mmol·m^{-2}·s^{-1}。针对原种植土而言，加入草炭、有机肥等介质，使得百子莲蒸腾速率增加 0.1～0.2 mmol·

表 4-47 百子莲蒸腾速率方差检验

	平方和	自由度	均 方	F	显著性
组间	0.769	10	0.077	23.073	0.000
组内	0.073	22	0.003		
总数	0.842	32			

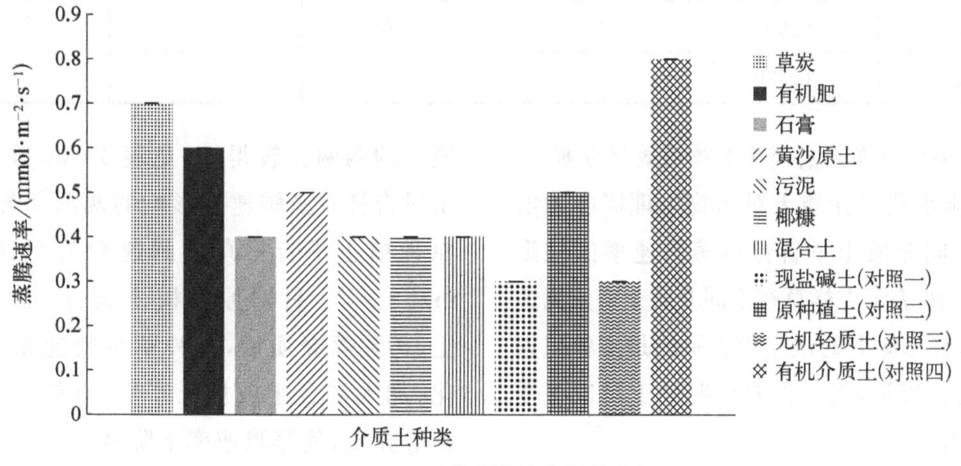

图 4-25 百子莲蒸腾速率柱状分析图

表 4-48　不同介质土对百子莲蒸腾速率影响的两两比较

介质土种类	样本数/个	百子莲蒸腾速率/(mmol·m⁻²·s⁻¹)				
		子集 1	子集 2	子集 3	子集 4	子集 5
现盐碱土(对照一)	3	0.266 7				
无机轻质土(对照三)	3	0.266 7				
石膏	3	0.366 7	0.366 7			
污泥	3	0.366 7	0.366 7			
椰糠	3	0.366 7	0.366 7			
混合土	3	0.366 7	0.366 7			
黄沙原土	3		0.466 7	0.466 7		
原种植土(对照二)	3		0.466 7	0.466 7		
有机肥	3			0.566 7	0.566 7	
草炭	3				0.666 7	0.666 7
有机介质土(对照四)	3					0.766 7
显著性		0.576	0.576	0.576	0.576	0.576

$m^{-2}\cdot s^{-1}$，可能的原因是上述介质土中的营养物质会提高百子莲的蒸腾速率；加入混合土或加入石膏、污泥、椰糠等介质，使蒸腾速率下降 0.1 $mmol\cdot m^{-2}\cdot s^{-1}$；而加入黄沙原土介质后，百子莲蒸腾速率无明显变化。

对比两种新型材料无机轻质土和有机介质土发现，加入无机轻质土使百子莲蒸腾速率下降 0.2 $mmol\cdot m^{-2}\cdot s^{-1}$，加入有机介质土使蒸腾速率明显增加，增幅达 0.3 $mmol\cdot m^{-2}\cdot s^{-1}$。

4.5.4.5　对吉祥草蒸腾速率影响的显著性分析

研究人员对实验所得的吉祥草蒸腾速率进行方差分析(见表 4-49)。结果表明，介质土变化的显著性小于 0.01，可见雨水花园介质土的变化对吉祥草蒸腾速率的影响极显著。

表 4-49　吉祥草蒸腾速率方差检验

	平方和	自由度	均　方	F	显著性
组间	0.332	10	0.033	109.600	0.000
组内	0.007	22	0.000		
总数	0.339	32			

4.5.4.6　对吉祥草蒸腾速率影响的效果分析

根据雨水花园介质土对植物生理影响的实验，得到不同介质土下吉祥草蒸腾速率的柱形图。图 4-26 表示吉祥草在不同介质土下蒸腾速率的均值，柱形图上的误差线表示的是实验组误差情况，由此可见，实验误差情况处于可以接受的范围之内。

根据 HSD 检验法中 a 和 b 方法对不同介质土的两两比较得知(见表 4-50)，不同介质土对吉祥草蒸腾速率影响的两两差异较显著。原种植土中吉祥草蒸腾速率为 0.4 $mmol\cdot m^{-2}\cdot s^{-1}$。针对原种植土而言，加入黄沙原土、污泥等介质后，吉祥草蒸腾速率无明显变化；加入混合土或加入草炭、有机肥、石膏、椰糠等介质，使蒸腾速率下降 0.1～0.2 $mmol\cdot m^{-2}\cdot s^{-1}$。

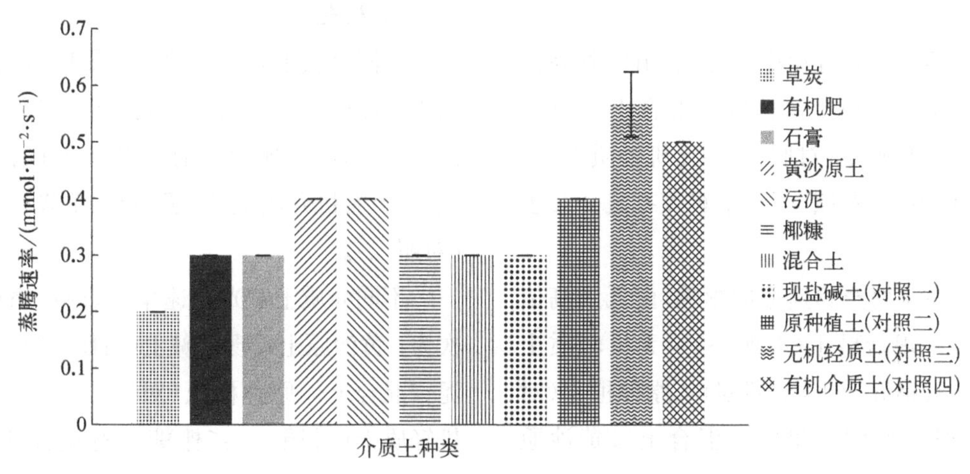

图 4-26 吉祥草蒸腾速率柱状分析图

表 4-50 不同介质土对吉祥草蒸腾速率影响的两两比较

介质土种类	样本数/个	百祥草蒸腾速率/(mmol·m^{-2}·s^{-1})				
		子集 1	子集 2	子集 3	子集 4	子集 5
草炭	3	0.2000				
有机肥	3		0.3000			
石膏	3		0.3000			
椰糠	3		0.3000			
混合土	3		0.3000			
现盐碱土(对照一)	3		0.3000			
黄沙原土	3			0.4000		
污泥	3			0.4000		
原种植土(对照二)	3			0.4000		
有机介质土(对照四)	3				0.5000	
无机轻质土(对照三)	3					0.5667
显著性		1.000	1.000	1.000	1.000	1.000

两种新型材料无机轻质土和有机介质土，均使吉祥草蒸腾速率增加，加入无机轻质土后，蒸腾速率增加得更为明显。

综上所述，雨水花园介质土对设施内植物生长效果的影响如下。

(1) 影响分析。

雨水花园通常由多种植物组合而成，本章选取红叶石楠、百子莲、吉祥草这 3 种植物为研究对象，通过改变种植层介质土种类，测量不同植物的生长和生理指标。根据本章实验的结果，可以看出每个实验的显著性均小于 0.01，这说明雨水花园种植层介质土的改变，对植物的生长高度、叶片数量、光合速率以及蒸腾速率的影响极显著。

红叶石楠，喜强光照，但也有很强的耐阴能力，耐土壤瘠薄，有一定的耐盐碱性和耐干旱能力。

不同介质土对生长高度的影响，由低到高依次为：黄沙原土<椰糠<现盐碱土(对照一)<草炭<无机轻质土(对照三)<混合土<有机肥<污泥<有机介质土(对照四)<原种植土(对照二)<石膏。

不同介质土对叶片数量的影响，由低到高依次为：有机肥<椰糠<石膏=黄沙原土<混合土<原种植土(对照二)<有机介质土(对照四)<草炭<现盐碱土(对照一)<污泥<无机轻

质土(对照三)。

不同介质土对光合速率的影响，由低到高依次为：石膏＜黄沙原土＜椰糠＜混合土＜有机肥＜污泥＜现盐碱土(对照一)＝无机轻质土(对照三)＜原种植土(对照二)＜草炭＜有机介质土(对照四)。

不同介质土对蒸腾速率的影响，由低到高依次为：草炭＝现盐碱土(对照一)＝无机轻质土(对照三)＝有机介质土(对照四)＜原种植土(对照二)＜石膏＜污泥＝椰糠＜混合土＜黄沙原土＜有机肥。

在植物生长指标方面，原种植土中红叶石楠生长高度约为 65 cm，加入石膏介质后，红叶石楠高度相较在原种植土中增加约 1 cm。石膏主要由硫酸根离子和钙离子组成，且含有较多的有效磷，红叶石楠在此生长环境中的成长与原种植土相似。有机介质土这一新型材料很有利于红叶石楠的生长，使其在生长高度、叶片数量以及光合速率方面均有提高，但会略微降低蒸腾速率。无机轻质土这一新型材料易让红叶石楠长新叶，叶片数量成倍增长。在植物生理指标方面，不同介质土中的红叶石楠的光合速率在 0.2～3.5 μmol/(m^2 · s)之间，即介质土的改变对红叶石楠光合速率的影响较大，其中加入草炭最有利于红叶石楠提高光合速率；不同介质土中红叶石楠的蒸腾速率在 0.1～1.1 mmol/(m^{-2} · s)之间，说明介质土的改变对红叶石楠蒸腾速率的影响较大，其中加入有机肥最有利于红叶石楠提高蒸腾速率。红叶石楠在盐碱土中的生长高度、光合速率、蒸腾速率相较于原种植土均有不同程度的降低，但其并未发生枯死等不良现象，这一方面体现了盐碱土对植物生长造成的负面影响，另一方面证明了红叶石楠有较强的耐盐碱性。

百子莲，喜温暖、湿润和阳光充足的环境，有一定的耐盐碱能力。

不同介质土对百子莲生长高度的影响，由低到高依次为：椰糠＜有机介质土(对照四)＜石膏＜黄沙原土＜混合土＜现盐碱土(对照一)＜无机轻质土(对照三)＜污泥＜原种植土(对照二)＜有机肥＜草炭。

不同介质土对叶片数量的影响，由低到高依次为：石膏＜黄沙原土＝混合土＝现盐碱土(对照一)＜污泥＜椰糠＜有机肥＝无机轻质土(对照三)＝有机介质土(对照四)＜草炭＜原种植土(对照二)。

不同介质土对光合速率的影响，由低到高依次为：黄沙原土＜现盐碱土(对照一)＜草炭＜污泥＜混合土＜原种植土(对照二)＜有机肥＜无机轻质土(对照三)＜椰糠＜有机介质土(对照四)＜石膏。

不同介质土对蒸腾速率的影响，由低到高依次为：现盐碱土(对照一)＝无机轻质土(对照三)＜石膏＝污泥＝椰糠＝混合土＜黄沙原土＝原种植土(对照二)＜有机肥＜草炭＜有机介质土(对照四)。

在加入各种介质材料后，百子莲生长指标并未发生明显变化。在生长高度方面，变化最大的是加入草炭后，但仅增加约 1 cm。在叶片数量方面，均未超过在原种植土中种植时的数量，可能的原因是百子莲在更换生长环境后，其生长状态不会受到很大的影响，但会影响叶片疏密。在植物生理指标方面，加入有机肥会使得其光合速率和蒸腾速率均增加，且加入有机肥后，百子莲较之前更加高大，说明其对有机肥这种介质比较敏感，有机肥有利于其生长。无机轻质土有利于百子莲的生长，并能增加其光合速率，但会略微降低其蒸腾速率。有机介质土可以增加百子莲的光合速率和蒸腾速率，但会延缓植物生长。百子莲在现盐碱土中的各种指标均比在原种植土中低，但未发生枯死等不良现象，这一方面说明盐碱环境对百子莲的生长有较深的负面影响，另一方面说明百子莲的耐盐碱能力适中。

吉祥草，喜温暖湿润的环境，耐寒耐阴，对土壤要求不高，适应性强，有一定的耐盐碱能力。

不同介质土对吉祥草生长高度的影响，由低到高依次为：现盐碱土(对照一)＜有机介质土(对照四)＜黄沙原土＜无机轻质土(对照三)＜草炭＜石膏＜椰糠＜有机肥＜污泥＜混合土＜

原种植土(对照二)。

不同介质土对叶片数量的影响,由低到高依次为:石膏＝污泥＜有机肥＝混合土＜草炭＝黄沙原土＝椰糠＝现盐碱土(对照一)＜原种植土(对照二)＝有机介质土(对照四)＜无机轻质土(对照三)。

不同介质土对光合速率的影响,由低到高依次为:草炭＝有机介质土(对照四)＜黄沙原土＜有机肥＜现盐碱土(对照一)＜原种植土(对照二)＜混合土＜污泥＜无机轻质土(对照三)＜椰糠＜石膏。

不同介质土对蒸腾速率的影响,由低到高依次为:草炭＜有机肥＝石膏＝椰糠＝混合土＝现盐碱土(对照一)＜黄沙原土＝污泥＝原种植土(对照二)＜有机介质土(对照四)＜无机轻质土(对照三)。

在植物生长指标方面,加入各种介质土后,吉祥草生长高度相较于在原种植土中均有不同程度的降低,其中种植于混合土中的吉祥草生长高度降低最少(降低约 3 cm)。在叶片数量方面,生长在不同介质土中的吉祥草叶片数量无明显变化,可能的原因是吉祥草在更换生长环境后,生长速率会放缓,却不会影响叶片疏密。无机轻质土对吉祥草的生长和生理指标有明显影响,使生长高度降低约 11.6 cm,使树叶数量增加了约 5 片,而生长在无机轻质土中的吉祥草的光合速率和蒸腾速率分别约为原来的 1.7 倍和 1.4 倍,这说明吉祥草对此新型材料较为敏感。有机介质土,会减少吉祥草的光合速率,但使其在叶片数量和蒸腾速率方面略有提高。吉祥草在现盐碱土中的各种指标均比在原种植土中低,但未发生枯死等不良现象,这一方面说明盐碱环境对吉祥草的成长有较深的负面影响,另一方面说明吉祥草的耐盐碱能力适中。

(2) 植物影响能力参数。

通过分析不同介质土对植物生长的影响,根据红叶石楠、百子莲、吉祥草的生长高度、叶片数量等实验效果,得到适用于上海临港地区雨水花园的最优、次优、第三优的介质土(见表 4-51)。

表 4-51 植物生长指标影响能力参数

影响能力	介质土					
	红叶石楠生长高度	红叶石楠叶片数量	百子莲生长高度	百子莲叶片数量	吉祥草生长高度	吉祥草叶片数量
最优	石膏	污泥	草炭	草炭	混合土	草炭
次优	污泥	草炭	有机肥	有机肥	污泥	椰糠
第三优	有机肥	混合土	污泥	椰糠	有机肥	黄沙原土

采用计分方法来选择适合上海临港地区的雨水花园介质土,为了使红叶石楠、百子莲、吉祥草的生长高度、叶片数量等六方面影响更加平衡,将这 6 项的权重均定为 16.7%;对于各介质土的则按影响程度极其显著(100%)、显著(50%)、不显著(0%)计分;各介质土对植物生长指标的影响能力按最优(5 分)、次优(3 分)、第三优(1 分)、其他(0 分)4 个等级计分(见表 4-52)。

表 4-52 构建改善植物生长指标的雨水花园介质土的计分方法

<table>
<tr><th>内 容</th><th colspan="12">计 分 方 法</th></tr>
<tr><td>权重</td><td colspan="2">红叶石楠生长高度:16.7%</td><td colspan="2">红叶石楠叶片数量:16.7%</td><td colspan="2">百子莲生长高度:16.7%</td><td colspan="2">百子莲叶片数量:16.7%</td><td colspan="2">吉祥草生长高度:16.7%</td><td colspan="2">吉祥草叶片数量:16.7%</td></tr>
<tr><td>因素显著程度</td><td colspan="4">极其显著:100%</td><td colspan="4">显著:50%</td><td colspan="4">不显著:0%</td></tr>
<tr><td>处理能力</td><td colspan="3">最优:5 分</td><td colspan="3">次优:3 分</td><td colspan="3">第三优:1 分</td><td colspan="3">其他:0 分</td></tr>
</table>

根据表4-53的计分结果，对植物生长指标影响能力最好的介质土是加入草炭的土壤，其分值最高，为3.0分；次之是污泥，其分值为2.0分；再次是有机肥，其分值为1.3分。分值体现了介质土对植物生长指标的综合能力，因此，在上海临港地区的建设中，着重考虑雨水花园对植物生长指标的影响时，可以选择加入草炭介质（见表4-53）。

表4-53 构建改善植物生长指标的介质土的计分结果

介质土种类	因素影响程度/%	得分/分							
		红叶石楠生长高度	红叶石楠叶片数量	百子莲生长高度	百子莲叶片数量	吉祥草生长高度	吉祥草叶片数量	总分	加权分
草炭	100	0	3	5	5	0	5	18	3.0
有机肥	100	1	0	3	3	1	0	8	1.3
石膏	100	5	0	0	0	0	0	5	0.8
黄沙原土	100	0	0	0	0	0	1	1	0.2
污泥	100	3	5	1	0	3	0	12	2.0
椰糠	100	0	0	0	1	0	3	4	0.7
混合土	100	0	1	0	0	5	0	6	1.0

通过分析不同介质土对植物生长的影响，根据红叶石楠、百子莲、吉祥草的光合速率、蒸腾速率等实验结果，得到适用于上海临港地区雨水花园的最优、次优、第三优的介质土（见表4-54）。

表4-54 植物生理指标影响能力参数

影响能力	介质土					
	红叶石楠光合速率	红叶石楠蒸腾速率	百子莲光合速率	百子莲蒸腾速率	吉祥草光合速率	吉祥草蒸腾速率
最优	草炭	有机肥	石膏	草炭	石膏	污泥
次优	污泥	黄沙原土	椰糠	有机肥	椰糠	黄沙原土
第三优	有机肥	混合土	有机肥	黄沙原土	污泥	混合土

采用计分方法来选择适合上海临港地区的雨水花园介质土，为了使红叶石楠、百子莲、吉祥草的光合速率、蒸腾速率等六方面影响更加平衡，将这6项的权重均定为16.7%；对于各介质土的影响程度则按极其显著（100%）、显著（50%）、不显著（0%）计分；各介质土对植物生理指标的影响能力按最优（5分）、次优（3分）、第三优（1分）、其他（0分）4个等级计分（见表4-55）。

表4-55 构建改善植物生理指标的雨水花园介质土的计分方法

内容	计分方法					
权重	红叶石楠光合速率：16.7%	红叶石楠蒸腾速率：16.7%	百子莲光合速率：16.7%	百子莲蒸腾速率：16.7%	吉祥草光合速率：16.7%	吉祥草蒸腾速率：16.7%
因素显著程度	极其显著：100%		显著：50%		不显著：0%	
处理能力	最优：5分	次优：3分	第三优：1分	其他：0分		

根据表4-56的计分结果，对植物生理指标影响能力最好的介质是草炭、有机肥、石膏，其分值最高，为1.7分；次之是污泥，其分值为1.5分；再次是黄沙原土，其分值为1.2分。分值体现了

介质土对植物生理指标的综合能力，因此，在上海临港地区的建设中，着重考虑雨水花园对植物生理指标的影响时，可以采用加入草炭、有机肥、石膏等介质。

表 4－56 构建改善植物生理指标的介质土的计分结果

介质土种类	因素影响程度/%	得分/分							
		红叶石楠光合速率	红叶石楠蒸腾速率	百子莲光合速率	百子莲蒸腾速率	吉祥草光合速率	吉祥草蒸腾速率	总分	加权分
草炭	100	5	0	0	5	0	0	10	1.7
有机肥	100	1	5	1	3	0	0	10	1.7
石膏	100	0	0	5	0	5	0	10	1.7
黄沙原土	100	0	3	0	1	0	3	7	1.2
污泥	100	3	0	0	0	1	5	9	1.5
椰糠	100	0	0	3	0	3	0	6	1.0
混合土	100	0	1	0	0	0	1	2	0.3

结合前文的分析，加入有利于改善植物生长指标和生理指标的介质后，土壤有机质含量变高，其中，加入草炭时为 26.40 g/kg、加入污泥时为 52.10 g/kg、加入有机肥时为 34.50 g/kg（见表 4－4），可能的原因是土壤中的有机质可以加强植物的呼吸过程，提高细胞膜的渗透性，促使养分进入植物体，进而促使植物成长。

4.6 雨水花园介质土对设施出流雨水水质的影响

4.6.1 介质土对出流雨水中 COD 的影响

4.6.1.1 对出流雨水中 COD 影响的显著性分析

通过对实验所得的出流雨水中 COD 进行方差分析（见表 4－57），结果表明介质土变化的显著性小于 0.01，可见雨水花园介质土的变化对出流雨水中 COD 的影响极显著。

4.6.1.2 对出流雨水中 COD 影响的效果分析

根据雨水花园介质土对出流雨水中 COD 影响的实验，得到不同介质土对应的出流雨水中 COD 含量的柱形图。图 4－27 表示出流雨水中 COD 含量的均值，柱形图上的误差线表示的是实验组误差情况，由此可见，实验误差情况处于可以接受的范围之内。

根据 HSD 检验法中 a 和 b 方法对不同介质土的两两比较得知（见表 4－58），不同介质土对于出流雨水中 COD 含量影响的两两差异较显著。原种植土出流雨水中 COD 含量为 29.4 mg/L。针对原种植土而言，加入石膏、黄沙原土等介质，使得出流雨水中 COD 含量下降，下降幅度约在 0.8～1.1 mg/L；加入混合土或加入椰糠、草炭、有机肥、污泥等介质，会使 COD 含量增加，其中增加最多的是加入有机肥，增量达到 36.8 mg/L。可能的原因是这些介质中含有大量有机质，因此，使得出流雨水中 COD 含量增加。

表 4－57 出流雨水中 COD 方差检验

	平方和	自由度	均　方	F	显著性
组间	6 211.367	10	621.137	458.968	0.000
组内	29.773	22	1.353		
总数	6 241.141	32			

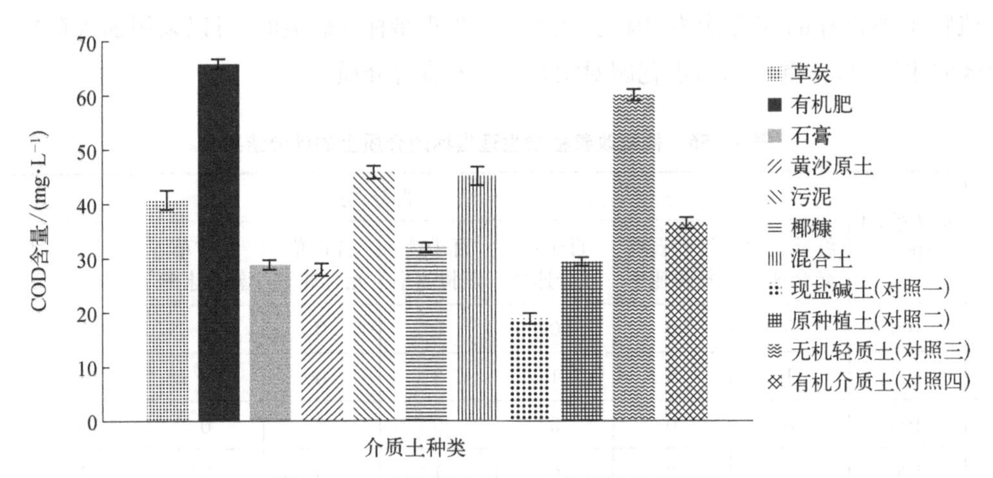

图 4-27 出流雨水中 COD 含量柱状分析图

表 4-58 不同介质土对出流雨水中 COD 含量影响的两两比较

介质土种类	样本数/个	出流雨水中 COD 含量/(mg·L^{-1})							
		子集 1	子集 2	子集 3	子集 4	子集 5	子集 6	子集 7	子集 8
现盐碱土(对照一)	3	18.500 0							
黄沙原土	3		28.333 3						
石膏	3		28.600 0						
原种植土(对照二)	3		29.400 0	29.400 0					
椰糠	3			32.200 0					
有机介质土(对照四)	3				36.300 0				
草炭	3					40.666 7			
污泥	3						45.533 3		
混合土	3						45.866 7		
无机轻质土(对照三)	3							60.233 3	
有机肥	3								66.200 0
显著性		1.000	0.985	0.171	1.000	1.000	1.000	1.000	1.000

注：将显示同类子集中的组均值。
a. 将使用调和均值样本大小=3.000。b. Alpha=0.05。(以下同)

无机轻质土和有机介质土，均使出流雨水中 COD 含量增加，加入无机轻质土使其约变为原来的 2 倍，加入有机介质土使其约变为原来的 1.2 倍。可能的原因是无机轻质土中含有大量还原性无机物，这些物质使得出流雨水中 COD 含量增加。

4.6.2 介质土对出流雨水中 TP 的影响

4.6.2.1 对出流雨水中 TP 影响的显著性分析

对实验所得的出流雨水中的 TP 进行方差分析(见表 4-59)，结果表明介质土变化的显著性小于 0.01，可见雨水花园介质土的变化对出流雨水中 TP 的影响极显著。

4.6.2.2 对出流雨水中 TP 影响的效果分析

根据雨水花园介质土对出流雨水中 TP 影响的实验，得到不同介质土出流雨水中 TP 含量的柱形图。图 4-28 表示出流雨水中 TP 的均值，柱形图上的误差线表示的是实验组误差情况，由此可见，实验误差情况处于可以接受的范围之内。

根据 HSD 检验法中 a 和 b 方法对不同介质土的两两比较得知(见表 4-60)，不同介质土对

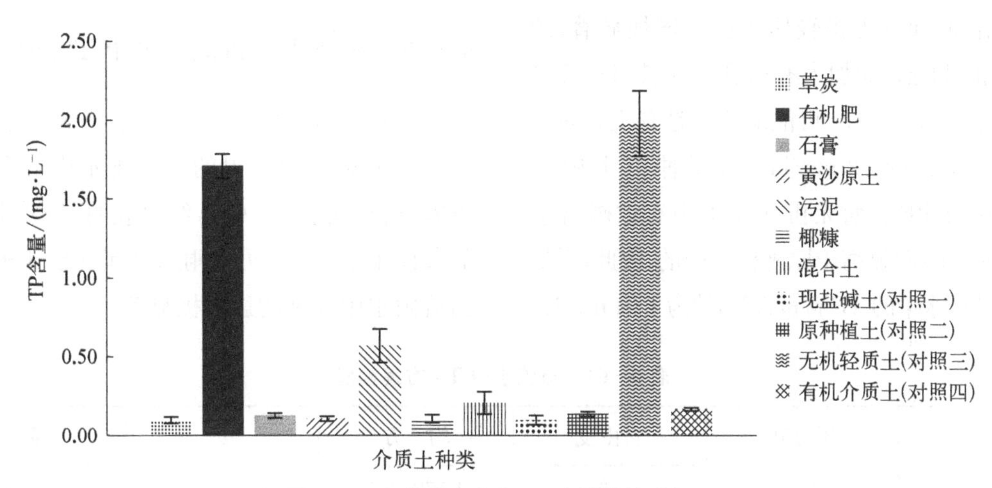

图 4-28 出流雨水中 TP 含量柱状分析图

表 4-59 出流水中 TP 方差检验

	平方和	自由度	均 方	F	显著性
组间	14.069	10	1.407	227.803	0.000
组内	0.136	22	0.006		
总数	14.204	32			

表 4-60 不同介质土对出流雨水中 TP 含量影响的两两比较

介质土种类	样本数/个	出流雨水中 TP 含量/(mg・kg⁻¹)		
		子集 1	子集 2	子集 3
草炭	3	0.100 0		
现盐碱土(对照一)	3	0.100 0		
黄沙原土	3	0.106 7		
椰糠	3	0.106 7		
石膏	3	0.133 3		
原种植土(对照二)	3	0.136 7		
有机介质土(对照四)	3	0.170 0		
混合土	3	0.223 3		
污泥	3		0.580 0	
有机肥	3			1.733 3
无机轻质土(对照三)	3			1.943 3
显著性		0.698	1.000	0.092

于出流雨水中 TP 含量影响的两两差异较显著。原种植土出流雨水中 TP 含量约为 0.14 mg/L。针对原种植土而言,加入混合土或加入草炭、石膏、黄沙原土、椰糠等介质,对 TP 的影响较小,变化幅度约在 0.04～0.09 mg/L 之间;加入有机肥、污泥等介质,会使 TP 含量明显增加,加入有机肥使其增加约 1.60 mg/L,加入污泥使其增加约 0.44 mg/L。结合前文的分析可知,有机肥和污泥中含有大量的有效磷,因此,加入此 2 种介质的土壤的出流雨水中 TP 含量相较于原种植土会增加。

无机轻质土和有机介质土,均使出流雨水中

TP 含量增加，加入无机轻质土使其增加显著，约变为原来的 14 倍，而加入有机介质土使 TP 含量略增加，约 0.03 mg/L。可能的原因是有机介质土中有效磷含量(22.2 mg/kg)与原种植土中的(18.0 mg/kg)相近，而无机介质土中有效磷含量(105.8 mg/kg)明显高于原种植土中的，因此，无机轻质土出流雨水中的 TP 含量很高，约为 1.94 mg/L。

4.6.3 介质土对出流雨水中 TN 的影响

4.6.3.1 对出流雨水中 TN 影响的显著性分析

通过对实验所得的出流雨水中的 TN 进行方差分析(见表 4-61)，结果表明，介质土变化的显著性小于 0.01，可见雨水花园介质土的变化对出流雨水中 TN 的影响极显著。

表 4-61 出流水中 TN 方差检验

	平方和	自由度	均 方	*F*	显著性
组间	11 723.611	10	1 172.361	1 453.668	0.000
组内	17.743	22	0.806		
总数	11 741.354	32			

4.6.3.2 对出流雨水中 TN 影响的效果分析

根据雨水花园介质土对出流雨水中 TN 影响的实验，得到不同介质土下出流雨水中 TN 的柱形图。图 4-29 表示出流雨水中 TN 含量的均值，柱形图上的误差线表示的是实验组误差情况，由此可见，实验误差情况处于可以接受的范围之内。

根据 HSD 检验法中 a 和 b 方法对不同介质土的两两比较得知(见表 4-62)，不同介质土对于出流雨水中 TN 含量的两两差异较显著。原种植土出流雨水中 TN 含量约为 41.3 mg/L。针对原种植土而言，加入有机肥介质，对 TN 影响较小，变化幅度约为 1.6 mg/L；加入污泥介质，会使 TN 含量增加约 12.0 mg/L；加入混合土或加入石膏、草炭、黄沙原土、椰糠等介质，均使 TN 含量显著减少，下降幅度在 28.13～38.9 mg/L 之间。结合前文的分析可知，可能是污泥中含有大量的硝态氮(含量约 94.5 mg/kg)，因此，其出流雨水中 TN 含量相较于原种植土会增加，而其他介质中硝态氮含量低，因此，出流雨水中 TN 含量会比原种植土低。

无机轻质土和有机介质土对 TN 的影响不同，加入无机轻质土使出流雨水中 TN 含量增加约 3.0 mg/L，加入有机介质土则会使 TN 含量显著减少，约为原来的 7.9%。原因可能是有机介质土中硝态氮含量低，约为 6.4 mg/kg，而原种植土中硝态氮含量为 65.3 mg/kg，因此，加入有机介质土会使出流雨水中 TN 含量显著减少。无机轻质土中含有 298.0 mg/kg 的硝态氮，约是原种植土的 4.6 倍，但出流雨水中 TN 含量仅略微增加，原因可能是无机轻质土中的营养物质不易被植物吸收，因此，出流雨水中 TN 含量增加得不明显。

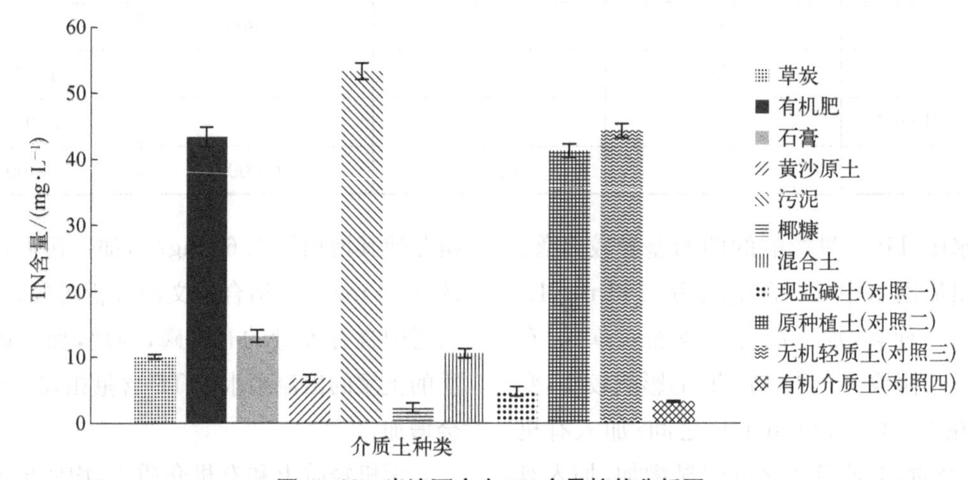

图 4-29 出流雨水中 TN 含量柱状分析图

表 4-62 不同介质土下出流雨水中 TN 含量的两两比较

介质土种类	样本数/个	出流雨水中 TN 含量/(mg·kg^{-1})						
		子集 1	子集 2	子集 3	子集 4	子集 5	子集 6	子集 7
椰糠	3	2.430 0						
有机介质土(对照四)	3	3.243 3						
现盐碱土(对照一)	3	4.646 7	4.646 7					
黄沙原土	3		6.610 0					
草炭	3			9.953 3				
混合土	3			10.580 0	10.580 0			
石膏	3				13.173 3			
原种植土(对照二)	3					41.303 3		
有机肥	3					42.910 0	42.910 0	
无机轻质土(对照三)	3						44.306 7	
污泥	3							53.343 3
显著性		0.149	0.271	0.998	0.054	0.532	0.708	1.000

4.6.4 介质土对出流雨水中固体悬浮物(SS)的影响

根据雨水花园介质土对出流雨水中 SS 影响的实验,得到不同介质土下出流雨水中 SS 的数值。表 4-63 所示为出流雨水中 SS 含量的均值。

表 4-63 各介质土下出流雨水中 SS 的含量

介质土种类	SS 含量/(mg·L^{-1})
草炭	<4
有机肥	34
石膏	<4
黄沙原土	<4
污泥	21
椰糠	<4
混合土	<4
现盐碱土(对照一)	<4
原种植土(对照二)	<4
无机轻质土(对照三)	<4
有机介质土(对照四)	12

由表 4-63 可知,加入混合土或加入草炭、石膏、黄沙原土、椰糠等介质,不会对出流雨水中的 SS 含量产生明显影响,和原种植土一样,SS 含量均小于 4 mg/L,而加入有机肥、污泥等介质后,出流雨水中 SS 含量分别为 34 mg/L 和 21 mg/L,分别可能是由有机肥中的丝状菌膨胀和污泥介质的老化造成的。

加入无机轻质土对 SS 含量影响不明显,出流雨水中 SS 含量小于 4 mg/L;加入有机介质土会使 SS 含量增加,可能是由有机介质中的丝状菌膨胀引起的。

4.6.5 污泥介质出流水质情况

污泥水样中含有丰富的有机质,但也含有对自然环境及人体有害的重金属,例如汞、砷、锌等物质。将流经污泥介质的出流水样取出,对其进行重金属检测,结果如表 4-64 所示。根据《地下水质量标准》(GB/T 14848—2017),此出流雨水仅为 V 类水,其中汞含量超标较多,因此,若使用实验所用污泥,需进行净化处理。

综上所述,雨水花园介质土对设施出流雨水水质的影响如下。

(1) 影响分析。

雨水流经雨水花园会使其水质发生变化,本章对改变种植层介质土后的雨水花园水流水质进行分析。选取水中的 COD、TP、TN、SS 等重

表 4-64 污泥介质出流水质情况 单位：mg/L

样品名称	镉含量	汞含量	砷含量	铜含量	铅含量	铬含量	锌含量	镍含量
污泥水样	未检出(<0.003)	0.28	2.0	未检出(<0.005)	未检出(<0.03)	未检出(<0.003)	0.082	未检出(<0.009)

要水质指标作为研究对象，通过改变介质土种类，测量不同指标的变化情况。根据实验结果，可以看出每个实验的显著性均小于 0.01，这说明雨水花园种植层介质土的改变，对出流雨水中 COD、TP、TN、SS 的影响极显著。

根据表 4-4 介质土盐碱性情况表，可以看出所用原种植土（对照二）的土壤有机质含量为 18.4 mg/kg，有效磷含量为 18.0 mg/kg，速效钾含量为 122 mg/kg，硝态氮含量为 65.3 mg/kg。其余介质土中各项指标的含量与原种植土的越接近，则介质土对出流雨水中各指标的影响越小。

有机肥和污泥这两种介质中含有较多的硝态氮，分别有 38.8 mg/kg 和 94.5 mg/kg，所以在影响 TN 的实验中，含有这两种介质的土壤对出流雨水中的 TN 含量影响突出。而其余介质因所含的硝态氮很少，所以对应的出流雨水中 TN 的含量会显著下降。

同理，在影响 TP 的实验中，对出流水质影响突出的介质仍为有机肥和污泥这两种，这两者所含有效磷的含量高于原种植土中的，分别达到了 71.1 mg/kg 和 67.4 mg/kg。其余介质中所含的有效磷与原种植土中的含量相近，因此，对出流雨水中 TP 含量的影响不明显。

COD 反映的是水中的化学需氧量，介质土中含有的有机质越高，出流雨水中含有的 COD 也就越高。石膏和黄沙原土这两种介质的土壤有机质含量很低，仅有 5.5 g/kg 和 4.6 g/kg，所以对应出流雨水中的 COD 较原种植土中的更低。

SS 是检测水质标准的重要指标。SS 是造成水质浑浊的主要原因，水中的有机悬浮物沉积后容易发生厌氧发酵反应，导致水质恶化。在影响 SS 的实验中，加入有机肥、污泥的土壤以及有机介质土对应的出流雨水中的 SS 较多，原因是此 3 种介质有机含量丰富，一经老化，容易进入水体。

(2) 水质影响能力参数。

通过分析不同介质土对水质特征的影响，根据出流雨水中 COD 含量、TP 含量、TN 含量、SS 含量的处理结果，得到适用于上海临港地区雨水花园的最优、次优、第三优的介质土（见表 4-65）。

表 4-65 水质影响能力参数

影响能力	COD 含量	TP 含量	TN 含量	SS 含量
最优	黄沙原土	草炭	椰糠	<4 mg/L 的介质土
次优	石膏	黄沙原土	黄沙原土	—
第三优	椰糠	椰糠	草炭	—

本研究采用计分方法来选择适合上海临港地区的雨水花园介质土，为了使介质土对出流雨水中 COD、TP、TN、SS 这 4 类物质的影响在计分上更加平衡，将这 4 项的权重均定为 25%；对于各介质土的影响程度则按极其显著(100%)、显著(50%)、不显著(0%)计分；各介质土对水质的影响能力按最优(5 分)、次优(3 分)、第三优(1 分)、其他(0 分)4 个等级计分（见表 4-66)。

根据表 4-67 的计分结果，对水质特征影响能力最好的介质是黄沙原土，其分值最高，为 4.0 分；次之是椰糠，其分值为 3.0 分；再次是草炭，其分值为 2.8 分。分值体现了介质土对水质特征影响的综合能力，因此，在上海临港地区的建设

表 4－66　构建改善水质的雨水花园介质土的计分方法

内　容	计　分　方　法			
权重	COD 含量：25％	TP 含量：25％	TN 含量：25％	SS 含量：25％
因素显著程度	极其显著：100％	显著：50％		不显著：0％
处理能力	最优：5 分	次优：3 分	第三优：1 分	其他：0 分

表 4－67　构建改善水质的雨水花园介质土的计分结果

介质土种类	因素影响程度/％	得分/分					
		COD 含量	TP 含量	TN 含量	SS 含量	总分	加权分
草炭	100	0	5	1	5	11	2.8
有机肥	100	0	0	0	0	0	0
石膏	100	3	0	0	5	8	2.0
黄沙原土	100	5	3	3	5	16	4.0
污泥	100	0	0	0	0	0	0
椰糠	100	1	1	5	5	12	3.0
混合土	100	0	0	0	5	5	1.3

中，着重考虑雨水花园对水质特征的影响时，可以采用加入黄沙原土介质。

4.7　适用于上海滨海盐碱地区的雨水花园介质土改良方案

针对上海临港地区的气候、土壤和环境情况，提出 3 种适合上海临港环境空间的雨水花园，分别是净化改良型雨水花园、复合功能型雨水花园和快速渗透型雨水花园。其中净化改良型雨水花园适合近海区域，特征是地下水位高，土壤盐碱度大(含盐量≥0.4％)，例如港口岸段、海湾岸段、岛屿岸段；复合功能型雨水花园适合距海边有一定距离的区域，特征是土壤盐碱度适中(0.3％～0.4％)，径流量大，例如居民小区、人行步道等；快速渗透型雨水花园适合离海较远的区域，特殊是土壤盐碱度低(0.1％～0.2％)，地表径流多，例如公园绿地。

4.7.1　适用于上海临港地区盐碱土改良的雨水花园结构参数筛选

净化改良型雨水花园适用于离海近、地下水位高、土壤盐碱度高的区域(含盐量≥0.4％)，例如港口岸段、海湾岸段、岛屿岸段等。因此，净化改良型雨水花园应具有良好的盐碱土改善能力，且出流水的水质应有较好的改善。由于雨水花园主要功能还是滞留雨水，因此，将盐碱土改善、水文特征、植物成长、水质改善这四方面的权重分别定为 30％、40％、10％、20％。盐碱土改善方面的取值为构建改善盐碱土的雨水花园介质土的计分结果(见表 4－21)加权后的得分；水文特征方面的取值为构建改善水文的雨水花园介质土的计分结果(见表 4－32)加权后的得分；植物成长方面的取值为构建改善植物生长指标的介质土的计分结果(见表 4－53)以及构建改善植物生理指标的介质土的计分结果(见表 4－56)加权后的得分；水质改善方面的取值为构建改善水质的雨水花园介质土的计分结果(见表 4－67)加权后的得分。

由表 4－68 可知，根据适用于上海临港地区的净化改良型雨水花园应用模式的不同介质土的计分结果，综合能力最好的是加入黄沙原土的介质土，其分值为 1.91 分；其次为加入污泥的介质土，分值为 1.63 分；再次为加入椰糠或草炭的介质土，两者分值均为 1.55 分。因此，在上海临港近海区域，对雨水花园种植层应采用加入黄沙原土的方式来优化原种植土，从而构建适用于此区域的净化改良型雨水花园。

表 4-68　净化改良型雨水花园不同介质土的计分结果　　单位：分

介质土种类	各项得分					
	盐碱土改善（30%）	水文特征（40%）	植物成长（10%）		水质改善（20%）	加权分
			生长指标（5%）	生理指标（5%）		
草炭	0.50	1.50	3.00	1.70	2.80	1.55
有机肥	1.80	1.30	1.30	1.70	0	1.21
石膏	0.20	0.80	0.80	1.70	2.00	0.91
黄沙原土	0.80	2.00	0.20	1.20	4.00	1.91
污泥	3.50	1.00	2.00	1.50	0	1.63
椰糠	2.20	0.50	0.70	1.00	3.00	1.55
混合土	0.80	2.00	1.00	0.30	1.30	1.37

复合功能型雨水花园适用于距海边有一定距离，土壤盐碱度适中（0.3%～0.4%），径流量大的区域，例如居民小区、街边人行步道等。因此，复合功能型雨水花园应具备良好的植物成长环境以及水文、水质改善能力。因此，将盐碱土改善、水文特征、植物成长、水质改善这四方面的权重分别定为 20%、35%、25%、20%。盐碱土改善方面的取值为构建改善盐碱土的雨水花园介质土的计分结果（见表 4-21）加权后的得分；水文特征方面的取值为构建改善水文的雨水花园介质土的计分结果（见表 4-32）加权后的得分；植物成长方面的取值为构建改善植物生长指标的介质土的计分结果（见表 4-53）以及构建改善植物生理指标的介质土的计分结果（见表 4-56）加权后的得分；水质改善方面的取值为构建改善水质的雨水花园介质土的计分结果（见表 4-67）加权后的得分。

根据适用于上海临港地区的复合功能型雨水花园应用模式的不同介质土的计分结果，综合能力最好的是加入草炭的介质土，其分值为 2.22 分；其次为加入黄沙原土的介质土，分值为 1.50 分；再次为加入污泥的介质土，其分值为 1.41 分（见表 4-69）。因此，在上海临港离海边有一定距离的区域，对雨水花园种植层应采用加入草炭的方式来优化原种植土，从而构建适用于此区域的复合功能型雨水花园。

表 4-69　复合功能型雨水花园不同介质土的计分结果　　单位：分

介质土种类	各项得分					
	盐碱土改善（20%）	水文特征（35%）	植物成长（25%）		水质改善（20%）	加权分
			生长指标（12.5%）	生理指标（12.5%）		
草炭	0.5	1.5	3.0	1.7	2.8	2.22
有机肥	1.8	1.3	1.3	1.7	0	1.17
石膏	0.2	0.8	0.8	1.7	2.0	1.08
黄沙原土	0.8	2.0	0.2	1.2	4.0	1.50
污泥	3.5	1.0	2.0	1.5	0	1.41

（续表）

介质土种类	各项得分					
	盐碱土改善（20%）	水文特征（35%）	植物成长（25%）		水质改善（20%）	加权分
			生长指标（12.5%）	生理指标（12.5%）		
椰糠	2.2	0.5	0.7	1.0	3.0	1.16
混合土	0.8	2.0	1.0	0.3	1.3	1.22

快速渗透型雨水花园适合离海较远，土壤盐碱度低（0.1%～0.2%），地表径流多的区域，例如公园绿地等。快速渗透型雨水花园应具备良好的水文能力。因此，将盐碱土改善、水文特征、植物成长、水质改善这四方面权重分别定为10%、70%、17.5%、2.5%。盐碱土改善方面的取值为改善盐碱土的雨水花园介质土的计分结果（见表4-21）加权后的得分；水文特征方面的取值为改善水文的雨水花园介质土的计分结果（见表4-32）加权后的得分；植物成长方面的取值为改善植物生长指标的介质土的计分结果（见表4-53）以及改善植物生理指标的介质土的计分结果（见表4-56）加权后的得分；水质改善方面的取值为构建改善水质的雨水花园介质土的计分结果（见表4-67）加权后的得分。

根据适用于上海临港地区的快速渗透型雨水花园应用模式的不同介质土的计分结果，综合能力最好的是混合土，其分值为1.67分；其次为加入草炭的介质土，分值为1.66分；再次为加入黄沙原土的介质土，其分值为1.64分（见表4-70）。因此，在上海临港离海边较远的区域，雨水花园种植层应采用混合土来优化原种植土，从而构建适用于此区域的快速渗透型雨水花园。

表4-70 快速渗透型雨水花园不同介质土的计分结果 单位：分

介质土种类	各项得分					
	盐碱土改善（10%）	水文特征（70%）	植物成长（17.5%）		水质改善（2.5%）	加权分
			生长指标（15%）	生理指标（2.5%）		
草炭	0.5	1.5	3.0	1.7	2.8	1.66
有机肥	1.8	1.3	1.3	1.7	0	1.33
石膏	0.2	0.8	0.8	1.7	2.0	0.79
黄沙原土	0.8	2.0	0.2	1.2	4.0	1.64
污泥	3.5	1.0	2.0	1.5	0	1.39
椰糠	2.2	0.5	0.7	1.0	3.0	0.78
混合土	0.8	2.0	1.0	0.3	1.3	1.67

4.7.2 净化改良型雨水花园

4.7.2.1 结构

净化改良型雨水花园应该具备预处理设施、蓄水层、覆盖层、种植层、过渡层、填料层、排水层、渗水设施以及溢流设施等。其中，预处理设施由砾石覆盖于环形边坡上组成；蓄水层厚15 cm；覆盖层厚3 cm，为粒径1 cm左右的卵石；种植层厚20 cm，在原种植土中加入了体积比为15%的黄沙原土；过渡层厚10 cm，由粒径0.35～0.5 mm的瓜子片组成；填料层厚10 cm，由沸石组成；排水层厚10 cm，由卵石组成（见表4-71）。

表 4-71 净化改良型雨水花园结构参数

设计因素		参数
结构	预处理设施(环坡砾石)	ϕ4～6 cm
	蓄水层	15 cm
	覆盖层(卵石)	3 cm
	种植层(改良种植土)	20 cm
	过渡层(瓜子片)	10 cm
	填料层(沸石)	10 cm
	排水层(卵石)	10 cm
汇流面积/表面积		20～25 m^2
面积范围		(30±10)m^2
截面		盆形
深度		78 cm
边坡 i		1/4

渗水设施由渗水管和渗水排水管构成。渗水管位于排水层的底部,常采用直径为 100 mm 的穿孔管,雨水径流经过系统处理后,由穿孔管收集后进入具有 1°～3°坡度的渗水排水管,其较高的一端与渗水管连通,较低的一端与附近的排水支管或雨水井连通。

雨水花园的溢流设施由贯穿蓄水层的溢流管和位于底部的溢流排水管组成。溢流管顶端留有溢流口,溢流口上安装孔径为 1～2 cm 的多孔型挡板,且挡板高出蓄水层 15 cm。溢流管有 1°～3°的坡度,其较高的一端与溢流管连通,较低的一端与附近的排水支管或雨水井连通。

4.7.2.2 预计指标

在雨水花园种植层中加入黄沙原土后,土壤性质变化较明显(见表 4-72),针对现盐碱土而言,全盐量和土壤 pH 值分别下降约 77.6% 和 3.4%。在水文特征方面,针对原种植土而言,洪峰时刻累积径流削减率和前 1 h 径流削减率有显著提高,分别提高约 20.8%和 35.7%。在出流水质改善方面,针对原种植土而言,COD、TP、TN 含量全部下降,且 SS 含量也没有超出 4 mg/L。

表 4-72 净化改良型雨水花园预计指标

功能	对照组	黄沙原土	预计指标(取约数)
全盐量/(g·kg^{-1})	13.4	3.0	下降 77.6%
pH 值	8.8	8.5	下降 3.4%
土壤有机质/(g·kg^{-1})	6.7	4.6	下降 31.3%
有效磷/(mg·kg^{-1})	9.1	8.9	下降 2.2%
速效钾/(mg·kg^{-1})	204.0	123.0	下降 39.7%
硝态氮/(mg·kg^{-1})	3.4	3.1	下降 8.8%
出流洪峰延迟时间/min	55.0	43.0	下降 21.8%
洪峰时刻累积径流削减率/%	72.0	87.0	提高 20.8%
前 1 h 径流削减率/%	56.0	76.0	提高 35.7%

（续表）

功　能	对照组	黄沙原土	预计指标(取约数)
渗透率/$(m \cdot s^{-1})$	5.8×10^{-7}	3.3×10^{-7}	下降 43.1%
出流雨水 COD 含量/$(mg \cdot L^{-1})$	29.0	28.0	下降 3.4%
出流雨水 TP 含量/$(mg \cdot L^{-1})$	0.14	0.11	下降 21.4%
出流雨水 TN 含量/$(mg \cdot L^{-1})$	41.3	6.6	下降 84.0%
出流雨水 SS 含量/$(mg \cdot L^{-1})$	<4.0	<4.0	—

注：此表中数据取值形式不便统一为小数后一位的格式。(下同)

净化改良型雨水花园的主要目的是净化水质，改善盐碱土，但由于黄沙原土多为无机介质，因此，加入黄沙原土后土壤有机质和土壤肥力均有不同程度的下降，故选择栽培植物时，要选择在土壤贫瘠时生存能力强，且耐盐碱的植物。

4.7.3　复合功能型雨水花园

4.7.3.1　结构

复合功能型雨水花园应该具备预处理设施、蓄水层、覆盖层、种植层、过渡层、填料层、排水层、渗水设施以及溢流设施等。其中，预处理设施由砾石覆盖于环形边坡上组成；蓄水层厚 15 cm；覆盖层厚 3 cm，为粒径 1 cm 左右的卵石；种植层厚 20 cm，为加入体积比为 15%的草炭的原种植土；过渡层厚 10 cm，为粒径 0.35～0.5 mm 的瓜子片；填料层厚 10 cm，为沸石；排水层厚 10 cm，为卵石(见表 4-73)。

渗水设施由渗水管和渗水排水管构成。渗水管位于排水层的底部，常采用直径为 100 mm 的穿孔管，雨水径流经过系统处理后，由穿孔管收集后进入具有 1°～3°坡度的渗水排水管，其较高的一端与渗水管连通，较低的一端与附近的排水支管或雨水井连通。

雨水花园的溢流设施由贯穿蓄水层的溢流管和位于底部的溢流排水管组成，溢流管顶端留有溢流口，溢流口上安装孔径为 1～2 cm 的多孔型挡板，且挡板高出蓄水层 15 cm。溢流管有 1°～3°的坡度，其较高的一端与溢流管连通，较低的一端与附近的排水支管或雨水井连通。

表 4-73　复合功能型雨水花园结构参数

设计因素		参　数
结构	预处理设施(环坡砾石)	ϕ4～6 cm
	蓄水层	15 cm
	覆盖层(卵石)	3 cm
	种植层(改良种植土)	20 cm
	过渡层(瓜子片)	10 cm
	填料层(沸石)	10 cm
	排水层(卵石)	10 cm
汇流面积/表面积		20～25 m^2
面积范围		$(30 \pm 10)m^2$
截面		盆形
深度		78 cm
边坡 i		1/4

4.7.3.2 预计指标

在雨水花园种植层中加入草炭后，土壤性质变化明显，针对现盐碱土而言，全盐量和土壤pH值分别下降76.1%和7.9%，土壤有机质含量提高294.0%，有效磷提高29.7%，硝态氮提高150.0%。在水文特征方面，针对原种植土而言，洪峰时刻累积径流削减率提高23.6%，渗透率提高19.0%。在出流水质改善方面，针对原种植土而言，TP和TN含量分别下降28.6%和75.9%，且SS含量也没有超出4 mg/L(见表4-74)。

复合功能型雨水花园主要用在居民小区、街边人行步道等地，各方面能力比较均衡，既可以改善土壤盐碱情况，也可以改善水文特征，并对出流水质影响不明显。在植物选择方面，在保证存活的前提下，应尽可能追求多样、美观的效果，符合城市建设原则。

表4-74 复合功能型雨水花园预计指标

功能	对照组	草炭	预计指标
全盐量/($g \cdot kg^{-1}$)	13.4	3.2	下降76.1%
pH值	8.77	8.08	下降7.9%
土壤有机质/($g \cdot kg^{-1}$)	6.7	26.4	提高294.0%
有效磷/($mg \cdot kg^{-1}$)	9.1	11.8	提高29.7%
速效钾/($mg \cdot kg^{-1}$)	204	192	下降5.9%
硝态氮/($mg \cdot kg^{-1}$)	3.37	8.42	提高150.0%
出流洪峰延迟时间/min	55	43	下降21.8%
洪峰时刻累积径流削减率/%	72	89	提高23.6%
前1 h径流削减率/%	56	55	下降1.8%
渗透率/($m \cdot s^{-1}$)	5.8×10^{-7}	6.9×10^{-7}	提高19.0%
出流雨水COD含量/($mg \cdot L^{-1}$)	29	41	提高41.4%
出流雨水TP含量/($mg \cdot L^{-1}$)	0.14	0.1	下降28.6%
出流雨水TN含量/($mg \cdot L^{-1}$)	41.3	9.95	下降75.9%
出流雨水SS含量/($mg \cdot L^{-1}$)	<4	<4	—

4.7.4 快速渗透型雨水花园

4.7.4.1 结构

快速渗透型雨水花园同样应该具备预处理设施、蓄水层、覆盖层、种植层、过渡层、填料层、排水层、渗水设施以及溢流设施等。其中，预处理设施由砾石覆盖于环形边坡上组成；蓄水层厚15 cm；覆盖层厚3 cm，为粒径1 cm左右的卵石；种植层厚20 cm，在原种植土中加入了体积比分别为4%、6%、2%、2%、2%的黄沙原土、草炭、有机肥、污泥、椰糠；过渡层厚10 cm，为粒径0.35～0.5 mm的瓜子片；填料层厚10 cm，为沸石；排水层厚10 cm，为卵石。其渗水设施和溢流设施的结构同净化改良型雨水花园一致。

4.7.4.2 预计指标

在雨水花园种植层中加入混合土后，土壤性质变化明显，针对现盐碱土而言，全盐量和土壤pH值分别下降73.9%和8.2%，土壤有机质提高450.7%，有效磷、速效钾、硝态氮含量分别提高295.6%、56.9%、520.2%。在水文特征方面，针对原种植土而言，出流洪峰延迟时间提高14.5%，渗透率提高25.9%。在出流水质改善方面，针对原种植土而言，TN含量下降74.3%，且SS含量也没有超出4 mg/L(表4-75)。

表 4-75 快速渗透型雨水花园预计指标

功　　能	对照组	混合土	预计指标
全盐量/(g·kg^{-1})	13.4	3.5	下降 73.9%
pH 值	8.77	8.05	下降 8.2%
土壤有机质/(g·kg^{-1})	6.7	36.9	提高 450.7%
有效磷/(mg·kg^{-1})	9.1	36.0	提高 295.6%
速效钾/(mg·kg^{-1})	204	320	提高 56.9%
硝态氮/(mg·kg^{-1})	3.37	20.9	提高 520.2%
出流洪峰延迟时间/min	55	63	提高 14.5%
洪峰时刻累积径流削减率/%	72	58	下降 19.4%
前 1 h 径流削减率/%	56	39	下降 30.3%
渗透率/(m·s^{-1})	5.8×10^{-7}	7.3×10^{-7}	提高 25.9%
出流雨水 COD 含量/(mg·L^{-1})	29	46	提高 58.6%
出流雨水 TP 含量/(mg·L^{-1})	0.14	0.22	提高 57.1%
出流雨水 TN 含量/(mg·L^{-1})	41.3	10.6	下降 74.3%
出流雨水 SS 含量/(mg·L^{-1})	<4	<4	—

快速渗透型雨水花园的重点在处理水文特征上，要求土壤有较高的渗透率，主要用于离海较远、土壤盐碱度低的城市公园中。

4.7.5 植物选择

本测试仅研究了雨水源头调蓄设施介质土改良 15 天后 3 种植物的部分生长和生理指标，分析了植物在改良后的土壤与原生长环境中的生长差异，并研究了植物在盐碱土中的生存能力。研究对象为红叶石楠、百子莲、吉祥草这 3 种植物(见表 4-76)。

表 4-76 不同栽培土的雨水花园植物对比表

功　　能	原种植土	现盐碱土	加入黄沙原土的介质土	加入草炭的介质土	混合土
红叶石楠株高/cm	65.0	51.0	43.0	53.0	56.0
百子莲株高/cm	23.0	21.0	21.0	24.0	21.0
吉祥草株高/cm	35.0	21.0	23.0	24.0	32.0
红叶石楠叶片数量/片	53	74	21	58	52
百子莲叶片数量/片	12	7	7	11	7
吉祥草叶片数量/片	13	11	11	11	10
红叶石楠光合速率/(μmol·m^{-2}·s^{-1})	3.3	3.0	0.4	3.5	1.1
百子莲光合速率/(μmol·m^{-2}·s^{-1})	1.6	0.4	0.4	0.8	1.4
吉祥草光合速率/(μmol·m^{-2}·s^{-1})	1.4	0.5	0.3	0.2	1.6
红叶石楠蒸腾速率/(mmol·m^{-2}·s^{-1})	0.2	0.1	0.6	0.1	0.4
百子莲蒸腾速率/(mmol·m^{-2}·s^{-1})	0.5	0.3	0.5	0.7	0.4
吉祥草蒸腾速率/(mmol·m^{-2}·s^{-1})	0.4	0.3	0.4	0.2	0.3

红叶石楠喜好温暖潮湿的生长环境，它有极强的耐阴能力和抗干旱能力，并且抗盐碱性较好，耐修剪，耐瘠薄，对土壤要求不高，适合生长于各种土壤中，很容易移植成株。

百子莲喜好温暖、湿润和阳光充足的环境，要求夏季凉爽、冬季温暖。如果冬季土壤湿度大，温度超过 25 ℃，茎叶生长旺盛，则妨碍休眠，会直接影响翌年正常开花。光照对生长与开花也有一定影响，夏季应避免强光长时间直射，冬季栽培需有充足阳光。适合在疏松、肥沃的沙质壤土中生存。

吉祥草喜好温暖、湿润的环境，比较耐寒冷、耐阴，对土壤的要求不高，适应性强，以排水良好的肥沃壤土为宜。

净化改良型雨水花园使用的是加入黄沙原土的种植土，复合功能型雨水花园使用的是加入草炭的种植土，快速渗透型雨水花园使用的是加入混合土的种植土。3 种类型的种植土相对原种植土而言，在土壤性质方面均有改变，红叶石楠、百子莲、吉祥草 3 种植物均可以在不同土壤中生存下去，但生长状况略有不同。加入黄沙原土的土壤中营养物质较少，因此，3 种植物在株高、叶片数量、光合速率、蒸腾速率等方面相较原种植土而言，均有不同程度的降低，由此可见，在净化改良型雨水花园中要选择耐贫瘠、耐盐碱，对土壤要求不高的植物。加入草炭的土壤和混合土中富含有丰富的土壤有机质和利于植物吸收的营养物质，由表 4 - 76 也可以分析出，3 种植物的各项指标与原种植土相比有增有减，总体来说影响不明显。因此，复合功能型雨水花园中要选择功能综合、视觉美观、对土壤要求较低的植物，而快速渗透型雨水花园中要选择利于雨水快速渗透的植物。

在植物安全性方面，应选择对生态平衡影响低的植物，要充分考虑雨水花园周边居民、行人的安全。在雨水花园中应该种植多种类型植物，避免单一植被、单一层次，通过植物构建的生态群落来提高雨水花园的生态稳定性，更好地抵御外来物种。另外，在能与居民、行人接触的雨水花园中，避免使用带毒、带刺、带异味的植物，保证人身安全。

在雨水花园中，要选择根系发达、净化能力出众的植物。研究小组中的王佳、王思思等人发现，植物根系的生长状况对其去污抗污能力有非常显著的影响，并且植物根系越发达，其净化能力越强。但雨水花园也不能选择根系过长的植物，因其会破坏过渡层、填料层、排水层，导致功能下降。

由于将雨水花园应用于上海临港地区中，因此，要考虑植物的耐盐碱性以及抗旱耐涝的能力。要保证雨水花园全年都能运行，且植物在抗盐碱、抗旱涝、抗虫害等各方面能力出色。

建设雨水花园时，要根据季节选择观赏性高的植物，避免使用过多单季生长的植物，在生长条件允许的情况下，应尽可能考虑颜色搭配，提高雨水花园整体美观程度。

4.7.6 维护保养

为保证雨水花园长期稳定地发挥其功能，并维持良好的景观效果，需要对雨水花园进行维护保养。

(1) 清理杂物。

在一段时间后，对雨水花园中的垃圾、杂物进行清理，如果发生雨水长时间滞留的现象，要考虑清洗覆盖层，从而保证雨水花园各项功能正常。

(2) 定期浇水。

当天气炎热、长期不下雨时，要及时浇灌雨水花园，防止植物缺水而枯萎坏死，以及土壤干裂等现象。

(3) 修剪植物。

雨水花园中的植物成长一段时间后，枝叶相较之前更加繁茂，而过于紧密会影响植物的成长，导致有些株高较低的植物可能会见不到阳光，其光合作用受到影响。另外，过密的枝叶会覆盖土壤，使得土壤无法接受太阳直射，导致其湿度过高，影响植物根系生长和土壤修复。因此，要定期对植物进行修剪，并拔除杂草。

5 微观维度海绵性植物筛选及适应性植物群落配置方法

5.1 研究对象与方法

在对上海地区(含临港滨海盐碱地区)常用低影响设施草本植物调研的基础上，参考国内外雨水花园中植物的功能及环境因素的相关研究，开展适用于上海地区雨水花园植物的逆境生理定量化分析及其对污染物削减能力的研究，筛选出适用于上海地区调蓄型、净化型和综合型雨水花园的草本植物种类并构建典型植物配置模式，研究内容主要包括以下几点：

(1) 对上海市已建成的部分雨水生态处理设施的常用植物进行实地调研，初步筛选出 25 种适用于上海地区低影响设施的植物种类，将其作为实验材料，进行模拟控制实验。

(2) 通过室内水分胁迫控制试验，对 25 种草本植物在干旱和水涝胁迫下的植物叶片细胞膜透性、叶片中游离脯氨酸含量以及叶片内丙二醛含量等生理指标进行测定，对其抗旱性和耐涝性进行比较分析。

(3) 通过室内模拟污染物径流控制试验，对 25 种草本植物在重度、中度、轻度污染物浓度下的 TP、TN、COD_{Cr} 削减能力进行比较分析。

(4) 利用隶属函数值法和聚类分析法对 25 种草本植物的抗旱性、耐涝性、径流污染物削减等综合能力进行综合分析，筛选出适用于上海地区调蓄型、净化型和综合型雨水花园的草本植物种类并构建典型植物配置模式。

5.2 适合滨海盐碱环境的海绵性植物适应性筛选

通过对上海市临港地区 13 个绿地场所具有的 663 个低影响设施进行调研，结果表明，主要运用的植物种类为 69 个品种，根据现场植物表现及打分情况，初步筛选出适合临港雨水源头调蓄设施的植物，包括 41 个品种，分属 25 科 38 属。植物种类较丰富的有蔷薇科(4 属 4 种)、菊科(3 属 3 种)、石蒜科(3 属 3 种)、景天科(2 属 2 种)、伞形科(2 属 2 种)、唇形科(2 属 2 种)、虎耳草科(2 属 2 种)、百合科(2 属 2 种)、木犀科(1 属 2 种)、鸢尾科(2 属 2 种)、卫矛科(1 属 2 种)、忍冬科(2 属 2 种)，其他科属均为单科单属单种(见表 5-1)。

表 5-1 41 种表现良好的适合临港地区雨水调蓄设施的植物

序 号	植物名称	拉丁学名	科 属
1	佛甲草	*Sedum lineare*	景天科景天属
2	八宝景天	*Hylotelephium erythrostictum*	景天科八宝属
3	铜钱草	*Hydrocotyle vulgaris*	伞形科天胡荽属
4	水芹	*Oenanthe javanica* (*Blume*)	伞形科水芹菜属

(续表)

序　号	植物名称	拉丁学名	科　　属
5	石竹	*Dianthus chinensis*	石竹科石竹属
6	马蔺	*Iris lactea*	鸢尾科鸢尾属
7	黄菖蒲	*Iris pseudacorus*	鸢尾科鸢尾属
8	红凤菜	*Gynura bicolor* (Willd.) DC.	菊科菊三七属
9	大花金鸡菊	*Coreopsis grandiflora*	菊科金鸡菊属
10	百日菊	*Zinnia elegans*	菊科百日菊属
11	筋骨草	*Ajuga decumbens*	唇形科筋骨草属
12	薄荷	*Mentha haplocalyx*	唇形科薄荷属
13	丝带草	*Phalaris arundinacea*	禾本科虉草属
14	美女樱	*Verbena hybrida*	马鞭草科马鞭草属
15	石蒜	*Lycoris radiata* (*L'Her.*) *Herb.*	石蒜科石蒜属
16	葱兰	*Zephyranthes candida* (*Lindl.*)*Herb.*	石蒜科葱兰属
17	紫娇花	*Tulbaghia violacea*	石蒜科紫娇花属
18	紫叶千鸟花	*Gaura lindheimeri* 'Crimson Bunny'	柳叶菜科山桃草属
19	过路黄	*Lysimachia christinae*	报春花科珍珠菜属
20	矾根	*Heuchera micrantha*	虎耳草科矾根属
21	花叶蔓长春	*Vinca major* var. *variegata*	夹竹桃科蔓长春花属
22	金银花	*Lonicera japonica*	忍冬科忍冬属
23	萱草	*Hemerocallis fulva*	百合科萱草属
24	花叶玉簪	*Hosta undulata*	百合科玉簪属
25	八仙花	*Hydrangea macrophylla*	虎耳草科八仙花属
26	金森女贞	*Ligustrum japonicum* 'Howardii'	木犀科女贞属
27	小叶女贞	*Ligustrum quihoui*	木犀科女贞属
28	金边黄杨	*Buxus megistophylla*	卫矛科卫矛属
29	大叶黄杨	*Buxus megistophylla* Levl.	卫矛科卫矛属
30	瓜子黄杨	*Buxus sinica* (*Rehd. et Wils.*) *Cheng*	黄杨科黄杨属
31	六道木	*Abelia biflora*	忍冬科六道木属
32	小叶栀子	*Gardenia jasminoides*	茜草科栀子属
33	南天竹	*Nandina domestica*	小檗科南天竹属
34	龟甲冬青	*lex crenata* cv. *Convexa*	冬青科冬青属
35	花叶青木	*Aucuba japonica* var. *variegata*	山茱萸科桃叶珊瑚属
36	小丑火棘	*Pyracantha fortuneana* 'Harlequin'	蔷薇科火棘属
37	微型月季	*Rosachinensis minima*	蔷微科蔷微属
38	红叶石楠	*Photinia*×*fraseri*	蔷薇科石楠属
39	绣线菊	*Spiraea salicifolia*	蔷薇科绣线菊属

（续表）

序 号	植物名称	拉丁学名	科 属
40	海桐	*Pittosporum tobira*	海桐科海桐花属
41	毛鹃	*Rhododendron pulchrum*	杜鹃花科杜鹃花属

根据现场调研的结果，可以发现在光照、位置布局等相关条件各异的情况下，始终存在部分植物大面积枯死的情况，由此初步筛选出后期不适宜运用于临港雨水源头调蓄设施的植物，包括28个品种，分属15科22属。植物种类较丰富的有禾本科（6属9种）、百合科（2属4种）、美人蕉科（1属2种）、菊科（2属2种），其他科属均为单科单属单种（见表5-2）。

表5-2 28种不推荐应用于临港地区雨水处理设施的植物

序 号	植物名称	拉丁学名	科 属
1	花叶络石	*Trachelospermum jasminoides*	夹竹桃科络石属
2	菖蒲	*Acorus calamus*	天南星科菖蒲属
3	千屈菜	*Lythrum salicaria*	千屈菜科千屈菜属
4	鸢尾	*Iris tectorum* Maxim.	鸢尾科鸢尾属
5	再力花	*Thalia dealbata* Fraser	竹芋科再力花属
6	梭鱼草	*Pontederia cordata*	雨久花科梭鱼草属
7	狼尾草	*Pennisetum alopecuroides*	禾本科狼尾草属
8	紫穗狼尾草	*Pennisetum Setaceum* ‘Purple’	禾本科狼尾草属
9	粉黛乱子草	*Muhlenbergia capillaris*	禾本科乱子草属
10	白茅	*Imperata cylindrica*	禾本科白茅属
11	细叶芒	*Miscanthus sinensis*	禾本科芒属
12	晨光芒	*Miscanthus sinensis* ‘Morning Light’	禾本科芒属
13	斑叶芒	*Miscanthus sinensis Andress* ‘Zebrinus’	禾本科芒属
14	矮蒲苇	*Cortaderia selloana* ‘Pumila’	禾本科蒲苇属
15	花叶芦竹	*Arundo donax* var. *versicolor*	禾本科芦竹属
16	花叶美人蕉	*Cannaceae generalis* L. H. Baiileg cv. *Striatus.*	美人蕉科美人蕉属
17	水生美人蕉	*Canna glauca*	美人蕉科美人蕉属
18	山麦冬	*Liriope spicata*	百合科山麦冬属
19	金边阔叶山麦冬	*Liriope muscari* cv. *Variegata*	百合科山麦冬属
20	麦冬	*Ophiopogon japonicus* (Linn. f.)	百合科沿阶草属
21	矮麦冬	*Ophiopogon japonicus* var. *nana*	百合科沿阶草属
22	木贼	*Equisetum hyemale* L.	木贼科木贼属
23	大吴风草	*Farfugium japonicum*	菊科大吴风草属
24	旱伞草	*Cyperus alternifolius*	莎草科莎草属
25	彩叶杞柳	*Salix integra* ‘Hakuro Nishiki’	杨柳科柳属
26	黄金菊	*Euryops pectinatus*	菊科梳黄菊属

（续表）

序 号	植物名称	拉丁学名	科 属
27	金丝桃	*Hypericum monogynum*	藤黄科金丝桃属
28	茶梅	*Camellia sasanqua*	山茶科山茶属

5.3 具有环境抗性的海绵性植物适应性筛选

5.3.1 海绵性草本植物材料选择

在上海市区范围内，选取7个目前建设有低影响设施的公园和绿地进行草本植物使用频率调查，调查样点分别是位于浦东世博片区的后滩公园、松江的辰山植物园、莘庄的黄道婆绿地、共康社区的共康绿地、陆家嘴的银城中路街头绿地、七宝的万科朗润园居住小区以及位于浦江镇的上房园艺公司总部苗圃花园（见图5-1）。

对上海市7个绿地场所具有的低影响设施草本植物进行调研，结果表明，7个场所的低影响设施所运用的草本植物种类为33个品种，分属13科26属。植物种类较丰富的有禾本科（8属12种）、百合科（5属6种）、景天科（2属2种）、石蒜科（2属2种）、鸢尾科（2属2种），其他科属均为单科单属单种。

对7个场所的低影响设施草本植物进行应用次数计算，选取出现次数≥3的草本植物作为本次试验的实验材料。低影响设施的类型及所在区位如表5-3所示。

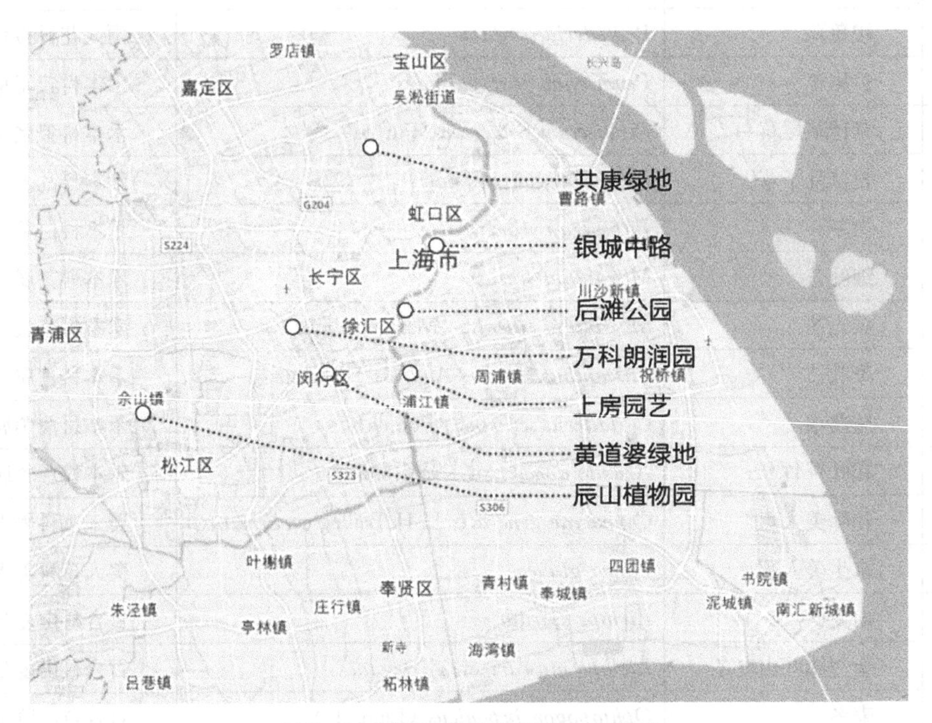

图5-1 低影响设施空间分布示意图

表5-3 上海市低影响设施应用场所

序 号	名 称	场所类型	低影响设施类型	所在区位
A	后滩公园	综合公园	人工湿地、生态滤池	世博片区
B	辰山植物园	植物园	雨水花园	松江
C	黄道婆绿地	带状绿地	生态草沟	莘庄

(续表)

序 号	名 称	场所类型	低影响设施类型	所 在 区 位
D	共康绿地	防护绿地	雨水花园、生态草沟	共康社区
E	银城中路街头绿地	街头绿地	雨水花园	陆家嘴
F	万科朗润园居住小区	小区游园	生态滤池	七宝
G	上房园艺公司总部苗圃花园	生产绿地	人工湿地	浦江镇

根据表5-4中有关植物及出现次数的调研结果，选择出现次数≥3次的佛甲草、八宝景天、千屈菜、铜钱草、马蹄金、翠芦莉、狼尾草、紫穗狼尾草、蓝羊茅、细叶芒、晨光芒、花叶芒、班叶芒、金叶苔草、石菖蒲、金边麦冬、兰花三七、萱草、花叶玉簪、吉祥草、葱兰、紫娇花、金边吊兰、黄菖蒲、马蔺共计25种草本植物作为实验材料(见表5-5)。所有植物材料均购买于上房园艺公司苗圃，购买前对植物苗进行了生长状况鉴定，选取长势优良的植物苗进行栽植。

表5-4 上海地区低影响设施草本植物名录及出现次数

植物名称	拉 丁 学 名	低影响设施类型	应用地点	频数
常夏石竹	*Dianthus plumarius*	生态草沟	A	1
佛甲草	*Sedum lineare*	雨水花园、生态草沟	A/B/D/G	4
八宝景天	*Hylotelephium erythrostictum*	雨水花园、生态草沟	B/D/G	3
千屈菜	*Lythrum salicaria*	人工湿地、雨水花园、生态草沟	A/B/C/D/F/G	5
铜钱草	*Hydrocotyle vulgaris*	雨水花园	A/B/D/G	4
马蹄金	*Dichondra repens*	雨水花园、渗透草沟	C/D/G	3
翠芦莉	*Ruellia brittoniana*	人工湿地、雨水花园	A/C/D	3
蒲苇	*Cortaderia selloana*	人工湿地、生态滤池	A/B	2
芦竹	*Arundo donax*	人工湿地、生态滤池	A/C	2
玉带草	*Phalaris arundinacea*	人工湿地	F	1
狼尾草	*Pennisetum alopecuroides*	雨水花园、生态草沟	A/B/G	3
紫穗狼尾草	*Pennisetum Setaceum* 'Purple'	雨水花园、生态草沟	A/B/G	3
白茅	*Imperata cylindrical*	雨水花园、生态草沟	G	1
蓝羊茅	*Festuca glauca*	生态草沟	B/D/G	3
细茎针茅	*Stipa tenuissima*	生态草沟	B	1
细叶芒	*Miscanthus sinensis* cv.	雨水花园、生态草沟	A/B/C/D/E/F/G	7
五节芒	*Miscanthus floridulus*	人工湿地	A/B	2
晨光芒	*Miscanthus sinensis* 'Morning Light'	雨水花园	A/B/G	3
花叶芒	*Miscanthus sinensis* 'Variegatus'	雨水花园、生态草沟	A/D/G	3
斑叶芒	*Miscanthus sinensis Andress* 'Zebrinus'	雨水花园、生态草沟	B/D/G	3
金叶苔草	*Carex* 'Evergold'	雨水花园	A/B/C/D/G	5
石菖蒲	*Acorus tatarinowii*	人工湿地	A/E/G	3
金边麦冬	*Liriope spicata* var. *Variegata*	雨水花园、生态草沟	B/F/G	3

（续表）

植物名称	拉丁学名	低影响设施类型	应用地点	频数
兰花三七	*Liriope cymbidiomorpha*	生态草沟	C/D/E/F	4
萱草	*Hemerocallis fulva*	雨水花园	A/B/C/D/G	5
花叶玉簪	*Hosta undulata*	雨水花园	C/D/F/G	4
吉祥草	*Reineckia carnea*	雨水花园、生态草沟、生态滤池	A/B/C/D/E/F	6
金边吊兰	*Chlorophytum comosum* 'Variegatum'	雨水花园	B/D/G	3
葱兰	*Zephyranthes candida*	雨水花园	C/D/G	3
紫娇花	*Tulbaghia violacea*	生态草沟	C/D/G	3
美人蕉	*Canna indica*	人工湿地、生态滤池	E/F	2
黄菖蒲	*Iris pseudacorus*	雨水花园、人工湿地、生态滤池	B/C/D/G	4
马蔺	*Iris lactea*	生态草沟	B/C/D/E	4

表 5-5　试验植物种类

序　号	植物名称	拉丁学名	科　属
1	佛甲草	*Sedum lineare*	景天科景天属
2	八宝景天	*Hylotelephium erythrostictum*	景天科八宝属
3	千屈菜	*Lythrum salicaria*	千屈菜科千屈菜属
4	铜钱草	*Hydrocotyle vulgaris*	伞形科天胡荽属
5	马蹄金	*Dichondra repens*	旋花科马蹄金属
6	翠芦莉	*Ruellia brittoniana*	爵床科单药花属
7	狼尾草	*Pennisetum alopecuroides*	禾本科狼尾草属
8	紫穗狼尾草	*Pennisetum Setaceum* 'Purple'	禾本科狼尾草属
9	蓝羊茅	*Festuca glauca*	禾本科羊茅属
10	细叶芒	*Miscanthus sinensis*	禾本科芒属
11	晨光芒	*Miscanthus sinensis* 'Morning Light'	禾本科芒属
12	花叶芒	*Miscanthus sinensis* 'Variegatus'	禾本科芒属
13	斑叶芒	*Miscanthus sinensis Andress* 'Zebrinus'	禾本科芒属
14	金叶苔草	*Carex* 'Evergold'	莎草科苔草属
15	石菖蒲	*Acorus tatarinowii*	天南星科菖蒲属
16	金边麦冬	*Liriope spicata* var. *Variegata*	百合科山麦冬属
17	兰花三七	*Liriope cymbidiomorpha*	百合科山麦冬属
18	萱草	*Hemerocallis fulva*	百合科萱草属
19	花叶玉簪	*Hosta undulata*	百合科玉簪属
20	吉祥草	*Reineckia carnea*	百合科吉祥草属
21	金边吊兰	*Chlorophytum comosum* 'Variegatum'	百合科吊兰属
22	葱兰	*Zephyranthes candida*	石蒜科葱莲属
23	紫娇花	*Tulbaghia violacea*	石蒜科紫娇花属

(续表)

序 号	植物名称	拉丁学名	科 属
24	黄菖蒲	*Iris pseudacorus*	鸢尾科鸢尾属
25	马蔺	*Iris lactea*	鸢尾科鸢尾属

通过抗逆性实验设计和径流污染物削减实验设计，测定抗逆性指标和去污能力指标。逆境指的是植物在生长发育过程中所遭受的不利环境因素的总称，通常可根据环境种类将逆境分为两类，一类是生物逆境，另一类是非生物逆境。而非生物逆境即为复杂环境条件引起的胁迫，胁迫主要由炎热、寒冷、干旱、水涝、盐碱等原因形成。植物的抗逆性主要表现在其对逆境的抵抗和忍耐性能上。抗逆性是植物抗性的主要表现方式之一。当植物受到胁迫时，植物可通过细胞的代谢反应有效地阻止、降低或者修复逆境中造成的损失，使植株能够进行正常生长发育。研究发现，逆境情况下，植物会产生不同的抗性方式，而这些方式可在植物体上相同或者不同位置同时发生。植物在受到水分胁迫的情况下，会产生一定的形态变化和生理变化。生理变化主要包括膜系统变化、保护酶含量变化、渗透调解物质的含量变化3个方面。其中，水分胁迫对细胞膜有着较为直接和明显的伤害，使细胞膜透性增大，致使细胞内大量离子外渗，细胞膜的选择透性逐渐改变甚至丧失，最终导致细胞膜的损伤。植物细胞膜透性对植物所受到的逆境伤害有着较为直接的反应，这一反应目前在植物抗逆性研究中较为常用。

丙二醛(MDA)是细胞膜脂质过氧化的最终产物，MDA含量的高低能够有效地反映细胞膜脂质过氧化的程度。植物叶片细胞组织中MDA含量的增加也可表示植物受到胁迫的程度在逐渐增加。目前，MDA被广泛视为植物抗逆性的重要指标之一。

脯氨酸(Pro)是植物蛋白质的组分之一，植株中存在大量的游离状态的脯氨酸。植物组织中的脯氨酸是细胞质内参与渗透调节的物质，同时对稳固生物大分子结构、降低细胞的酸性、解除氨毒等起重要作用。Pro作为基本指标用来表示植物所受到的逆境伤害程度。

由于单一指标对植物的抗逆生理反应较为片面，因此，本研究选取土壤含水量的变化(针对抗旱能力)、细胞膜透性、游离脯氨酸含量、丙二醛含量多个指标作为植物抗旱、耐涝品种筛选的生理指标。

采用Matlab R2013b进行多项式回归分析，分别对干旱、水涝胁迫条件下植物叶片内脯氨酸含量(y_p)、丙二醛含量(y_m)随胁迫时间变化(x)的规律进行模拟，得到的方程指数分两类：A类指数≥2；B类指数为1(即一元一次方程)。对于A类方程，采用达到峰值最高点的时间(t_m)作为对不同胁迫条件下25种植物抗旱、耐涝能力排序的依据；对于B类方程，采用斜率(k)作为对不同胁迫条件下25种植物抗旱、耐涝能力排序的依据。采用SPSS软件分别对干旱、水涝胁迫条件下植物叶片细胞膜透性、叶片中脯氨酸含量(y_p)、丙二醛含量(y_m)含量随胁迫时间(x)的变化进行聚类分析，分析出具有不同变化规律的植物类型，并对其进行不同抗旱、耐涝能力分类；用隶属函数值法对25种草本植物的抗旱、耐涝、去污能力以及其综合适应能力进行比较分析；为了较为直观地体现具有不同抗旱能力的植物土壤含水量随干旱胁迫的变化情况以及干旱、水涝胁迫条件下植物叶片的细胞膜透性、脯氨酸含量、丙二醛含量随胁迫时间延长的变化趋势，采用Excel软件进行变化趋势图绘制。

5.3.2 海绵性草本植物的抗旱性与耐涝性分析

(1) 抗旱性。

随着干旱胁迫的持续进行，25种植物的土壤含水量的下降趋势也呈现出较为明显的差异，其中，斑叶芒、金边麦冬、细叶芒、晨光芒、狼尾草等植物的土壤含水量的下降速率较为缓慢。可能的原因是这些植物的抗旱性能较好，一方面是其叶片的水分蒸发量较少，另一方面是其根系的分布较为广泛，根系对土壤的保水性较好。而萱草、马蹄金、铜钱草、金边吊兰的土壤含水量则下降得较快，一种可能的原因是这些植物的叶片水分蒸发量较大。实验过程中发现，在胁迫进行8天左右的时候，马蹄金叶片出现卷曲。另一种可能的原因是此类植物的根系较浅，如铜钱草、马蹄金的根系分布就比较浅，对土壤的保水能力较差。就细胞膜透性的变化而言，翠芦莉、千屈菜等植物质膜的相对电导率变化较大，而金边麦冬、佛甲草等植物的变化率则较小，说明后者受到的胁迫伤害较小，即抗旱性较强。根据叶片脯氨酸的变化趋势，可以看出当植物受到干旱胁迫时，大部分叶片内的脯氨酸含量呈现先增长后降低的趋势，其中禾本科和百合科麦冬属的植物增长速度较快，且增长的持续过程较长，可见其对脯氨酸的累积能力较强。当受到胁迫时，植株体自身可以较长时间地进行调节，表明此类植物的抗旱能力较强。就干旱胁迫下25种植物叶片丙二醛含量的变化趋势而言，禾本科植物的变化趋势均较小，丙二醛累积的量也较少，表明此类植物在受到干旱胁迫时，丙二醛的合成速率较小，所以干旱对禾本科植物所造成的伤害也较小，即抗旱性能较好；而千屈菜、铜钱草、翠芦莉等植物的丙二醛含量增加较快，表明其受到的伤害较多，即抗旱能力较弱。

(2) 耐涝性。

随着水涝胁迫的进行，25种植物叶片细胞膜透性也出现了较大的差异。所有植物在受到水涝胁迫时，细胞膜电导率均呈现逐渐增长的趋势，但千屈菜、翠芦莉、铜钱草、吉祥草等植物的增长速率较为缓慢，说明其叶片的细胞膜受到的伤害较小，细胞膜透性的增加较为缓慢，故此类植物较为耐水；而大部分芒类植物的细胞膜透性增加的速率均较快，说明在短时期内其叶片细胞内有大量离子外渗，细胞膜的选择透性变差，致使其细胞膜受到较为严重的伤害，故此类植物的耐涝性较差。就脯氨酸的变化趋势来看，吉祥草、黄菖蒲、石菖蒲、千屈菜等植物的脯氨酸累积量较多，说明这些植物在水涝胁迫下对脯氨酸的合成能力较强，即耐涝性较强；而金叶苔草、葱兰、紫娇花、晨光芒、佛甲草等植物的脯氨酸合成量非常有限，表明其在受到水涝胁迫时，自身所合成的用以抵抗细胞受到伤害的脯氨酸含量较为有限，表明其耐涝性较差。从丙二醛含量的变化趋势来看，同样是翠芦莉、千屈菜、铜钱草3种植物的变化趋势较为特殊，其丙二醛的累积虽呈逐渐上升趋势，但整个水涝胁迫过程中所累积的丙二醛含量较为有限，表明水涝胁迫对其的伤害较小，耐涝性强。而蓝羊茅、紫娇花、石菖蒲等植物的丙二醛含量的变化幅度较为明显，前期增加的速率均较大，达到峰值后呈下降趋势，可能的原因是当其受到的伤害达到一定程度的时候，其叶片逐渐发黄，甚至死亡，表明此类植物的耐涝性能较差。

5.3.3 海绵性草本植物的污染物削减能力分析

(1) 对TP的去除能力。

实验表明，植物组对高浓度、中浓度的TP的去除率均明显高于空白对照组，而在低浓度的情况下，差距则较为微小。可能的原因是土壤本身对TP就有一定的去除能力，低浓度情况下去除率未超出土壤的能力；而在中浓度和高浓度的情况下，持续地添加污染物的总量，会使土壤的TP处理能力达到其界限。而植物组的情况则与此不同，植物对TP的吸收能力较强，故在经历4次污染物的累积后，其平均处理能力要比土壤的好。但不同植物之间的差异也同样明显，花叶玉簪、吉祥草、佛甲草、铜钱草、蓝羊茅、金叶苔草、金边麦冬、兰花三七等植物对TP的去除能力较强，马蹄金、黄菖蒲、萱草、紫娇花、狼尾草、晨光芒、翠芦莉、斑叶芒、马蔺、千屈菜、紫穗狼尾草、八宝景天、细叶芒、葱兰、花叶芒等植物对TP的去除能力一般，而金边吊兰和石菖蒲对TP的处理能力则较差。

(2) 对 TN 的去除能力。

与上述 TP 的去除情况相似，植物组对 TN 的去除能力要明显优于空白对照组。25 种植物之间也存在着较大的差异，根据其对 3 个浓度的 TN 的处理能力可知：花叶芒、石菖蒲、紫娇花、马蹄金、八宝景天、金叶苔草等植物的处理能力较强；吉祥草、斑叶芒、铜钱草、黄菖蒲、紫穗狼尾草、晨光芒、蓝羊茅、细叶芒、狼尾草、葱兰等植物的处理能力一般；而佛甲草、马蔺、金边麦冬、千屈菜、兰花三七、花叶玉簪、萱草、金边吊兰、翠芦莉等植物对 TN 的处理能力较弱。

(3) 对 COD_{Cr} 的去除能力。

根据实验结果，可见植物组对 COD_{Cr} 的去除能力要优于空白对照组，但差异不够明显，某些植物对 COD_{Cr} 的处理能力与空白对照组的差异较小，可能的原因是植物对 COD_{Cr} 的总体去除能力较低。植物之间的差异相对较为明显，根据 25 种植物对高、中、低浓度下的 COD_{Cr} 的去除能力，将其分为 4 类，分别是处理能力强、较强、一般和较弱。其中，千屈菜、花叶玉簪、吉祥草对 COD_{Cr} 的去除能力强；佛甲草、铜钱草、萱草、斑叶芒、细叶芒、晨光芒、金边麦冬等植物的去除能力较强；花叶芒、紫穗狼尾草、狼尾草、蓝羊茅、兰花三七、八宝景天、金叶苔草等植物的去除能力一般；而金边吊兰、马蔺、翠芦莉、葱兰、黄菖蒲、紫娇花、马蹄金、石菖蒲对 3 个浓度下的 COD_{Cr} 的去除能力均较弱。

5.3.4 海绵性草本植物综合能力评价分析

由于植物之间的抗旱机制、耐涝机制、污染物去除机制较为复杂，单一指标的测定结果和综合指标的结果存在部分差异，因此，依据在水分胁迫情况下对 25 种草本植物单个指标的测定情况进行初步的抗旱性、耐涝性的判定是可行的，但无法对植物最终的抗性强弱进行确定。植物的抗性研究需通过设置多个指标进行综合的鉴定，因此，通过对植物细胞膜透性、叶片内游离脯氨酸含量及丙二醛含量的测定，能够较为科学地对 25 种草本植物的抗旱性、耐涝性进行评价与排序。同理，对 25 种植物对污染物的去除能力分析与排序亦是如此。

通过使用模糊数学中隶属函数值法分别对人工控制实验下的 25 种草本植物受到的胁迫，以及植物对污染的处理能力进行综合评价，结果包括了抗旱性、耐涝性、去污能力各 3 个指标所反映出的综合适应能力，如此可有效地避免单一指标评价所带来的误差。通过对 25 种草本植物综合适应能力的隶属函数值的比较分析，最终得出 25 种草本植物的综合能力排序，排序结果如表 5-6 所示，吉祥草的综合抗旱能力最强。而植物抗旱性的单一指标表明，25 种草本植物中佛甲草抗旱能力最强。可见，使用单一指标对植物的抗旱性进行评价缺乏一定的科学性，故而需要通过隶属函数对 25 种草本植物进行综合评价。

结合上述 25 种植物的抗旱指标的隶属函数平均值、耐涝指标的隶属函数平均值和去污能力指标的隶属函数平均值，对 25 种草本植物的综合适宜性能力进行综合评定，评定结果如表 5-6 所示。排序结果由强至弱依次为：吉祥草、佛甲草、金边麦冬、晨光芒、兰花三七、细叶芒、千屈菜、铜钱草、花叶芒、斑叶芒、狼尾草、花叶玉簪、萱草、蓝羊茅、紫穗狼尾草、八宝景天、金叶苔草、翠芦莉、紫娇花、马蔺、石菖蒲、马蹄金、葱兰、金边吊兰、黄菖蒲。

表 5-6 25 种草本植物综合适宜性能力综合评定指数与排序

序 号	植物名称	抗旱性	耐涝性	去污能力	均 值	排 名
1	佛甲草	0.933	0.583	0.854	0.790	2
2	八宝景天	0.579	0.557	0.447	0.528	16
3	千屈菜	0.183	0.818	0.862	0.621	7

(续表)

序 号	植物名称	抗旱性	耐涝性	去污能力	均 值	排 名
4	铜钱草	0.305	0.838	0.693	0.612	8
5	马蹄金	0.491	0.387	0.384	0.421	22
6	翠芦莉	0.14	0.794	0.555	0.496	18
7	狼尾草	0.634	0.616	0.549	0.600	11
8	紫穗狼尾草	0.609	0.54	0.514	0.554	15
9	蓝羊茅	0.697	0.36	0.624	0.560	14
10	细叶芒	0.762	0.709	0.529	0.667	6
11	晨光芒	0.757	0.701	0.615	0.691	4
12	花叶芒	0.693	0.647	0.495	0.612	9
13	斑叶芒	0.439	0.749	0.629	0.606	10
14	金叶苔草	0.48	0.461	0.597	0.513	17
15	石菖蒲	0.277	0.686	0.346	0.436	21
16	金边麦冬	0.835	0.683	0.829	0.782	3
17	兰花三七	0.722	0.56	0.742	0.675	5
18	萱草	0.532	0.507	0.689	0.576	13
19	花叶玉簪	0.302	0.543	0.91	0.585	12
20	吉祥草	0.765	0.803	0.831	0.800	1
21	金边吊兰	0.299	0.461	0.389	0.383	24
22	葱兰	0.364	0.547	0.337	0.416	23
23	紫娇花	0.427	0.607	0.388	0.474	19
24	黄菖蒲	0.207	0.61	0.289	0.369	25
25	马蔺	0.383	0.448	0.482	0.438	20

将抗旱性、耐涝性、对污染径流削减能力作为影响因素进行主成分分析，数据由25个样品的16个变量(干旱胁迫下的土壤含水量、植物叶片细胞膜透性、游离脯氨酸含量、丙二醛含量，水涝胁迫下的植物叶片细胞膜透性、游离脯氨酸含量、丙二醛含量，以及3种不同浓度下TP、TN、COD_{Cr}的径流污染去除率)组成。采用MATLAB R2013b进行主成分分析(PCA)。25种草本植物的PCA结果如图5-2所示。PC1和PC2各占方差的64.5%和33.4%。从图5-2(a)中可知，黄菖蒲、翠芦莉、石菖蒲、铜钱草与其他21种样品在PC2上明显区分，萱草、花叶玉簪、八宝景天、葱兰、紫娇花、金边吊兰、马蔺、斑叶芒、金叶苔草与细叶芒、晨光芒、金边麦冬、佛甲草、马蹄金、兰花三七、花叶芒、狼尾草、紫穗狼尾草、蓝羊茅在PC1上明显区分，表明25种草本植物在抗旱性、耐涝性、对污染径流削减能力上具有显著的差别。这可作为雨水花园草本植物筛选的依据。图5-2(b)是对应的载荷图：细叶芒、晨光芒、金边麦冬、佛甲草、马蹄金、兰花三七、花叶芒、狼尾草、紫穗狼尾草、蓝羊茅在干旱胁迫下的脯氨酸含量绝对值在PC1水平上载荷高，而黄菖蒲、翠芦莉、石菖蒲、铜钱草中去除高浓度TP的能力在PC2水平上载荷较高。PCA结果表明：干旱胁迫下脯氨酸的含量与植物去除高浓度TP的能力可作为雨水花园草本植物综合适应能力分类的两个特征指标。

根据25种草本植物在干旱胁迫下叶片细胞膜透性及叶片内脯氨酸、丙二醛含量的变化趋

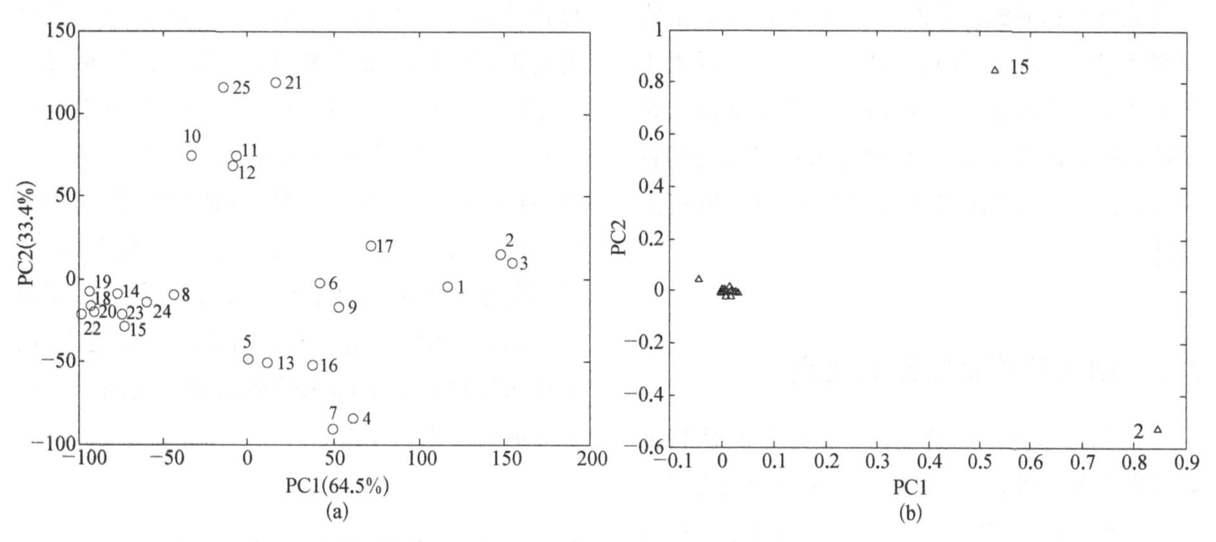

图 5-2 25 种草本植物综合适应能力的 PCA 结果

(a) PCA 得分图 (b) 载荷图

势，结合各自在水涝胁迫下叶片细胞膜透性、脯氨酸含量、丙二醛含量的变化规律以及各自对高、中、低 3 种浓度的 TP、TN、COD_{Cr} 模拟径流污染削减的能力，对 25 种植物综合适宜性能力进行聚类分析。由图 5-3 可知，细叶芒、晨光芒、千屈菜、兰花三七、紫穗狼尾草、蓝羊茅、斑叶芒、花叶芒、佛甲草、吉祥草、翠芦莉、铜钱草和花叶玉簪形成了相对较为紧密的一个聚类簇。对 25 种植物的上述所有指标的隶属函数均值进行分

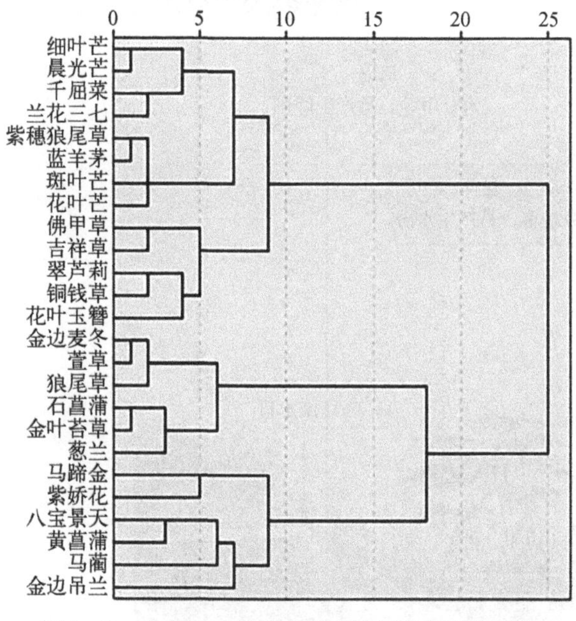

图 5-3 25 草本植物综合适宜性能力聚类分析图

析和比较，以及结合干旱胁迫下脯氨酸的变化分类、高浓度 TP 的去除率的分类情况，可将此类植物定性为综合能力较强的一类。而金边麦冬、萱草、狼尾草、石菖蒲、金叶苔草和葱兰的综合适宜性能力较为一般；综合适宜性能力相对较弱的植物包括马蹄金、紫娇花、八宝景天、黄菖蒲、马蔺、金边吊兰。

5.4 具有环境抗性的雨水花园适应性配置模式

根据上海地区水文条件和降雨情况，结合对上海地区雨水花园适用结构模式的研究，本研究总结出 3 种类型的雨水花园以适应上海地区海绵城市的建设需求①。这 3 种类型的雨水花园分别包括地表径流量较大、径流污染较轻场地的调蓄型雨水花园，硬质化程度较高、径流污染较严重区域的净化型雨水花园，径流量较大且污染较严重区域的综合功能型雨水花园。通过本研究的调研发现，大部分低影响设施内草本植物的长势较差，难以形成较好的景观效果。

根据本研究对 25 种草本植物的抗逆性和径流污染物削减能力的研究结果，结合上海地区降

① 陈舒，阚丽艳，谢长坤，等. 上海地区不同结构雨水花园对径流的去污效果分析[J]. 上海交通大学学报（农业科学版），2015(6)：60-65.

雨径流类型和面源污染的发生特点，以及对植物景观效果的要求，在此提出适用于上海地区雨水花园的 3 种植物配置模式设计，即调蓄型雨水花园植物配置模式设计、净化型雨水花园植物配置模式设计与综合功能型雨水花园植物配置模式设计。

5.5 雨水花园植物配置要点

根据雨水花园周边及内部的地形起伏特征对其进行分区种植，可将整个雨水花园划分为 3 种不同地形的种植区(见图 5-4)。其中：一区为雨水花园的底部，是雨水花园的主要功能区，主要用于汇集周边的雨水径流，根据上海地区春夏季降雨较为集中的特点，此区域易间歇性被水淹没，是 3 个区域中最为潮湿的区域，所以在植物选择的过程中，应着重考虑植物的耐涝性能及对径流污染物的削减能力；二区处于一区和三区之间，地形起伏变化相对较大，呈斜坡状，在进行植物配置时，应充分考虑本区域较容易受雨水径流侵蚀及发生雨水蓄积的情况，所选植物应具有良好的护坡能力，即根系较深、生长稳定，同时具有一定的耐水淹能力，并且应避免选择植株较高的植物，以免倒伏，影响景观效果；三区是雨水花园的堰体区域，周边相对平整，堰体多呈垄状，雨水停留时间较短，故本区域相对前两者较为缺水，且其处于雨水花园的外围，所以在进行三区植物配置的过程中，应充分考虑植物的抗旱能力，同时所选植物也应能够承受周边径流向雨水花园汇集时所产生的冲击。

5.6 雨水花园植物配置原则

5.6.1 科学性原则

雨水花园草本植物景观设计的科学性是雨水花园优秀景观效果及生态功能的基础，只有当雨水花园草本植物的植株生长健壮、充满活力的时候，才有可能为景观增加美感，以及为整体生态功能增加效果。这就要求在进行此类植物景

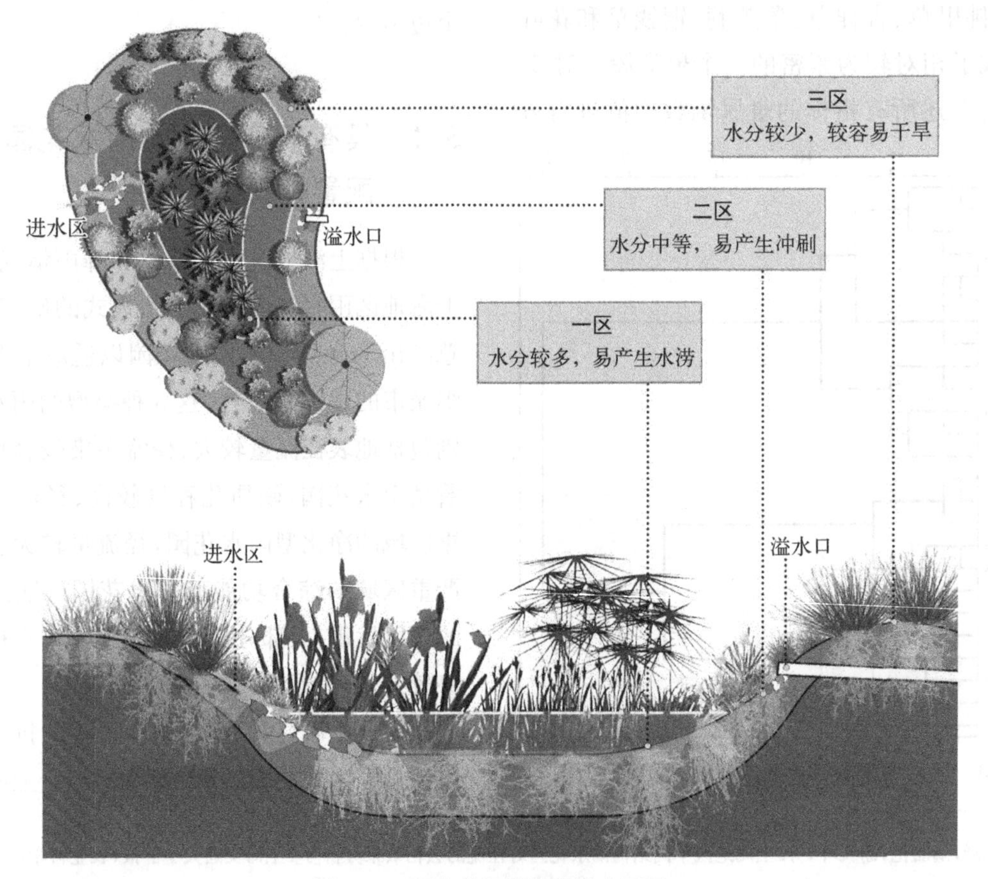

图 5-4 雨水花园植物种植分区图

观设计时，充分把握科学性原则，掌握雨水花园植物的生态习性，处理好植物与环境的协调关系。

水分是植物生长乃至发挥景观、生态功能的必不可少的部分，而不同植物对水分的要求大不相同。由于雨水花园的构造和形式的特殊性，不同的雨水花园对其中植物的生理习性及生态特性都有着较为严苛的要求。

在植物品种的选择过程中，尽量以本土植物和适生植物为主。本土植物和适生植物能够较快地适应本区域的生长环境，可为营造功能健全的雨水花园提供一定的地域优势。外来的部分草本植物在栽种上存在一定的环境风险，其主要表现在以下两方面：一是自播型的草本植物在生长季节会产生大量的种子进行自播繁衍，二是部分草本植物通过地下根茎蔓延繁殖。当这些植物的种子散落到田间，或者根茎侵入周边的环境中时，就有可能造成物种入侵，不仅影响雨水花园的景观，而且会对当地其他植物的生存造成一定的威胁。

5.6.2 艺术性原则

优秀的植物景观设计既要具备科学的合理性，也要具备艺术的观赏性。对草本植物进行艺术性创造是极为细腻而又复杂的，在雨水花园植物配置过程中，要充分地利用雨水花园本身的结构特征，结合植株的造型、体量、质感、色彩季相变化等特点进行群落配置设计，最终形成良好的雨水花园植物景观效果。

适用于雨水花园的草本植物资源较为丰富，种间形态差异较为明显，一般可以分为丛状、匍状、直立状、喷泉状、焰火状等。按照草本植物的体量又可分为高大型、中高型、低矮型以及匍匐型。可以根据植物的体量大小进行植物景观配置设计，植株较大的观赏草可用来进行空间的围合，原因是其可以在垂直面上形成竖向的空间，有较强的向上趋向性，因此，可用作其他植物的背景或者中心植物；体量较小的植物可以用来装饰雨水花园空间的边缘；匍匐的草本植物是较好的地被植物，可以用来装饰前景。

5.6.3 文化性原则

植物造景的回归自然，离不开“天人合一”这一具有中国传统造园特色的思想渊源。草本植物的自然又优雅，朴实又刚强，极大地满足了人们对自然景观效果的需求。雨水花园中草本植物的成片种植，自然朴素，所营造的田园风光与中国古代园林“自成天然之趣”的理念不谋而合，是人造景观回归自然的最好象征。

应结合当地的文化特色、历史背景、生态条件等进行植物的选择与配置设计，适当地通过雨水花园植物的配置对当地的历史、文化进行一定的表达。

5.6.4 生态性原则

在对雨水花园进行植物配置的过程中，利用一些生态学原理，通过合理地选择植物种类，不仅可以较大幅度地提高所种植物的成活率，形成良好的景观效果，同时又能够大量地节约管理、养护的成本。所以，在进行雨水花园植物配置时，必须要考虑绿地的干旱程度、水涝程度和管理的资源配置。

在雨水花园的植物选择上，可根据雨水花园种植区的不同进行植物的选择，尽量选择抗旱、耐涝、去污染能力较强的植物，由此可减少人工的管理成本和水资源的浪费。同时在植物配置时，还应考虑植物群落的稳定性，尽量减少单一植物的配置，通过增加植物的种类来增加群落的抗干扰能力。在进行草本植物的选择时，应尽量选择多年生宿根草本植物进行雨水花园的植物配置，这样可以减少大量的人工管理成本，从而从经济的角度实现生态可持续。

5.7 典型植物配置模式构建

5.7.1 适用于调蓄型雨水花园的植物配置与应用

调蓄型雨水花园主要用于地表径流较多、径

流污染较轻的场地，建设面积在 20～40 m^2 范围内较为适宜。因此，在进行植物配置时，应考虑植物的耐涝性和对大量雨水径流的抵抗能力。调蓄型雨水花园多应用于公园绿地之中，建造过程中应根据公园及雨水花园的地形起伏进行植物的配置，这样既能增加雨水花园的使用效率，又对其地形、结构起到一定的保护和修饰作用；同时，在植物配置的过程中，应结合公园的主题、景观小品、周边植物配置方式进行配置，使其更贴合整体的设计风格，从而提升雨水花园形式上的美感。

(1) 模式。

根据前文结果，本类型雨水花园较适用的草本植物品种有铜钱草、千屈菜、吉祥草、翠芦莉、斑叶芒、细叶芒、晨光芒、石菖蒲、金边麦冬、花叶芒。结合雨水花园植物配置要点，进行典型草本植物模式配置，典型配置模式如图 5－5 所示。图中翠芦莉和千屈菜的耐涝能力较强，植株较高，故将其种植于易受水涝的一区；细叶芒、花叶芒、晨光芒、斑叶芒等植物的耐涝能力也相对较强，根系分布较广，植株无明显的杆径，遭受大量降雨径流时不易倒伏，且能够有效防止土壤侵蚀，故可植于二区；而吉祥草、铜钱草、金边麦冬、石菖蒲的抗旱能力较强，且植株较为低矮，将其植于三区可对雨水花园的堰体起到较好的巩固作用，同时可与其他植物一起营造较为立体的雨水花园景观。

(2) 效益预估。

由于本类型雨水花园的径流污染较轻，因此，配置时在植物抗污能力方面考虑得较少，但其中千屈菜、吉祥草、铜钱草、斑叶芒等植物的去污能力较强。在相关研究中发现，这些植物能够有效地净化处理其装置内 70%左右的 TN、TP、COD_{Cr} 等污染模拟液。

(3) 维护。

在本类型雨水花园中，铜钱草、千屈菜、吉祥草、翠芦莉等植物的耐涝性极好，在水涝的情况下可正常生长 22 天以上。斑叶芒、细叶芒、晨光芒、石菖蒲、金边麦冬、花叶芒等植物的耐涝性能也较好，研究表明它们可以在水涝情况下，保持植株正常生长 15 天左右。三区所种植的斑叶芒、细叶芒、晨光芒、金边麦冬、花叶芒等植物，可于干旱条件下正常生长 20 天左右，在较大程度上减少了人工的维护和管理成本。

5.7.2 适用于净化型雨水花园的植物配置与应用

净化型雨水花园多设置于硬质化程度较高、径流污染较为严重的城市道路、露天停车场等区域。在对其进行植物配置时，需着重考虑所选植物对径流污染物的削减能力。净化型雨水花园植物可以有效地对周边汇集至雨水花园的污染

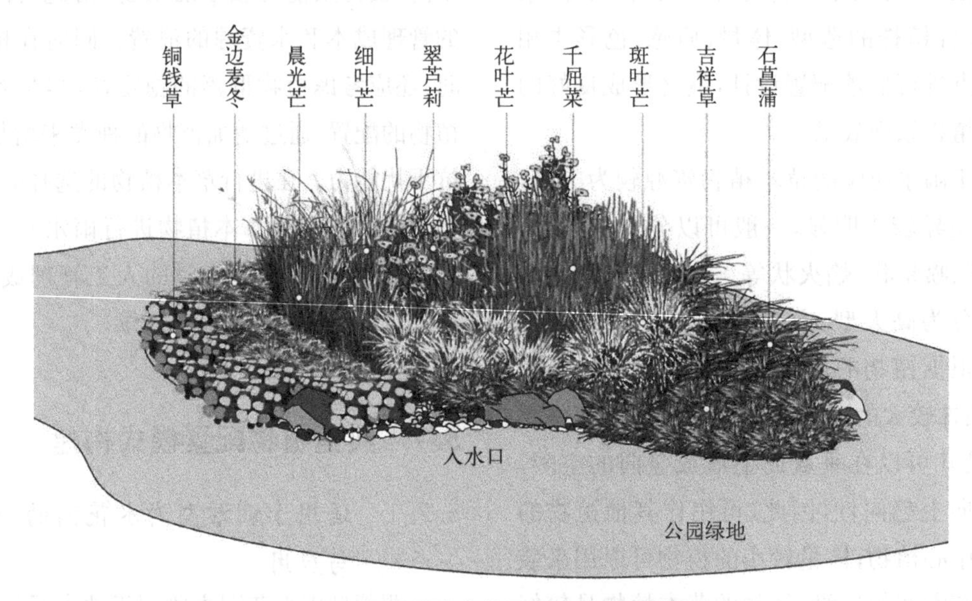

图 5－5 调蓄型雨水花园典型植物配置模式

径流进行吸收净化处理。可根据所设置区域的不同进行植物种类的选择：对于城市广场的雨水花园，应注重植物对雨水的适应能力和对污染物的去除能力，原因是广场大面积的硬质汇水区域，易造成雨水花园产生较长时间的积水和较为严重的径流污染；对道路雨水花园进行植物配置时，应着重考虑植物的去污能力、景观效果及是否易于管理等指标，特别是城市干道周边的雨水花园，应选择去污能力较强、景观效果较好、易于打理的草本植物；停车场的雨水花园植物配置和道路的相似，均以去除污染物为主，目的是营造更加适宜的城市生活环境。

(1) 模式。

根据对 25 种草本植物去污能力的研究，选择去污能力较强且景观效果相对较好的一类植物，如花叶玉簪、千屈菜、佛甲草、吉祥草、金边麦冬、兰花三七、铜钱草、萱草、斑叶芒、蓝羊茅等进行净化型雨水花园典型植物配置模式设计，典型配置模式如图 5-6 所示。图中一区所种植的植物是具有良好的去污能力且耐涝性较强的千屈菜；二区所配置的植物为花叶芒和斑叶芒，两者具备良好的景观效果及去污能力，同时根据前文的研究结果可见其对土壤的保水能力也较强；三区则配置耐旱能力较强、植物相对较为低矮的草本植物，原因是其对土壤的水分要求较少，可以有效地保持雨水花园的正常生态功能，同时能营造较为良好的景观效果。

(2) 效益预估。

在实验过程中发现，花叶玉簪、千屈菜、佛甲草、吉祥草等植物对其所种植的装置内 TP 的去除能力较好，去除率可达 75%左右；萱草、翠芦莉、金边麦冬、兰花三七等植物对 TN 的去除能力较好，去除率甚至可以达到 75%左右；对 COD_{Cr} 去除效果较好的植物是吉祥草、千屈菜、佛甲草、斑叶芒、萱草，去除率均大于 50%。通过以上植物的组合，可大大降低道路雨水径流中污染物的浓度，能够有效地从污染物的源头对雨水径流进行蓄积和净化，从而减轻对城市水网的污染。

(3) 维护。

此类植物中，佛甲草、吉祥草、金边麦冬、兰花三七、斑叶芒、蓝羊茅的抗旱性较强，可在干旱的条件下正常生长 15 天以上。铜钱草、吉祥草、千屈菜的耐涝性较强，可以在水涝胁迫的情况下正常生长 20 天以上。因此，在进行维护管理的时候，可根据上述植物对水分的特性进行人工管理，从而有效减少人工、水资源的浪费。

5.7.3 适用于综合功能型雨水花园的植物配置与应用

综合功能型雨水花园适用于径流量较大且污染较严重的区域，该类型雨水花园的应用范围

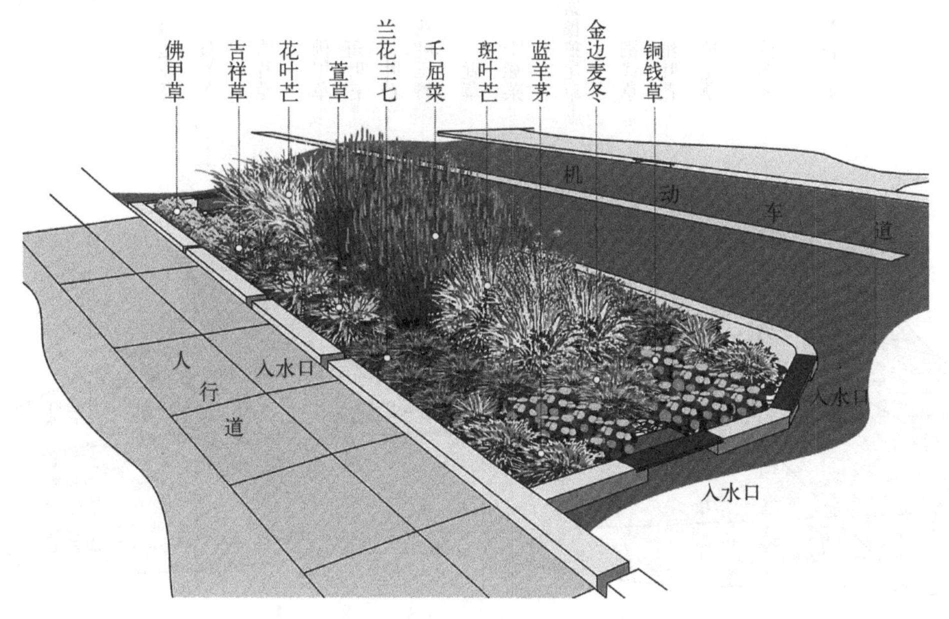

图 5-6 净化型雨水花园典型植物配置模式

相对较广。因此,在对综合功能型雨水花园进行植物配置时,应将植物的抗性、水质改善能力等综合考虑。

(1) 模式。

根据前述对25种草本植物抗旱性、耐涝性、去污能力的综合评价结果,选择综合得分较高的佛甲草、金边麦冬、吉祥草、晨光芒、细叶芒、兰花三七、狼尾草、千屈菜、花叶芒、斑叶芒、花叶玉簪、萱草、铜钱草、紫穗狼尾草、蓝羊茅共15种植物进行植物配置,典型植物配置模式如图5-7所示。种植于一区的植物为千屈菜、紫穗狼尾草、花叶芒、斑叶芒、细叶芒、晨光芒5类植物,它们均具备良好的抗旱、耐涝和污染物去除的综合能力;二区的植物主要是萱草、花叶玉簪、吉祥草、狼尾草等植物,它具备相对中等的植物高度,且对土壤结构的稳定效果较好,同时具备短时期的耐涝能力;三区则配置了耐旱能力较强、土壤保水率较好、植株低矮的兰花三七、金边麦冬、蓝羊茅等草本地被植物。

(2) 效益预估。

实验结果显示,花叶玉簪、吉祥草、佛甲草、铜钱草等植物对种植装置内TP的综合去除率可达70%以上;佛甲草、金边麦冬、千屈菜、兰花三七、花叶玉簪、萱草等植物对TN的综合去除率可达75%以上;千屈菜、花叶玉簪、吉祥草等植物对COD_{Cr}的去除率可达50%以上。

(3) 维护。

佛甲草、金边麦冬、细叶芒、晨光芒、兰花三七、花叶芒、吉祥草等植物的抗旱性较好,可在干旱条件下正常生长15天左右;铜钱草、千屈菜、吉祥草、细叶芒、晨光芒等植物有较好的耐涝性能,可在水涝条件下正常生长20天左右。此类植物的种植,可有效减少水资源、人工的浪费。

结合上述研究,根据上海地区3种雨水花园类型、特点及所适用的不同区域,进行上海地区雨水花园草本植物配置模式及适用植物种类推荐。

(1) 适用于调蓄型雨水花园的草本植物名录。

由于调蓄型雨水花园多应用于大型公园绿地中,其径流蓄积的能力较强,且公园绿地的面积较大,所以调蓄型雨水花园所承接的雨水径流量也相对较多。配置时的主要目的是通过其对径流的蓄积、渗透、滞留作用,将公园内污染较轻的地表径流进行就地滞纳,回补地下水,增加绿地的土壤含水量,从而为园林绿化的节能减排做出一定的贡献。所以在植物选择方面应着重考虑植物的耐涝性和抗旱性,结合上文的研究结果可选择的植物种类,包括铜钱草、千屈菜、吉祥草、翠芦莉、斑叶芒、细叶芒、晨光芒、石菖蒲、金

图5-7 综合型雨水花园典型植物配置模式

边麦冬、花叶芒、狼尾草、黄菖蒲、紫娇花、佛甲草、兰花三七。

(2) 适用于净化型雨水花园的草本植物名录。

净化型雨水花园所适用的区域大多为地表径流污染较为严重的区域，如道路、露天停车场等。配置时的主要目的是为路面、露天停车场等污染严重的区域的雨水径流提供净化、滞渗作用，降低排入城市管道的径流污染物浓度，减少对城市水系的污染。所以该类型雨水花园对植物去污能力方面的要求也比较高。根据上文研究可知，这方面综合能力较强的植物有花叶玉簪、千屈菜、佛甲草、吉祥草、金边麦冬、兰花三七、铜钱草、萱草、斑叶芒、蓝羊茅、晨光芒、金叶苔草、翠芦莉、狼尾草、细叶芒、紫穗狼尾草。

(3) 适用于综合型雨水花园的草本植物名录。

综合型雨水花园对径流的调蓄能力较强，同时对污染物的去除要求也比较高，综合功能型雨水花园主要适用于大型广场、居住区绿地、城市带状公园、河湖岸边等对水质净化要求较高的区域。其主要承接来自硬质广场、建筑屋面、水体周边等区域的大量的雨水径流，配置的主要目的是缓解降雨径流的速度，延缓径流的洪峰，以及对径流进行净化，为雨水的排放提供前期的过滤、净化、滞渗作用，以缓解城市排水管网的压力，减少城市内涝、河流污染事件的发生等。故此类雨水花园对植物在抗性能力、去污能力方面的综合要求均较高。根据前文的评价结果可知，佛甲草、金边麦冬、吉祥草、晨光芒、细叶芒、兰花三七、狼尾草、千屈菜、花叶芒、斑叶芒、花叶玉簪、萱草、铜钱草、紫穗狼尾草、蓝羊茅等植物的综合适应能力较强，较适合用于综合型雨水花园中。

6 微观维度具有高雨水促渗能力的海绵城市绿地营建技术

6.1 研究对象与方法

本书在宏观层面构建了基于雨水调蓄能力提升的海绵城市绿地源头设施的建设技术（见图 6－1）；在中观层面提出了单项设施的适应性优化设计方法；在微观层面，提出设施介质土优化和植物群落营建策略，而本章则将从植物冠层和根系两个角度详述具有雨水调蓄功能的植物群落构建技术。

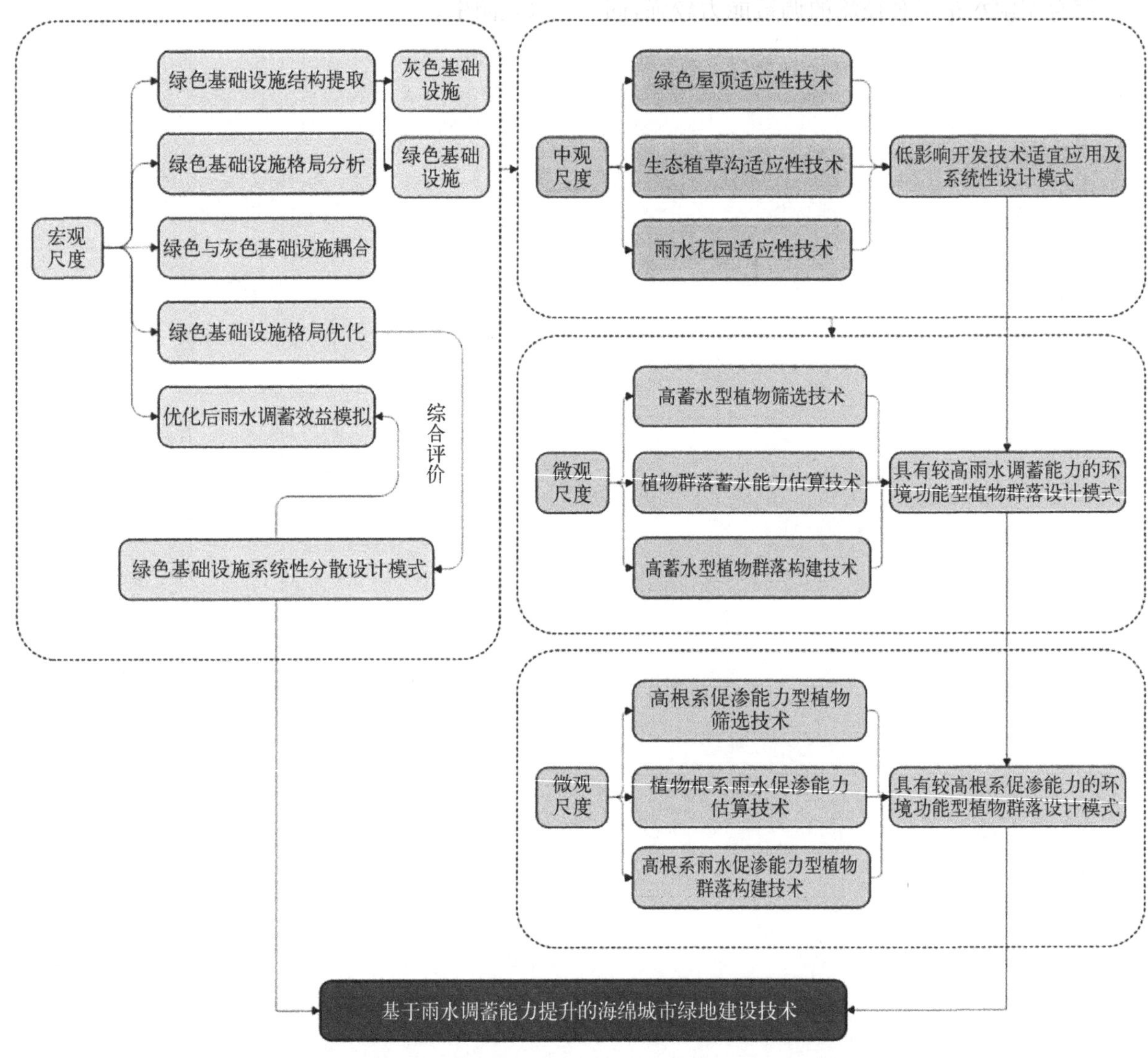

图 6－1　基于雨水调蓄能力提升的海绵城市绿地建设技术集成

如前文所述，为了解上海市绿地的雨水入渗能力状况，研究团队于 2015 年 7—8 月在上海城市中心、近郊、远郊 3 个区域进行了调研，3 个区域的绿地分别建设于 1990 年之前、1990—2000 年、2000 年之后。根据绿地的用地类型和服务功能，选择道路绿地、社区公园绿地、商业区绿地、居住区绿地、科教文卫绿地这 5 类绿地共 168 个样地进行实地踏勘和土壤采样。采样主要针对表层土壤，深度为 20 cm，取样时使用梅花布点法以保证样本的代表性，取样后测定土壤的理化性质。

从检测的结果来看，不同类型的绿地土壤性质差别较大。除土壤自身物理特征和植物根系影响以外，人为活动的频繁程度对土壤容重变化的影响非常明显，从而影响土壤的入渗能力。有研究表明，当土壤受到的机械压实从 1 051 kPa 增加到 1 487 kPa 左右时，0～40 cm 的表层土壤紧实度会增加 29. 3%，3 h 入渗量会减少约 75. 7%。不同类型的城市绿地承担的休闲游憩等社会服务功能有所差异，因而受到的机械压实程度也不尽相同，但上海城市绿地表层土壤容重大多超过 1. 3 g/cm^3，表明不同功能的绿地土壤均受到一定程度的压实，其中以商业活动区绿地、道路绿地的表层土受压实的情况最为严重，0～20 cm 的土壤容重达到 1. 45 g/cm^3 以上，稳定入渗速率一般小于 0. 3 mm/min，这些区域也往往具有较大的人流、车流量；相比而言，科教文卫绿地、社区公园绿地土壤的入渗性能较优。其中科教文卫绿地的土壤容重均值是最小的，而稳定渗透率是最高的，这可能得益于校园绿地有相对更少的人流量和较好的绿化建设。而土壤条件受到人为活动的干扰越小，越有利于定量研究植物根系对绿地土壤的影响。

调查对象选择 10 种上海市高频出现的园林乔木，包括常绿阔叶乔木香樟、广玉兰、杜英、女贞、桂花，落叶阔叶乔木榉树、栾树、悬铃木，常绿针叶乔木雪松及落叶针叶乔木水杉。选择长势良好的生长于绿地中的各类乔木作为研究对象，且要求半径 8 m 范围内无其他大型乔木生长，绿地表面均有一定密度的地被植物覆盖。将 10 种乔木分别按照其胸径大小分成 A、B、C 3 个等级，香樟、广玉兰、杜英、女贞、榉树、栾树、悬铃木、雪松、水杉 9 种乔木的 A、B、C 等级分别对应 13～15 cm、20～23 cm、28～30 cm 的胸径大小，桂花对应的 3 个等级的胸径分别为 10 cm、15 cm、20 cm 左右。每个胸径等级选取 3 棵乔木，共计 90 棵乔木样本。

调查首先需对各选定乔木进行根系特征扫描。根系特征扫描的方法为利用美国 TreeRadar 公司开发的树木雷达系统（TRU）对乔木根系采用非入侵式的探测。通过该仪器可以获得根系数量及分布位置的数据，并计算出特定点的根系密度，而且可以生成整体的根系空间分布特征图。该仪器能探测最高精度为直径 1 cm 的根系，对应探测深度不超过 1 m。采集数据后对相同树种和胸径的样本数据进行对照分析，得到根系密度数据和根系三维立体图像。每一类别选择一棵具有代表性特征的乔木作为土壤采样点，共计 30 个，另在空旷草地取 1 个样点作为对照。

土壤采样时，先去除表层地被，以乔木树干中心为中心点，在距树心水平距离 1 m 处采样，对于 C 级乔木还需要在距树心 4 m 处采样。采样时利用环刀（100 cm^3 规格）和土钻以竖直向下的方向，分别在深度 15～30 cm、30～45 cm、45～60 cm 的土壤层取样，取各土层的原状土，每个样本取 2 个重复组，共计 252 个样本。然后利用土钻对采样点不同土壤层的土壤进行采集，每个样点的每一个土壤层分别取 3 个样本后混合。

TRU 树木雷达系统能够实现对植物根系的非侵入式扫描。其基本原理是利用电磁波在媒质电磁特性不连续处产生的反射和散射实现浅层成像定位，进而定性或定量地辨识地表中的电磁特性变化，实现对表层下目标的探测，树根和周围的土基电磁的偏差可提供给探测系统检测所需的对比和反射性能。该仪器探地雷达分为 400 Hz 和 900 Hz 两种规格，分别对应 4 m 探测深度、2 cm 直径根系精度和 1 m 探测深度、1 cm 直径根系精度。预实验发现一般园林乔木大于 1 cm 根径的根系分布深度最深在 1. 2～1. 5 m 范围内，其在 1 m 以下的根系分布数量极少，而仪器在深度 1 m 内基本能表达出一般乔木根系的根系特征。为测量更为精确的根系分布情况，探测时选择 900 Hz 的规格。因为精度原因，树木雷达探测的均为直径≥1 cm 的粗根，这类根系是乔木根系空间分布的主要构架，能够更清晰地表现植物根系在土壤中的分布结构，同时这样的精度也排除了大部分地被植物和小灌木的根系干扰。测定时雷达需要紧贴地面，其最佳测定要求是树干周围没有建筑物及其他遮挡，且地表平整，无明显坡度。

对预实验的根系扫描数据的分析发现，一般乔木的根系在水平 0.5～1.5 m 半径范围内密度较大，在 4 m 半径以外密度极小，故扫描的最大半径定为 4 m。针对选取的乔木样本，每一条扫描线路间隔 1 m，每棵树共 4 条线路。在地面条件允许的情况下将探地雷达以树干中心为圆点，做同心圆圆周扫描，每条扫描线路的间隔为 1 m，最大扫描半径为 4 m，每一棵检测乔木获得 4 条扫描的雷达波谱图像(见图 6-2)。

获得根系扫描的波谱图后将其导入 TreeWin 根系分析软件中，通过人工处理和分析图像后，选择符合根系动态回波模型的点。再通过地理坐标将数条线路分析结果整合，获得完整的乔木根系分布密度图、根系三维形态图，最后统计出根系分布深度、范围、根系密度等数据指标。

采用 Excel 软件对测定数据进行处理分析及作图，用 SPSS 软件对土壤相关参数与不同胸径乔木的根系密度参数(根系密度＝检测根数量/扫描线路长度)进行相关性分析。

6.2 上海常见乔木根系密度与空间分布特征分析

6.2.1 不同胸径的乔木根系密度分布特征

利用 TreeRadar 仪器，以树干中心为圆心进行圆周扫描，得到雷达波谱图像，其测量原理是利用了根系与其生长土壤之间的电导率差。通过数据分析和人工处理之后获得的结果是扫描路径向下纵剖面上与根系相交的点。扫描选用的雷达频率为 900 Hz，探测的最大根系深度为 1 m，但是随着深度的增加，仪器探测的精度会有所减弱，因土壤性质之间的差异，并非所有扫描路径均可以探测到 1 m 的深度，一般的探测深度在 80～100 cm 之间。乔木根系的空间延伸范围较大，采用根系密度能很好地反映乔木在不同地下空间区域的根系分布的疏密特征。获得的水平方向乔木根系密度数据如表 6-1 所示，表 6-2 为水平方向上距离树干中心 1 m 处的圆周路径上各乔木在不同土壤层的根系垂直分布密度均值。

从乔木的整体根系密度分布特征来看，在探测范围内，根系的总体密度随着水平距离的增加而逐步下降。其中，在 1～2 m 的范围内，根系密度随距离增加而下降的幅度最大，且明显大于 2 m 以外的根系密度下降幅度。胸径等级分别为 A、B、C 的乔木在此距离范围内的根系密度的平均下降幅度分别达到了约 37.51%、42.81%、41.42%。对比之下，2～3 m 范围内的根系密度平均降幅约为 28.41%、33.70%、30.74%，3～4 m 范围内的根系密度平均降幅约为 21.89%、29.43%、33.65%。随着离树干的距离逐渐增加，根系密度的降幅也逐渐稳定。

从垂直方向的根系分布特征来看，不同胸径的乔木在土壤中的根系分布结构有所差异，但是基本趋势都是随着土壤深度的增加而逐渐减小的。相比于 0～15 cm 土层的根系密度，A、B、C 3 个等级的乔木在 45～60 cm 处根系密度的平均降幅分别达到了约 37.47%、42.06%、52.11%。从图 6-2 中可以看出，A、B、C 3 种等级的乔木在 15～30 cm 和 30～45 cm 土层的根系密度随深度的增大变化较小，但在 45～60 cm 土层的根系密度大幅下降。3 种规格的乔木在 45 cm 以下土层的根系密度大小较为相近，其中 B、C 级乔木的根系密度几乎一致，且整体密度较小。可以发现 45 cm 的深度是根系在垂直地面方向的重要分界，在此深度以下的区域，根系密度随乔木生长而增加得较为缓慢。

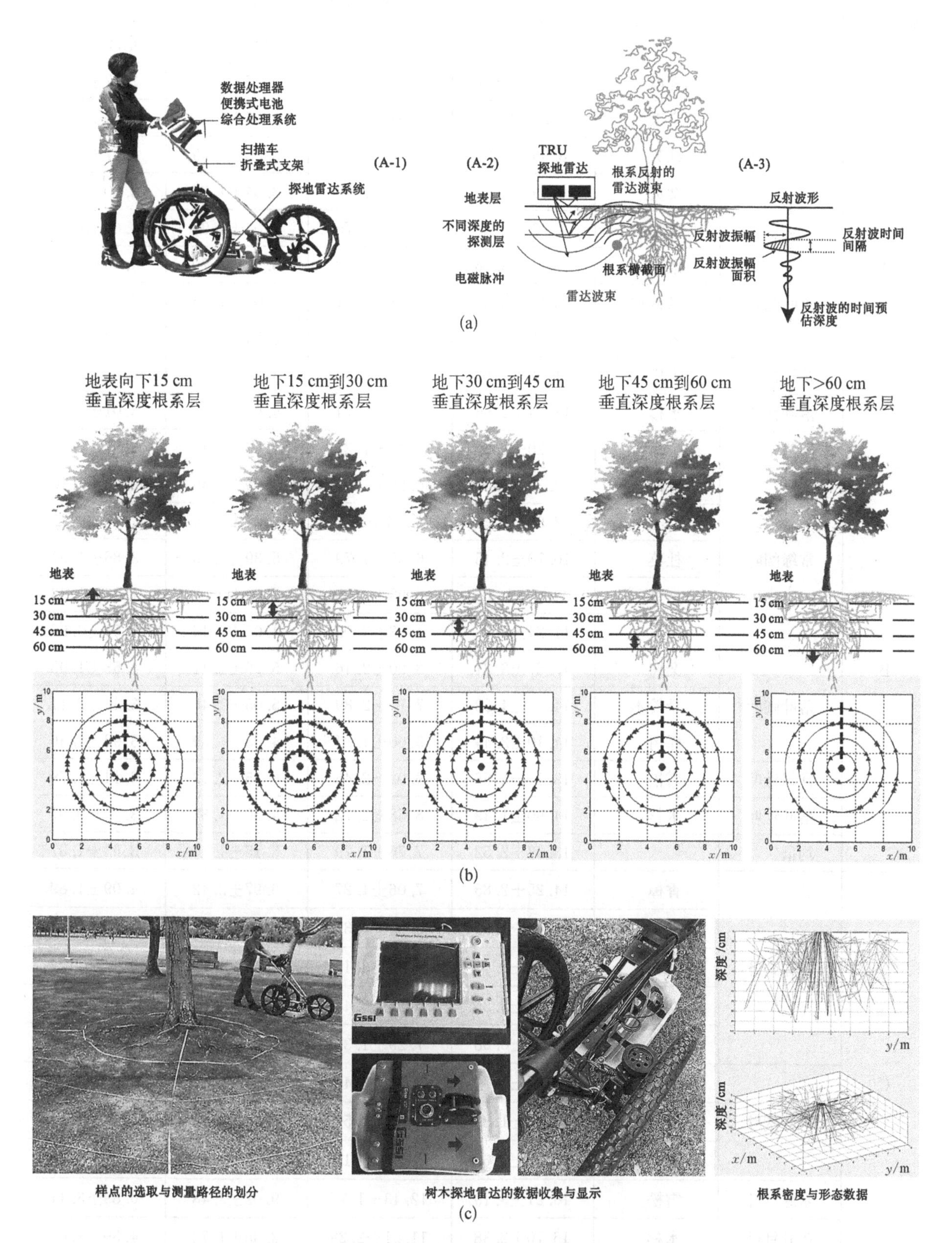

图 6-2 利用树木雷达对植物根系特征进行调查与分析

(a) 树木探地雷达(Tree Radar Unit，TRU)的基本原理与操作流程 (b) 基于树木探地雷达技术开展的试验方案设计与树木根系的三维扫描测量 (c) 运用树木探地雷达探查植物根系密度与三维形态的过程与结果呈现

表 6-1 水平方向乔木根系密度统计

胸径等级	乔木类型	树 种	根系密度/(条·m^{-1})			
			距离 1 m 处	距离 2 m 处	距离 3 m 处	距离 4 m 处
A	常绿阔叶	香樟	9.72±2.03	4.22±1.72	3.57±0.95	2.97±1.36
		广玉兰	9.93±2.31	7.98±3.05	6.96±1.25	4.51±2.04
		杜英	8.96±2.42	6.26±1.46	5.05±1.89	4.07±0.76
		女贞	8.19±1.94	6.22±2.03	3.34±1.27	2.03±3.56
		桂花	7.76±3.15	4.40±2.79	3.04±1.93	1.67±1.12
	落叶阔叶	栾树	13.79±3.16	7.36±1.48	5.68±1.79	4.66±2.51
		悬铃木	12.96±2.69	6.41±3.11	5.03±1.56	3.98±1.23
		榉树	5.69±1.96	5.56±2.17	3.84±1.46	3.10±0.96
	常绿针叶	雪松	11.78±3.89	7.62±2.46	4.23±1.73	5.65±2.93
	落叶针叶	水杉	13.24±2.56	7.72±1.74	4.90±2.03	3.01±1.41
	均值		10.20±2.54	6.38±1.27	4.56±1.14	3.57±1.17
B	常绿阔叶	香樟	13.33±5.07	6.88±1.53	6.79±1.49	3.33±2.10
		广玉兰	12.96±1.26	10.81±2.14	6.01±1.86	4.47±0.75
		杜英	10.70±2.45	6.39±1.79	5.39±1.23	3.86±1.57
		女贞	9.95±1.32	5.99±1.65	2.64±0.68	1.15±1.03
		桂花	11.24±4.05	4.33±3.02	4.05±2.16	1.51±0.96
	落叶阔叶	栾树	17.67±3.21	8.90±2.16	5.79±2.11	4.58±1.93
		悬铃木	14.70±4.23	7.70±2.89	5.05±1.46	3.45±2.11
		榉树	14.10±2.44	9.00±1.87	4.88±1.59	3.92±1.36
	常绿针叶	雪松	13.14±3.56	9.02±2.46	6.35±2.13	6.14±1.79
	落叶针叶	水杉	14.90±1.49	8.58±2.72	4.50±1.83	3.90±0.97
	均值		13.57±2.52	7.76±1.79	5.15±1.16	3.63±1.37
C	常绿阔叶	香樟	14.25±2.85	7.06±1.27	6.97±2.42	4.09±1.89
		广玉兰	16.69±4.53	7.25±2.35	3.72±1.22	3.12±0.73
		杜英	12.16±2.45	6.68±3.12	4.57±1.52	3.54±1.72
		女贞	11.21±3.36	6.28±2.44	4.26±1.83	2.84±2.21
		桂花	11.92±0.68	7.29±1.33	3.95±1.91	1.95±1.14
	落叶阔叶	栾树	19.16±1.76	9.78±2.49	6.75±1.70	4.55±2.03
		悬铃木	15.35±1.39	8.66±2.52	5.98±0.73	3.06±1.41
		榉树	11.99±3.68	8.13±3.17	5.42±2.56	4.71±2.15
	常绿针叶	雪松	16.21±3.19	12.43±1.77	9.02±3.48	6.89±3.11
	落叶针叶	水杉	16.70±2.38	11.61±2.29	8.35±1.72	4.39±2.63
	均值		14.54±2.53	8.52±2.01	5.90±1.76	3.91±1.29

注：数据为均值±标准差。

表 6-2 水平方向上距树心 1 m 处的圆周路径上各乔木在不同土壤层的根系垂直分布密度均值

胸径等级	乔木类型	树 种	根 系 密 度/(条·m^{-1})				
			0～15 cm	15～30 cm	30～45 cm	45～60 cm	>60 cm
A	常绿阔叶	香樟	1.71±0.25	2.5±0.26	1.78±0.82	1.82±0.86	1.91±0.49
		广玉兰	1.42±0.12	2.46±0.54	2.19±0.60	1.94±1.72	1.92±0.52
		杜英	2.38±0.97	1.64±1.46	2.33±0.98	2.29±0.88	0.32±0.63
		女贞	2.05±0.20	2.42±1.06	1.43±0.98	1.30±0.63	0.99±0.22
		桂花	2.9±1.23	1.86±1.04	2.45±1.23	0.40±0.36	0.15±0.09
	落叶阔叶	栾树	4.57±1.98	2.00±1.01	2.85±0.96	3.35±1.42	1.02±0.45
		悬铃木	5.10±1.27	1.96±0.86	2.59±1.34	0.96±0.57	2.35±1.07
		榉树	0.41±0.26	1.32±1.24	2.13±1.08	0.41±0.32	1.42±0.89
	常绿针叶	雪松	2.36±1.58	2.57±1.67	1.57±0.79	1.53±0.91	3.75±1.23
	落叶针叶	水杉	3.05±1.68	1.74±0.49	2.29±1.13	2.85±0.67	3.31±1.09
	均值		2.60±1.33	2.05±0.33	2.16±0.60	1.69±1.07	1.71±1.13
B	常绿阔叶	香樟	3.59±0.64	3.20±2.08	3.00±0.53	2.53±1.22	1.01±0.47
		广玉兰	2.98±1.14	3.83±0.41	3.22±0.93	2.33±0.64	0.60±0.20
		杜英	2.56±1.10	2.03±0.38	1.67±0.58	2.01±1.13	2.43±1.02
		女贞	2.99±1.13	1.79±0.37	1.99±1.67	1.48±1.06	1.70±0.78
		桂花	3.96±2.34	3.18±1.56	2.18±1.43	1.16±0.54	0.76±0.42
	落叶阔叶	栾树	1.84±2.09	2.77±3.18	5.53±2.75	4.92±3.16	2.61±1.31
		悬铃木	2.51±2.57	3.55±3.96	1.38±1.45	1.04±0.62	2.22±1.27
		榉树	2.26±0.49	1.82±1.73	4.23±2.64	2.25±1.03	3.54±2.56
	常绿针叶	雪松	2.95±2.43	3.68±2.96	2.05±1.82	0.91±1.42	3.55±1.37
	落叶针叶	水杉	3.03±1.22	3.23±2.09	2.89±1.56	0.88±0.93	4.87±1.29
	均值		3.27±0.59	2.91±0.76	2.81±1.30	1.95±1.26	2.33±1.31
C	常绿阔叶	香樟	3.77±1.04	4.53±1.30	2.88±0.79	1.21±0.59	1.86±0.93
		广玉兰	5.42±2.08	4.43±1.13	2.96±1.43	1.82±0.38	2.06±1.01
		杜英	2.78±0.33	2.42±1.86	2.76±0.44	1.07±0.24	3.13±0.76
		女贞	3.09±0.92	2.94±0.47	2.21±1.18	1.61±0.86	1.36±0.82
		桂花	5.09±2.66	3.62±2.05	1.68±0.39	1.10±0.52	0.43±0.53
	落叶阔叶	栾树	4.62±2.73	3.66±1.41	4.38±1.92	4.01±2.43	2.49±1.22
		悬铃木	6.08±3.46	1.97±1.63	3.23±2.41	1.60±0.83	3.37±2.69
		榉树	1.71±0.91	2.00±2.16	3.34±1.66	2.61±1.07	2.33±1.47
	常绿针叶	雪松	3.46±1.25	4.14±3.58	2.21±1.08	2.06±0.67	4.34±2.55
	落叶针叶	水杉	3.28±1.06	5.93±1.79	3.30±1.20	2.21±1.58	1.98±1.24
	均值		3.93±1.31	3.56±1.23	2.90±0.85	1.93±1.23	2.25±1.79

注：数据为均值±标准差。

不同胸径的乔木之间的根系密度差异显著($P<0.05$),B级乔木相比A级乔木的根系密度在4条路径上分别大约33.00%、21.73%、12.73%、1.85%,C级乔木相比B级乔木的根系密度在4条路径上分别大约7.15%、9.76%、14.66%、7.79%。相同环境下同一乔木的胸径大小差异基本上体现了乔木生长年限的差异。调查的树种树龄均未超过30年,可见一般的园林乔木的根系密度会随着生长年限的增长而不断增加,树龄大的乔木具有更高的地下根系密度。同时C级乔木相比于B级乔木在1 m、2 m路径上的根系密度的增幅要显著减小,但在3 m、4 m处两者的增幅较为相近。这表明在乔木生长了一定年限之后,其根系密度的增长速度会逐渐下降,且这一趋势会首先发生在近茎处。

从不同胸径的乔木在距离树心水平方向上1 m处的根系密度垂直变化特征来看,B级乔木比A级乔木在0～15 cm、15～30 cm、30～45 cm、45～60 cm、>60 cm这5个土层中的根系密度分别大约18.19%、44.50%、42.16%、13.43%、24.21%,C级乔木比B级乔木在对应5个土层的密度分别大约11.84%、17.11%、9.04%、4.86%、27.76%。C级乔木的根系密度整体增幅要明显小于B级乔木。这也表明根系密度的增长在不同生长阶段的差异性,乔木在生长了一定年限之后,其根系密度的增长速度会逐渐降低。而B级与A级乔木、C级与B级乔木根系密度差异最大的区域均为15～30 cm的土层,表明该土层的根系密度增加速度相较于其他土层更快,从该区域向下,越深的区域,其根系纵向扩展越接近纵向分布的极限值,增长速度也越慢。

6.2.2 不同生长型的乔木根系密度分布特征

按照乔木的生长类型进行统计,不同生长类型的总体根系密度在3个胸径等级的乔木中差异均不显著($P>0.05$)。但从图6-3中可以看出,4种类型的乔木水平方向上根系密度的均值差异最大的为C级胸径的乔木,差异最小的为A级胸径的乔木,表明随着乔木的不断生长,不同生长类型的乔木间整体的根系分布密度的差异性会逐步扩大。各类型乔木的根系密度变化曲线特征较为相似,但A、B级乔木根系密度差异最大的地方出现在1～2 m处,而在2～3 m范围内各类型乔木根系密度较为相近,C级乔木根系密度差异最大的地方出现在2～3 m处,相反1～2 m是各类型乔木根系差异最小的水平范围。这一差异性之间的区别同样反映了根系密度的增加有一定的极限值,达到这一限值后,其根系密度增长趋于停滞,增长向远茎端扩张。

从垂直方向来看,可以发现各类乔木的根系密度均值(剔除桂花)的差异性在0～15 cm土层及45～60 cm土层时最小(见图6-4),这表明乔木间的根系密度差异更多体现在根系结构的中

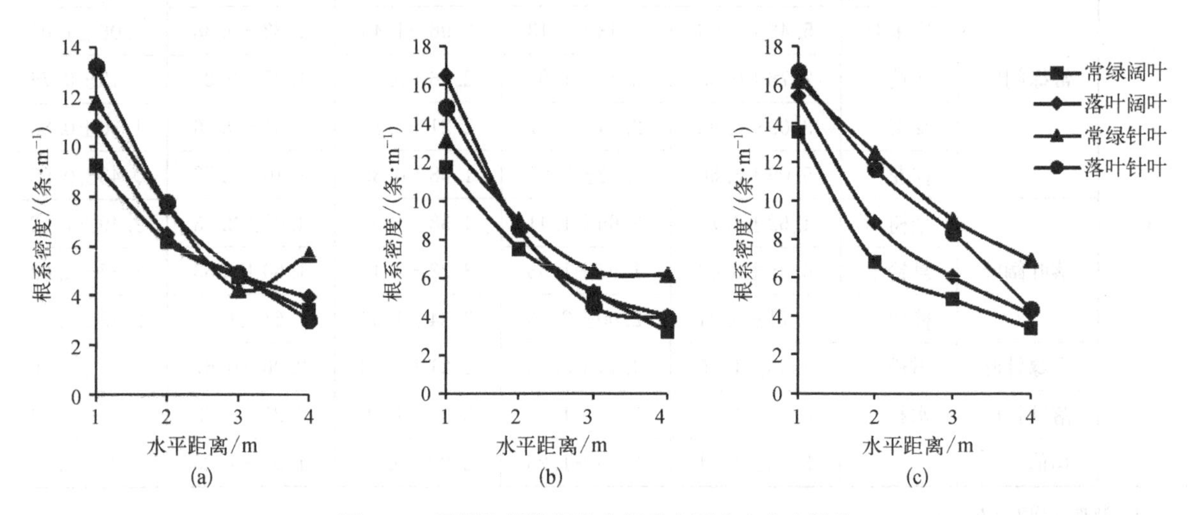

图6-3 不同胸径等级乔木根系水平分布密度均值

(a) A级胸径(DBH-A) (b) B级胸径(DBH-B) (c) C级胸径(DBH-C)

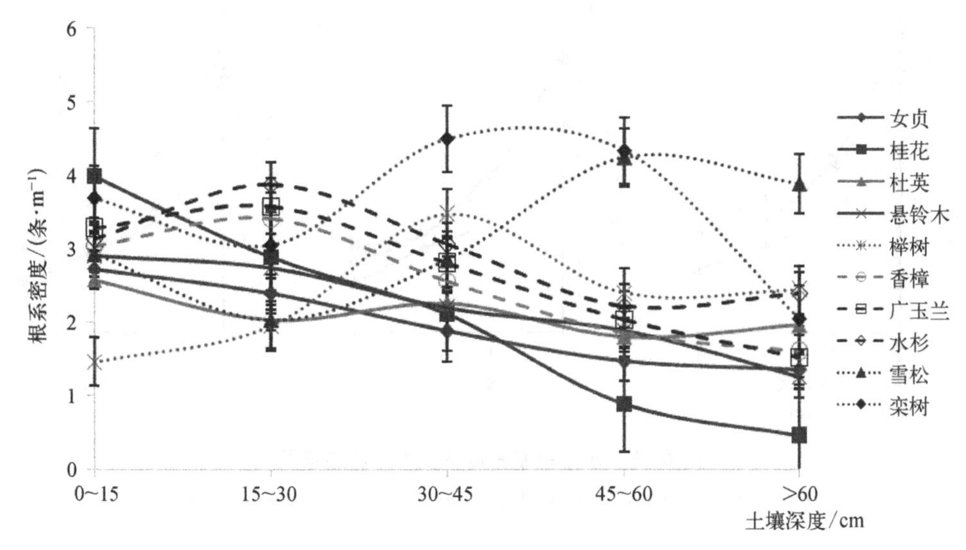

图 6-4 不同种类乔木在垂直深度上的平均根系密度

间层上。

6.2.3 不同种类的乔木根系分布范围比较

不同种类乔木的根系密度特征差异较大。考虑到根系密度基本随水平距离增加而减少，且减小的幅度趋于稳定，故通过检测边缘的根系密度大小可判断乔木根系分布的水平范围大小。从 A、B、C 3 个胸径等级的乔木在 4 m 处的平均根系密度来看，10 种乔木的根系密度高低依次为雪松(6.23 条/m)>栾树(4.60 条/m)>广玉兰(4.03 条/m)>榉树(3.91 条/m)>杜英(3.82 条/m)>水杉(3.77 条/m)>悬铃木(3.50 条/m)>香樟(3.46 条/m)>女贞(2.00 条/m)>桂花(1.71 条/m)。根据此顺序可以比较各类乔木在胸径一致的情况下根系水平分布的范围大小。但其中广玉兰、榉树、杜英、水杉、悬铃木、香樟几种乔木的边缘根系密度的差异并不显著。

6.2.4 不同种类的乔木根系密度参数聚类分析

以 10 种乔木的水平根系密度特征作为评价指标做 k-均值聚类分析。分析指标包括了 A、B、C 3 种规格对应的 4 个距离的根系密度值，合计 12 个指标。将 10 种乔木的根系密度特征分为 3 类(见表 6-3)，根据 3 种分类的中心值绘制水平根系密度聚类中心值趋势图(见图 6-5)。通过图像可以判断，3 类根系的总体密度大小是 1 类>2 类>3 类。

表 6-3 乔木水平根系密度特征聚类

树 种	类 别	与聚类中心的距离/m
水杉	1	2.410 19
栾树	1	3.888 04
雪松	1	4.025 02
广玉兰	2	3.852 94
悬铃木	2	3.852 94
杜英	3	2.902 23
桂花	3	3.668 01
女贞	3	3.911 00
香樟	3	4.336 06
榉树	3	4.617 69

对于垂直方向上 10 种乔木的根系分布特征同样进行 k-均值聚类分析，分别将 A、B、C 3 个胸径等级的乔木在水平方向上距离树心 1 m 处的 5 个土层深度的根系密度作为分析变量，共计 15 个变量，将其分成 3 类，分类结果如表 6-4 所示。根据各聚类的中心值绘制成图 6-6。根据 3 类根系的密度纵向分布情况，可以发现：1 类随深度的增大，根系密度明显逐步下降；2 类随深度的增大，根系密度下降幅度较小，在 15~45 cm 范围内根系密度几乎不下降；3 类根系在 30~45 cm

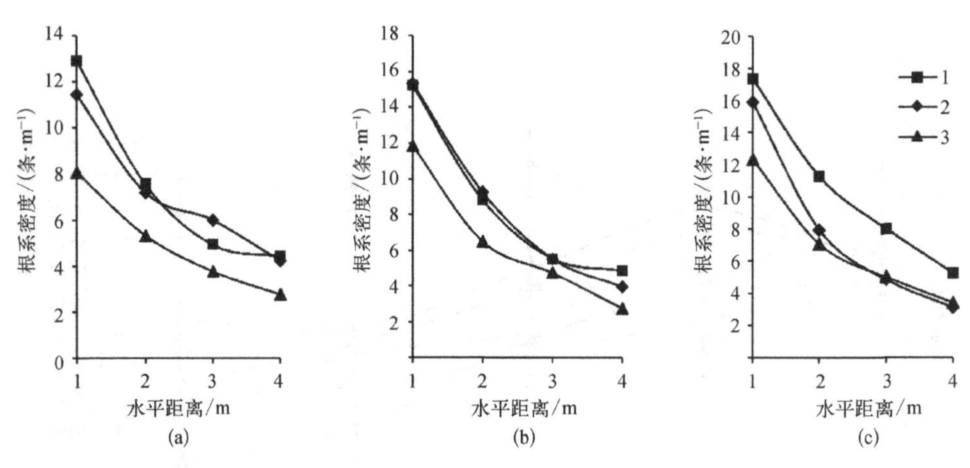

图 6-5 水平根系密度聚类中心值趋势图

(a) A 级胸径(DBH-A) (b) B 级胸径(DBH-B) (c) C 级胸径(DBH-C)

的土层会出现根系密度的峰值，其根系的分布更深。此外，3 类根系在 15～30 cm 处的根系密度十分接近。所以 1 类树根可以被描述为浅根型，2 类被描述为深根型，3 类为中间型。

表 6-4 乔木垂直根系密度特征聚类

树 种	类 别	与聚类中心的距离/m
雪松	1	2.574 59
悬铃木	1	2.969 42
桂花	1	3.078 87
栾树	2	0.000 00
香樟	3	1.955 61
女贞	3	2.169 16
杜英	3	2.840 74
广玉兰	3	3.018 03
水杉	3	3.607 89
榉树	3	4.052 76

根据水平方向上整体密度和垂直方向上密度的聚类分析，可以将两类分类结果整合在一起，将 10 种乔木按如下根系密度分布特点进行总结(见表 6-5)。

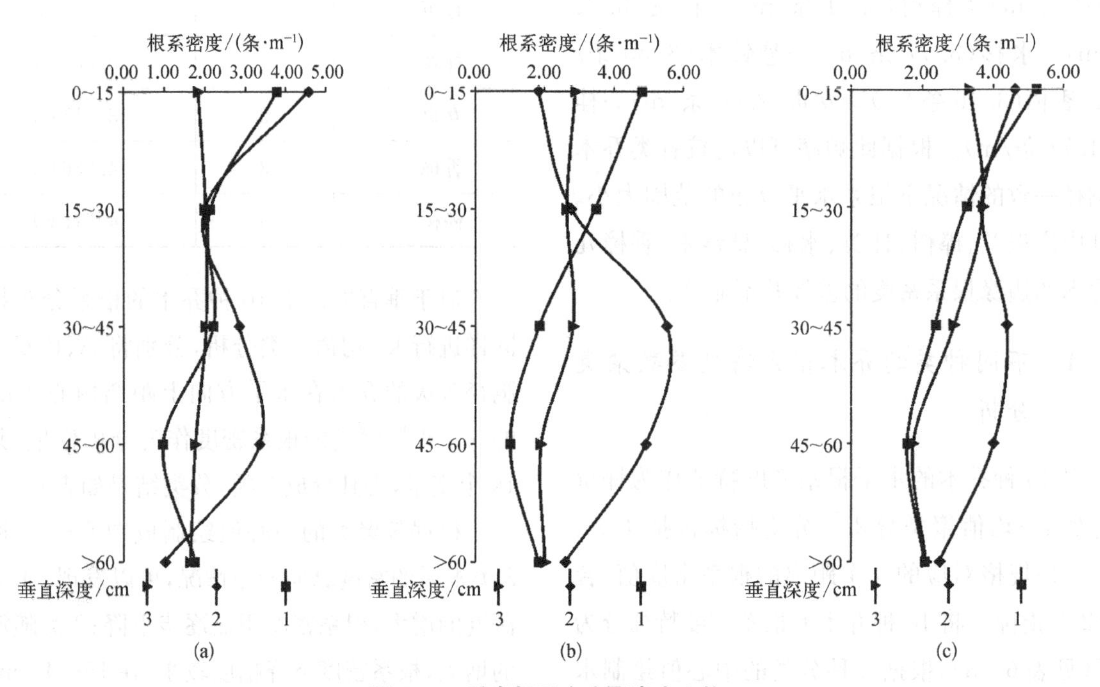

图 6-6 垂直根系密度聚类中心值

(a) A 级乔木 (b) B 级乔木 (c) C 级乔木

表 6-5　各乔木根系密度分布特点

树　种	整体密度	分布深度类型
雪松	较大	浅层更密集
栾树	较大	深层更密集
水杉	较大	中等
悬铃木	中等	浅层更密集
广玉兰	中等	中等
桂花	较小	浅层更密集
香樟	较小	中等
女贞	较小	中等
杜英	较小	中等
榉树	较小	中等

6.2.5　不同种类的乔木根系空间形态特征分析

与地被植物的根系特征不同，乔木根系具有更为明显的非均质化的空间结构差异，通过了解乔木的根系空间形态特点，将能够更好地了解根系在空间中发挥的作用。TreeWin 根系处理软件能够绘制乔木的根系分布纵剖图和三维立体图。该根系图的绘制原理是利用每条探测路径上检测到的根系的点，按照指定的坐标系，通过软件分析后连接成根系。该图像虽然是较为粗略的，但是仍基本可以体现根系的空间分布结构。

图 6-7 为上海地区 10 种常见乔木的根系分布纵剖面图。每种乔木采用的根系数据均为土壤采样点的 C 级乔木的根系扫描数据。其中图像横轴的有效长度为 8 m，纵轴长度因为仪器的探测深度受土质等影响会略有差异，各图不一致，但均在 70～100 cm 之间。纵轴和横轴的比例尺也不相同，便于更清楚地观察乔木根系特征。

根系图像的数据来源为 1 m、2 m、3 m、4 m 分别对应的 4 条扫描线路，所以对于主根系植物而言，是无法扫描到其主根的，同时因为扫描范围的限制性，可能无法表达出某些乔木的完整根系形态。但是从图 6-7 中的根系分布图像可以看出，图像中心区域的形态是明显存在主根的。不同乔木的根系空间型和其生长类型之间没有明显的联系。其根系空间型的差异性主要体现在 3 个方面：一是根系纵剖面呈现的基本形状，如 EB-4、DB-2 为三角形，EB-1、EC-1 为矩形；二是须根的延伸方向与地面的夹角大小，如 EB-1、EB-2 在表层土壤处均有大量水平延伸的根系，而 EB-3、DB-1 等没有这一形态；三是不同土壤深度层的根系有疏密差异，从图像中的色彩差异（软件显示为彩色）和对比即可判断，如 DB-1、DC-1 是属于非常明显的蓝色（代表 40 cm 以下根）根系极多的类型，而 EB-1、EB-2 则是 3 种颜色的根系分布相对比较均衡的类型。

通过对 10 种乔木根系纵剖面特点的观察分析，按照其空间上的分布特点与差异，可以基本上将其分成 3 类根系（见图 6-8）。

Ⅰ类根系的主要乔木包括香樟、广玉兰、雪松、悬铃木、榉树 5 种乔木。其主要的空间特征是在探测的范围内没有发现根系分布的明显边界，范围内整体的根系在各个土层的分布较为均匀，故纵剖面呈矩形，但 0～40 cm 之间土层的根系分布密集度更大，且在表层土的区域内有较多的根系在水平方向上大距离延伸，故称其为水平型根系。

Ⅱ类根系的主要乔木包括杜英、栾树、水杉 3 种乔木。其最大的特点是在表层的根系分布很少，根系在竖直方向上延伸较多，须根的延伸方向与地面的夹角更大。总体形成了深层土壤根系密度比浅层土壤根系密度更大的现象，故称其为垂直型根系。

Ⅲ类根系的主要乔木包括女贞、桂花 2 种乔木。这类根系在探测范围内可以看出其分布的深度边界，根系剖面基本呈三角形。这表明其分布深度均不及Ⅰ、Ⅱ类根系。

通过对 10 种乔木的根系密度情况的分析发现，乔木的根系密度在水平方向上随着离树干距离的增加而逐渐减小，其中在 1～2 m 处有较大降幅。在垂直方向上除个别乔木种之外，基本趋势仍是根系密度随深度的增加而逐渐减小。

不同胸径等级代表了乔木不同的生长年限，

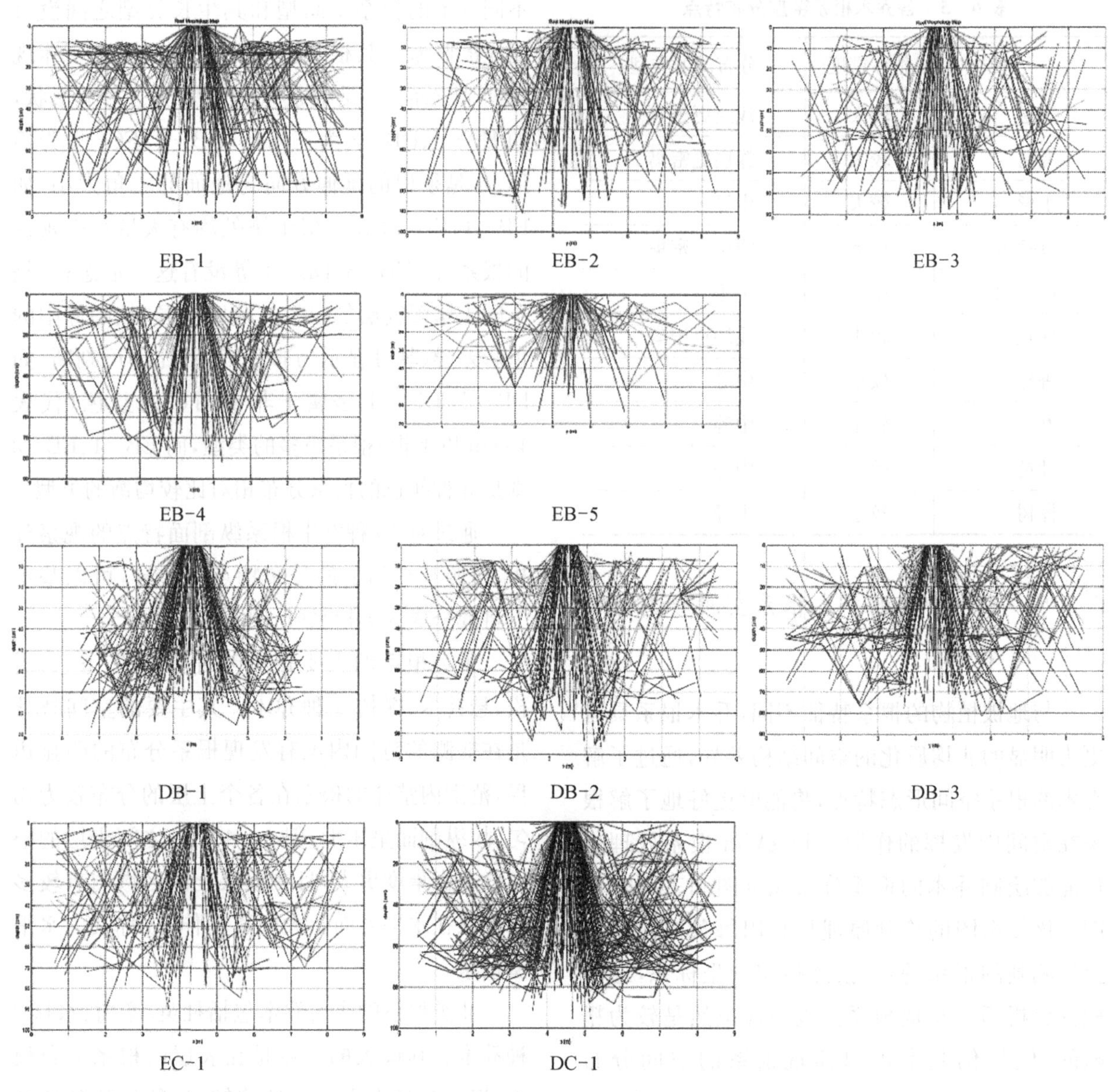

图 6-7　上海 10 种常见乔木根系纵剖面图

注：EB-1、EB-2、EB-3、EB-4、EB-5、DB-1、DB-2、DB-3、EC-1、DC-1 分别代表香樟、广玉兰、杜英、女贞、桂花、栾树、悬铃木、榉树、雪松、水杉的根系纵剖面。

水平方向上胸径越大的乔木，其根系密度也越大。但是随着乔木的生长，其根系密度的增速会逐渐减缓，并且这一趋势会首先在近茎处发生。而垂直方向上 15～30 cm 土层的根系密度增长速度较快，从该区域往下，越深的区域根系密度增长速度越慢。

从乔木的生长类型来看，总体的根系密度在 3 个胸径等级的乔木中差异性不显著，但随着胸径的增大，差异性有所增加。垂直方向上根系密度差异更多体现在根系结构的中间层。

10 种乔木根系的水平扩展范围为雪松＞栾树＞广玉兰＞榉树＞杜英＞水杉＞悬铃木＞香樟＞女贞＞桂花。通过对乔木的根系密度特征进行聚类分析，可以将水平方向上的根系密度特征分成 3 类：第 1 类包括水杉、栾树、雪松，第 2 类包括广玉兰、悬铃木，第 3 类包括杜英、桂花、女贞、香樟、榉树。其中根系密度情况：第 1 类＞第 2 类＞第 3 类。垂直方向上的根系密度特征也可以分成 3 类：深根性、浅根型和中间型。深根型包括栾树，浅根型包括雪松、悬铃木、桂花，中间型包括香樟、女贞、杜英、广玉兰、水杉、榉树。

通过对 10 种乔木的根系三维及剖面图像的

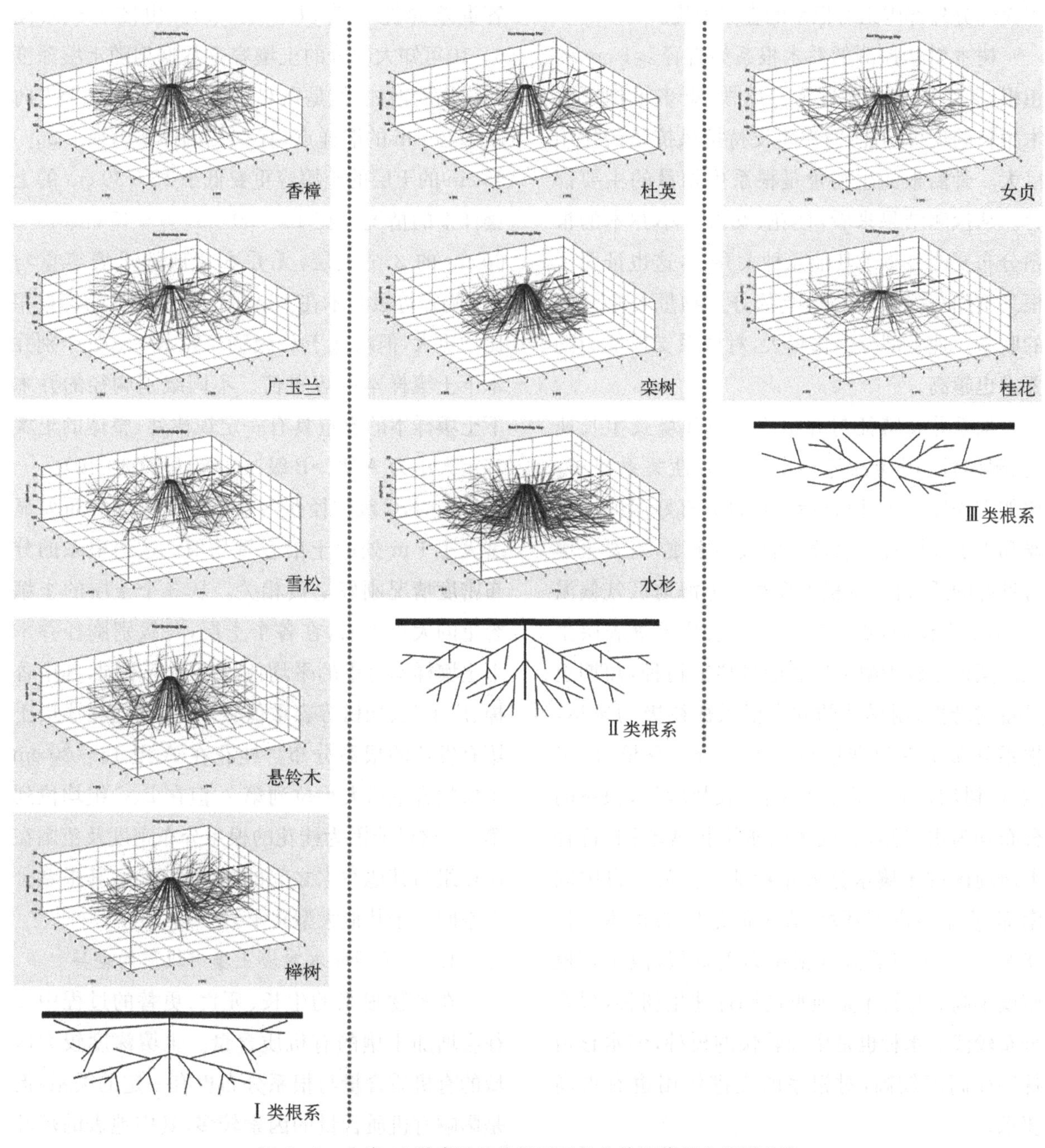

图 6-8 上海 10 种常见植物根系三位立体图像及空间型分类

观察分析，可以将 10 种乔木的根系按空间特征分为 3 类。Ⅰ类为水平型根系，包括香樟、广玉兰、雪松、悬铃木、榉树；Ⅱ类为垂直型根系，包括杜英、栾树、水杉；Ⅲ类包括女贞、桂花。

根系生长的影响因素众多，即便是同一乔木，在不同的生长环境下根系分布特征也会差异显著。从内部因素来说，园林乔木的落叶、结果、枝干繁茂程度都会影响植株整体的生物量分配，进而影响根系的生长情况。而内部因素一方面由植物的生长特性所决定，另一方面也受到外部因素的影响，在园林养护过程中的灌溉方式，以及肥料添加、修剪等作业都会引发乔木内部影响因素的变化。

外部影响因素对乔木根系的直接引导作用同样非常显著。其中土壤中的水分分布是引导根系生长的关键因素之一。上海地区的地下水位较高，乔木根系整体分布不易往深处延伸。本研究中的调研样本场地均为开阔的草坪，在水平方向上对根系无物理空间限制，均位于校园内，场地特征一致，水肥管理方式均为粗放式，排除了大部分外部因素对根系的直接干扰。

树木雷达探测的乔木根系为直径≥1 cm 的粗根，此类根系也被称为骨骼根，更多承担了乔木生长的支撑功能，对乔木支持抗风抗压的作用巨大。骨骼根的生物量是根系生物量的主要部分。从探测结果来看，桂花、女贞等小乔木的根系分布要明显小于其他几种大乔木，这也证明了根系空间分布大小与地上部分生物量大小之间的联系。地上部分生长越大，对根系支撑能力的要求也越高。

根系分布特征与乔木原产地环境及生长速度、耐旱性、耐涝性等乔木生长特性关系显著。比如雪松原产于喜马拉雅山西部，喜好温凉的气候和土层深厚且排水较好的酸性土壤，需要土壤有良好的透气性，主根不发达。上海地区气候温湿，地下水位高，更促使雪松根系往土壤表层生长。栾树是较为耐干旱和耐贫瘠的树种，短期也具备耐涝性，耐旱性的乔木根系往往极为发达，根系分布更深以获取更多的水分。香樟、广玉兰、榉树均是上海的乡土树种，长势较好，根系的分布均为水平型，有较大的水平扩展范围，符合上海地区的土壤水分分布特征。杜英产自中国南部，喜温暖潮湿环境，在上海地区的整体生长状况不佳，可以看到其根系为垂直型，但是须根密度不高。悬铃木是典型的阳性速生树种，根系分布较浅。水杉也是生长较快的树种，但水杉植株往往高度较高，对根系的支撑作用也有更高要求。

6.3 上海常见乔木根系特征对土壤水分分布影响

6.3.1 不同乔木下土壤理化性质的差异

6.3.1.1 不同乔木对应土壤容重的差异

土壤容重是反映土壤物理性质的基本指标，容重大小能体现土壤透水性、通气性，而这些参数均影响着土壤中的根系生长状况，同时容重也常用于评估土壤的水源涵养能力。不同土层的容重差异性显著（$P=0.01$）。由图 6-9、图 6-10可知大部分的土壤容重数据均随土壤深度的增加而增加，但是在C级胸径的乔木水平方向距中心1 m的取样点，有60%的样本出现了30～45 cm的土层的土壤容重要低于15～30 cm的土壤样本的情况。在15～30 cm，30～45 cm，45～60 cm的3个土层，无乔木草地的土壤容重与3个胸径等级乔木在1 m处的土壤样本的容重相比均更大，但略低于C级胸径乔木4 m处个别乔木下土壤样本的容重值。不同级别胸径的乔木下土壤样本的容重具有一定规律性，整体的土壤容重大小为A级>B级>C级（见图 6-10）。

同时，C级胸径乔木4 m处的土壤容重要显著大于1 m处的土壤容重均值。这与根系的分布密度情况刚好呈负相关。从3个土层的土壤容重的大小来看，在各个土层，各级别胸径乔木下土壤样本容重的平均值排序有所不同，其中香樟、广玉兰、栾树等容重值较小，它们均在浅层土壤有发达的根系分布。桂花在A组15～30 cm土层的容重值大小位列第7，但在B、C组均位列第1。这可能因为桂花的根系分布密度及范围在B、C组与其他乔木之间的差异性更大，其根系分布空间小于其他大型乔木。

6.3.1.2 不同乔木对应土壤有机质的差异

在植物根系的生长、死亡、更替的过程中往往会增加土壤的有机质含量。土壤深度较大区域的有机质含量与根系分布也有一定的关系，但是影响有机质含量的因素较多，其中地表的落叶堆积和腐烂就会显著增加土壤的有机质含量。样点土壤的有机质含量基本上还是随深度的增加而逐渐减少（见图 6-11）。其中A、B级的土壤样本在30～45 cm处的有机质含量相比于15～30 cm处分别下降约14.92%、18.83%，而C-1和C-4组分别下降约7.40%和1.14%。A、B组土壤有机质含量在30～45 cm和45～60 cm的土层无明显差异性，且均值要低于C组，而C-1和C-4组则仍分别下降了10.83%、6.39%。这体现了根系分布范围与密度和有机质含量之间的关联。A、B组乔木对土壤有机质

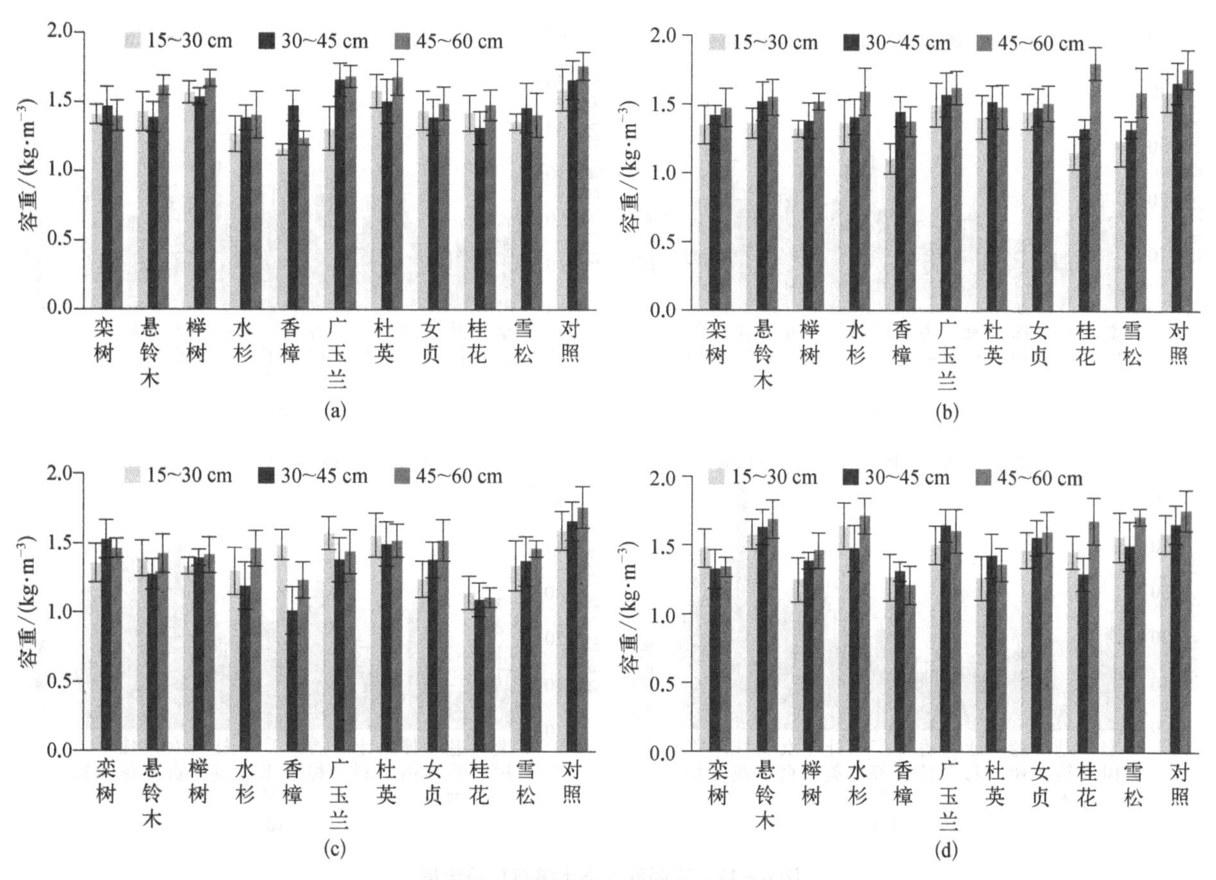

图 6-9　不同乔木采样点土壤容重

(a) A级胸径乔木 1 m 处土壤(A-1)　(b) B级胸径乔木 1 m 处土壤(B-1)　(c) C级胸径乔木 1 m 处土壤(C-1)　(d) C级胸径乔木 4 m 处土壤(C-4)

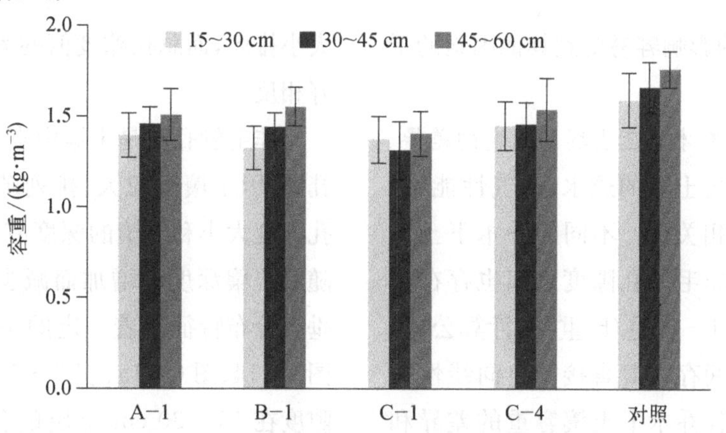

图 6-10　不同类型采样点土壤容重平均值

含量的影响更多体现在 15～30 cm 的土层，C 组则能够达到 45 cm 的深度。针对不同乔木对土壤有机质的影响，其中最为明显的是雪松在 A、B、C 3 组中 15～30 cm 的土层都有着极高的有机质含量，但在 30～45 cm 及 45～60 cm 的土层无明显优势。这可能是因为其为浅根性植物，根系在浅层土壤的分布更为密集，此外生长区域的土壤表层往往覆盖大量脱落的针叶，使得其生长土壤表层的有机质含量大大增加。而 C-1 组桂花在 30～45 cm 及 45～60 cm 处的土层有极高的有机质含量，相反在 15～30 cm 处的有机质含量较低，这与其根系分布情况并不相符合。此外，香樟根系的分布范围和整体密度在 10 种乔木中均属较高水平，但是其对应的土样的有机质含量均较低，甚至低于对照组。最可能的原因是其结果受表层落叶、草本植物等覆盖物的影响。因此，乔木根系分布对

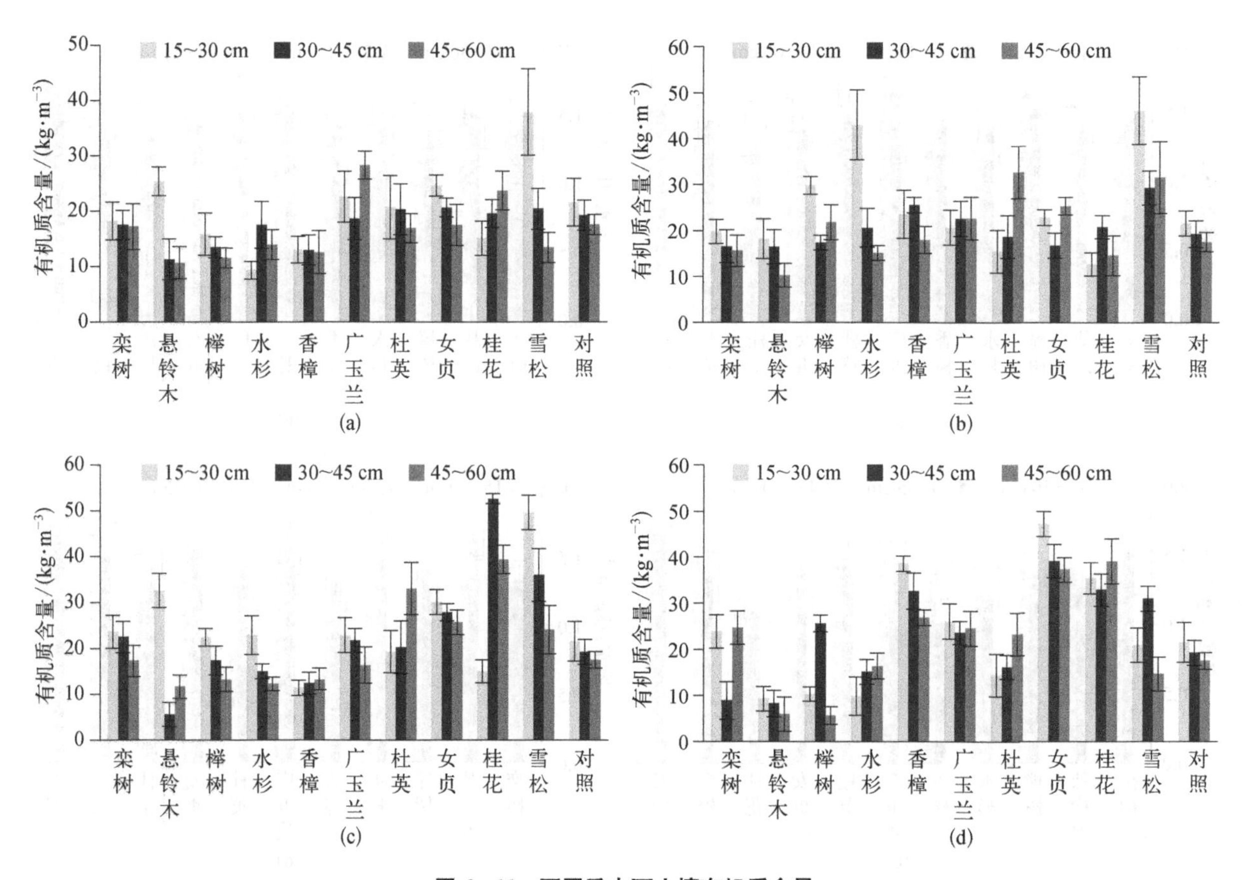

图 6-11 不同乔木下土壤有机质含量

(a) A级胸径乔木 1 m 处土壤(A-1) (b) B级胸径乔木 1 m 处土壤(B-1) (c) C级胸径乔木 1 m 处土壤(C-1) (d) C级胸径乔木 4 m 处土壤(C-4)

其土壤有机质含量的影响容易受到其他因素的干扰(见图 6-12)。

6.3.1.3 不同乔木对应土壤孔隙度的差异

土壤的孔隙度与土壤的透水、透气性能、紧实程度有着直接的相关性。不同的乔木下土壤样本的总孔隙度和非毛管孔隙度之间也存在着差异。按“总孔隙=1-容重/比重”的计算公式,总孔隙度与容重之间存在着直接的负向线性关系。前文已分析过各乔木下土壤容重的差异和大小排序,而总孔隙度值的大小排序与容重则刚好相反。

非毛管孔隙是土壤中直径大于 0.1 mm 的大孔隙,因土壤颗粒大、排列疏松而形成。非毛管孔隙度大小和土壤的深度有显著的相关关系,且随着土壤深度的增加而减少。其与根系密度的垂直分布特征有着一定的关联性。从图 6-13、图 6-14、图 6-15、表 6-6 可以看出,非毛管孔隙度在 15～30 cm 土层的各均值差异最大,在

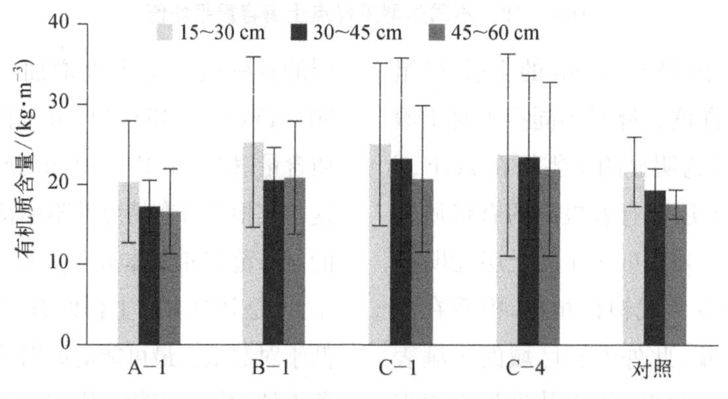

图 6-12 不同类型样点土壤有机质含量均值

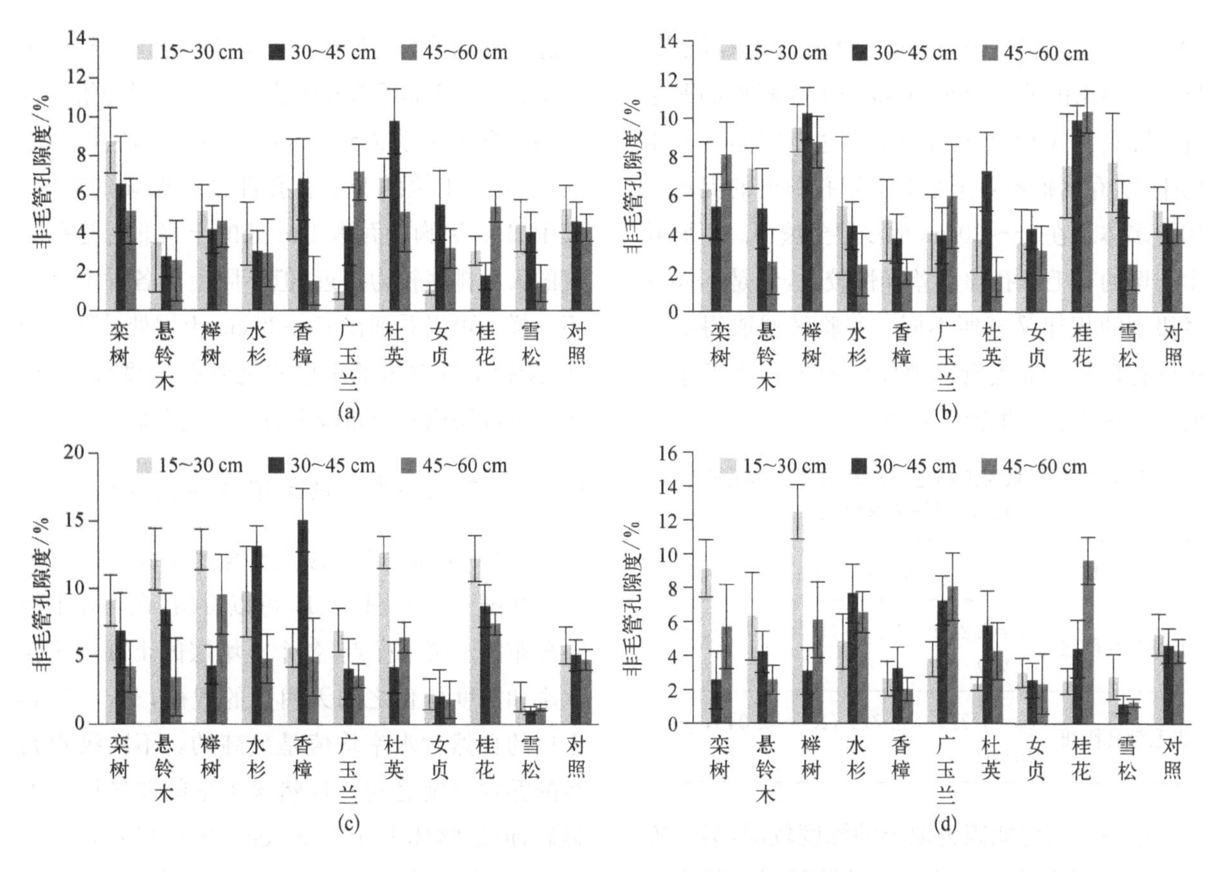

图 6 - 13 不同乔木的土壤非毛管孔隙度

(a) A级胸径乔木 1 m 处土壤(A - 1) (b) B级胸径乔木 1 m 处土壤(B - 1) (c) C级胸径乔木 1 m 处土壤(C - 1) (d) C级胸径乔木 4 m 处土壤(C - 4)

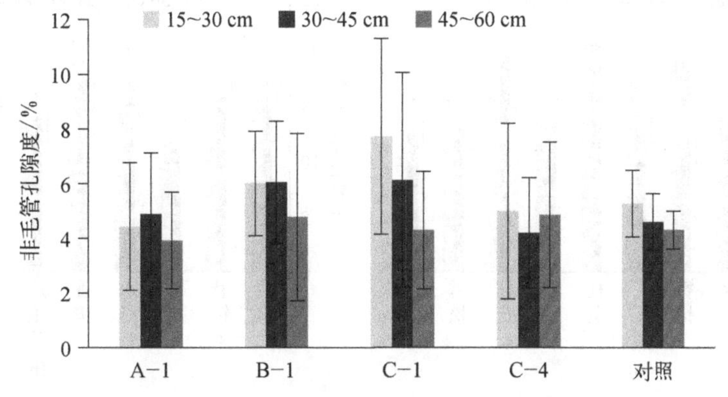

图 6 - 14 不同样点类型的土壤非毛管孔隙度均值

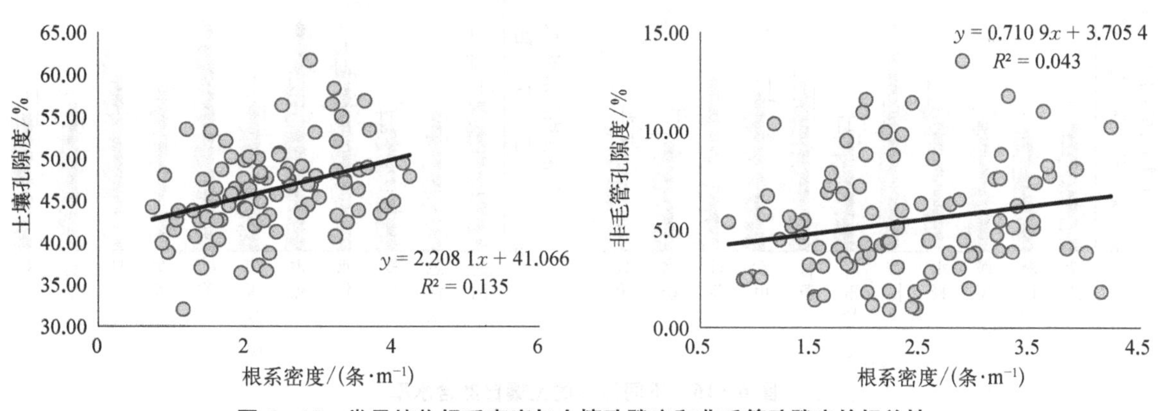

图 6 - 15 常见植物根系密度与土壤孔隙度和非毛管孔隙度的相关性

30～45 cm 及 45～60 cm 土层的各土壤采样点数据与对照组的差异较小，有部分土样测得的非毛管孔隙度甚至要低于对照组。这表明随着乔木的生长，乔木根系对土壤非毛管孔隙度的促进作用更多体现在 15～30 cm 的浅层土壤中。不同乔木土壤的非毛管孔隙度差异性较大，但是不同胸径级别的规律又有所不同。实验区域取得的土壤中有较多的非毛管孔隙度低于 3%，而低于该值的土壤不利于植物根系的生长。

表 6-6 根系密度与土壤总孔隙度和非毛管孔隙度之间的关系模型

参　数	回 归 方 程
土壤总孔隙度	$y=2.21x+41.1$, ($R^2=0.135$, $p<0.01$)
非毛管孔隙度	$y=0.71x+3.71$, ($R^2=0.043$, $p<0.05$)

这一方面可能因为取土的深度较深，另一方面也说明了实验区域的土质黏性较强。其中 A 级胸径 1 m 处及 C 级胸径 4 m 处的土壤非毛管孔隙度的均值与对照组的差异不显著，而 B、C 级 1 m 处的土样非毛管孔隙度则要大于对照组。这表明了乔木根系达到一定分布密度和生长时间后，才会对土壤的非毛管孔隙度有明显的影响。其中 B、C 级胸径乔木 1 m 处的土壤非毛管孔隙度的大小排序较为接近，但不同土层各乔木排序不一样。可以看到在 15～30 cm 土层处，榉树、桂花、悬铃木等乔木的土壤非毛管孔隙度较大，这也与其浅层根系分布较密有一定的关联。

6.3.2 不同乔木下的土壤持水能力的差异

6.3.2.1 不同乔木对应土壤自然含水率的差异

从图 6-16、图 6-17 可以看出，在有乔木根系分布的土壤采样点，各个土壤层的土壤自然含水率和深度变化之间无明显的规律，30～45 cm 土层的自然含水率均值是最高的。不同级别胸径的乔木土壤之间的自然含水率的差异性也不显著，但是整体上 15～30 cm、30～45 cm、45～60 cm 3 个土层的自然含水率在有乔木根系分布的样本中要明显高于无乔木根系分布的土样。

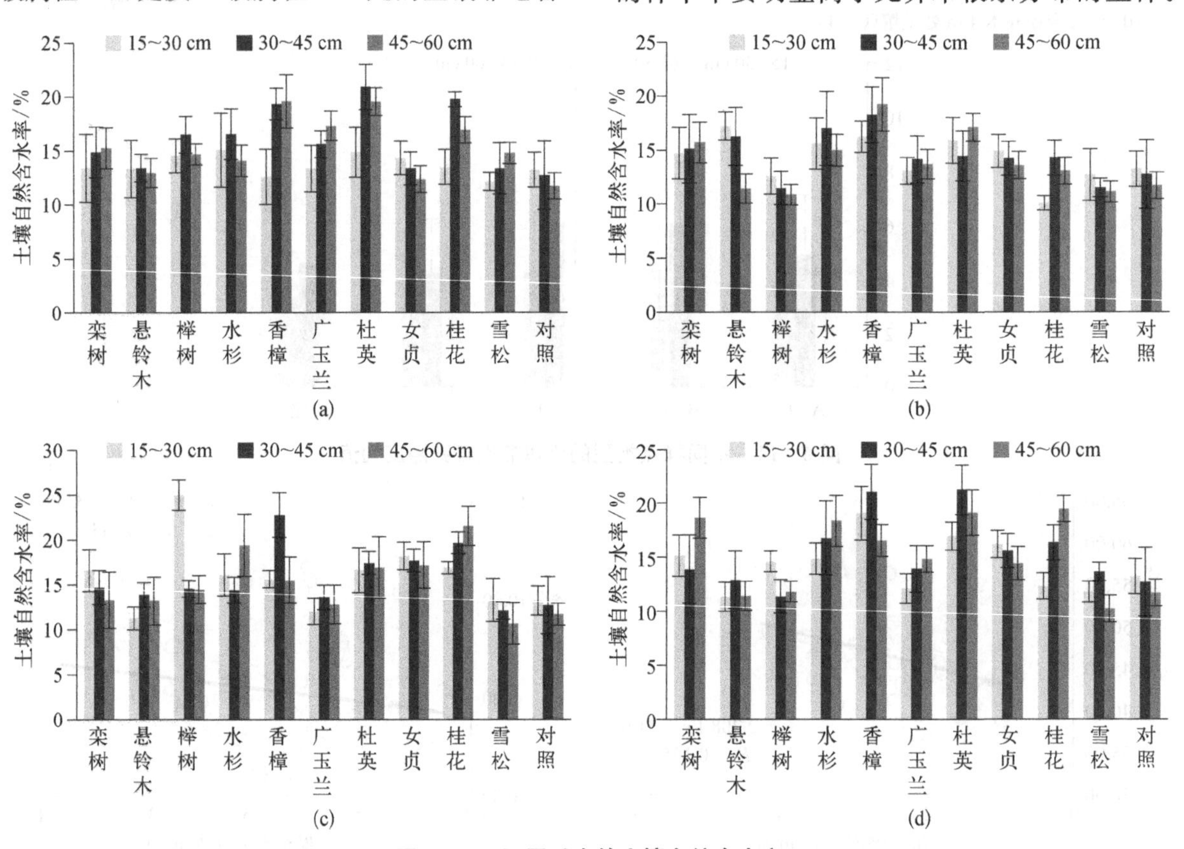

图 6-16 不同乔木的土壤自然含水率

(a) A 级胸径乔木 1 m 处土壤(A-1) (b) B 级胸径乔木 1 m 处土壤(B-1) (c) C 级胸径乔木 1 m 处土壤(C-1) (d) C 级胸径乔木 4 m 处土壤(C-4)

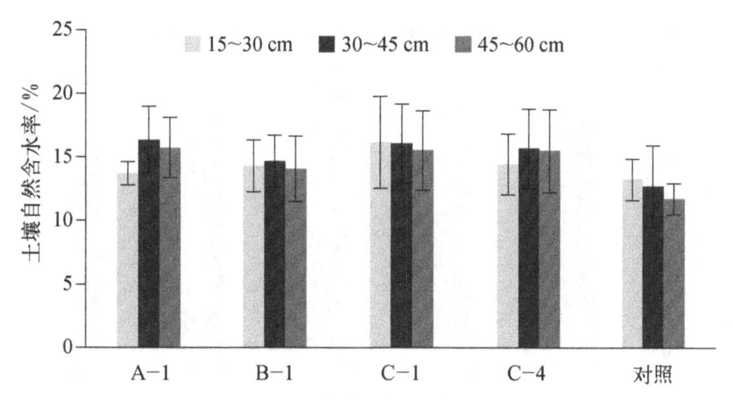

图 6-17 不同类型样点的土壤自然含水率均值

这表明了乔木根系对土壤自然状态下的持水能力具有改善作用。其中香樟、水杉、栾树、杜英、桂花对促进土壤自然含水率提升的作用更大。

6.3.2.2 不同乔木对应土壤饱和含水率的差异

饱和含水率是土壤在充分吸水的状态下的水分含量，其指标可以用于判断土壤的蓄水能力。从图 6-18、图 6-19 中可以看出，基本上饱和含水率还是随着土层深度的增加而减小，符合一般土壤性质的变化规律。C 级胸径 1 m 处 30～45 cm 土层的饱和含水率要大于 15～30 cm 的土层。原因可能是 C 级乔木在 30～45 cm 的土层的细根较为密集，其生长过程对土壤造成较为显著的影响。相比于对照组，有乔木生长的土样的饱和含水率均显著增加，且饱和含水率的大小和对应样本乔木的根系分布密度有一定的正相关性。在 30～45 cm 及 45～60 cm 的土层，饱和含水率大小在 1 m 处均为 C 级>B 级>A 级。4 m 处 C 级胸径乔木的各个土层土壤饱和含水率的均值均低于其他样本，同时在 4 m 处的乔木根系密度也较低，在 45～60 cm 的土层，其根系密度低于 1 条/m。通过乔木之间的对比发现，C 级胸径乔木 1 m 处的土壤样本之间的差异性最大，

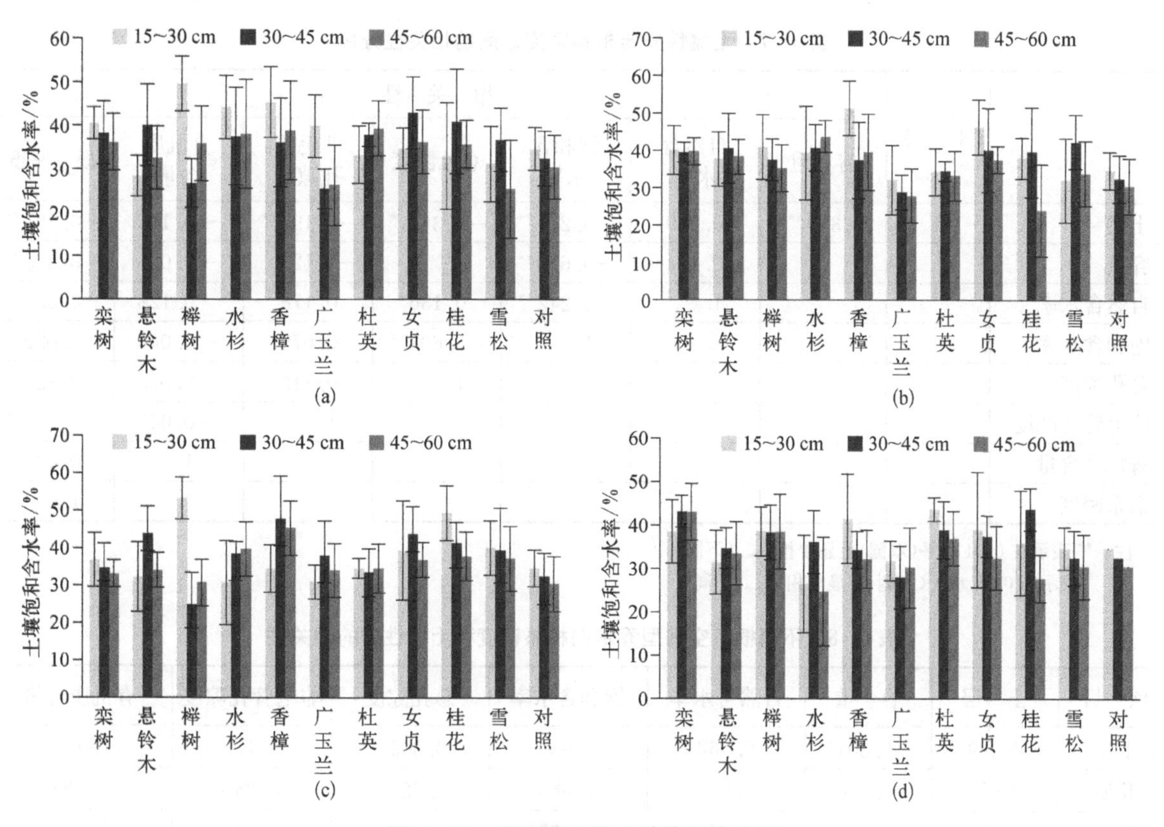

图 6-18 不同乔木的土壤饱和含水率

(a) A 级胸径乔木 1 m 处土壤(A-1) (b) B 级胸径乔木 1 m 处土壤(B-1) (c) C 级胸径乔木 1 m 处土壤(C-1) (d) C 级胸径乔木 4 m 处土壤(C-4)

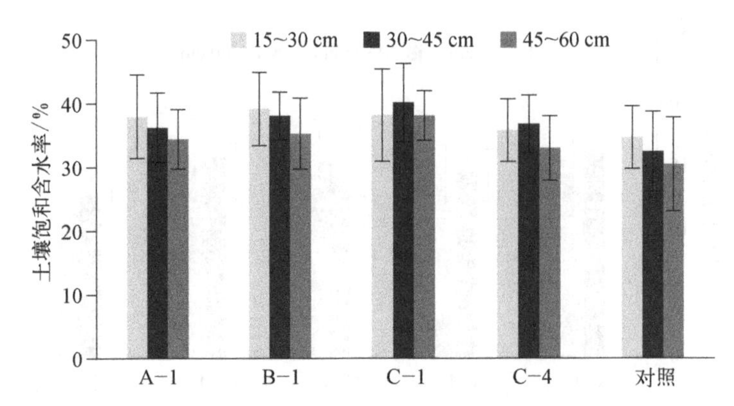

图 6-19 不同类型样点的土壤饱和含水率均值

3个土层样本的标准差分别达到了7.27、6.14、3.90,而C级胸径乔木4 m处的土壤样本差异性最小。榉树、香樟、桂花、女贞、栾树的土壤样本饱和含水率较高,但广玉兰土壤样本的整体饱和含水率较低。整体而言,乔木根系与土壤饱和含水率有一定的相关性。可能的主要原因是根系在生长过程中的伸展、穿插对土壤孔隙度有明显增加作用,而饱和含水率的大小主要取决于土壤的孔隙度大小。

6.3.3 根系特征与土壤性质的相关性分析

从上文的分析中可以发现土壤的各项理化参数与根系的分布空间、分布密度具有一定的联系。根系在土层中不断延伸、穿插、交织,并逐步改善土壤的物理性质,形成松散多孔的根土复合体。为了分析乔木根系与土壤持水性能的相关关系,将实验土层的根系密度与土壤性质(参数)做相关性分析(见表6-7)。同时为研究不同根系空间型、不同胸径以及不同生长类型的乔木根系密度对土壤性质的影响,按照相关类别的根系数据分别做相关性分析,得到表6-7至表6-11。

表 6-7 土壤性质与根系密度之间的相关性分析

	土层	相关性						
		容重	自然含水率	饱和含水率	总孔隙度	非毛管孔隙度	有机质含量	根系密度
土层	1	0.355**	0.079	−0.214**	−0.362**	−0.198**	−0.136	−0.281**
容重		1	−0.154	−0.613**	1**	−0.129	−0.043	−0.325**
自然含水率			1	0.242**	0.136	0.178	0.128	−0.027
饱和含水率				1	0.608**	0.079	−0.046	0.080
总孔隙度					1	−0.312**	0.028	0.328**
非毛管孔隙度						1	−0.049	0.210**
有机质含量							1	−0.032
根系密度								1

注:** 表示在0.01水平(双侧)上显著相关。(下同)
* 表示在0.05水平(双侧)上显著相关。(下同)

表 6-8 不同根系空间型乔木的根系密度和土壤性质的相关性

项目	土层	容重	自然含水率	饱和含水率	总孔隙度	非毛管孔隙度	有机质含量
Ⅰ型	−0.389**	−0.304*	0.062	0.080	0.303*	0.179	0.150
Ⅱ型	−0.053	−0.230*	−0.288*	−0.068	0.227*	0.240*	0.134
Ⅲ型	−0.530*	−0.560**	−0.079	0.455*	0.562**	0.118	−0.421*

注:Ⅰ型包括香樟、广玉兰、雪松、悬铃木、榉树,Ⅱ型包括杜英、栾树、水杉,Ⅲ型包括女贞、桂花。

表 6-9 不同胸径乔木的根系密度和土壤性质的相关性

项 目	土 层	容 重	自然含水率	饱和含水率	总孔隙度	非毛管孔隙度	有机质含量
A级胸径	−0.226	−0.375*	0.049	0.045	0.374*	0.064	0.184
B级胸径	−0.343	−0.361*	0.159	0.032	0.359*	0.273*	0.101
C级胸径	−0.302*	−0.333**	−0.025	0.074	0.333*	0.212*	−0.090

表 6-10 不同生长型乔木的根系密度和土壤性质的相关性

项 目	土 层	容 重	自然含水率	饱和含水率	总孔隙度	非毛管孔隙度	有机质含量
落叶阔叶	−0.019	−0.363*	0.189	−0.041	0.354*	0.188	0.270
落叶针叶	−0.376*	−0.492*	−0.133	0.041	0.493*	0.308*	0.443
常绿阔叶	−0.416**	−0.199	−0.137	0.143	0.201	0.123	−0.371**
常绿针叶	−0.608**	−0.721**	0.253	0.275	0.716**	0.408*	0.822**

表 6-11 不同土层乔木的根系密度与土壤性质的相关性

	容 重	自然含水率	饱和含水率	总孔隙度	非毛管孔隙度	有机质含量
15～30 cm	−0.300*	0.049	−0.058	0.301*	0.140	0.055
30～45 cm	−0.166	−0.108	−0.018	0.202	0.243*	−0.213*
45～60 cm	−0.247*	−0.137	0.035	0.246*	0.222*	−0.227*

结果表明：

(1) 土壤容重和根系密度呈显著负相关，随着胸径的增大，其相关性先增后减。这表明在乔木生长过程中根系密度对土壤容重的影响会不断加大，但是到达一定密度之后，其对土壤容重的平均影响力要减弱。

(2) 根系密度与土壤的总孔隙度及非毛管孔隙度均显著相关，根系在生长过程中对土壤产生的最直接的物理影响是改变其孔隙结构。同时，非毛管孔隙度与饱和含水量显著相关。

(3) 根系密度与自然含水率、饱和含水率及有机质含量无明显相关性，但总孔隙度、非毛管孔隙度、自然含水率及有机质含量两两之间具有一定的相关关系。从调查实验分析中可以看出，根系特征与这几项指标之间有相关性。但是可能根系密度这个参数未能表达出根系的粗细及生物量情况，未能反映根系对这 3 个参数的影响方式。此外，表层覆盖的有机物会对浅层土壤的有机质含量带来巨大影响，初始含水率易受采样时的天气状况、绿地浇灌情况干扰，饱和含水率与土层深度的相关性较高，而土层深度与根系密度呈负相关。

(4) 从整体的相关性来看，根系空间型中Ⅲ类根系和生长型中常绿针叶乔木的根系密度和各参数相关性较高，其中乔木包括桂花、女贞和雪松，而这三者属于根系分布中等偏浅的植物。结合上文对根系分布的分析可以发现，根系密度大小对浅层土壤容重的影响相比对深层土壤的更大。

6.3.4 小结

(1) 乔木根系分布特征的差异性显著影响了不同乔木下土壤样本的理化性质。其中土壤容重、总孔隙度和非毛管孔隙度的大小受深度变化的影响较大，通常随土壤深度的增加，土壤容重增大，总孔隙度和非毛管孔隙度减小。总孔隙度和非毛管孔隙度两者之间也存在着正相关的关系。根系密度同样与这 3 项性质参数有显著相关性。已有的研究表明，植物的细根与土壤的接触面积更大，对土壤结构的影响更有效，但乔木的粗根分布与土壤的这 3 个物理性质的相关性同样非常显著。这一方面是由乔木的根系结构特点所决定的，另一方面乔木的粗根和细根之间还存在着一定的正相关关系。

(2) 从调查实验的结果来看，自然含水率、饱和含水率及有机质含量均与根系分布存在一定的相关关系。但是这3个性质参数与根系密度值之间的相关性不显著。可能的原因：一是此类指标参数受外界其他因素的影响更大，降雨、湿度等天气差异以及绿地近期的浇灌情况都会影响自然含水率，表层的覆盖物情况、施肥情况会影响有机质含量，这导致了根系分布对这些因素的影响被弱化；二是根系密度未能完整表达根系对土壤在持水性能及有机质含量方面的影响。根系密度更多的是物理结构的表达，土壤的持水性能和有机质含量还受根系的一些生物学特性的影响。

(3) 通过对不同类型乔木的根系密度与各项参数的相关性分析，发现Ⅲ类根系空间型(桂花、女贞)、常绿针叶乔木(雪松)的根系密度与各项指标的相关性最显著，而这三者根系分布均偏浅根性。同时，15～30 cm土层的根系密度相比其他土层与各参数的相关性最显著。这表明浅根性乔木的根系密度对土壤性质的影响较大，且乔木根系对15～30 cm土层的土壤性质影响最大。

6.4 上海常见乔木根系特征与土壤入渗能力关系模型

6.4.1 不同乔木下的土壤入渗能力分析

土壤的水分入渗过程复杂，影响因素众多，主要有土壤结构、根系分布情况、土壤孔隙度、有机质含量等。常用于表现土壤渗透性的指标是初始渗透率、稳定渗透率、平均渗透率和渗透总量。绿地的水分调蓄功能主要针对降雨带来的地表径流，其中初始渗透率能反映土壤在降雨之初的渗透能力，稳定渗透率则反映在长时间的降雨和蓄积雨水下的渗透能力，故选择这两个指标作为对雨水入渗能力的研究。

6.4.1.1 不同乔木对应初始渗透率分析

从整体上看，初始渗透率受土壤深度的影响非常显著。根据3个胸径等级的数据可知，随深度的增加，土壤的初始渗透率会逐渐下降(见图6-20)。与无乔木根系分布的草坪对照组的渗透率数据相比，各类型样点在各个土层的渗透率均值要更大(见图6-21)，表明了乔木根系分布对15～60 cm的各土层均有提高初始渗透率的作用。对比A、B、C 3个胸径等级的乔木在1 m处的入渗数据，在15～30 cm及30～45 cm的土层，B、C级的土壤初始渗透率均值差异较小，但均显著大于A级的初始渗透率。在45～60 cm的土层，A、B级的土壤初始渗透率无明显差异，但均显著小于C级的初始渗透率。对比C级胸径乔木在1 m处与4 m处的土壤初始渗透率均值发现，4 m处的值要更小。以上规律表明初始渗透率与根系的密度大小是有一定相关性的，根系的密度也符合相应的规律。

将每种乔木对应的土壤样本的初始渗透率进行对比，得出不同胸径规格、不同土壤层的初始渗透率大小排序均有所差异。在3个胸径等级乔木1 m处的土壤中，对于15～30 cm的土层，初始渗透率均值的排序为女贞＜杜英＜桂花＜榉树≈香樟＜悬铃木＜广玉兰＜栾树＜雪松≈

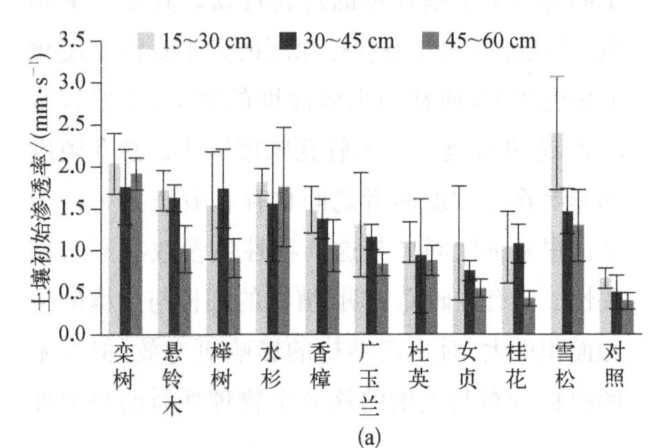

(a)

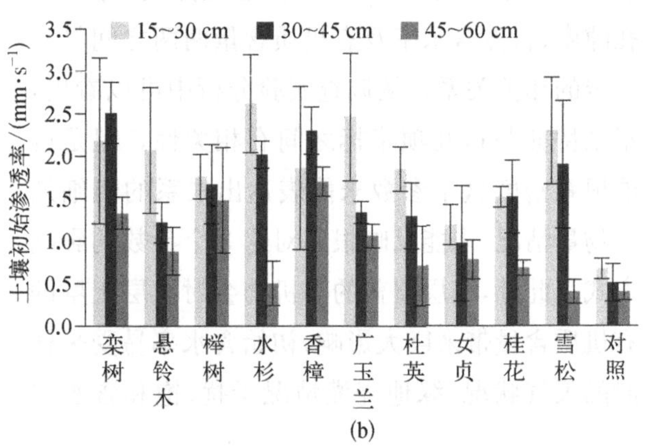

(b)

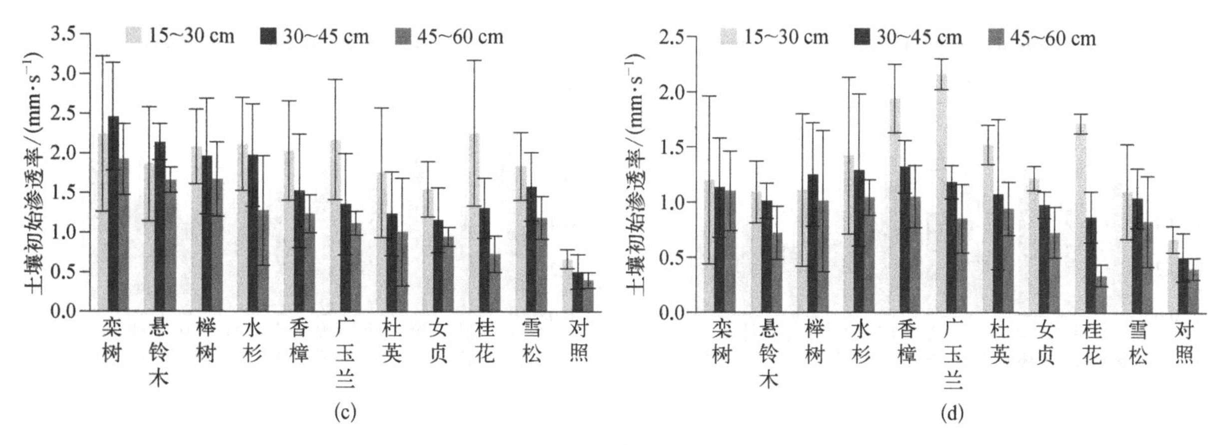

图 6-20　土壤初始渗透率

(a) A级胸径乔木1 m处土壤(A-1)　(b) B级胸径乔木1 m处土壤(B-1)　(c) C级胸径乔木1 m处土壤(C-1)　(d) C级胸径乔木4 m处土壤(C-4)

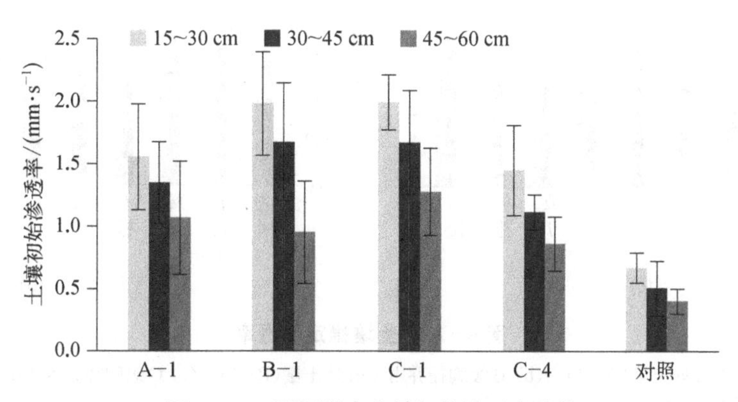

图 6-21　不同样点土壤初始渗透率均值

水杉；30～45 cm 土层的排序为女贞＜杜英＜桂花≈广玉兰＜雪松≈悬铃木＜香樟＜榉树＜水杉＜栾树；45～60 cm 土层的排序为桂花＜女贞＜杜英＜雪松＜广玉兰＜水杉＜悬铃木＜香樟≈榉树＜栾树。从这 3 个排序中可以发现，桂花、女贞、杜英这 3 种在各个土层的初始渗透率均较低的乔木为整体根系密度较低的乔木。从单样本来看，C 级胸径的桂花在 15～30 cm 土层样本的初始渗透率极高，但在 30～60 cm 土层的初始渗透率较低。这也符合其根系较多集中在 15～30 cm 土层的特点。

6.4.1.2　不同乔木对应稳定渗透率分析

稳定渗透率的大小关系和初始渗透率有一定的相似性，且规律性更加明显。随着土壤深度的增加，稳定渗透率逐渐下降，但可以发现对照组中 30～45 cm 土层的稳定渗透率相比 15～30 cm 土层的降幅达 81.13%，而有乔木根系分布的土壤样本的稳定渗透率均值，其对应降幅在 10%～16%之间。并且对于整体的土壤稳定渗透率，有乔木根系分布的土壤样本也均高于对照组，表明了乔木根系分布与土壤稳定渗透率有极显著的正相关关系。同时不同乔木对应的稳定渗透率均值的变化规律和根系密度大小的变化规律较为一致(见图 6-22、图 6-23)。

6.4.1.3　不同乔木对应土壤综合渗透能力分析

主成分分析是利用原始因子的线性组合来解释原始因子的分析方法。为研究和比较 10 种乔木对土壤综合渗透能力的提升作用的差异，将不同胸径等级、不同土壤层、离树心不同距离下的样本测得的初始渗透率和稳定渗透率均值作为评价的参数(合计共 24 个参数)，然后对其进行主成分分析，以减少相关的参数数量。

分析结果显示，前 6 个公因子解释的方差已经达到 92.895%，故而提取这 6 个因子就能较好地解释原有变量。表 6-12 为主成分分析中经过旋转后的因子载荷矩阵，根据该表可以得到公因子的得分函数。根据各个因子的负荷来看，a_1 在

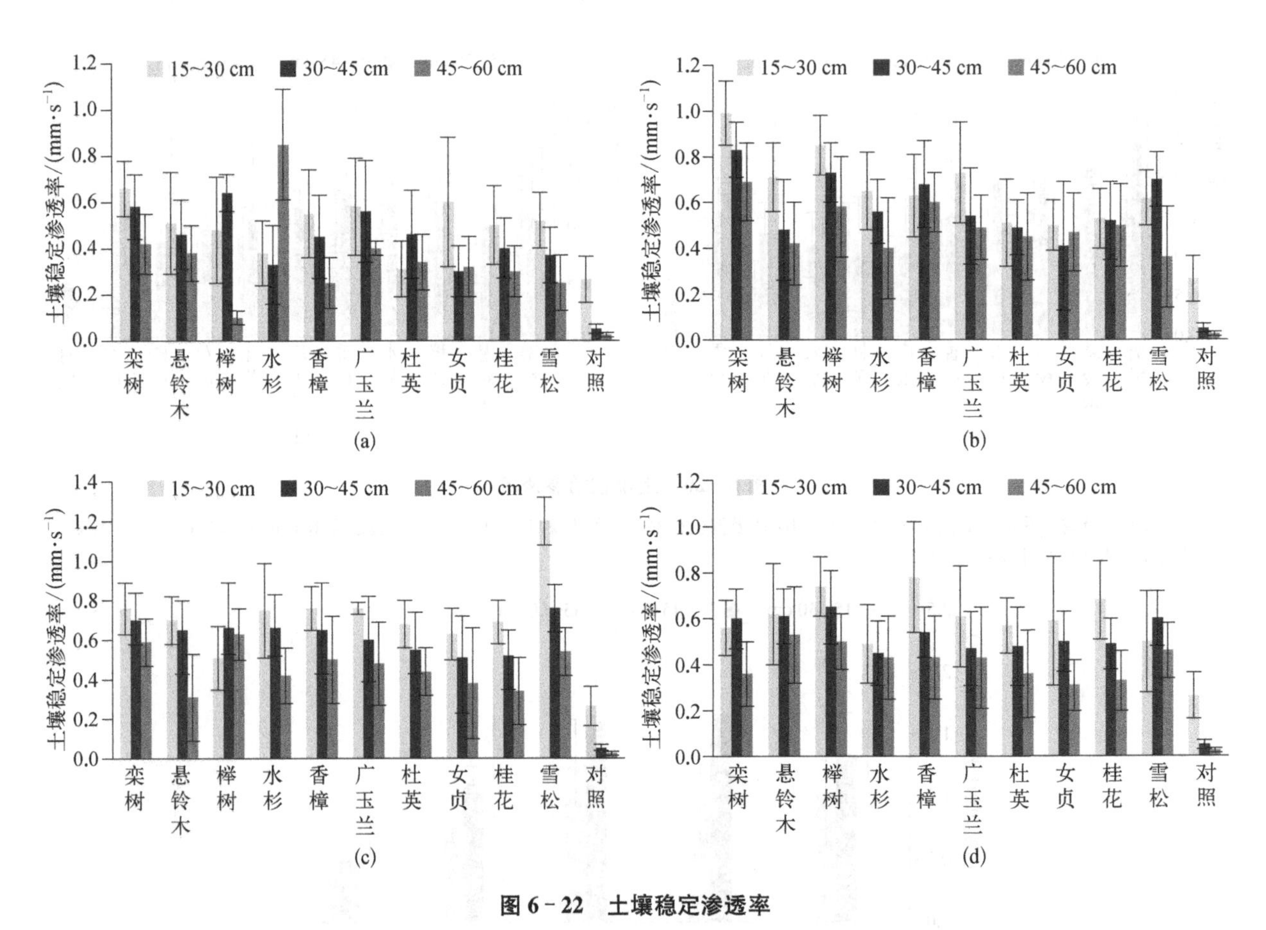

图 6-22　土壤稳定渗透率

(a) A级胸径乔木 1 m 处土壤(A-1)　(b) B级胸径乔木 1 m 处土壤(B-1)　(c) C级胸径乔木 1 m 处土壤(C-1)　(d) C级胸径乔木 4 m 处土壤(C-4)

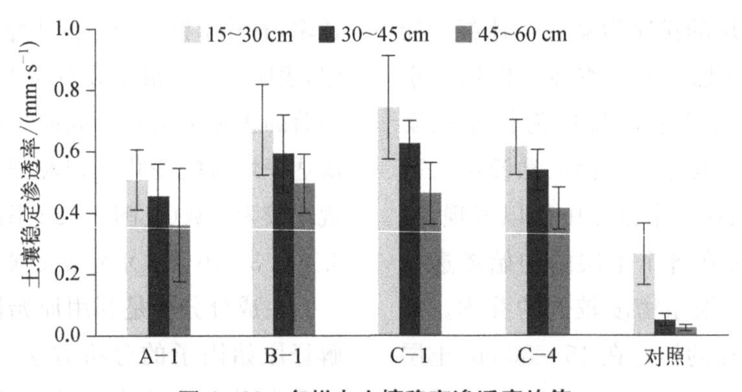

图 6-23　各样点土壤稳定渗透率均值

大部分的变量上均有一定的正载荷，是综合衡量土壤入渗性能的指标。a_2 可以解释为衡量较深土层(30～60 cm)渗透率的指标。a_3 则表现为和渗透率呈负相关。a_4 主要用于衡量较浅土层(15～30 cm)的渗透率。a_5、a_6 则主要衡量相对应的 2～3 个原始变量。通过计算获得 10 种乔木的 6 个因子的得分(见表 6-13)，并以 6 个因子的方差贡献率计算 10 种乔木下土壤渗透性能的综合得分。从综合得分结果来看，不同乔木下土壤的综合渗透能力排序为栾树＞榉树＞香樟＞水杉＞雪松＞悬铃木＞广玉兰＞杜英＞桂花＞女贞。不难发现，该综合渗透能力排序与乔木地上部分生长冠幅大小排序有一定的相似性，其中桂花、女贞均属于小乔木的范畴，而对于同等胸径的乔木，杜英冠幅大小也是明显小于栾树、香樟等乔木的冠幅大小。此外，前两名的栾树和榉树均是生长速度较慢的乔木，栾树和榉树需要生长更长的时间才能够达到对照组中其他乔本的同等胸径，这也意味着根系与土壤之间的相互作用时间更长。

表 6-12　初始渗透率的旋转成分矩阵

参　数	成 分 矩 阵					
	a_1	a_2	a_3	a_4	a_5	a_6
A-1-1 初始渗透率	0.219	−0.094	0.257	0.136	0.107	0.691
A-1-2 初始渗透率	0.510	0.312	0.492	−0.210	0.351	0.080
A-1-3 初始渗透率	0.044	0.088	−0.943	−0.057	0.220	−0.159
B-1-1 初始渗透率	0.812	0.343	0.089	0.005	0.256	0.291
B-1-2 初始渗透率	0.506	0.535	0.234	0.410	0.193	0.384
B-1-3 初始渗透率	0.263	0.419	0.339	−0.345	0.270	0.662
C-1-1 初始渗透率	−0.086	−0.042	−0.150	0.971	−0.029	0.001
C-1-2 初始渗透率	0.612	0.375	0.003	0.687	0.031	−0.084
C-1-3 初始渗透率	0.290	0.705	0.339	0.289	0.019	0.243
C-4-1 初始渗透率	−0.041	0.095	0.792	−0.395	0.284	0.034
C-4-2 初始渗透率	0.741	0.041	0.552	0.226	−0.283	0.094
C-4-3 初始渗透率	0.608	0.095	0.281	0.231	0.100	−0.668
A-1-1 稳定渗透率	0.593	0.221	−0.180	0.743	−0.088	0.013
A-1-2 稳定渗透率	0.884	0.280	0.027	0.238	0.204	−0.066
A-1-3 稳定渗透率	0.546	0.518	−0.537	0.335	0.068	0.132
B-1-1 稳定渗透率	0.342	0.301	−0.453	0.452	0.446	−0.346
B-1-2 稳定渗透率	0.323	0.580	−0.109	0.388	0.334	0.373
B-1-3 稳定渗透率	0.250	0.520	0.586	−0.341	0.265	0.257
C-1-1 稳定渗透率	0.303	0.089	−0.030	0.023	0.876	0.223
C-1-2 稳定渗透率	0.938	0.203	−0.202	0.034	0.090	0.114
C-1-3 稳定渗透率	0.914	0.352	0.044	−0.025	−0.048	0.093
C-4-1 稳定渗透率	−0.597	0.132	0.086	−0.117	0.741	−0.037
C-4-2 稳定渗透率	0.163	0.875	−0.003	−0.034	0.275	−0.259
C-4-3 稳定渗透率	0.296	0.930	−0.122	0.032	−0.085	−0.051

注：序号 $x-y-z$ 中，x 为胸径等级，y 为距树心距离，z 为深度等级；表示深度等级的 1、2、3 分别代表 15～30 cm、30～45 cm、45～60 cm。

表 6-13　不同乔木下土壤样本综合渗透性排序

树　种	因子得分/分						综合得分/分	排　序
	a_1	a_2	a_3	a_4	a_5	a_6		
栾树	13.275 0	10.275 6	−0.809 1	5.463 9	6.670 9	2.670 7	7.059 6	1
榉树	11.240 0	8.822 1	0.762 8	3.863 1	5.919 8	1.973 7	6.103 4	2
香樟	9.522 0	9.003 0	0.460 0	4.055 7	6.690 3	2.070 7	5.726 1	3
水杉	10.673 4	8.746 6	−2.189 9	5.355 5	6.331 1	1.146 2	5.677 2	4
雪松	10.305 8	7.907 2	−1.155 7	6.168 6	5.317 5	1.339 5	5.605 2	5
悬铃木	10.623 4	7.408 7	−0.486 1	4.288 1	5.328 8	1.230 8	5.432 6	6

（续表）

树　种	因子得分/分						综合得分/分	排　序
	a_1	a_2	a_3	a_4	a_5	a_6		
广玉兰	8.365 5	7.641 0	−0.189 7	3.849 9	6.692 3	1.257 6	4.966 0	7
杜英	7.413 1	6.783 8	−0.291 8	3.412 4	5.230 0	1.057 3	4.310 6	8
桂花	6.828 7	5.772 7	0.253 3	3.129 8	5.791 0	1.531 2	4.106 9	9
女贞	6.545 7	5.663 0	0.280 2	2.753 3	4.320 1	1.327 7	3.796 4	10

注：a_1、a_2、a_3、a_4、a_5、a_6 的旋转后方差贡献率分别为 27.794%、17.779%、14.461%、13.836%、9.898%、9.127%。

6.4.2　根系密度对土壤入渗能力的影响

通过对土壤渗透性能参数与根系密度的分析，发现根系密度与土壤的初始渗透率和稳定渗透率均有较为显著的相关性，且相关性因胸径的不同而有所差异。相关性分析发现如表 6-14 所示。初始渗透率的指标与根系密度呈极显著正相关，且随着胸径的增大即树龄的增长，相关性不断提升。其中 C 等级乔木在距树干 1 m 处的根系密度与初始渗透率的相关性极为显著。但在 4 m 处初始渗透率与根系密度的相关性有所下降。结果表明根系密度越大，其单位密度根系对土壤的影响效果越强烈。稳定渗透率的指标参数具有同样的规律，但 A、B、C 3 个胸径等级的相关性的递增变化没有初始渗透率显著。

表 6-14　土壤渗透性与根系密度之间的回归方程

参　　数	胸径等级	与树干距离/m	回 归 方 程
初始渗透率	A	1	$y = 0.396x + 0.545, (R^2 = 0.317,\ p < 0.05)$
	B	1	$y = 0.376x + 0.563, (R^2 = 0.502,\ p < 0.05)$
	C	1	$y = 0.294x + 0.826, (R^2 = 0.574,\ p < 0.05)$
	C	4	$y = 0.531x + 0.743, (R^2 = 0.248,\ p < 0.05)$
稳定渗透率	A	1	$y = 0.148x + 0.151, (R^2 = 0.411,\ p < 0.05)$
	B	1	$y = 0.087x + 0.357, (R^2 = 0.431,\ p < 0.05)$
	C	1	$y = 0.101x + 0.330, (R^2 = 0.481,\ p < 0.05)$
	C	4	$y = 0.151x + 0.409, (R^2 = 0.199,\ p < 0.05)$

根系密度反映了根系分布的疏密程度，在距树干 1 m 处拥有较大根系密度的栾树、榉树、香樟的土样具有较强的渗透性能。土壤的渗透性能主要取决于土壤的物理结构和团聚体的稳定性，土壤团聚体的形成有助于增加土壤的孔隙度，进而提升土壤渗透性能。有机质含量高的土壤的团聚体较多且稳定性更高。而根系在土壤内不断地生长，死亡腐烂后会留下大量根孔和有机质，根系密度较大表明了单位面积内的根系数量较多，意味着能够形成更多的根孔，在更替过程中也会留下更多的有机质。根系密度与土壤容重有一定的负相关关系，与土壤孔隙度有一定的正相关关系，尤其是与非毛管孔隙度有极显著的相关关系，而土壤的稳定渗透速率和非毛管孔隙度显著相关。

不同根系直径对土壤渗透性能影响的研究表明，乔木林带中根系对土壤渗透能力的增强作用主要由 0.5～5 mm 径级的根系表现出来，径级相对过大或过小的根系对土壤渗透能力的增强作用都会减弱。本书中探测仪器的识别精度为 10 mm，仍可以发现根系密度和渗透性能之间的线性相关关系，且胸径越大的乔木相关性越显著。这可能是因为试验乔木的 10 mm 径级以上的根系和 10 mm 径级以下的根系数量之间本身具有正相关性。这表明直径大于 10 mm 的试验乔木的根系密度也可以作为土壤渗透性能的指示性指标。

6.4.3 乔木根系密度与土壤入渗能力的相关性

本书对乔木的根系特征进行了分析和研究，并根据不同的标准对乔木进行了分类。将不同分类标准下各类型乔木的根系密度与对应的土壤初始渗透率和稳定渗透率进行相关性分析，得到表 6 - 15、表 6 - 16、表 6 - 17、表 6 - 18。其规律性与各类型乔木和土壤性质的相关性有一些类似。各类型的根系密度与土壤渗透率的相关关系均达到显著水平。可以发现不同生长类型的乔木中常绿阔叶乔木的根系密度与土壤初始渗透率的相关性较小，其余类型均较为接近，而稳定渗透率在各生长类型中均有一定差异。不同根系空间型乔木根系密度与初始渗透率的相关性差异较小，但与稳定渗透率的相关性差异显著，表明了根系空间型对稳定渗透率的影响。不同根系密度特征聚类乔木的根系密度与稳定渗透率的相关性差异较小，与初始渗透率的相关性差异较大，但均呈现密度越大，相关性越强的特点。其中水平方向上浅层根系密度与土壤初始渗透率的相关性均显著大于其余两项。

表 6 - 15 不同生长类型乔木的根系密度与渗透率的相关性

	落叶阔叶	落叶针叶	常绿阔叶	常绿针叶
初始渗透率	0.784	0.718	0.599	0.785
稳定渗透率	0.497	0.692	0.554	0.738

表 6 - 16 不同根系空间型乔木的根系密度与渗透率的相关性

	Ⅰ 型	Ⅱ 型	Ⅲ 型
初始渗透率	0.686	0.682	0.672
稳定渗透率	0.548	0.605	0.470

注：Ⅰ型包括香樟、广玉兰、雪松、悬铃木、榉树，Ⅱ型包括杜英、栾树、水杉，Ⅲ型包括女贞、桂花。

表 6 - 17 不同根系密度特征聚类乔木的根系密度与渗透率的相关性

	大密度	中密度	小密度
初始渗透率	0.726	0.680	0.648
稳定渗透率	0.594	0.586	0.554

注：大密度根系乔木包括雪松、栾树、水杉，中密度包括悬铃木、广玉兰，小密度包括桂花、香樟、女贞、杜英。

表 6 - 18 不同垂直根系密度特征聚类乔木的根系密度与渗透率的相关性

	浅层更密集	中 等	深层更密集
初始渗透率	0.794	0.601	0.640
稳定渗透率	0.553	0.554	0.445

注：浅层更密集的乔木包括雪松、悬铃木、桂花，中等的乔木包括水杉、广玉兰、香樟、女贞、杜英，深层更密集的乔木包括栾树。

以上结果表明，在利用根系密度分析乔木对土壤渗透性能的影响时，按照根系的密度大小进行分类研究是较为合理的，尤其是针对初始渗透率的研究，根系密度越大，其与初始渗透率的相关性越高。在研究稳定渗透率时可以采用根系空间型的分类方式进行研究，其中垂直型的根系密度与稳定渗透率的相关性最高，这表明该根系空间型的根系密度对土壤的稳定渗透率影响较大。而常绿针叶树种的根系密度对土壤的初始渗透率及稳定渗透率均影响较大。

6.4.4　小结

(1) 针对10种乔木下土壤样本入渗性能的实验分析得出，土壤在不同土层的渗透率具有较大的差异性，渗透性能与土壤深度呈负相关。相比草坪对照组而言，有乔木根系分布均对土壤的初始渗透率和稳定渗透率有提升作用，且通过主成分分析得出10种乔木下土壤的综合渗透能力从高到低依次为栾树＞榉树＞香樟＞水杉＞雪松＞悬铃木＞广玉兰＞杜英＞桂花＞女贞。

(2) 土壤的初始渗透率和稳定渗透率均与乔木的根系密度有显著的线性相关关系，均随根系密度的增加而增强。其中根系密度越大的样点，其渗透率与根系密度的相关性越高。这表明根系密度越大，其单位根系密度对土壤渗透率的影响作用也越大。根系密度能较好表现土壤的渗透性能，可以作为评估渗透性能的重要参数。

(3) 在对于根系密度与土壤入渗能力关系的研究中发现，不同的分类标准会导致其相关性之间的差异。不同生长类型的乔木的根系密度与稳定渗透率的相关性差异较大，其中常绿针叶树种的根系密度对土壤渗透率的影响较大。不同根系空间型乔木的根系密度与稳定渗透率的相关性差异较大，而与初始渗透率的相关性差异不大，其中Ⅱ型的根系密度对土壤稳定渗透率的影响较大。所以研究乔木根系密度与入渗能力关系时可以进行更合理地分类研究。

6.5　具有较高雨水根系促渗能力的植物群落构建技术

绿地土壤及乔木根系在目前上海市绿地的设计中往往存在如下几个问题：① 在硬质地面与绿地的相接处附近及面积较小的绿地中种植的乔木，其根系通常会延伸到硬质地面下方，带来根系生长与硬质地面的冲突。② 绿地承担的游憩功能导致部分区域的土壤被踩踏频率高，使得土壤被压实，容重增大，入渗能力降低，也影响根系的正常生长。③ 绿地部分区域人流极少，养护管理欠缺，随着乔木生长造成植株根系密度过大，且地下根系的生长产生竞争效应。④ 传统植物配置方式仅以乔木的地上部分生长特征及形态作为主要依据，忽略地下根系的合理搭配。这些问题都会直接或间接地影响乔木根系生长及绿地蓄渗性能。

本研究对10种上海市常见的园林乔木根系的空间分布特点进行了较为详尽地探究。乔木与土壤之间的物质和能量交换主要通过根系进行，根系生长情况与地上部分的形态和长势息息相关。同时根系在地下的分布结构也决定了乔木的生长稳定性，影响乔木对外界冲击的抗性。本研究发现根系的密度与土壤的入渗能力有着线性正相关关系，同时根系分布的空间类型也会对土壤的蓄渗能力带来影响。根系的分布受到乔木内部和外部多种因素的影响，自身的生长特性在一定程度上决定了乔木根系的空间分布结构，但是生长环境、外部的引导和干预能极大地影响根系的生长密度和空间分布范围。根系在生长过程中于土壤内穿插、缠绕、串联、死亡、更替，促进大粒径的水稳性团聚体的形成，使土壤形成相对稳定和高渗透性的孔隙结构。土壤条件的改善和根系生长是相辅相成的，因而绿地中乔木的种类选择、搭配方式、种植模式以及不同的养护管理策略都会影响地下乔木根系的分布情况，进而影响土壤的蓄渗性能。

根据上文中对上海市各类型的绿地土壤性质的调研结果，商业区和居住区的绿地承担了游憩功能，每平方米所服务的人流量更大，其土壤也更容易因为人群活动而被压实，孔隙度减小，容重增大，表层土壤的渗透能力变差，极大地影响绿地整体对雨水的蓄渗效果。道路绿地的土壤容重值相对低一些，但是道路绿地往往呈线状分布，宽度不大，且受到道路扬尘、地表径流污染的情况较为严重。科教文卫绿地和社区公园绿地在城市几种主要绿地类型中的土壤条件最优，同时科教文卫绿地和公园绿地的连续面积和空间范围都要更大，绿地的地势变化及植物配置也更为丰富，这为地表径流的管控提供了更加优越的条件，合理的管控将增大绿地土壤的整体雨水蓄渗量，同时也对绿地的渗透能力、植物的抗涝性提出了更高的要求。

针对以上提出的几个绿地建设中的问题，基于促进土壤蓄渗性能的目的，结合植物造景的功能和审美需求与相关的研究成果，按不同的绿地特点分类，提出不同乔木的选择搭配模式以及养护管理方式。由于绿地的面积大小、周边环境、空间形态及功能是影响基于根系分布和土壤蓄渗能力的乔木配置的主要因素，故按这些因素进行分类探讨。

基于上述研究基础，本研究致力于营建一种构建根系促渗型园林植物群落的方法，包括：测定常见园林植物的根系数据及对应的土壤理化性质，得到反映园林植物与土壤渗透能力之间关系的数据，并对园林植物对土壤的综合促渗能力进行排序，筛选促渗能力强的园林植物种类；根据园林植物对应的土壤综合渗透能力将其分为强功能型、中等功能型和弱功能型或景观型三个等级；将园林植物在种植区域复合种植，形成复层混交植物群落。构建具有较高雨水根系促渗能力的园林植物群落，不仅能起到蓄渗雨水和削减地表径流的作用，也能提高生态效益和环境效益，还能发挥优良的景观美学功能。

6.5.1 上海常见园林植物雨水根系促渗能力分级

首先，在城市园林绿地中选取具有代表性的人工植物群落，通过群落学调查筛选出现频率大于10%的上海常见园林植物。

其次，测定上述常见园林植物的根系密度特征和对应的土壤渗透率，从而获得每种植物的根系密度与土壤入渗能力之间的线性正相关关系，即土壤的初始渗透率和稳定渗透率随根系密度的增加而增强，同时根系分布的空间类型也会对土壤的蓄渗能力产生影响。

最后，根据所述根系密度与土壤入渗能力之间的关系模型，以及常见园林植物的根系密度特征和空间型特征，将所述园林植物的雨水根系促渗能分为强功能型、中等功能型和弱功能型或景观型三个等级(见表6-19)。

根据植物的生活型，比如常绿阔叶、常绿针叶、落叶阔叶、落叶针叶，选择适应能力和抗性较强的乡土植物，通过合理的植物构成比例，构建兼具雨水促渗功能和景观功能的生态系统稳定的植物群落。

表6-19 海绵城市绿地雨水根系促渗能力植物种类排序

具有强功能型的植物	具有中等功能型的植物	具有弱功能型或景观型的植物
栾树、榉树、银杏、水杉、落羽杉、雪松、龙柏、龙抓槐、枇杷、山楂、苹果、樱花、火棘、结香、木芙蓉、木槿、百子莲、大花马齿苋	悬铃木、广玉兰、杜英、香樟、桂花、女贞、无患子、苦楝、朴树、垂柳、合欢、青桐、乌桕、罗汉松、荚蒾、溲疏、山茶、海桐、忍冬、日本珊瑚树、杜鹃、椤木石楠、龟甲冬青、小叶女贞、小叶黄杨、红花檵木、洒金桃叶珊瑚、南天竹、水栀子、金丝桃、云南黄馨、慈孝竹、芭蕉、阔叶麦冬、络石、花叶蔓长春	加拿利海枣、棕榈、蒲葵、苏铁、白玉兰、鸡爪槭、碧桃、紫叶李、紫薇、蜡梅、垂丝海棠、石榴、蚊母、夹竹桃、紫荆、十大功劳、枸骨、大叶黄杨、紫叶小檗、棣棠、八角金盘、美人蕉、鸢尾、狗牙根、马尼拉

6.5.2 高雨水根系促渗能力型绿地植物群落构建技术

上文所述强功能型是指植物群落具有较强的雨水根系促渗功能，中等功能型是指植物群落具有中等的雨水根系促渗功能，弱功能型或景观型是指植物群落具有较弱的雨水根系促渗功能或景观性。复层混交植物群落包括适合高踩踏频率绿地的园林植物群落和适合低踩踏频率绿地的园林植物群落。

适合高踩踏频率绿地的园林植物群落包括雨水汇集带、休闲游憩带和根系促渗带3个水平结构和乔木、灌木、草本地被植物3层垂直结构。水平结构为将种植区域沿平行道路、水岸边界方向按2∶3∶3的面积比分成的靠近边界的雨水汇集带、位于中间部分的休闲游憩带、远离边界的根系促渗带3个带状区域，垂直结构分为上层、中层、下层，均具有雨水汇集带、根系促渗带和休闲游憩带。适合低踩踏频率绿地的园林植物群落包括雨水汇集带、根系促渗带和缓冲过渡带3个水平结构和乔木、灌木、草本地被植物3层垂直结构。水平结构为将种植区域沿平行道路、水岸边界方向按2∶3∶3的面积比分成的靠近边界的雨水汇集带、位于中间部分的根系促渗带、远离边界的缓冲过渡带3个带状区域，垂直结构分为上层、中层、下层，均具有雨水汇集带、根系促渗带和缓冲过渡带。

土壤的初始渗透率和稳定渗透率均与乔木的根系密度有显著的线性相关关系，均随根系密度的增加而增强，即根系密度能较好表现土壤的渗透性能，可以作为评估渗透性能的重要参数，根系空间型能较好反映乔木根系分布状况，可作为辅助性的评估标准。

适合高踩踏频率绿地的园林植物群落中，上层为乔木层。上层乔木层的雨水汇集带间隔种植强功能型、耐涝的小乔木和景观型的小乔木，高度＞4 m，胸径为6～8 cm，郁闭度为10%～20%；所述强功能型、耐涝的小乔木与景观型的小乔木的数量比为1∶1。小乔木包括常绿小乔木和落叶小乔木，常绿小乔木与落叶小乔木数量比为4∶6。上层乔木层的休闲游憩带间隔种植中等或弱功能型和景观型的乔木，高度＞6 m，胸径为8～10 cm，郁闭度为20%～30%；所述中等或弱功能型的乔木与景观型的乔木数量比为6∶4；乔木包括常绿乔木和落叶乔木，常绿乔木与落叶乔木数量比为6∶4。上层乔木层的根系促渗带间隔种植强功能型、耐水湿的乔木和景观型的乔木，高度＞8 m，胸径为12～15 cm，郁闭度为60%～70%；所述强功能型、耐水湿的乔木与景观型的乔木数量比为8∶2；乔木包括常绿乔木和落叶乔木，常绿乔木与落叶乔木的数量比为7∶3。上层乔木层的功能型乔木与景观型乔木的种植间距为6～8 m，所述功能型分为强功能型、中等功能型或弱功能型。

适合高踩踏频率绿地的园林植物群落中，中层为灌木。中层灌木层的雨水汇集带间隔种植强功能型、耐涝的灌木和景观型的灌木，高度为60～120 cm，地径为6～8 cm，郁闭度为20%～30%；所述强功能型、耐涝灌木与景观型灌木的数量比为7∶3；灌木包括常绿灌木和落叶灌木，常绿灌木与落叶灌木数量比为6∶4。中层灌木层的休闲游憩带间隔种植小灌木和草本地被。中层灌木层的根系促渗带种植强功能型、耐水湿的大灌木；高度为1.5～3 m，地径为8～10 cm，郁闭度为25%～35%；所述强功能型、耐水湿的大灌木与景观型的大灌木数量比为6∶4；大灌木包括常绿大灌木和落叶大灌木，常绿大灌木与落叶大灌木数量比为7∶3。中层的功能型灌木与景观型灌木的种植间距为8～10 m，所述功能型包括强功能型、中等功能型或弱功能型。

适合高踩踏频率绿地的园林植物群落中，下层为小灌木和草本地被层。下层的雨水汇集带种植耐涝草本地被植物，郁闭度为100%。下层的休闲游憩带种植中等或弱功能型和景观型的小灌木和草本地被植物，小灌木的高度＜1.5 m，地径为4～6 cm，郁闭度为10%～20%，草本地被植物的郁闭度为100%，所述中等或弱功能型的小灌木与景观型的小灌木数量比为1∶1；小灌木与草本地被植物的面积比为2∶8。下层的根系促渗带地表覆盖有机混合物。

有机混合物包括松柏树皮、松针、木霉菌水分散粒剂，重量比为60%～70%∶25%～30%∶5%～10%。下层小灌木的栽植密度为4～9株/m^2，下层草本地被植物的栽植密度为满铺。

适合低踩踏频率绿地的园林植物群落中，上层为乔木层。上层乔木层的雨水汇集带间隔种植强功能型、耐涝的小乔木和景观型的小乔木，高度>4 m，胸径为6～8 cm，郁闭度为20%～30%；所述强功能型的小乔木与景观型的小乔木的数量比为1∶1；小乔木包括常绿小乔木和落叶小乔木，常绿小乔木与落叶小乔木数量比为4∶6。上层乔木层的根系促渗带间隔种植强功能型和景观型的乔木，高度>8 m，胸径为12～15 cm，郁闭度为60%～70%；所述强功能型的乔木与景观型乔木的数量比为8∶2；乔木包括常绿乔木和落叶乔木，常绿乔木与落叶乔木的数量比为7∶3。上层乔木层的缓冲过渡带间隔种植中等或弱功能型、耐水湿的乔木和景观型的乔木，高度>6 m，胸径为8～10 cm，郁闭度为25%～35%；所述中等或弱功能型的乔木与景观型乔木的数量比为6∶4；乔木包括常绿乔木和落叶乔木，常绿乔木与落叶乔木的数量比为6∶4。上层乔木层的功能型乔木与景观型乔木的种植间距为6～8 m，所述功能型分为强功能型、中等功能型或弱功能型。

适合低踩踏频率绿地的园林植物群落中，中层为灌木层。中层灌木层的雨水汇集带间隔种植强功能型、耐涝的灌木和景观型的灌木，高度为60～120 cm，地径为6～8 cm，郁闭度为20%～30%；所述强功能型灌木与景观型灌木的数量比为7∶3；灌木包括常绿灌木和落叶灌木，常绿灌木与落叶灌木数量比为6∶4。中层灌木层的根系促渗带间隔种植功能型的大灌木和景观型大灌木，高度为1.5～3 m，地径为8～10 cm，郁闭度为30%～40%；所述强功能型大灌木与景观型大灌木的数量比为6∶4；大灌木包括常绿大灌木和落叶大灌木，常绿大灌木与落叶大灌木数量比为7∶3。中层灌木层的缓冲过渡带种植强功能型、耐水湿的小灌木和草本地被。中层的功能型灌木与景观型灌木的种植间距为6～8 m，所述功能型分为强功能型、中等功能型或弱功能型。

适合低踩踏频率绿地的园林植物群落中，下层为小灌木和草本地被层。下层的雨水汇集带种植耐涝草本地被植物，郁闭度为100%。下层的根系促渗带地表覆盖有机混合物。下层的缓冲过渡带种植中等或弱功能型的小灌木、景观型的小灌木和草本地被植物，小灌木的高度<1.5 m，地径为4～6 cm，郁闭度为15%～25%，草本地被植物的郁闭度为100%；所述中等或弱功能型的小灌木与景观型小灌木的数量比为1∶1；小灌木与草本地被植物的面积比为2∶8。下层小灌木的栽植密度为9～16株/m^2，下层草本地被植物的栽植密度为满铺。

具有所述强功能型的园林植物包括栾树、榉树、银杏、水杉、落羽杉、雪松、龙柏、龙爪槐、枇杷、山楂、苹果、樱花、火棘、结香、木芙蓉、木槿、百子莲、吉祥草和大花马齿苋。具有所述中等功能型的园林植物包括悬铃木、广玉兰、杜英、香樟、桂花、女贞、无患子、苦楝、朴树、垂柳、合欢、青桐、乌桕、罗汉松、荚迷、溲疏、山茶、海桐、忍冬、日本珊瑚树、杜鹃、椤木石楠、龟甲冬青、小叶女贞、小叶黄杨、红花檵木、洒金桃叶珊瑚、南天竹、水栀子、金丝桃、云南黄馨、慈孝竹、芭蕉、阔叶麦冬、络石、花叶蔓长春；具有所述弱功能型或景观型的园林植物包括加纳利海枣、棕榈、蒲葵、苏铁、白玉兰、鸡爪槭、桃树、紫叶李、紫薇、蜡梅、垂丝海棠、石榴、蚊母、夹竹桃、紫荆、十大功劳、枸骨、大叶黄杨、紫叶小檗、棣棠、八角金盘、美人蕉、鸢尾、狗牙根、马尼拉。

6.5.3 高雨水根系促渗能力型绿地植物群落设计模式

线状和面状等小面积的绿地一般出现在广场中和道路旁。道路绿地和广场绿地分别代表了小面积绿地线状和面状的不同平面特征。这里的小面积线状绿地宽度一般小于5 m，小面积面状绿地的连续面积通常不超过50 m^2。设置小面积绿地的原因是周边人流量较大，人多车多，对地面的承重能力有较高要求，乔木需要发挥滞尘、遮阳、隔离噪声等功能；同时落叶树种叶面积应较大以便于清扫，这对乔木的规格大小、冠幅大小提出了一定的要求。由于绿地的面积有限，无法种植大量乔木，因此，植物配置中多选择中小型乔木，或大型乔木孤植。绿地周围多为硬质或透水铺装，具有一定的交通功能。硬质地面会产生大量的地表径流，且径流中携带大量道路、广场等地表的污染物。在低影响开发设施的设计中，道路、广场的地表径流会优先引导到邻近的绿地中，绿地中会设置一级低影响开发设施用于消纳部分雨水，削减地表径流污染物，减轻排水管网的压力。所以此类型的绿地土壤对渗透性能有较高要求，种植其中的乔木应喜湿润土壤，同时种植点排水较好。

硬质地面也易对乔木根系生长造成影响。研究表明，人行道对浅层根系生长有促进作用，且道路等硬质路面的温度在傍晚时比底层土壤的温度下降更快，从而导致路面下层的冷凝，增加土壤液态水含量。这意味着小面积绿地周边的硬质地面容易引起根系向浅层土壤聚集。水平延伸范围较大的乔木根系多会延伸到周边的硬质地面底下。硬质地面会对其底下乔木根系的水分和氧气的利用产生不利影响，而促使根系集聚于表层，影响乔木的生长稳定性。根系与硬质地面的冲突也容易造成地面抬升、破裂等问题。

6.5.3.1　线状绿地雨水根系促渗技术应用模式

在绿化空间中，线状绿地多为道路绿地，故此处以道路绿地作为线状绿地的典型进行分析。道路具有非常重要的交通功能，其地面需要保证极高的承重能力，这也意味着路面下的土壤是具有较高的压实度的，同时道路下土壤过高的含水率也会破坏道路的结构和基础，引发路面下沉等问题，因此，这对道路绿地的功能提出了更高的要求。但实际上，道路绿地植物的生长受外界因素的干扰较为严重，土壤受污染程度较高，且养护相对粗放，土壤蓄渗能力仍然有待提高。

道路绿地植物配置一般比较简单，并且会有一定的重复性和规律性，但道路绿地有滞尘、隔音等非常重要的功能性要求，同时道路绿地的污染较为严重，因此，要求相关乔木有较强的抗污染能力。从乔木根系和土壤蓄渗能力的关系来看，道路绿地的乔木配置在选择具有较高根系密度，对土壤渗透性有更好促进作用的乔木的基础上，应将道路绿地的宽度和道路功能的发挥纳入考虑，同时统筹考虑乔木的喜湿性、抗性以及孤植树的冠型优美程度。因为绿地面积较小，上海地区道路径流量大，在地表径流大量汇聚到绿地中时，容易使大量密布于表层土壤的根系长时间浸泡在水中，这对耐涝性较差的园林乔木而言极易发生根系腐烂，从而影响正常生长。拥有垂直型根系、根系水平分布范围相对较小且具有一定耐涝性的乔木更适合上海地区的道路绿地。悬铃木、雪松这类乔木根系密度较大，但是分布较浅，水平扩展范围极大，根系容易扩展到道路下的浅层土壤，进而影响乔木根系的正常生长，同时也会对道路造成破坏。但是悬铃木有抗性强、冠幅大、生长速度快的优点，所以若使用此类乔木作为行道树时需要注意对根系的深度进行引导，利用导向板阻隔部分根系的水平生长(见图6-24(c))，促使根系向更深区域分布。以水杉、杜英为代表的拥有垂直型根系的乔木，具有更深的根分部空间，同时水平扩展范围有限(见图6-24(a))，能够实现道路绿地狭窄范围内根系分布的密度最大化，因而从根系角度考虑是较优选择。但是道路绿地仍需考虑滞尘、遮阳等功能的发挥，水杉冠幅较小，叶面积较小，落叶不易清理，所以在使用时需注意种植点位置，可用于特殊景观效果的营造。桂花、女贞等小乔木根系分布的空间范围较小，能够在狭窄的道路绿地预留出无主要根系分布的空间(见图6-24(b))，有利于雨水花园、植草沟等低影响开发设施的设置，适合与其他灌木、地被搭配种植。

6.5.3.2　面状绿地雨水根系促渗技术应用模式

面状绿地多出现在城市广场、商业活动区等空间硬质化程度较高的区域。该类型的绿地一般是比较重要的观景点，对植物的形态、色彩、季相变化等审美层面有更高的要求。相比线状绿地，该类型的绿地植物搭配更为丰富，同时也更为紧凑。这类绿地同样需要承接来自周边硬质地面的大量地表径流，同时发挥一定的滞尘、遮阳、隔离噪声的功能。但无论是在广场还是在商业区，此类绿地相比于道路地面的承重要求都要

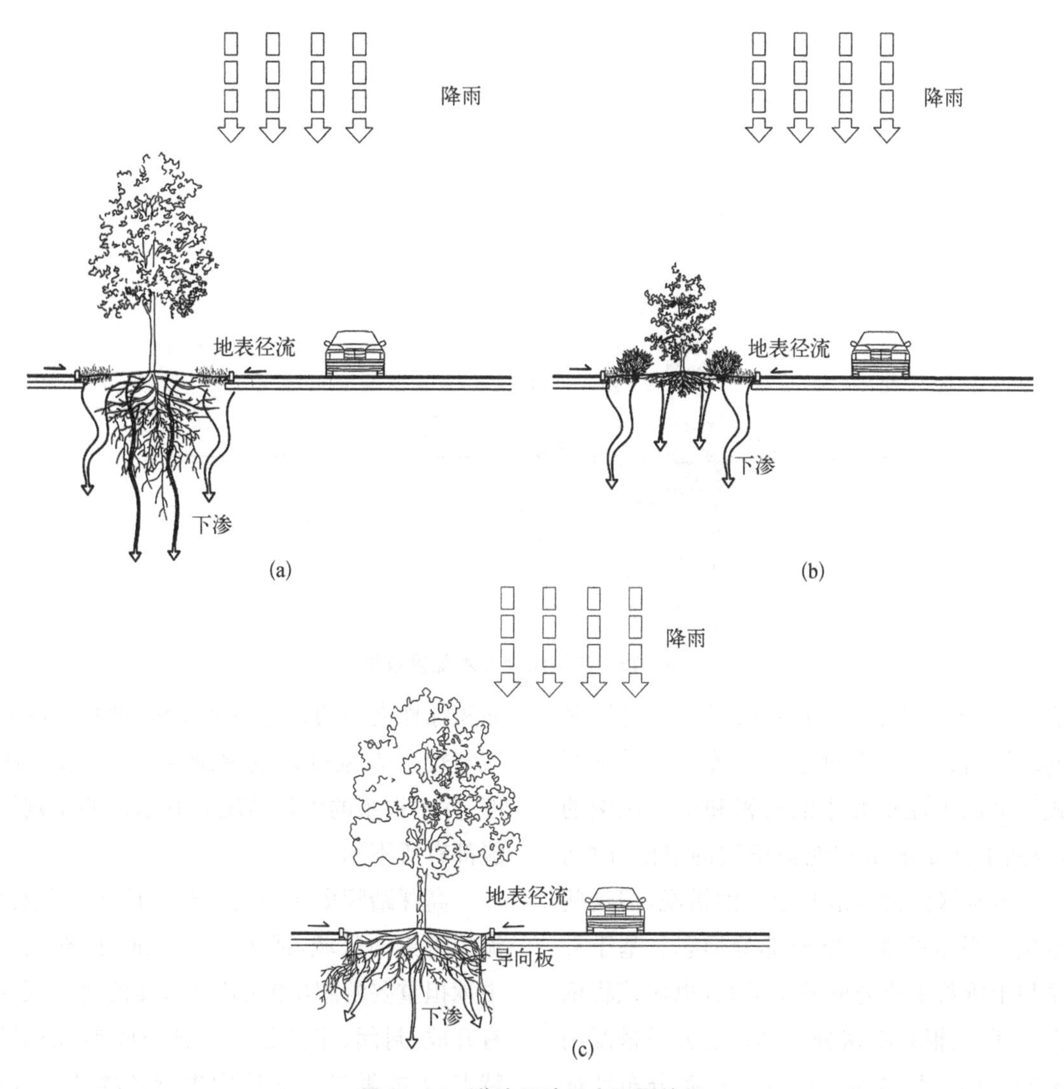

图 6-24 道路绿地乔木配置效果

(a) 道路绿地杜英种植效果示意 (b) 道路绿地桂花种植效果示意 (c) 道路绿地悬铃木种植效果示意

更低，这意味着硬质地面下的土壤蓄渗能力也能加以利用。广场、商业区的铺装形式也往往较为多样化，常常采用透水铺装与不透水铺装混铺的方式，即便是硬质铺装，砖缝间的空隙也能够下渗小部分雨水。这也就更加容易造成硬质铺装下表层土壤的水分含量要远大于深层土壤的水分含量，使根系浮于浅层土壤。

目前，面状绿地的乔木配置数量和规模仍然有限。根系分布过浅的乔木种植后需要对根系进行合理控制。一方面，根系在生长中容易与硬质铺装产生冲突；另一方面，较为紧凑而丰富的植物配置需要给灌木、地被等浅根系的植物留出生长的空间。为提升绿地的蓄渗性能，优选根系分布较深、水平范围较大的乔木，同时搭配抗旱、耐涝能力较强的灌木和草本植物（见图 6-25）。乔木的选择可采用栾树等根系分布较深、密度较大的乔木，但需注意不可将乔木种植点做成汇水点。硬质地面下的深层土壤可采用砂砾混合的结构性土壤，既能保证地面有一定的承重能力，又可以引导乔木根系向更大范围生长。土壤与乔木根系的相互作用将促进硬质地面下土壤孔隙度的提升，增强整体区域的雨水蓄渗能力。

6.5.3.3 高踩踏频率绿地雨水根系促渗技术应用模式

大面积（≥50 m^2）的绿地对雨水具有更强的调蓄功能，能有效延缓地表径流洪峰，削减径流污染。大面积绿地涉及的植物种类和数量都极为繁多，在基于根系特征进行乔木配置时需要更

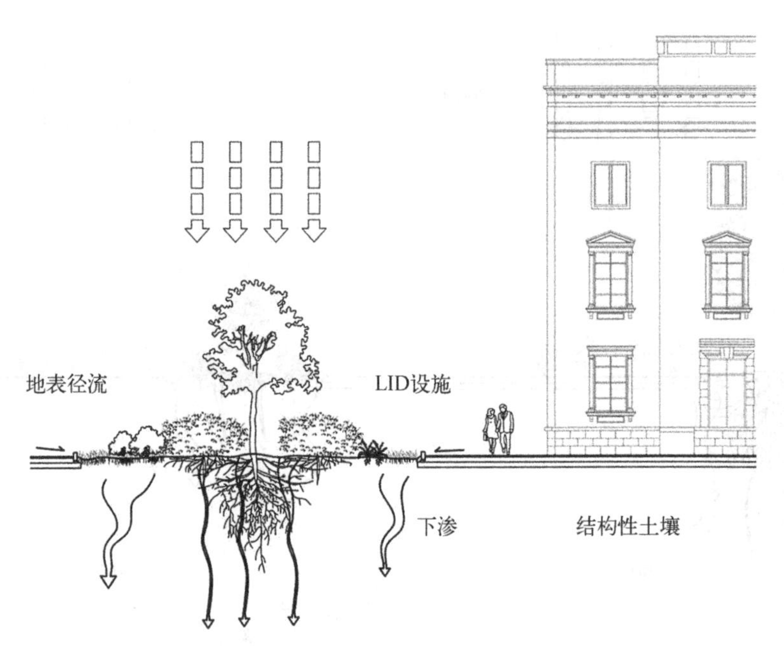

图 6-25 广场绿地乔木配置效果

加全面、综合地考虑根系的相互作用,同时针对不同的区域特征进行合理搭配。传统的乔木配置方式在平面上注重乔木的疏密和位置比例的协调,空间上注重灌木和地被植物的搭配,时间尺度上注重常绿植物与落叶植物的搭配,但这些都是聚焦于乔木的地上空间部分形态。基于乔木根系与土壤蓄渗能力的密切关系,也应该将依据根系空间型、根系疏密分布进行的分类搭配纳入乔木配置的考量范围。以乔木根系分布特征作为配置依据有助于预测乔木根系的生长空间范围,并以此控制乔木的合理种植密度,使根系能发挥最大的促渗作用并减少乔木间地下根系的竞争作用。不同面积的绿地在功能上仍有一定的差异,但是绿地有足够大的面积能使植物群落的配置及相应功能的发挥更加全面,受到的外界限制因素也会更少。综合性的功能需要通过绿地的不同区域共同实现,所以在大面积绿地内部的植物配置应该有区域性的差异。绿地在不同环境下承担的功能也是有所侧重的,所以还应考虑绿地周边环境的差异性。

按乔木根系及土壤蓄渗能力的角度进行乔木配置时,应依据绿地的不同区域特征和不同周边环境,统筹植物配置的其他要素,考虑不同分类的最优组合。在不同周边环境下的绿地或绿地的不同区域,人流量会有差异,这也带来了大面积绿地之间的显著特征差异,被频繁踩踏的区域与较少人流进入的绿地相比,土壤的压实程度、乔木根系的生长情况和其承担的景观游憩功能都有所不同。

高踩踏频率绿地大多在居住区、商业区等人流较密集的区域,或为公园绿地、科教文卫绿地中承担重要游憩功能的区域,其植物景观往往具有开放、封闭、半开放等多种空间形式相结合的特点,人能够进入绿地中进行各项活动,因而能承受高频率的踩踏压实是绿地功能发挥的前提。通常具有高踩踏频率的绿地的土壤容重增大,表层结皮、孔隙堵塞的问题较为严重。在基于乔木根系分布和土壤蓄渗能力进行乔木配置时,绿地游憩功能的实现是对其最主要的限制。配置时应重点考虑 4 个方面:一是利用种植的乔木改善踩踏区域的土壤理化性质,二是保证乔木在踩踏下依然能够较好地生长,三是乔木根系分布的合理搭配,四是满足相应绿地的功能需求。

对于踩踏较频繁的区域优先种植整体根系密度较大的乔木。乔木的粗根在土壤中形成密集的网络,在一定程度上为土壤提供了结构支撑,能增强土壤的抗压实能力。根系的穿插、缠绕也增加了土壤的孔隙度。因人流量较大,此类绿地一般不作为汇水下渗的区域,相反,高频率踩踏带来土壤入渗能力的下降,根系分布更广的乔木更容易吸收所需水分。出于对浅层土壤的改善目的，应在浅层土壤种植有较多根系分布，且根系分布范围具有一定深度的乔木。如图6-26至图6-28所示为高踩踏频率绿地雨水根系促渗技术应用模式平面图(上、下木)和立面图。根系密度较大的水平型根系的乔木也较为适合使用，代表树种有香樟、广玉兰、榉树等。浅层根系分布较为密集同时生长速度快、抗性较强的乔木，如悬铃木等也是较优选择。而如雪松等根系分布过于集中于表层土壤，但根系抗性不够强的乔木，其根系对土壤表层的踩踏和压实程度会更为敏感，过度的踩踏会影响乔木根系的正常

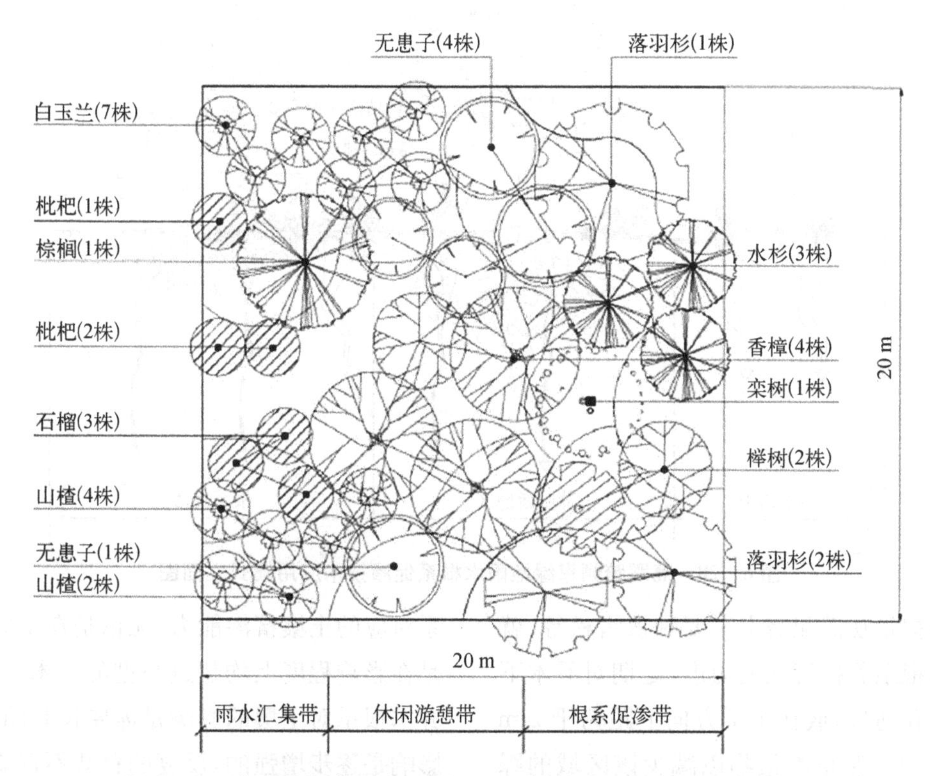

图6-26　高踩踏频率绿地雨水根系促渗技术应用模式平面图(上木)

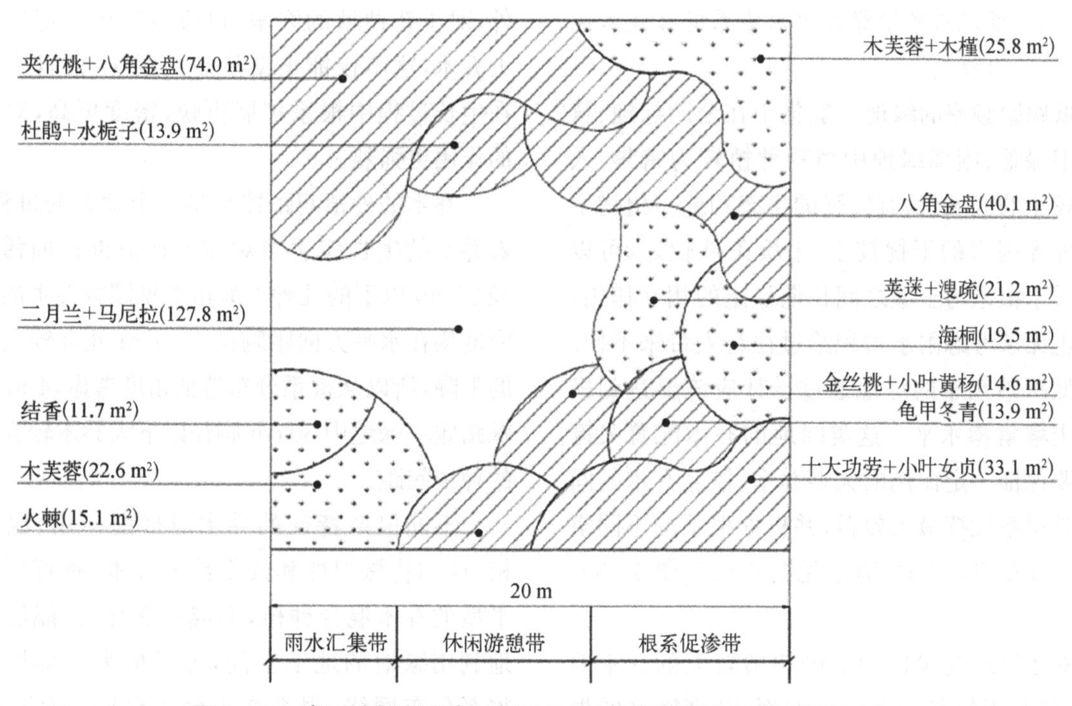

图6-27　高踩踏频率绿地雨水根系促渗技术应用模式平面图(下木)

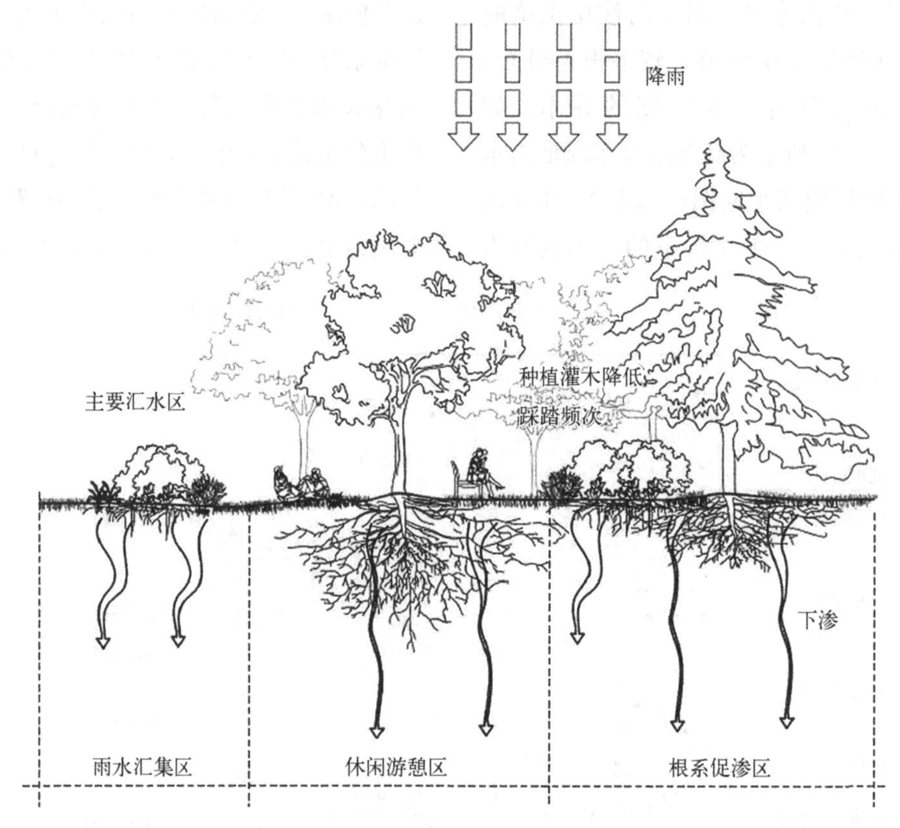

图 6-28　高踩踏频率绿地雨水根系促渗技术应用模式立面图

生长。若根据景观搭配需求需要种植雪松等，就要加大乔木根系养护管理的力度，定期对乔木下表层土壤打孔通气，或在水平方向上距树干 2 m 以外种植小灌木和草本植物以减少该区域的踩踏频率。

6.5.3.4　低踩踏频率绿地雨水根系促渗技术应用模式

低踩踏频率的绿地一般集中在公园绿地、科教文卫绿地、附属绿地中植物种植较为密集、人流量较小的区域，具有较强的生态功能。植物生长受外界因素的干扰较小，土壤条件较好，可以保证乔木根系与土壤之间长期稳定的相互作用，同时也无须考虑雨水蓄积给过往行人带来不便。因而低踩踏频率的绿地通过设计应该要达到极高的土壤蓄渗水平。这类绿地的乔木配置关键是需要保证一定比例的大型乔木，控制乔木的间距使其根系发挥最大效益，并根据根系的不同空间分布类型进行合理搭配(见图 6-29、图 6-30、图 6-31)。

对于绿地建设前原有的树龄较大的乔木要重点保护，不轻易移栽。一方面，其高密度的根系对应的土壤蓄渗能力，无论是在空间范围上还是在影响程度上均超过小型的乔木。另一方面，乔木根系对土壤的影响是需要长时间的累积的，影响是逐步增强的，反复的移栽不仅影响乔木生长，同时破坏了根系与土壤之间的相互作用。此外，对于新种植的乔木，也应该选择一定比例的大乔木，这不仅能丰富景观的层次，而且大乔木在生长过程中根系扩展更快，密度更高，对土壤的作用更强烈。

乔木的种植间距控制是一个动态的过程，随着乔木的生长应适当对乔木林带进行抽稀。胸径 30 cm 以下的几种上海市常见园林乔木的根系密度均在水平方向距胸径 1～2 m 处有较大幅度的下降，所以从根系分布特征角度考虑，4 m 是低踩踏频率绿地中 30 cm 胸径以下大乔木较为适宜的种植间距。

不同根系特征的乔木应搭配使用、混合栽植，比如将深根性和浅根性的乔木、垂直型和水平型的乔木混合种植，形成混交林，这能够更好地利用绿地的地下空间，形成更为密集均匀的根系分布网络，根系在土壤中穿插、缠绕，将极

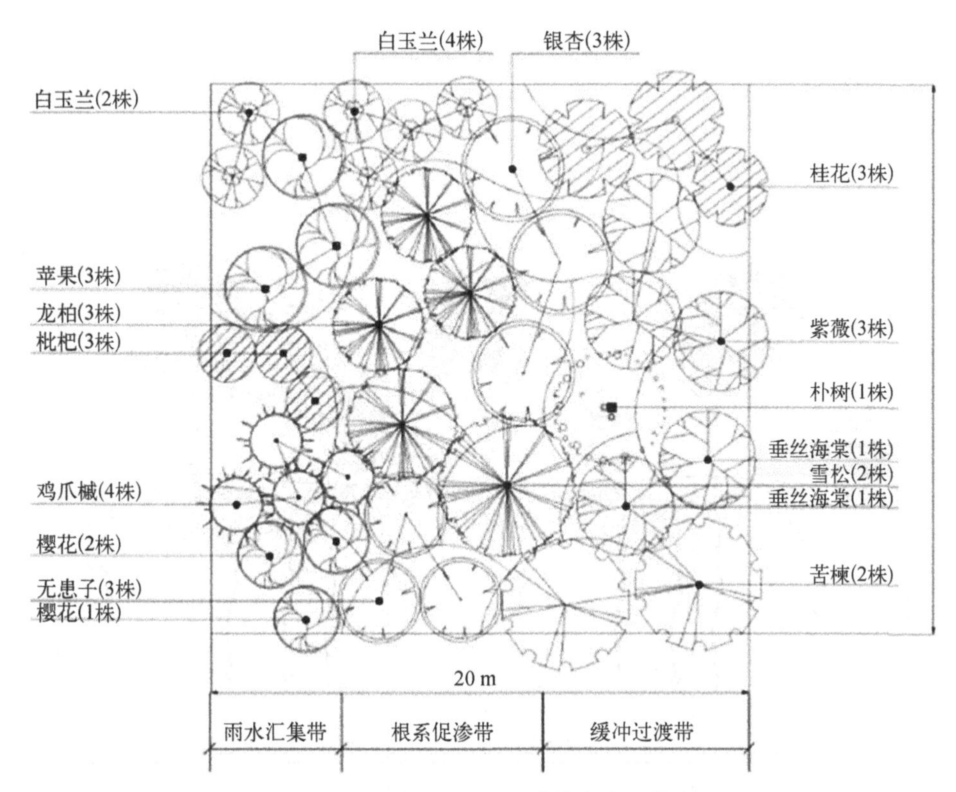

图 6-29 低踩踏频率绿地雨水根系促渗技术应用模式平面图(上木)

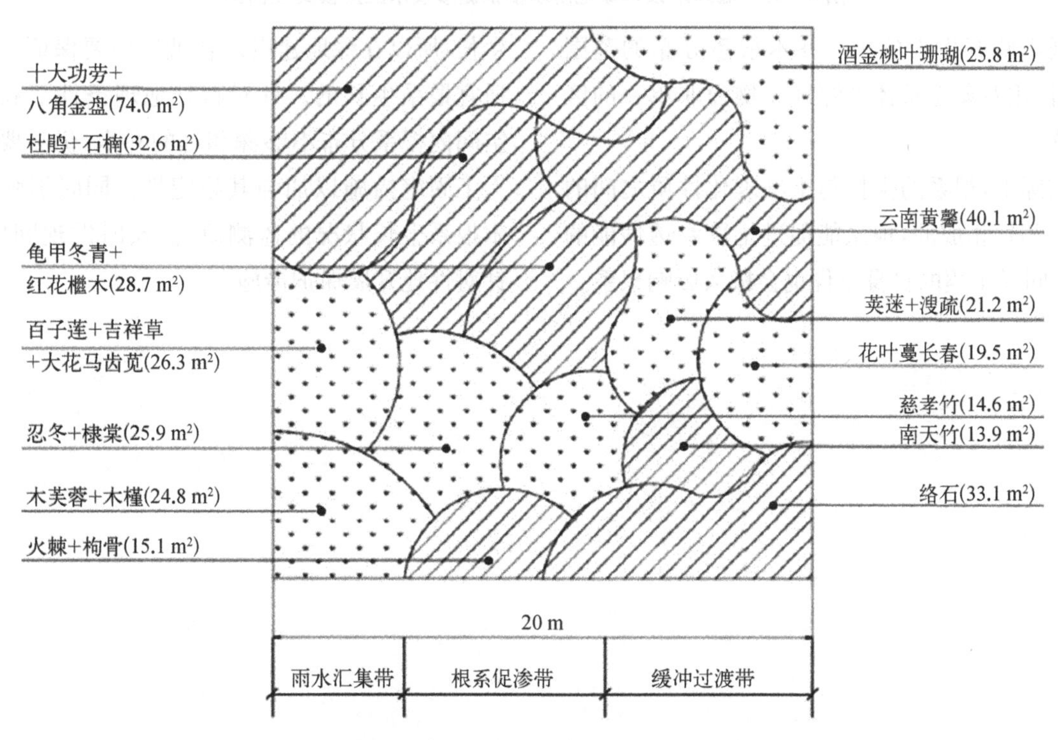

图 6-30 低踩踏频率绿地雨水根系促渗技术应用模式平面图(下木)

大提升土壤的蓄渗性能。比如桂花这类浅根性的乔木就可以与栾树这类深根性乔木搭配种植。

在乔木种的选择上,常见树种中,栾树、榉树、香樟、水杉、雪松、悬铃木对土壤的综合渗透性能改善具有更强的促进作用,可以在建设高渗透型绿地的时候更多地选用。低踩踏频率绿地的蓄渗能力较强,人流小,因此,在绿地中常设置汇水区域,但考虑到乔木与草本植物抗涝性的差距,乔木并不能直接栽种于生物滞留池、雨水花

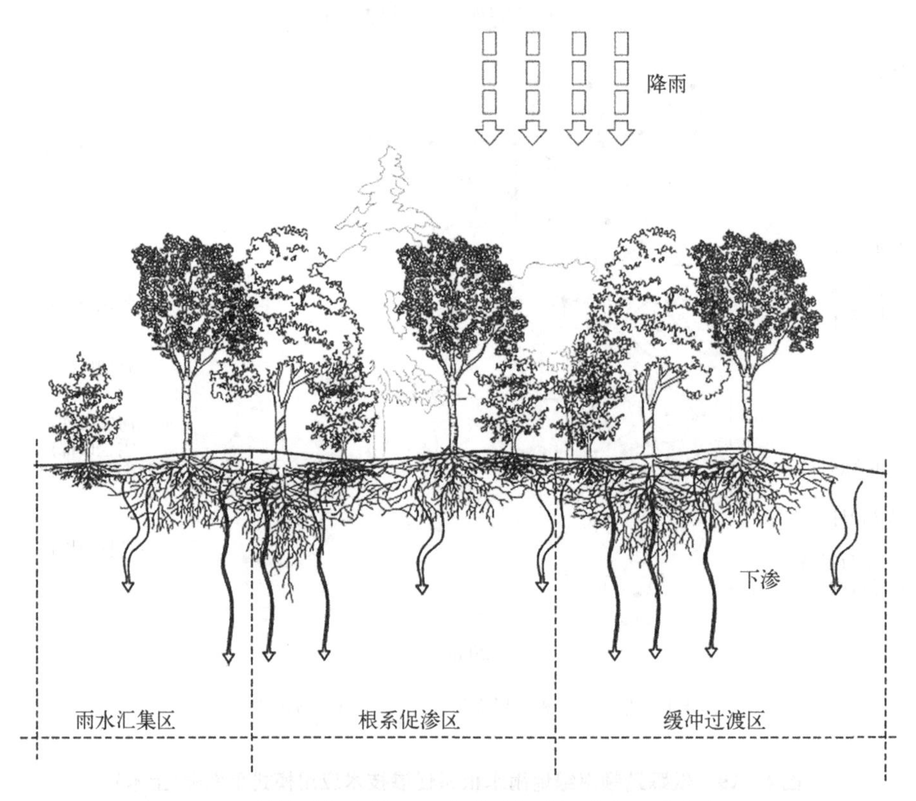

图 6-31 低踩踏频率绿地雨水根系促渗技术应用模式立面图

园等低影响开发设施中。乔木根系分布的范围广,其作用对象是整体的绿地土壤而非单一的区域设施。

实际上,根系的生长与土壤理化性质之间的关系是相辅相成的,根系能促进土壤渗透性能的改善,同样土壤的自身条件也会极大影响根系生长,所以在绿地建设之初就应该要保证土壤是适宜根系生长的。针对特殊地理条件下和环境空间内根系分布不够深和远的乔木,仍需要通过人工固定措施以加强其稳定性。同时加强对乔木根系生长状况的监测研究,及时发现问题,有针对性地开展保护措施。

7 上海临港国家级海绵城市建设示范应用与效果评估

本章以上海临港芦安路道路绿地雨水源头调蓄设施建设工程和芦潮港社区新芦苑海绵化改造工程为例，阐述上海临港海绵化改造的设计方法与建设效果评估，以期为长三角等平原河网地区的海绵城市雨水源头调蓄系统的优化设计提供技术与方法支撑。

7.1 临港芦安路道路绿地雨水源头调蓄设施建设工程

上海作为平原河网地区，土地资源紧张，雨水源头调蓄设施统一规划困难，高地下水位与低渗透土壤影响雨水源头调蓄设施渗蓄效能，径流源头高效利用和控制技术缺失，径流自然产排状态难以维持，雨水调控管理碎片化。这些问题不仅仅在上海存在，也在长三角、珠三角和其他国家的平原河网地区存在。

在平原河网地区建设海绵城市须克服土地覆被复杂、地下水位高、河网密度高、土壤渗透率低等限制条件，"最后一公里"成为亟待解决的问题。上海临港作为全国最大的海绵城市试点地区，围绕雨水产排精准管控、水量水质高效调控、新旧区域系统集控，实现了不同开发程度的区域海绵城市建设体系集成，成为平原河网地区技术应用典范。《城镇内涝防治技术规范》《海绵城市建设技术标准》等 11 部国家标准，支撑我国海绵城市建设全域推进。建设工程得到国家住建部等多个主管部门的高度认可。上海临港海绵城市建设成果已在上海全市应用，并推广至厦门、珠海、青岛、西宁等 50 余个海绵城市试点区域和不同气候带城市，覆盖面积超 9 000 km^2，服务人口超 7 000 万人，被联合国南南合作办公室可持续城市发展报告作为创新案例收录，并且环境效益和社会效益显著，引领了我国新发展理念下的海绵城市建设。

芦安路位于临港老城区芦潮港社区内，主要是指江山路以南的区域，东临物流园区，西至芦潮河，南起江山路，北至绿荫路，全长约 0.65 km，红线宽度为 24 m，总面积约为 1.89 km^2，以居住用地为主，配有部分社区配套商业设施。

芦安路采用雨污分流的排水体制，雨水管渠设计重现期为 1 年一遇。芦安路机动车道为双向两车道，横断面布置为"3.0 m(人行道)＋14.0 m(机动车道)＋3.0 m(人行道)＝20.0 m(红线宽度)"。芦安路周边河道有路漕河、芦潮港支河、纵二河。

7.1.1 问题与需求分析

芦潮港社区已建成区域以居住区和道路为主，建成区年径流总量控制率为 30%～60%，水生态较差；河道水质为Ⅳ类～劣Ⅴ类，部分河道水质未达到水功能区划要求。此外，部分已建成地块和道路竖向标高无法满足排水防涝要求，存在内涝风险。

管道设计重现期为 1 年一遇，存在内涝风险；市政排水管虽为雨污分流，但小区、道路初期雨水径流污染严重；受河道水位顶托作用，雨水管流速较小，管道底部沉积严重；受径流污染影响，河道水质存在恶化风险。

7.1.2 建设目标与原则

7.1.2.1 建设目标

临港试点区海绵城市建设总体目标为“5 年一遇降雨不积水，100 年一遇降雨不内涝，水体不黑臭，热岛有缓解”。

雨水源头调蓄设施建设工程的目标为：

(1) 年径流总量控制率：芦茂路年径流总量控制率目标值为 85%。

(2) 年径流污染控制率：芦茂路年径流污染控制率目标值为 55%。

(3) 排水系统标准：5 年一遇不积水，100 年一遇不内涝。

7.1.2.2 建设原则

(1) 道路干预最小化原则。

不改变传统道路设计及雨水管渠排放模式，只在雨水排放到雨水管渠之前对径流总量、径流污染进行控制，将城市道路原有功能与针对雨水管理的生态功能充分结合起来。

(2) 与道路排水系统衔接原则。

将海绵系统作为道路排水系统的补充，应统筹处理其与道路排水管网及周边绿地和水系的整合与衔接，从而优化道路排水方式，改变路面与绿地竖向关系，增加道路透水性，充分发挥道路绿地的天然海绵体作用。

(3) 经济性原则。

优先选择管理和维护次数较少、维护简单、成本低的设施，宜根据水分条件、径流雨水水质等选择设施内植物，宜选择耐盐、耐淹、耐污等能力较强的乡土植物，应配合使用性能优秀、质量可靠、经济合理的主要仪器设备。

(4) 景观提升原则。

应在实现海绵效应的基础上，尽量提升路面景观效果，同时在海绵系统设计中注重景观和道路特色的统一，充分考虑保护和发展的需求。

7.1.3 设计流程与系统方案

7.1.3.1 设计流程

道路绿地雨水源头调蓄系统的设计流程如图 7-1 所示。

7.1.3.2 系统方案

(1) 设施选择。

根据问题与需求分析，芦安路道路绿地雨水源头调蓄设施建设工程主要包含人行道透水铺装、生态树池、红线外旱溪和雨水花园、排放口人工湿地等的建设。

雨水源头调蓄设施的总体布局主要考虑以下原则：

① 人行道均采用透水砖铺装；② 人行道外无绿地时，采用生态树池消纳道路雨水；③ 红线外为绿地时，采用旱溪和雨水花园消纳道路雨

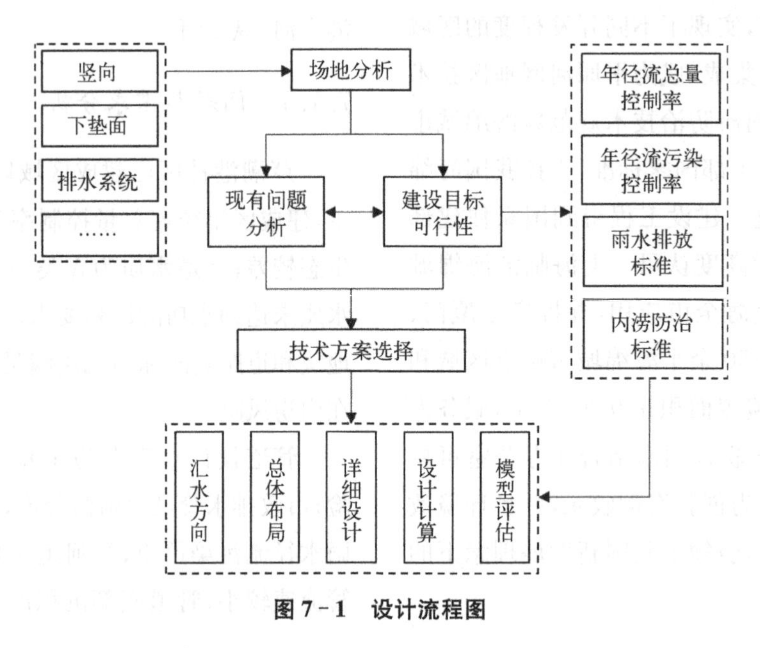

图 7-1 设计流程图

水；④ 生态树池和雨水花园设置溢流口，超标雨水排入市政管道；⑤ 在居住区附近的雨水排放口设置人工湿地生态化治理措施，雨水经过湿地净化后排入河道，以改善芦潮港社区内河道的水环境质量。

(2) 雨水控制策略。

芦安路道路北侧为围墙，南侧红线外为绿化，根据道路红线外是否具有可改造、可利用的绿地，将芦安路海绵化改造断面设计分为以下两种情况。

对于道路红线外无绿地的情况，人行道、车行道雨水径流均汇入生态树池中，汇水区内雨水径流通过生态树池调蓄净化。

对于道路红线外有绿地的情况，当道路红线外有可利用绿地且绿地地势较低时，人行道、车行道雨水径流均通过人行道盖板沟汇入红线外旱溪和雨水花园中。汇水区内雨水径流通过下渗消纳。

(3) 雨水径流组织。

保留芦安路原有道路坡向，车行道坡向人行道雨水口方向；人行道坡向车行道方向。如图7-2所示为临港芦安路雨水源头调蓄设施总体布局(标准段)平面图。

7.1.3.3 详细设计

(1) 设施规模计算。

第一，行道透水铺装。

设施数量：人行道透水铺装总面积为4 500 m^2。

调蓄容积：透水铺装渗透量不计入调蓄容积。

第二，生态树池。

生态树池尺寸：单个平面尺寸为6.5 m×1.5 m，调蓄深度为0.1 m。

生态树池渗透速度：100 mm/h，内部孔隙率为10%。

调蓄容积：单位面积调蓄容积为0.3 m^3。

第三，红线外旱溪。

旱溪尺寸：红线外旱溪宽度为3 m，下沉深度为0.2 m。

第四，红线外雨水花园。

雨水花园尺寸：雨水花园平面尺寸为6 m×3 m，调蓄深度为0.2 m。

雨水花园渗透速度：100 mm/h，内部孔隙率为10%。

调蓄容积：单位面积调蓄容积为0.4 m^3。

第五，雨水排放口人工湿地。

设施尺寸：人工湿地平面尺寸为20 m×6 m。

水力负荷：湿地水力负荷为1.0 $m^3/(m^2 \cdot d)$。

雨水截留：市政雨水管道接入雨水截留井。

湿地进水：周边地块初期雨水和管道存水通

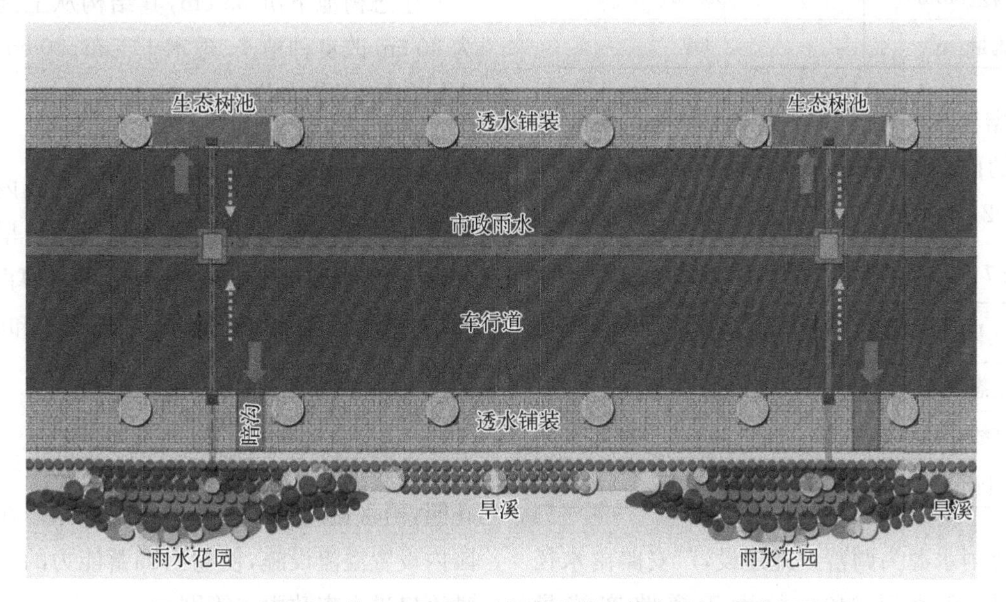

图7-2 上海临港芦安路雨水源头调蓄设施总体布局(标准段)平面图

过雨水提升装置进入人工湿地。

雨水调节：调节池容积为 110 m^3，起到调节水量的作用。

湿地净化：经过湿地净化后的雨水排入芦潮支河。

湿地溢流：超过湿地处理能力的雨水由雨水截留井溢流排入芦潮支河。

(2) 海绵城市设计校核。

低影响开发设施设计调蓄量采用容积法进行计算，则有

$$V = 10H \times \varphi \times F \tag{7-1}$$

式中，V 为设计调蓄容积(m^3)；H 为设计降雨量(mm)；φ 为综合雨量径流系数，按地块下垫面比例加权平均计算；F 为汇水面积(hm^2)。

根据下垫面解析情况，道路总面积为 15 600 m^2。按照容积法计算地块在 32.96 mm 降雨量下(对应 85%的控制率)的产流量，即雨水源头调蓄设施目标调蓄总量为 189.98 m^3，如表 7-1 所示为下垫面统计及调蓄容积设计计算表。

表 7-1 下垫面统计及调蓄容积设计计算表

项　目	合　计	人行道	机动车道
面积/m^2	15 600	4 500	11 100
径流系数	0.66	0.20	0.85
年径流总量控制率/%	85		
设计降雨量/mm	32.96		
计算径流量/m^3	339		

根据容积法计算芦安路雨水源头调蓄设施建设后的雨水控制量。设施调蓄量的计算具体如表 7-2 所示。

表 7-2 雨水源头调蓄设施调蓄量计算表

序号	LID 设施名称	设施规模/m^2	设施控制量/m^3
1	生态树池	140	42
2	红线外雨水花园	745	298
设施控制量合计/m^3		340	

通过雨水源头调蓄设施建设，芦安路雨水径流控制量可达到 340 m^3，大于道路产流量(339 m^3)，满足海绵城市建设中雨水径流量控制率(85%)的指标要求。

年径流污染去除率计算如表 7-3 所示。

表 7-3 雨水源头调蓄设施年径流污染去除率计算表

序号	LID 设施名称	设施控制量/m^3	径流污染控制率/%
1	生态树池	42	70
2	红线外雨水花园	298	70
年径流污染去除率/%		60	

通过雨水源头调蓄设施建设，芦安路雨水径流污染去除率可达到 60%，大于目标值(55%)，满足海绵城市建设对雨水径流污染去除率的要求。

7.1.3.4 设施设计

(1) 人行道透水铺装。

人行道改造为透水铺装，能增加雨水下渗率，减少地表径流，同时可截留大颗粒物质，初步净化雨水。透水砖结构为"6 cm 透水砖+3 cm 中粗沙+15 cm 再生骨料透水水泥混凝土+15 cm 级配碎石"，结构总厚度为 39 cm，如图 7-3 所示。

(2) 生态树池。

生态树池对雨水具有较好的净化效果。在生态树池内设置溢流设施，超出调蓄能力的雨水将通过溢流口进入市政雨水管网。

生态树池下沉 35 cm，其结构从上到下依次为 30 cm 改良种植土、透水土工布、30 cm 砾石排水层和防渗膜，如图 7-4 所示。

(3) 红线外旱溪。

旱溪主要连接两个雨水花园，旱溪内结合景观设计布置植物，对雨水有净化效果。旱溪下沉 30 cm，其结构从上到下依次为 30 cm 厚白色卵石散铺、透水土工布、30 cm 砾石排水层和防渗膜，如图 7-5 所示。

(4) 红线外雨水花园。

人行道和车行道雨水通过盖板沟汇入雨水花园，雨水花园具有较好的净化效果。在雨水花园内设置溢流设施，使超出调蓄能力的雨水通过溢流口进入市政雨水管网。

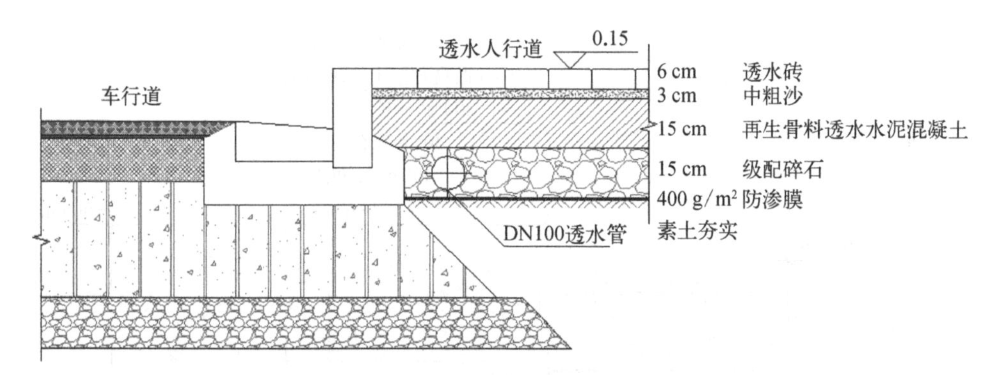

图 7-3 人行道透水铺装结构设计图

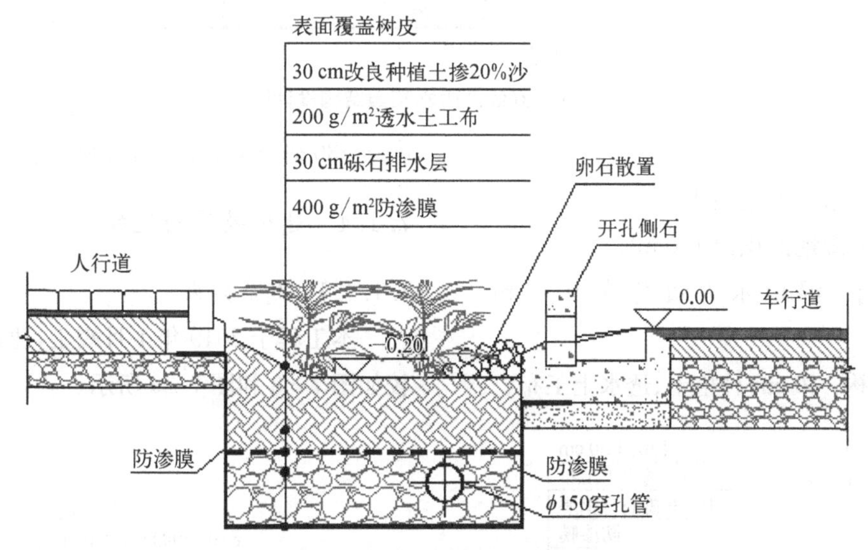

图 7-4 生态树池结构设计图

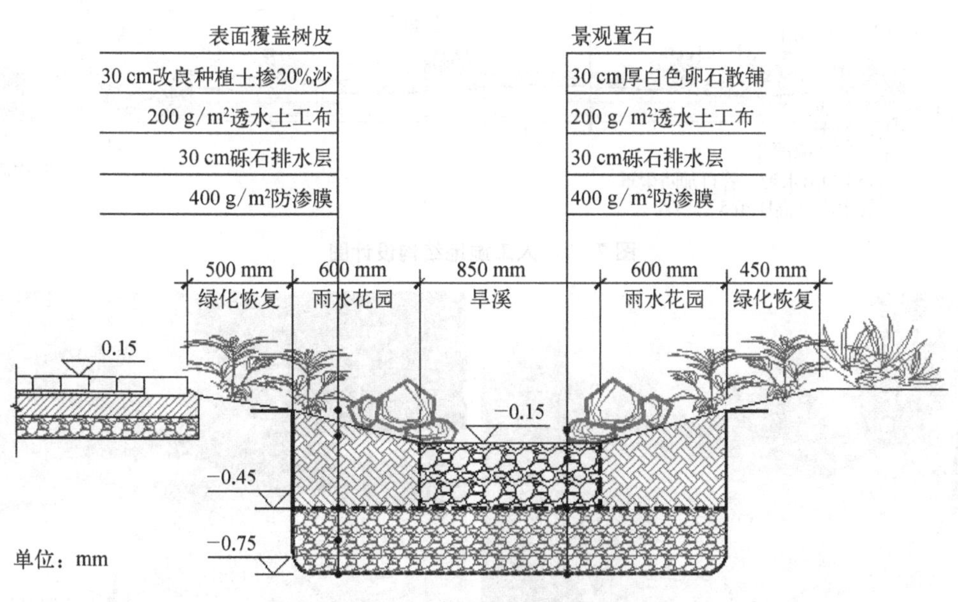

图 7-5 旱溪结构设计图

雨水花园下沉 45 cm，其结构从上到下依次为 30 cm 改良种植土、透水土工布、30 cm 砾石排水层和防渗膜，如图 7-6 所示。

（5）雨水排放口人工湿地。

人工湿地利用土壤、介质、植物、微生物的物理、化学和生物的协同作用，对雨水、污水进行净

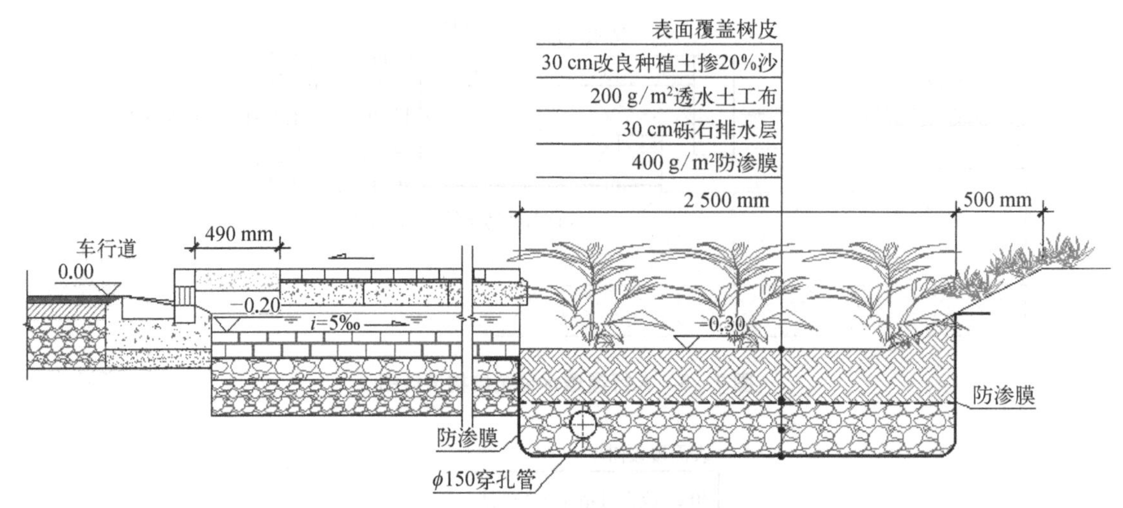

图 7-6 红线外雨水花园结构设计图

化处理(见图 7-7)。

湿地类型：水平潜流湿地。

设施规模：湿地面积为 120 m^2。

水力负荷：湿地水力负荷为 0.5 m^3/(m^2·d)。

处理区结构：30 cm 种植土、透水土工布、φ10～30 砾石与钢渣、防渗膜和素土夯实。

7.1.4 建设效果与运维

7.1.4.1 建成效果

本工程于 2019 年 1 月竣工，建设前后效果比较如图 7-8 和图 7-9 所示。

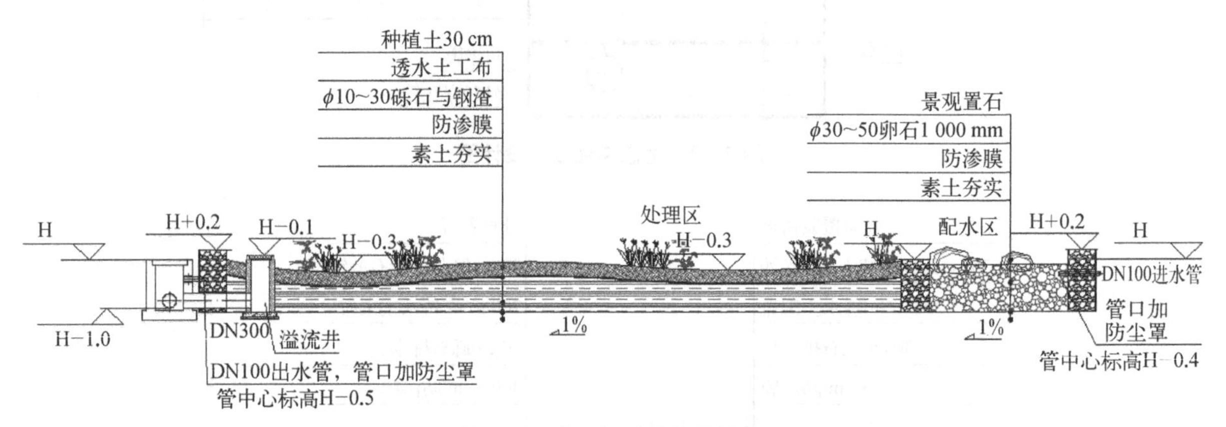

图 7-7 人工湿地结构设计图

图 7-8 芦安路雨水源头调蓄设施建设前后效果对比

图 7-9 芦安路红线外雨水花园建成效果

7.1.4.2 监测方案

在线水质监测采用 SS 测定仪，设备安装于位于末端排口的生态化治理设施的出水检查井内，测定雨水排河前的 SS 浓度，测量频次为 15 min/次，无降雨时休眠。该仪器根据探头是否被水淹没 10 cm 来判断开始测量时间。如图 7-10 所示为水质监测仪安装图。

图 7-10 水质监测仪安装图

7.1.4.3 维护管养

透水砖、旱溪、雨水花园和人工湿地等雨水源头调蓄设施对维护管养的要求较高。为保障设施长期有效的运行，需加强设施的维护管理，各自的维护要点如表 7-4 至表 7-7 所示。

7.1.5 小结

上海市临港芦安路道路绿地雨水源头调蓄设施建设工程小结如下：

（1）临港芦安路雨水源头调蓄设施建设工程通过采用透水铺装、生态树池、红线外旱溪和雨

表 7-4　透水砖维护详情表

维护项目	维护重点	维护周期	维护方法
路面卫生	清扫垃圾	按照环卫要求定期清扫 巡视中发现路面卫生不满足运行标准时	可采用高压水流(5～20 MPa)冲洗法、压缩空气冲洗法，也可采用真空吸附法 从清淤口注水疏通
透水砖破损	更换破损透水砖	根据透水砖破损状况确定	
透水砖透水	去除透水砖空隙中的土粒或细沙	不少于 5 年 1 次 根据透水砖透水状况确定	
	疏通穿孔管	根据透水砖透水状况确定	
	更换全部透水砖	道路大修时 根据透水砖透水状况确定	
	更换找平层、垫层、穿孔管	更换全部透水砖时	

表 7-5　旱溪维护详情表

维护项目	维护重点	维护周期
植物	1. 补种植物 2. 清除杂草、施肥 3. 按照要求修剪植物	按不同植物生长情况需要定期维护 根据巡视结果确定
旱溪断面	1. 修补坍塌部位，保持断面形状 2. 清理内部淤泥或垃圾 3. 平整卵石层	竣工 2 年内不少于 3 个月 1 次 竣工 2 年后不少于 1 年 1 次
雨水排空时间	更换卵石层	不少于 2 年 1 次

表 7-6　雨水花园维护详情表

维护项目	维护重点	维护周期	维护方法
植物	1. 补种植物 2. 清除杂草、施肥 3. 按照要求修剪植物	不少于 3 个月 1 次 根据巡视结果	可采用从清淤口注水疏通的方式
进水及配水设施	1. 疏通进水管道 2. 清洗或更换配水设施	不少于 3 个月 1 次 根据巡视结果确定	
溢流式雨水口	清理溢流口、格栅处的垃圾	不少于 3 个月 1 次 根据巡视结果确定	
蓄水层	清扫蓄水层的垃圾及淤泥	不少于 3 个月 1 次 根据巡视结果确定	
覆盖层	更换覆盖层	不少于 1 年 1 次 根据巡视结果确定	
穿孔管	疏通穿孔管	不少于 6 个月 1 次 根据排空时间巡视结果	
雨水排空时间、出水水质	更换种植土	不少于 1 年 1 次，需重新植物时	
	更换人工填料层、沙层、砾石层和土工布	疏通穿孔管，更换种植土壤后雨水排空时间和水质仍然不满足设计要求时 使用 5～10 年后	

表 7-7 人工湿地维护详情表

维护项目	维护重点	维护周期
植物	1. 补种植物 2. 按照要求修剪植物	竣工2年内不少于1个月1次 竣工2年后不少于3个月1次 根据巡视结果确定
分流、配水设施	清洗或更换水砾石	不少于6个月1次 根据巡视结果确定
沉沙池	清除沉沙池池底淤泥和垃圾	
溢流井、溢流管	清除溢流井、溢流管内淤泥和垃圾	
存水区、边坡	对存水区和坍塌部位进行平整、修复	不少于1年1次 根据巡视结果确定

水花园、排放口人工湿地等雨水源头调蓄设施，构建起完整的雨水管理和生态净化系统，道路年径流总量控制率达到85%，年径流污染控制率超过55%，满足海绵城市建设目标。

(2) 在雨水源头调蓄设施中充分考虑景观效果，通过绿色低影响开发设施的建设，提升项目及周边环境品质，打造精品工程。

(3) 因地制宜，在道路北侧人行道设置生态树池，增加道路北侧雨水调蓄能力；在道路南侧打破红线束缚，与红线外绿地结合布置雨水源头调蓄设施。

(4) 在排放口前设置人工湿地，对入河前雨水进行调蓄净化，提升区域水环境，可为雨水排放口生态化治理相关工程提供丰富经验。

7.2 临港芦潮港社区新芦苑海绵化改造工程

7.2.1 现状条件分析

新芦苑位于芦潮港潮乐路，为拆迁安置小区，于2006年建成。该小区西临秋萍学校，北至大芦东路，东沿潮乐路，南至芦云路公共绿地。新芦苑位于汇水分区第10分区芦潮港社区(江山路以北)内，以居住用地为主，配有部分社区配套商业设施(见图7-11)。小区占地面积约33 684 m^2，绿地率约40%。新芦苑因地制宜地制定了切实可行的海绵化改造方案，海绵化改造工程采用“海绵总控+弹性设计+精细施工+预制材料+成熟苗木+专业监理+效果验收+公众参与”的模式，对雨水花园、地下调蓄净化设施、高位雨水花坛、调蓄净化沟等核心技术进行优化，形成了一套可复制、易推广的应用模式。

7.2.1.1 竖向分析

新芦苑居住区的整体高差变化不大，最高点位于中部的绿地，高程为4.33 m；次高点位于南部的绿地，高程为4.28 m；最低点位于靠近潮乐路建筑物的道路，高程为3.94 m。小区地势比外部道路高，无道路地表径流流向小区内。

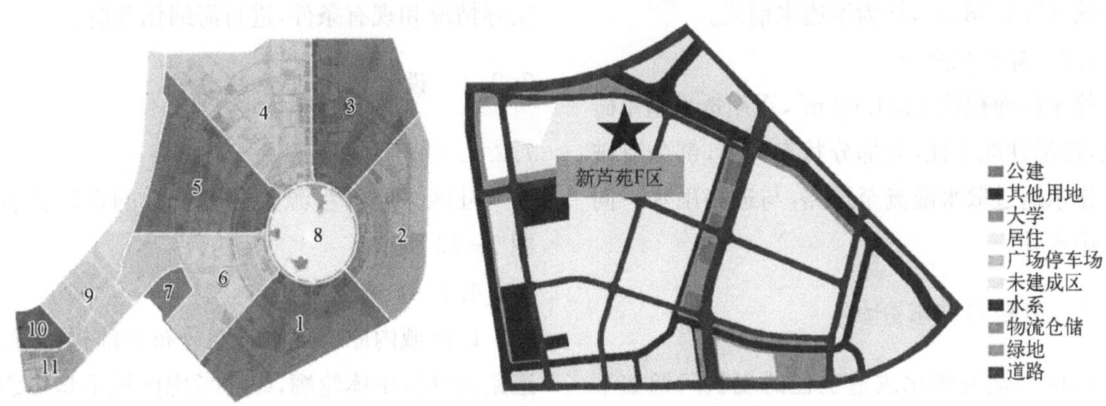

图7-11 临港汇水分区及芦潮港社区新芦苑区位

7.2.1.2 雨水管网分析

本小区主要雨水管顺主路铺设，管径为DN300；本小区采取雨污分流制，但存在混接现象；潮乐路设有1个排放口，管径为DN600。

7.2.1.3 下垫面分析

小区主要下垫面包括：屋面、绿地、道路及铺装、停车位4种下垫面(见表7-8)。

表7-8 下垫面情况分析表

新芦苑F区	屋面/m^2	绿地/m^2	道路及铺装/m^2	停车位/m^2
33 683.99 m^2	8 287.86	13 386.53	8 754.98	3 254.62

7.2.1.4 屋面分析

小区屋面高层均为普通平顶屋面，多层为坡屋面，屋面面积约8 287.86 m^2。屋顶排水主要采用“外置雨落管+排水沟”的方式，具有较好的断接条件。

7.2.1.5 绿地分析

绿地面积约13 386.53 m^2，绿地率约40%，绿地主要集中在小区中部，四周为成片绿地，其余绿地零碎散布。多数建筑物前后绿地偏少，与道路相邻侧绿地较宽。绿地总体比路面高20～40 cm，主要区域的绿化养护水平尚可。

总体上，绿地量基本够建设雨水源头调蓄设施，但多数建筑物前后绿地偏小，宜采用引流措施疏导雨水进入绿地。

绿地高于路面，一般中间高四周低。绿地内无排水设施，雨水径流易漫流至道路或建筑周边排水沟，且极易将泥沙冲刷至地面及管网。

7.2.1.6 道路与铺装分析

道路总体比绿地低20～25 cm。机动车道均为柏油路面，园路为花岗岩片材路面。广场为石材和瓷砖铺装，停车位为花砖铺装。道路和铺装面积约8 754.98 m^2，均为不透水铺装。

7.2.1.7 停车位分析

停车位面积约3 254.62 m^2，采用透水植草砖铺设，渗透性能不佳，大部分状态尚可，部分有破损。排水通过散水漫流至道路，与道路雨水一同汇入雨水井。

7.2.2 问题与需求分析

社区绿地海绵化改造工程的现状问题如下(见图7-12)：

(1) 存在雨污混接现象。

(2) 停车位虽采用植草砖铺设，但已基本不透水，破损严重，停车位植物生长情况差。

(3) 小区积水点较多。

(4) 部分绿地被侵占并固化，部分绿化被严重破坏，景观不佳。

7.2.3 建设目标与原则

(1) 目标导向：

年径流总量控制率：75%(对应的设计降雨量为22.4 mm)。

年径流污染控制率(TSS)：45%。

5年一遇不积水，100年一遇不内涝。

雨污混接改造率为100%。

(2) 问题导向：

解决内涝积水问题。

解决居民关心的问题，提升环境品质，提高海绵城市建设的公众参与度。

(3) 因地制宜：

从实际存在和居民关心的问题出发，充分尊重居民业已形成的场地使用习惯。结合小区的实际情况和现有条件，进行海绵化改造。

7.2.4 设计流程与系统方案

7.2.4.1 设计流程

社区绿地雨水源头调蓄设施的设计流程如图7-13所示。

7.2.4.2 系统方案

以区域内原有雨水管网分布为前提，以区域道路为分区主体轮廓，综合考虑区域下垫面组成和排水特性，将小区划分为13个汇水分区。汇

图 7－12　社区绿地海绵化改造工程现状问题

(a) 雨污混接　(b) 停车位不透水　(c) 积水点较多　(d) 绿地被侵占

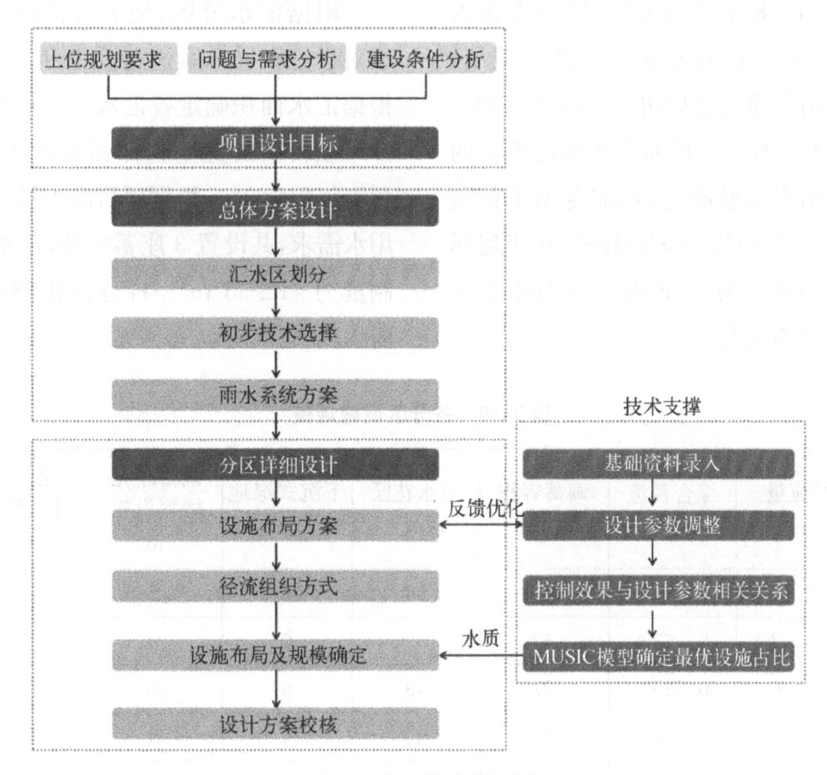

图 7－13　设计流程图

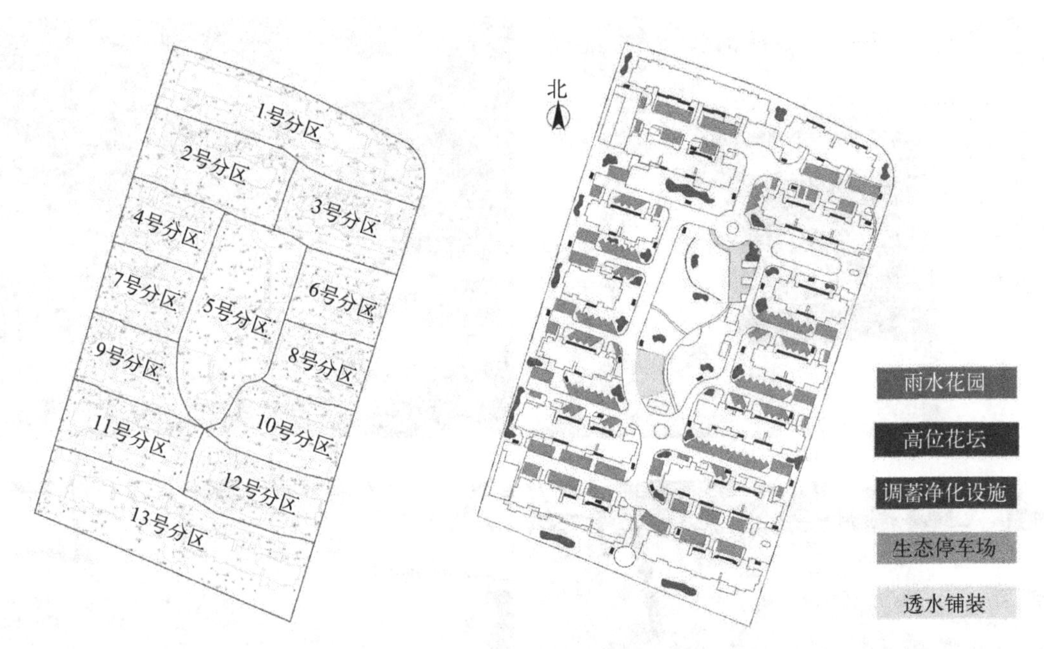

图 7-14 新芦苑汇水分区及设施总体布局

水分区及设施总体布局如图 7-14 所示。

为解决上述问题，达到年径流总量控制率 75%（对应的设计降雨量为 22.4 mm）和年径流污染控制率 45%的目标，本项目实施的主要海绵改造包括：

（1）雨污混接改造。调整雨水管道标高，以确保排水通畅；新建雨水检查井，将雨水管重新连接，且断开接入雨水井的污水管，将污水接入污水井；采用雨落管断接的方式接入高位花坛，通过生态方法将雨水净化之后再排入雨水管网。

（2）停车位生态改造。把原有透水性不佳的植草砖车位进行透水铺装改造，再配合雨水花园和调蓄净化等海绵工艺组合净化雨水，并使超标雨水安全溢流至雨水管网，从而改变原有雨水以漫流形式汇入路面的情况。

（3）积水点改造。结合低影响开发（雨水花园等）排水系统建设，合理布局和适当增加雨水口，对雨水口和管道进行疏通，并且做好正确的排水坡向，确保排水通畅。

（4）绿化改造。对小区内绿化进行改造和修复，提升小区整体环境。

7.2.4.3 详细设计

根据汇水分区、地表径流组织方式，通过模型对设施布局方案进行反馈和优化，在此基础上根据汇水面积确定各汇水分区相关设施的规模。

项目共设置生物滞留池和人工湿地的总面积为 4 619 m^2。根据项目内水景补水及绿地浇洒用水需求，共设置 3 座蓄水池，蓄水池总的径流控制量为 412.33 m^3。各分区设施规模如表 7-9 所示。

表 7-9 各分区设施规模

汇水分区	径流量/m^3	综合径流系数	调蓄容积/m^3	雨水花园/m^2	下沉式绿地/m^2	调蓄净化缓释设施/m^3	调蓄净化缓释型高位花坛/m^2	植草沟/m
1 号分区	55.71	0.590 2	63	94	0	25	128	0
2 号分区	35.92	0.563 4	42	57	0	21	64	0
3 号分区	31.96	0.625 9	37	43	0	20	56	0
4 号分区	19.29	0.541 8	23	33	0	11	36	0
5 号分区	35.73	0.381 2	42	95	0	23	0	60

（续表）

汇水分区	径流量/m³	综合径流系数	调蓄容积/m³	雨水花园/m²	下沉式绿地/m²	调蓄净化缓释设施/m³	调蓄净化缓释型高位花坛/m²	植草沟/m
6号分区	20.90	0.530 6	24	33	0	12	36	0
7号分区	19.88	0.541 6	24	33	0	12	36	0
8号分区	18.33	0.520 4	22	33	0	10	36	0
9号分区	23.55	0.582 1	28	33	0	16	36	0
10号分区	26.37	0.537 0	32	48	0	14	56	0
11号分区	31.37	0.618 1	37	45	0	19	60	0
12号分区	32.73	0.645 8	39	47	0	20	64	0
13号分区	60.59	0.526 8	69	115	0	25	140	0
合计	412.33	—	482	709	0	228	748	60

注：参考《室外排水设计规范》(GB 50014—2006、GB 50014—2011)和《建筑与小区雨水利用工程技术规范》(GB 50400—2006)中关于雨量径流系数的推荐参考值，初步确定屋顶及硬质铺装的雨量径流系数为0.8，绿化面积的雨量径流系数为0.15。

7.2.4.4 设施设计

新芦苑小区的地下管线复杂，施工改造难度大(见图7-15)。

(1) 雨水花园。

雨水花园主要分布在小区地势低洼、场地开阔的广场、建筑物和道路两侧，通过植物、土壤和微生物系统滞留、渗滤、净化消纳屋面雨水和道路径流雨水。本项目采用成品化的雨水花园介质土，保证了施工质量和处理效果。雨水花园能够去除径流中一定的悬浮颗粒、有机物、重金属离子以及病原体等有害物质，并且能为鸟兽昆虫等提供栖息环境，其成本相对较低且维护管理较简单，对视觉观感和生态环境调节作用较大。如图7-16、图7-17为雨水花园结构图、施工前实景图，以及雨水花园施工后实景图。

(2) 高位花坛。

在建筑周围设置高位花坛作为雨水净化装置来接纳、净化屋面雨水。花坛由植物、种植土、空腔、无动力缓释器、无动力排污装置等构成。如图7-18、图7-19所示为高位花坛的结构图、设计示意图，以及施工后实景图。屋面雨水经雨落管排入高位花坛，通过卵石层消纳后进入空腔，空腔外设置的无动力缓释器控制储水在24 h内均匀缓释排出，如此不仅能够调蓄净化雨水，还能延峰错峰。

(3) 生态停车场。

生态停车场主要由透水混凝土、草皮、透水盲管、砾石层等构成，其设计特点主要是高绿化、

图7-15 地下管线施工实景图

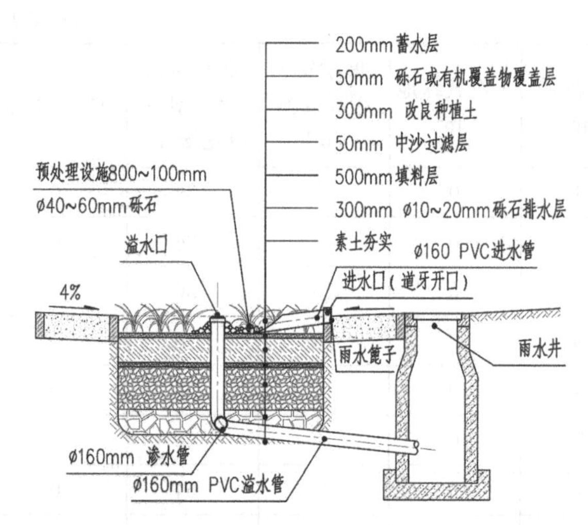

图 7-16　雨水花园结构图与施工前实景图

图 7-17　雨水花园施工后实景图

高承载，透水性能好，同时能提高绿地面积。如图 7-20 所示为生态停车位施工前后的实景对比。下雨时，一部分水透过透水混凝土渗入埋在下面的透水盲管，经过盲管排至生态停车位后的排水沟；另一部分水被植物和土壤吸收，超标的雨水溢流至排水沟，排水沟连通附近的雨水花园或将雨水引入调蓄净化设施。这在源头上降低了地表径流，减少了地面积水。

7.2.5　建设效果与小结

通过海绵化改造，新芦苑具备了渗、滞、蓄、净等海绵功能，主要体现在以下几个方面：

(1) 雨污混接点改造：通过新建雨水检查井、重新连接雨水管道、将厨房和阳台的生活废水引入污水井并另接相应数量的雨落管等措施，成功地将雨污水分流，提高雨水管网水质，同时降低市政污水管网的压力。

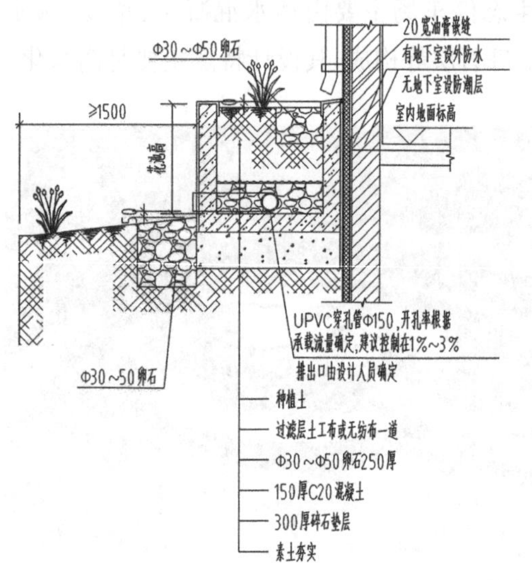

图 7-18　高位花坛结构图与设计示意图

图 7 - 19　高位花坛施工后实景图

图 7 - 20　生态停车位施工前后的实景对比

(2) 实现“小雨不积水”的目标：本项目通过建造透水铺装、雨水花园、生态停车场等雨水源头调蓄设施，以及做好排水坡向，使小区内积水现象基本消除，雨水直接下渗或流入雨水源头调蓄设施。此举有效削减了雨水量，并通过雨水源头调蓄设施对雨水进行净化处理，在源头上削减雨水中的污染物。

通过建设雨水花园，利用植物截留、土壤渗滤净化雨水，减少了污染，提升了小区的生态环境，为鸟类、蝴蝶等动物提供食物和栖息地，从而达到了良好的景观效果。新芦苑 F 区的雨水源头调蓄设施改造，因地制宜，在改善了水环境、水生态的情况下，还改善了小区的居住环境，给居民带来了满意的居住体验，也充分体现了“海绵+”的理念。如图 7 - 21 所示为儿童活动场地施工前与透水广场改造后的对比。

图 7 - 21　儿童活动场地施工前与透水广场改造后的对比

后记 关于绿地雨水源头调蓄设施设计的思考

在宏观维度上，本书依托 XP Drainage 径流模拟模型，探索适合上海环境条件的径流模拟软件适应性参数，对上海地区不同绿地雨水源头调蓄设施的耦合模式进行信息拟合和水文模拟，分析不同耦合模式对源头调蓄过程的影响，如径流量控制和污染物削减等雨水调蓄过程，并演算最优的雨水管控途径。本书还将适宜参数与模型应用于上海市共康绿地改造建设中，指导工程队实施建设工程，结合共康绿地内雨水源头调蓄系统效益评测校验模型的准确性。评测结果显示：应用 XP Drainage 模型辅助设计的雨水源头调蓄系统方案达到了累年月暴雨强度标准下(210 mm)径流总量控制率为 87.1%的设计目标。XP Drainage 模型模拟有较好的设施雨水源头调蓄能力拟合，误差均小于 10%，设施雨洪调控能力均较实测值高，误差为每小时 10～20 mm 的降雨量。XP Drainage 模型对雨水源头调蓄系统降雨径流水质的模拟有较好的效果，误差均小于 7%，有较好的拟合度。综合表明，XP Drainage 模型在进行上海地区参数区域适应性调整后对上海海绵城市雨水源头调蓄系统设计能起到较好的辅助作用，可推广应用于上海的海绵城市建设中。

在中观维度上，在上海气候环境和社会需求下的单项雨水源头调蓄设施的优化设计对于上海海绵城市建设具有积极的意义。基于对上海南汇新城国家级海绵城市建设示范地的实地踏勘、土壤样本取样、分析化验和植物生长状况调查，通过人工降雨模拟实验，研究团队构建了适合上海临港地区的隔盐型雨水花园的优化结构与适应性模式，以及兼具盐碱地改良和雨水调蓄效益的绿地源头调蓄设施优化模式，以有效控制滨海盐碱地区的雨水滞留时间，削减径流峰值，削减初期雨水中的污染物，实现对盐碱地海绵技术、雨水源头调蓄设施对土壤盐碱地改良以及雨水调蓄效益的评估。

研究结果表明，隔盐型雨水花园均可以把种植土壤的盐分含量控制在 0.2%以下，能够满足各类耐盐植物的生长需求。根据上海滨海盐碱地区的建设需求和土地盐渍化程度，将试验结果结合盐碱地等级分类和水文水质功能需求，我们还提出了适合于上海南汇新城海绵城市试点区的 4 种雨水花园结构模式：① 适用于重度盐碱地区的强隔盐型雨水花园，根据雨水花园隔盐效果的试验结果，推荐采用隔盐层材料为沸石，位置在种植层与过渡层之间，填料层厚度为 10 cm 的结构；② 适用于中轻度盐碱地区的调蓄隔盐型雨水花园，根据隔盐效果和水文方面的试验结果，推荐采用隔盐层材料为沸石，位置在填料层与排水层之间，填料层厚度为 20 cm 的结构；③ 适用于中轻度盐碱地区的净化隔盐型雨水花园，根据隔盐效果和水质方面的试验结果，推荐采用隔盐层材料为河沙，位置在填料层与排水层之间，填料层厚度为 30 cm 的结构；④ 适用于中轻度盐碱地区的综合隔盐型雨水花园，综合三方面的试验结果，推荐采用隔盐层材料为沸石，位置在填料层与排水层之间，填料层厚度为 30 cm 的结构。

在微观维度上，提出适用于滨海盐碱地区海绵城市设置种植层介质土的改良方案；筛选具有环境抗性的植物，构建源头调蓄设施植物配置模式；并根据植物根系与土壤入渗能力的关系模型，构建具有较高根系促渗能力的植物群落。例如，根据临港土壤中盐碱度的高低，提出了净化改良型雨水花园、复合功能型雨水花园、快速渗透型雨水花园3种雨水花园应用模式，其中，净化改良型雨水花园的最佳模式是在土壤中加入黄沙原土，复合功能型雨水花园的最佳模式是在土壤中加入草炭，快速渗透型雨水花园的最佳模式是加入混合土。同时，研究发现，两种新型材料——无机轻质土和有机介质土对盐碱土有很好的改善作用，且利于对土壤要求不高的植物生叶，能加快植物的光合速率和蒸腾速率，但在水文特征和出流水质影响方面并不理想。因此，如果在雨水花园中使用这两种新型材料，建议还是将它们和原种植土进行一定比例的混合后再投入使用。

此外，种植土壤的改良、透水性结构层的增加均改变了雨水花园的植物生境。同时，上海地区夏季雨水集中、冬季雨水较少、径流污染较严重的特征，导致雨水花园每年要经历一定时间的丰水期和枯水期。为了保证雨水花园全年的正常运行，其所配置的植物应具备良好的抗旱、耐涝、去污的功能。根据上海地区的气候特征和适用于上海地区的3类雨水花园结构模式，进行草本植物配置模式设计，并结合植物在抗旱、耐涝和去污能力方面的表现以及综合能力的强弱及自身习性进行调蓄型、净化型和综合型的雨水花园植物配置。其中，适用于调蓄型雨水花园的植物耐涝能力较强，包括铜钱草、千屈菜、吉祥草、翠芦莉、斑叶芒、细叶芒、晨光芒、石菖蒲、金边麦冬、花叶芒等植物；而花叶玉簪、千屈菜、佛甲草、吉祥草、金边麦冬、兰花三七、铜钱草、萱草、斑叶芒、蓝羊茅等植物对污染物的去除能力较强，故此类植物适用于净化型的雨水花园；对综合型雨水花园的种植物的要求既包括去污能力强，又包括耐涝、抗旱性能良好，故选择佛甲草、金边麦冬、吉祥草、晨光芒、细叶芒、兰花三七、狼尾草、千屈菜、花叶芒、斑叶芒、花叶玉簪、萱草、铜钱草、紫穗狼尾草、蓝羊茅等综合适应能力较强的植物进行配置。

之后，基于树木根系探地雷达技术，研究团队对上海市具有代表性的10种常见乔木进行了非侵入式地扫描，获取了乔木完整的空间根系分布结构、根系密度，并将其与对应土壤的蓄渗特征进行了相关性分析，对植物根系的雨水促渗能力进行分级，构建了具有较高雨水根系促渗能力的绿地植物群落配置设计方法。例如，硬质化程度较高的小面积绿地具有一定的交通功能，故对地面的承重能力有较高要求，还需解决地表径流大、径流污染严重等问题；根系与硬质地面的冲突也容易造成地面抬升、破裂等问题。如此，宜选择根系分布较深的乔木种植其中，并对乔木根系进行深度引导。大面积的绿地具有较为综合的功能，不同区域功能不同，植物配置方式也不同。高踩踏频率区域应种植在浅层土壤有较多根系分布且分布范围较广的乔木。因此，香樟、广玉兰等根系密度较大的水平型根系的乔木较为适合。低踩踏频率绿地要重点保护大乔木，控制种植间距，不应过密或太疏。一般来说，4 m是30 cm胸径以下乔木较合理的种植间距。设计时宜将深根性和浅根性的乔木、垂直型和水平型的乔木混合种植以形成混交林。常见树种中，栾树、榉树、香樟、水杉、雪松、悬铃木对土壤综合渗透性能的改善具有较强的促进作用，可以更多选用。

最后，通过对上述绿地雨水源头调蓄设施的系统性设计、工程建设和精细化管控，临港芦潮港老城区等既有城区实现了管渠排水标准从1年一遇提高到3～5年一遇，27个建筑小区的雨污混接点完成分流改造，径流污染控制率从57.7%提高到80.2%的目标；主城新区等新建城区的年径流总量控制率从73%提高到83%，径流污染控制率从63.5%提高到81.1%，内涝防治能力从50年一遇提高到100年一遇。2019年超强台风利奇马（最大雨强达144.5 mm/h）过境（上海)期间,临港海绵试点区内无积水现象。

写在最后的最后,在近 10 年的研究与实践过程中,研究团队遇到最频繁的质疑是“绿地对于雨水调蓄的作用非常小,雨水源头调蓄设施系统性设计的研究是否有意义?”诚然,对于城市雨水调控和海绵城市建设来说,与水体、管网等蓝色和灰色基础设施相比,绿地作为绿色基础设施的组成部分,对于城市雨涝的调控作用有限。但是,“莫以善小而不为”,绿地作为雨水源头调蓄设施,其宏观、中观、微观多尺度的系统性设计、建设与精细化管理对于缓解灰色基础设施负荷、减轻径流污染、与蓝色基础设施协同、充分发挥景观与生态耦合功能的效益具有积极且重要的价值。

参考文献

[1] Autixier L, Mailhot A, Bolduc S, et al. Evaluating rain gardens as a method to reduce the impact of sewer overflows in sources of drinking water[J]. Science of the Total Environment, 2014 (499): 238-247.

[2] Barton C V, Montagu K D. Detection of tree roots and determination of root diameters by ground penetrating radar under optimal conditions. [J]. Tree Physiology, 2004, 24(12): 1323-1331.

[3] Benhur M, Faris J, Malik M, et al. Polymers as soil conditioners under consecutive irrigations and rainfall[J]. Soil Science Society of America Journal, 1989, 53(4): 1173-1177.

[4] Davis A P, Hunt W F, Traver R G, et al. Bioretention technology: overview of current practice and future needs [J]. Journal of Environmental Engineering, 2009, 135(3): 109-117.

[5] Davis A P, Traver R G, Hunt W F, et al. Hydrologic performance of bioretention storm-water control measures [J]. Journal of Hydrologic Engineering, 2012, 17(5): 604-614.

[6] Debusk K M, Wynn T M. Stormwater bioretention for runoff quality and quantity mitigation [J]. Journal of Environmental Engineering, 2011, 137(9): 800-808.

[7] Dietz M E, Clausen J C. A field evaluation of rain garden flow and pollutant treatment[J]. Water Air and Soil Pollution, 2015, 167(1): 123-138.

[8] Geng X L, Michel C B. Numerical modeling of water flow and salt transport in bare saline soil subjected to evaporation[J]. Journal of Hydrology, 2015(524): 427-438.

[9] Gonzalez Alcaraz M N, Jimenez F J, Alvarez Y, et al. Gradients of soil salinity and moisture, and plant distribution, in a mediterranean semiarid saline watershed: a model of soil-plant relationships for contributing to the management[J]. Catena, 2014 (115): 150-158.

[10] Helalia A M. The relation between soil infiltration and effective porosity in different soils [J]. Agricultural Water Management, 1993, 24(1): 39-47.

[11] Hunt W F, Davis A P, Traver R G. Meeting hydrologic and water quality goals through targeted bioretention design [J]. Journal of Environmental Engineering Asce, 2012, 138(6): 698-707.

[12] Jennings A A, Adeel A A, Hopkins A, et al. Rain barrel-urban garden stormwater management performance [J]. Journal of Environmental Engineering, 2013, 139(5): 757-765.

[13] Kage H, Kochler M, Stützel H. Root growth and dry matter partitioning of cauliflower under drought stress conditions: measurement and simulation[J]. European Journal of Agronomy, 2004, 20(4): 379-394.

[14] Komlos J, Traver R G. Long-term orthophosphate removal in a field-scale storm-water bioinfiltration rain garden [J]. Journal of Environmental Engineering, 2012, 138(10): 991-998.

[15] Lange B, Lüescher P, Germann P F. Significance of tree roots for preferential infiltration in stagnic soils [J]. Hydrology & Earth System Sciences, 2009, 13(10): 1809-1821.

[16] Lefevre G H, Paus K H, Natarajan P, et al. Review of dissolved pollutants in urban storm water and their removal and fate in bioretention cells[J]. Journal of Environmental Engineering, 2015, 141 (1): 1 - 23.

[17] Leffler A J, Peek M S, Ryel R J, et al. Hydraulic redistribution through the root systems of senesced plants [J]. Ecology, 2005, 86(3): 633 - 642.

[18] Li L Q, Davis A P. Urban storm-water runoff nitrogen composition and fate in bioretention systems[J]. Environment Science & Technology, 2014, 48(6): 3403 - 3410.

[19] Ma Y J, Li X Y. Water accumulation in soil by gravel and sand mulches: Influence of textural composition and thickness of mulch layers [J]. Journal of Arid Environments, 2011,75(5): 432 - 437.

[20] Mahmoodabadi M, Yazdanpanah N, Sinobas L R, et al. Reclamation of calcareous saline sodic soil with different amendments (I): redistribution of soluble cations within the soil profile [J]. Agricultural Water Management, 2013(120): 30 - 38.

[21] Mao Y, Li X, Adick W, et al. Remediation of saline-sodic soil with flue gas desulfurization gypsum in a reclaimed tidal flat of southeast China [J]. Journal of Environmental Sciences, 2016(7): 224 - 232.

[22] Mirlas V. Assessing soil salinity hazard in cultivated areas using MODFLOW model and GIS tools: a case study from the Jezre' el Valley, Israel [J]. Agricultural Water Management, 2012(109): 144 - 154.

[23] Montgomery A K N, Heyenga A G. Gel tomography for 3D acquisition of plant root systems [J]. Proceedings of SPIE — The International Society for Optical Engineering, 1998, 3313: 102 - 104.

[24] Moore G M, Ryder C M. The use of ground-penetrating radar to locate tree roots [J]. Arboriculture & Urban Forestry, 2015, 41 (5): 245 - 259.

[25] Morales-Torres A, Escuder-Bueno I, Andrés-Doménech I, et al. Decision support tool for energy-efficient, sustainable and integrated urban stormwater management [J]. Environmental Modelling & Software, 2016(84): 518 - 528.

[26] Mullaney J, Lucke T, Trueman S J. A review of benefits and challenges in growing street trees in paved urban environments[J]. Landscape & Urban Planning, 2014, 134: 157 - 166.

[27] Mylevaganam S, Chui T, Hu J. Modeling 3D ex-filtration process of a soak-away rain garden[J]. Journal of Geoscience and Environment Protection, 2015,3(3): 35 - 51.

[28] Nosetto M D, Acosta A M, Jayawickreme D H, et al. Land-use and topography shape soil and groundwater salinity in central Argentina [J]. Agricultural Water Management, 2013 (129): 120 - 129.

[29] Rooney D J, Brown K W, Thomas J C. The effectiveness of capillary barriers to hydraulically isolate salt contaminated soils[J]. Water Air and Soil Pollutio, 1998, 104(3 - 4): 403 - 411.

[30] Roy-Poirier A, Champagne P, Filion Y. Review of bioretention system research and design: past, present, and future[J]. Journal of Environmental Engineering, 2010, 136(9): 878 - 889.

[31] Sam A, Trowsdale, Robyn Simcock. Urban stormwater treatment using bioretention [J]. Journal of Hydrology, 2011, 397(3 - 4): 167 - 174.

[32] Stokes A, Fourcaud T, Hruska J, et al. An evaluation of different methods to investigate root system architecture of urban trees in situ. I. Ground-penetrating radar [J]. Journal of Arboriculture, 2002, 28(1): 2 - 10.

[33] Wang S J, Chen Q, Li Y, et al. Research on saline-alkali soil amelioration with FGD gypsum [J]. Resources, Conservation and Recycling, 2017 (121): 82 - 92.

[34] Yang H, Dick W A, Mccoy E L, et al. Field evaluation of a new biphasic rain garden for stormwater flow management and pollutant removal [J]. Ecological Engineering, 2013, 54(2): 22 - 31.

[35] Yaulanpanah N, Pazira E, Neshat A, et al. Reclamation of calcareous saline sodic soil with different amendments (II): impact on nitrogen,

phosphorus and potassium redistribution and on microbial respiration [J]. Agricultural Water Management, 2013, 120(1): 39 - 45.

[36] Zhang S H, Guo Y P. Explicit equation for estimating storm-water capture efficiency of rain gardens [J]. Journal of Hydrologic Engineering, 2013, 18(12): 1739 - 1748.

[37] 蔡新华,刘静.《上海市环境保护和生态建设"十三五"规划》印发实施投入 4 400 亿元,补齐生态环境短板[J]. 环境经济,2017(C1): 26 - 29.

[38] 曹云,欧阳志云,郑华,等. 森林生态系统的水文调节功能及生态学机制研究进展[J]. 生态环境,2006,15(6): 1360 - 1365.

[39] 车生泉,陈丹,于冰沁. 海绵城市理论与技术发展沿革及构建途径[J]. 中国园林,2015,31(6): 11 - 15.

[40] 陈舒,阚丽艳,车生泉. 上海地区不同结构雨水花园对径流的去污效果分析[J]. 上海交通大学学报(农业科学版),2015,33(6): 60 - 65.

[41] 陈舒. 适用于上海地区的雨水花园结构筛选与应用模式研究[D]. 上海: 上海交通大学,2015.

[42] 陈子涵,陈丹,车生泉. 淀山湖沿岸村落"海绵城市"应用模式探究[J]. 上海交通大学学报(农业科学版),2016,34(4): 12 - 20.

[43] 程镜润,陈小华,刘振鸿,等. 脱硫石膏改良滨海盐碱土的脱盐过程与效果实验研究[J]. 中国环境科学,2014,34(6): 1505 - 1513.

[44] 仇保兴. 海绵城市(LID)的内涵、途径与展望[J]. 城乡建设,2015(2): 8 - 15+4.

[45] 董欣,杜鹏飞,李志一,等. SWMM 模型在城市不透水区地表径流模拟中的参数识别与验证[J]. 环境科学,2008,29(6): 1495 - 1501.

[46] 傅徽楠,严玲璋,张连全,等. 上海城市园林植物群落生态结构的研究[J]. 中国园林,2000,16(2): 22 - 25.

[47] 关彦斌,王连俊,孔永健. 城市广场透水性沥青铺装的设计研究[J]. 中国园林,2007,23(7): 91 - 94.

[48] 贾海峰,姚海蓉,唐颖,等. 城市降雨径流控制 LID BMPs 规划方法及案例[J]. 水科学进展,2014,25(2): 260 - 267.

[49] 李兵. 基于"海绵城市"理念的雨水渗蓄试验研究[J]. 中国市政工程,2015(6): 73 - 75+94.

[50] 李建兴,何丙辉,谌芸. 不同护坡草本植物的根系特征及对土壤渗透性的影响[J]. 生态学报,2013,33(5): 1535 - 1544.

[51] 李霞,石宇亭,李国金. 基于 SWMM 和低影响开发模式的老城区雨水控制模拟研究[J]. 给水排水,2015,51(5): 152 - 156.

[52] 李雪转,樊贵盛. 土壤有机质含量对土壤入渗能力及参数影响的实验研究[J]. 农业工程学报,2006,22(3): 188 - 190.

[53] 刘道平,陈三雄,张金池,等. 浙江安吉主要林地类型土壤渗透性[J]. 应用生态学报,2007,18(3): 493 - 498.

[54] 刘俊,郭亮辉,张建涛,等. 基于 SWMM 模拟上海市区排水及地面淹水过程[J]. 中国给水排水,2006,22(21): 64 - 66+70.

[55] 刘霞,张光灿,李雪黄,等. 小流域生态修复过程中不同森林植被土壤入渗与贮水特征[J]. 水土保持学报,2004,18(6): 1 - 6.

[56] 路易斯,宾利,谭佩文. 新西兰低影响雨水体系设计[J]. 中国园林,2013,29(1): 23 - 29.

[57] 马燕婷,杨凯. 国际低影响开发实践对上海城市雨水管理的启示[J]. 世界地理研究,2013,22(4): 143 - 151.

[58] 枚德新,张德顺,王振. 滨海盐碱地生态修复现状及趋势[J]. 中国农学通报,2013,29(5): 167 - 171.

[59] 聂发辉,李田,姚海峰. 上海市城市绿地土壤特性及对雨洪削减效应的影响[J]. 环境污染与防治,2008,30(2): 49 - 52.

[60] 宁吉才,刘高焕,叶宇,等. SWAT 模型降水输入参数的改进研究[J]. 自然资源学报,2012,27(5): 866 - 875.

[61] 潘国艳,夏军,张翔,等. 生物滞留池水文效应的模拟试验研究[J]. 水电能源科学,2012,30(5): 13 - 15.

[62] 任维. 住房和城乡建设部发布《海绵城市建设技术指南》[J]. 风景园林,2014(6): 9.

[63] 沈子欣. 适用于上海地区的生态植草沟结构筛选与应用模式研究[D]. 上海: 上海交通大学,2015.

[64] 石生新. 高强度人工降雨条件下影响入渗速率因素的试验研究[J]. 水土保持通报,1992,12(2): 49 - 54.

[65] 孙凯宁,王克安,杨宁. 隔盐方式对设施盐渍化土壤主要盐离子空间分布及酶活性的影响[J]. 水土保持研究,2018,25(3): 57 - 61.

[66] 孙艳伟,魏晓妹. 生物滞留池的水文效应分析[J]. 灌溉排水学报,2011,30(2): 98 - 103.

[67] 唐双成，罗纨，贾忠华，等. 填料及降雨特征对雨水花园削减径流及实现海绵城市建设目标的影响[J]. 水土保持学报，2016，30(1)：73－78＋102.

[68] 王国梁，刘国彬. 黄土丘陵沟壑区植被恢复的土壤水稳性团聚体效应[J]. 水土保持学报，2002(1)：48－50.

[69] 王浩昌，杜鹏飞，赵冬泉，等. 城市降雨径流模型参数全局灵敏度分析[J]. 中国环境科学，2008，28(8)：725－729.

[70] 王琳琳，李素艳，孙向阳，等. 不同隔盐措施对滨海盐碱地土壤水盐运移及刺槐光合特性的影响[J]. 生态学报，2015，35(5)：1388－1398.

[71] 魏博娴. 中国盐碱土的分布与成因分析[J]. 水土保持应用技术，2012(6)：27－28.

[72] 魏冲，宋轩，陈杰. SWAT 模型对景观格局变化的敏感性分析：以丹江口库区老灌河流域为例[J]. 生态学报，2014，34(2)：517－525.

[73] 魏凤巢，夏瑞妹，钱军，等. 上海市滨海盐渍土绿化的实践与规律探索[M]. 上海：上海科学技术出版社，2012.

[74] 魏文杰，程知言，胡建，等. 滨海盐碱地形成及离子附着形态综述[J]. 土壤通报，2017，48(4)：1003－1007.

[75] 伍海兵，方海兰，彭红玲，等. 典型新建绿地上海辰山植物园的土壤物理性质分析[J]. 水土保持学报，2012，26(6)：85－90.

[76] 邢可霞，郭怀成，孙延枫，等. 基于 HSPF 模型的滇池流域非点源污染模拟[J]. 中国环境科学，2004，24(2)：229－232.

[77] 熊新红. 浅析居住区盐碱地绿化：以上海芦潮港海滨国际花城为例[J]. 中外建筑，2015(5)：98－99.

[78] 徐敬华，王国梁，陈云明，等. 黄土丘陵区退耕地土壤水分入渗特征及影响因素[J]. 中国水土保持科学，2008，6(2)：19－25.

[79] 徐连军，励建全，李田，等. 上海市短历时暴雨强度公式研究[J]. 中国市政工程，2007(4)：46－48＋94.

[80] 杨金玲，张甘霖，袁大刚. 南京市城市土壤水分入渗特征[J]. 应用生态学报，2008，19(2)：363－368.

[81] 杨清海，吕淑华，李秀艳，等. 城市绿地对雨水径流污染物的削减作用[J]. 华东师范大学学报(自然科学版)，2008(2)：41－47.

[82] 杨智杰，李鹏波. 滨海盐碱地区雨水花园设计初探[J]. 中外建筑，2016(8)：180－183.

[83] 俞孔坚，李迪华，袁弘，等. “海绵城市”理论与实践[J]. 城市规划，2015，39(6)：26－36.

[84] 臧洋飞，陈舒，车生泉. 上海地区雨水花园结构对降雨径流水文特征的影响[J]. 中国园林，2016，32(4)：79－84.

[85] 臧洋飞. 上海地区雨水花园草本植物适应性筛选及配置模式构建[D]. 上海：上海交通大学，2016.

[86] 张旺，庞靖鹏. 海绵城市建设应作为新时期城市治水的重要内容[J]. 水利发展研究，2014，14(9)：5－7.

[87] 张伟，车伍，王建龙，等. 利用绿色基础设施控制城市雨水径流[J]. 中国给水排水，2011，27(4)：22－27.

[88] 张晓凤，张旭，蒋晶，等. 北京奥林匹克森林公园典型下垫面入渗特性[J]. 清华大学学报(自然科学版)，2012，52(2)：223－228.

[89] 张晓昕，王强，马洪涛. 奥林匹克公园地区雨水系统研究[J]. 给水排水，2008，34(11)：7－14.

[90] 张彦婷. 上海市拓展型屋顶绿化基质层对雨水的滞蓄及净化作用研究[D]. 上海：上海交通大学，2015.

[91] 张永涛，杨吉华，夏江宝，等. 石质山地不同条件的土壤入渗特性研究[J]. 水土保持学报，2002，16(4)：123－126.

[92] 张永勇，王中根，于磊，等. SWAT 水质模块的扩展及其在海河流域典型区的应用[J]. 资源科学，2009，31(1)：94－100.

[93] 郑兴，周孝德，计冰昕. 德国的雨水管理及其技术措施[J]. 中国给水排水，2005，21(2)：104－106.

[94] 祖国庆，龚杰，侯云飞. 临港新城滨海盐碱地水利排盐设计[J]. 中外建筑，2009(7)：131－132.

[95] 祖国庆. 临港新城滨海盐碱地绿化给排水设计[J]. 给水排水，2009，45(11)：84－87.